机 械 设 计

主　编　黄秀琴
副主编　石怀荣　刘　羽
参　编　王春艳　门艳忠　吕　明　黄银江

机械工业出版社

本书依据教育部制定的高等学校工科机械设计课程的教学要求,以"培养应用型人才"思想为指导,结合应用型本科院校的人才培养目标及教学特点进行编写。本书主要内容包括绪论,机械设计概论,机械零件的强度,摩擦、磨损及润滑,螺纹联接和螺旋传动,键、花键、销、无键联接,带传动,链传动,齿轮传动,蜗杆传动,滑动轴承,滚动轴承,轴,联轴器和离合器。

本书可作为高等学校机械类专业机械设计课程的教材,也可作为高等职业技术学院、各类成人学院、职业培训部门相关专业的教材,还可供有关工程技术人员在工程设计计算时参考。

图书在版编目(CIP)数据

机械设计/黄秀琴主编. —北京:机械工业出版社,2017.8(2025.1 重印)
ISBN 978-7-111-57181-0

Ⅰ. ①机… Ⅱ. ①黄… Ⅲ. ①机械设计—高等学校—教材 Ⅳ. ①TH122

中国版本图书馆 CIP 数据核字(2018)第 027236 号

机械工业出版社(北京市百万庄大街22号 邮政编码100037)
策划编辑:王晓洁 责任编辑:王晓洁
责任校对:杜雨霏 封面设计:陈 沛
责任印制:邰 敏
中煤(北京)印务有限公司印刷
2025年1月第1版第4次印刷
184mm×260mm・19.25 印张・525 千字
标准书号:ISBN 978-7-111-57181-0
定价:49.90 元

凡购本书,如有缺页、倒页、脱页,由本社发行部调换

电话服务	网络服务
服务咨询热线:010-88379833	机 工 官 网:www.cmpbook.com
读者购书热线:010-88379649	机 工 官 博:weibo.com/cmp1952
	教育服务网:www.cmpedu.com
封面无防伪标均为盗版	金 书 网:www.golden-book.com

前　言

近年来，我国高等教育发展迅速，教学模式、教学方法不断创新。我们依据教育部制定的高等学校工科机械设计课程的教学基本要求，以"培养应用型人才"思想为指导，结合应用型本科院校的人才培养目标及教学特点，总结了编者十几年来的教学经验编成了本书。本书同时还吸收了其他应用型机械类专业的教学改革成果，在内容组织和编排上力求科学合理，便于阅读和教学。

本书的主要特点有：

1) 遵循"以应用为目的""够用"的原则，突出内容的实用性，在内容的安排和取舍上，删去了一些以学生自学为主的章节，既缩减了篇幅，又使教材内容更具有实用性。

2) 以高等学校机械类专业应用型人才培养目标为前提，突出机械零部件的材料选择、失效形式、设计准则、结构设计及工作能力计算等最基本的内容；减少有关公式的推导过程，注重公式在设计中的灵活应用和相关参数的选择，重点培养学生对图表、公式的应用能力和对通用零部件的设计能力。

3) 在突出重点、保证主要内容的同时，依据"浅而广"的原则增加知识点，扩大知识面。

4) 全书力求概念准确，在叙述上讲究深入浅出、详略得当、主次分明、通顺流畅，体现"可教性"和"可学性"。各章精选的例题、习题，覆盖了各章的主要知识点，体现了各章的重点、难点和要点。

参加本书编写的人员有：黄秀琴（编写了第1、2、6、7、9、12章）、刘羽（编写了第3、8章）、门艳忠（编写了第13章），石怀荣、吕明、王春艳（共同编写了第4、5、10、11、14章），黄银江（编写了附表）。全书由黄秀琴负责统稿。

由于编者水平有限，书中难免存在错误和缺点，恳请广大读者批评指正。

编　者

常用力学计算符号表

符号	含义	符号	含义
σ	零件在载荷作用下的工作应力	S、S_a、S_P、S_τ	安全系数
τ	零件在载荷作用下的工作切应力	$[S_\sigma]$、$[S_\tau]$	许用安全系数
σ_{max}	最大应力	S_{ca}	计算安全系数
σ_{min}	最小应力	K_N	寿命系数
σ_m	平均应力	q	材料对应力集中的敏感系数
σ_a	应力幅	α_σ、α_τ	零件几何形状的理论应力集中系数
σ_b、τ_b	材料的强度极限	k_σ、k_τ	有效应力集中系数
σ_p	零件在载荷作用下的挤压应力	ε	绝对尺寸系数
σ_c	离心应力	β	表面状态系数
σ_B	零件在载荷作用下的弯曲应力	β_σ	弯曲疲劳时的表面状态系数
σ_s、τ_s	材料的屈服极限	β_τ	剪切疲劳时的表面状态系数
σ_{ca}	计算应力	σ_{ra}、τ_{ra}	材料的疲劳极限应力幅
τ_T	扭转剪切应力	σ_{rm}、τ_{rm}	材料的疲劳极限平均应力
$[\sigma]$	许用应力	φ_σ、φ_τ	平均应力折合为应力幅的等效系数
$[\tau]$	材料的许用切应力	E	弹性模量
$[\sigma_B]$	许用弯曲应力	ρ	曲率半径
$[\sigma_p]$	许用挤压应力	ρ_Σ	综合曲率半径
$[\tau_T]$	许用扭转剪切应力	F_f	摩擦力
r	应力循环特性	F_n	法向载荷
σ_{rN}、τ_{rN}	在某一循环特性 r 和经过循环次数 N 下的疲劳极限应力	p_{ca}	计算载荷
		F_0	初拉力
σ_r、τ_r	在某一循环特性 r 和经过循环基数 N_0 下的疲劳极限应力	k_f	可靠度系数
		F_{elim}	极限有效拉力
σ_{-1}、τ_{-1}	对称循环时的疲劳极限	F_c	离心力
$[\sigma_{-1}]$	对称循环下许用应力	F_a	轴向力
$[\sigma_{-1B}]$	对应循环状态下的许用弯曲应力	F_r	径向力
$[\sigma_{0B}]$	脉动循环状态下的许用弯曲应力	F_t	圆周力
$[\sigma_{+1B}]$	静应力状态下的许用弯曲应力	K_{FN}、K_{HN}	考虑应力循环次数影响的齿根弯曲疲劳和齿面接触疲劳寿命系数
σ_{-1T}	材料在拉压对称循环下的疲劳极限		
σ_0、τ_0	脉动循环时的疲劳极限	S_F、S_H	齿根弯曲疲劳和齿面接触强度安全系数
σ_H	两零件的表面接触应力		
σ_F	齿根弯曲应力	T	转矩、扭矩(力矩)
σ_{FE}	弯曲疲劳强度极限	M	弯矩
σ_{Hlim}、σ_{Flim}	接触和弯曲疲劳强度极限应力	M_{ca}	计算弯矩
$[\sigma_H]$、$[\sigma_F]$	接触和弯曲疲劳许用应力	W、W_T	抗弯和抗扭截面系数
σ_{lim}	材料的极限应力	I	惯性矩
τ_{lim}	材料的极限切应力	I_P	极惯性矩
$[S]$	设计许用安全系数	p	压强
y	弹性变形量	$[p]$	许用压强
$[y]$	许用弹性变形量	P	功率
R_t	工作可靠度	P_{ca}	计算功率
$[R_t]$	许用可靠度		

目 录

前 言
常用力学计算符号表
第1章 绪论 ························· 1
1.1 本课程研究的对象 ················ 1
1.2 本课程研究的性质、内容和任务 ···· 2
1.3 本课程的特点及学习方法 ·········· 2
思考题 ································ 3
第2章 机械设计概论 ················· 4
2.1 机器应满足的基本要求 ············ 4
2.2 机器设计的主要内容及一般程序 ···· 5
2.3 机械零件设计的基本要求及一般步骤 ·· 7
  2.3.1 机械零件设计的基本要求 ····· 7
  2.3.2 机械零件设计的一般步骤 ····· 8
2.4 机械零件的主要失效形式及计算准则 ·· 8
  2.4.1 机械零件的主要失效形式 ····· 8
  2.4.2 机械零件的计算准则 ········· 9
2.5 机械零件的材料选择 ·············· 10
  2.5.1 机械零件的常用材料 ········ 10
  2.5.2 机械零件材料的选用原则 ···· 11
2.6 机械零件的工艺性及标准化 ······· 12
  2.6.1 机械零件的结构工艺性 ······ 12
  2.6.2 机械零件设计中的标准化 ···· 13
2.7 机械设计方法及其发展 ··········· 13
  2.7.1 传统设计方法 ·············· 13
  2.7.2 设计方法的新发展 ·········· 14
  2.7.3 现代设计方法的特点 ········ 15
思考题 ······························ 16
第3章 机械零件的强度 ·············· 17
3.1 载荷和应力的分类 ················ 17
  3.1.1 载荷的分类 ················ 17
  3.1.2 应力的分类 ················ 17
3.2 静应力状态下机械零件的整体强度 ·· 18
  3.2.1 静应力状态下机械零件的强度计算 ·· 18
  3.2.2 许用安全系数的选择 ········ 20
3.3 变应力状态下机械零件的整体强度 ·· 20
  3.3.1 材料的疲劳曲线 ············ 20
  3.3.2 材料的疲劳极限应力图 ······ 21
  3.3.3 影响机械零件疲劳强度的主要
      因素 ······················ 22
3.4 机械零件的表面接触疲劳强度 ····· 25
3.5 机械零件的刚度 ·················· 26
  3.5.1 刚度的影响 ················ 26
  3.5.2 刚度计算概述 ·············· 26
  3.5.3 影响刚度的因素及其改进措施 · 26
3.6 机械零件的可靠性 ················ 27
  3.6.1 可靠性概念 ················ 27
  3.6.2 提高机械零件可靠性的措施 ·· 28
思考题 ······························ 28
第4章 摩擦、磨损及润滑 ············ 29
4.1 摩擦的种类及其性质 ·············· 29
  4.1.1 摩擦表面的形貌 ············ 29
  4.1.2 摩擦的种类及其基本性质 ···· 30
4.2 磨损 ···························· 34
  4.2.1 典型磨损过程 ·············· 34
  4.2.2 磨损的分类 ················ 35
4.3 润滑剂、添加剂 ·················· 36
  4.3.1 润滑剂的作用 ·············· 36
  4.3.2 润滑剂的种类及其性能指标 ·· 37
  4.3.3 添加剂 ···················· 41
4.4 润滑状态 ························ 41
  4.4.1 边界润滑 ·················· 42
  4.4.2 流体润滑 ·················· 42
  4.4.3 混合润滑 ·················· 43
  4.4.4 润滑状态的转化 ············ 43
思考题 ······························ 43
第5章 螺纹联接和螺旋传动 ·········· 44
5.1 螺纹联接的主要类型、材料和精度 ·· 44
  5.1.1 螺纹联接的主要类型 ········ 45
  5.1.2 螺纹联接件的材料和许用应力 · 46
5.2 螺纹联接的拧紧和防松 ··········· 49
  5.2.1 螺纹联接的拧紧 ············ 49
  5.2.2 螺纹联接的防松 ············ 52
5.3 螺栓组联接的设计和受力分析 ····· 55
  5.3.1 螺栓组联接的结构设计 ······ 55
  5.3.2 螺栓组联接的受力分析 ······ 57
5.4 螺栓联接的强度计算 ·············· 60
  5.4.1 螺纹联接的失效形式和设计准则 ·· 60
  5.4.2 普通螺栓联接的强度计算 ···· 60

5.4.3 铰制孔用螺栓联接的强度计算 …… 64
5.5 提高螺栓联接强度的措施 …… 65
   5.5.1 改善螺纹牙间的载荷分布 …… 65
   5.5.2 减小螺栓的应力幅 …… 66
   5.5.3 避免附加弯曲应力 …… 67
   5.5.4 避免应力集中 …… 68
   5.5.5 采用合理的制造工艺 …… 68
5.6 螺旋传动 …… 70
   5.6.1 常用的传动螺旋副 …… 71
   5.6.2 螺旋传动的失效、结构和材料 …… 72
   5.6.3 滑动螺旋传动的设计计算 …… 73
思考题 …… 76
习题 …… 76

第6章 键、花键、销、无键联接 …… 79
6.1 键联接 …… 79
   6.1.1 键联接的功能、分类、结构形式及应用 …… 79
   6.1.2 键的选择和键联接强度计算 …… 81
6.2 花键联接 …… 83
   6.2.1 花键联接的类型、结构和特点 …… 83
   6.2.2 花键联接强度计算 …… 84
6.3 销联接 …… 85
6.4 无键联接 …… 87
   6.4.1 过盈联接 …… 87
   6.4.2 胀紧联接 …… 88
   6.4.3 型面联接 …… 88
思考题 …… 89
习题 …… 89

第7章 带传动 …… 91
7.1 概述 …… 91
   7.1.1 带传动的类型 …… 91
   7.1.2 带传动的特点 …… 93
7.2 V带和带轮 …… 93
   7.2.1 V带的构造和类型 …… 93
   7.2.2 V带轮的材料和结构 …… 95
7.3 带传动的工作情况分析 …… 97
   7.3.1 带传动的受力分析 …… 97
   7.3.2 带的弹性滑动和打滑 …… 97
   7.3.3 带的极限有效拉力 F_{elim} 及其影响因素 …… 98
   7.3.4 带传动的应力分析 …… 99
   7.3.5 带传动的主要失效形式 …… 100
7.4 V带传动的设计计算 …… 100

7.4.1 设计准则和单根V带的额定功率 …… 100
   7.4.2 带传动的设计步骤和参数选择 …… 103
7.5 带传动的张紧和维护 …… 107
   7.5.1 带传动的张紧和调整 …… 107
   7.5.2 带传动的安装和维护 …… 109
思考题 …… 109
习题 …… 109

第8章 链传动 …… 111
8.1 概述 …… 111
8.2 滚子链和链轮 …… 112
   8.2.1 滚子链的结构 …… 112
   8.2.2 滚子链的基本参数和尺寸 …… 113
   8.2.3 滚子链链轮 …… 113
8.3 滚子链传动的运动特性及受力分析 …… 116
   8.3.1 传动比、链速和速度不均匀性 …… 116
   8.3.2 链传动的受力分析 …… 118
8.4 滚子链传动的设计计算 …… 118
   8.4.1 链传动的失效形式 …… 118
   8.4.2 额定功率曲线 …… 119
   8.4.3 链传动的设计准则和链的额定功率曲线 …… 119
   8.4.4 链传动的设计计算及主要参数的选择 …… 120
8.5 链传动的布置、张紧和润滑 …… 124
   8.5.1 链传动的布置 …… 124
   8.5.2 链传动的张紧 …… 125
   8.5.3 链传动的润滑 …… 125
思考题 …… 126
习题 …… 126

第9章 齿轮传动 …… 128
9.1 概述 …… 128
   9.1.1 齿轮传动的优缺点 …… 128
   9.1.2 齿轮传动的分类 …… 128
   9.1.3 齿轮传动的基本要求 …… 128
9.2 齿轮的失效形式与设计准则 …… 129
   9.2.1 齿轮的失效形式 …… 129
   9.2.2 齿轮传动的设计准则 …… 131
9.3 齿轮的材料、热处理及其许用应力 …… 132
   9.3.1 齿轮的常用材料 …… 132
   9.3.2 齿轮材料的选择原则 …… 133
   9.3.3 齿轮材料的热处理 …… 134
   9.3.4 齿轮的许用应力 …… 134

9.4 圆柱齿轮传动的载荷计算 ……………… 139
　9.4.1 计算载荷和载荷系数 ………… 139
　9.4.2 载荷系数说明 ………………… 140
9.5 标准直齿圆柱齿轮传动的强度计算 …… 144
　9.5.1 标准直齿圆柱齿轮传动的受力分析 …………………………… 144
　9.5.2 齿面接触疲劳强度计算 ……… 145
　9.5.3 齿根弯曲疲劳强度计算 ……… 146
　9.5.4 齿轮传动主要参数和传动精度的选择 ………………………… 148
9.6 标准斜齿圆柱齿轮传动的强度计算 …… 151
　9.6.1 标准斜齿圆柱齿轮传动的受力分析 …………………………… 151
　9.6.2 齿面接触疲劳强度计算 ……… 152
　9.6.3 齿根弯曲疲劳强度计算 ……… 153
9.7 标准直齿锥齿轮传动的强度计算 ……… 156
　9.7.1 标准直齿锥齿轮传动的受力分析 …………………………… 156
　9.7.2 齿面接触疲劳强度计算 ……… 157
　9.7.3 齿根弯曲疲劳强度计算 ……… 158
9.8 齿轮的结构设计 ……………………… 160
9.9 齿轮传动的润滑 ……………………… 162
思考题 ……………………………………… 163
习题 ………………………………………… 164

第10章 蜗杆传动

10.1 概述 ………………………………… 166
　10.1.1 蜗杆传动的特点 ……………… 166
　10.1.2 蜗杆传动的类型和应用 ……… 166
10.2 圆柱蜗杆传动的基本参数和几何尺寸计算 ………………………………… 169
　10.2.1 蜗轮与蜗杆的正确啮合条件 … 169
　10.2.2 普通圆柱蜗杆传动的基本参数 … 169
　10.2.3 普通圆柱蜗杆传动的几何尺寸计算 …………………………… 173
10.3 蜗杆传动的失效形式、设计准则和材料选择 ………………………………… 174
　10.3.1 蜗杆传动的失效形式和设计准则 …………………………… 174
　10.3.2 蜗杆传动的材料选择 ………… 175
10.4 圆柱蜗杆传动的受力分析和强度计算 … 176
　10.4.1 圆柱蜗杆传动的受力分析 …… 176
　10.4.2 圆柱蜗杆传动的强度计算 …… 177

10.5 圆柱蜗杆传动的效率、润滑和热平衡计算 ………………………………… 180
　10.5.1 蜗杆传动的效率和自锁 ……… 180
　10.5.2 蜗杆传动的润滑 ……………… 182
　10.5.3 蜗杆传动的热平衡计算 ……… 182
10.6 蜗杆、蜗轮的结构 …………………… 183
　10.6.1 蜗杆的结构 …………………… 183
　10.6.2 蜗轮的结构 …………………… 183
思考题 ……………………………………… 186
习题 ………………………………………… 187

第11章 滑动轴承

11.1 概述 ………………………………… 188
11.2 径向滑动轴承的主要类型 …………… 188
　11.2.1 整体式轴承 …………………… 188
　11.2.2 剖分式轴承 …………………… 189
11.3 滑动轴承的材料和轴瓦结构 ………… 189
　11.3.1 轴承材料的要求 ……………… 189
　11.3.2 常用轴承材料 ………………… 190
　11.3.3 轴瓦结构 ……………………… 195
11.4 滑动轴承的润滑 …………………… 197
11.5 不完全油膜滑动轴承的条件性计算 … 200
　11.5.1 不完全油膜滑动轴承的失效形式和计算准则 ……………… 200
　11.5.2 径向滑动轴承的设计计算 …… 201
11.6 液体动压润滑的基本方程 …………… 202
　11.6.1 雷诺润滑方程式 ……………… 202
　11.6.2 油楔承载机理 ………………… 204
11.7 液体动压润滑径向滑动轴承的设计计算 ………………………………… 204
　11.7.1 几何关系 ……………………… 204
　11.7.2 动压润滑状态的建立 ………… 205
思考题 ……………………………………… 212
习题 ………………………………………… 213

第12章 滚动轴承

12.1 概述 ………………………………… 214
　12.1.1 滚动轴承的工作特点 ………… 214
　12.1.2 滚动轴承的构造和常用材料 … 214
12.2 滚动轴承的类型和选择 ……………… 215
　12.2.1 滚动轴承的主要类型、性能与特点 …………………………… 215
　12.2.2 滚动轴承的三个重要结构特性 … 218
　12.2.3 滚动轴承的类型选择 ………… 219
12.3 滚动轴承的代号 …………………… 220

12.4 滚动轴承的工作情况分析 …………… 222
  12.4.1 受力分析 …………………………… 222
  12.4.2 失效形式和计算准则 ……………… 223
12.5 滚动轴承的寿命计算 …………………… 224
  12.5.1 滚动轴承的基本额定寿命 ………… 224
  12.5.2 滚动轴承的基本额定动载荷 ……… 225
  12.5.3 滚动轴承的当量动载荷 …………… 225
  12.5.4 寿命计算公式 ……………………… 226
  12.5.5 角接触球轴承和圆锥滚子轴承的径向载荷和轴向载荷计算 ……… 228
  12.5.6 同一支点成对安装同型号圆锥滚子轴承的计算特点 …………… 229
  12.5.7 不同可靠度的轴承寿命计算 ……… 230
12.6 滚动轴承的静强度计算 ………………… 232
12.7 滚动轴承的极限转速校核计算 ………… 234
12.8 滚动轴承的组合结构设计 ……………… 234
  12.8.1 滚动轴承的定位和紧固 …………… 235
  12.8.2 滚动轴承的组合结构 ……………… 236
  12.8.3 轴承游隙和轴承组合位置的调整 …………………………………… 238
  12.8.4 滚动轴承的预紧 …………………… 239
  12.8.5 滚动轴承支座的刚性和同轴度 …… 240
  12.8.6 滚动轴承的配合和装拆 …………… 240
12.9 滚动轴承的润滑和密封 ………………… 243
  12.9.1 滚动轴承的润滑 …………………… 243
  12.9.2 滚动轴承的密封 …………………… 245
思考题 ………………………………………… 246
习题 …………………………………………… 247

第13章 轴 ……………………………………… 249
13.1 概述 ……………………………………… 249
  13.1.1 轴的分类 …………………………… 249
  13.1.2 轴的材料 …………………………… 251
  13.1.3 轴的毛坯 …………………………… 252
  13.1.4 轴的组成 …………………………… 252
  13.1.5 轴设计过程中的主要问题 ………… 252
13.2 轴的结构设计 …………………………… 253
  13.2.1 拟订轴上零件的装配方案 ………… 253
  13.2.2 零件的轴向和周向定位 …………… 253
  13.2.3 轴最小直径的估算 ………………… 255
  13.2.4 各轴段直径和长度的确定 ………… 256
  13.2.5 结构工艺性要求 …………………… 257
  13.2.6 提高轴的强度、刚度和减轻重量的措施 ……………………………… 258

13.3 轴的计算 ………………………………… 260
  13.3.1 轴的强度计算 ……………………… 260
  13.3.2 轴的安全系数校核计算 …………… 262
  13.3.3 轴的静强度校核计算 ……………… 263
  13.3.4 轴的刚度计算 ……………………… 264
  13.3.5 轴的振动稳定性计算概念 ………… 265
13.4 轴的设计实例 …………………………… 265
思考题 ………………………………………… 272
习题 …………………………………………… 272

第14章 联轴器和离合器 ……………………… 274
14.1 概述 ……………………………………… 274
14.2 联轴器 …………………………………… 274
  14.2.1 联轴器的作用和要求 ……………… 274
  14.2.2 常用联轴器的结构、特点及应用 …………………………………… 275
  14.2.3 联轴器的选择 ……………………… 283
  14.2.4 联轴器的使用与维护 ……………… 285
14.3 离合器 …………………………………… 285
  14.3.1 离合器的作用和要求 ……………… 285
  14.3.2 常用离合器的结构和特点 ………… 285
  14.3.3 离合器的选择 ……………………… 290
  14.3.4 离合器的使用与维护 ……………… 291
思考题 ………………………………………… 291
习题 …………………………………………… 292

附表 ……………………………………………… 293
附表1 抗弯、抗扭截面系数计算公式 …… 293
附表2 高频感应淬火的强化系数 β_q …… 294
附表3 化学热处理的强化系数 β_q ……… 294
附表4 表面硬化加工的强化系数 β_q …… 294
附表5 零件与轴过盈配合处的 $\dfrac{k_\sigma}{\varepsilon_\sigma}$ 值 …… 294
附表6 轴上环槽处的理论应力集中系数 … 295
附表7 轴肩圆角处的理论应力集中系数 … 295
附表8 轴上横向孔处的理论应力集中系数 ………………………………………… 296
附表9 轴上键槽处的有效应力集中系数 k_σ、k_τ ………………………………… 297
附表10 外花键的有效应力集中系数 k_σ、k_τ ………………………………… 297
附表11 螺纹尺寸系数 ε …………………… 297
附表12 螺纹的有效应力集中系数 k_σ …… 297

参考文献 ………………………………………… 298

第 1 章 绪　论

1.1　本课程研究的对象

　　机械工业的生产水平是一个国家现代化建设水平的重要标志。人类在生产实践过程中，创造出各种各样的机械设备，如汽车、拖拉机、机床、机器人和计算机等。人们利用这些机械设备，不仅可以减轻体力劳动，而且可以提高生产效率。机械设备水平和自动化程度成为反映当今社会生产力发展水平的重要标志。现代化建设对机械设备的自动化、智能化要求越来越高，越来越迫切，这就对机械设计工作者提出了更新、更高的要求。

　　通常，机械是机器和机构的总称。

　　机器种类很多，一般机器具有三个特征：①实物的组合；②各组合部分之间具有确定的相对运动；③可以完成机械功或转换机械能与电能。只具有①、②特征的构件组合，通常称为机构。机构由构件组成，并且具有一定的相对运动关系。因此，构件是机构运动分析的基本单元。

　　一般机器可分为两大类：动力机和工作机。提供或转换机械能的机器称为动力机，如内燃机、燃气轮机、电动机等；利用机械能实现工作功能的机器称为工作机，如机床、起重机、轧钢机、洗衣机等。

　　机器是代替人们体力和部分脑力劳动的工具。机器既能承担人力所不能或不便进行的工作，又能较人工生产改进产品质量，特别是能够大大提高劳动生产率和改善劳动条件。一台现代化的机器中，常包含着机械、电气、液压、气动、润滑、冷却、信号、控制、监测等系统的部分或全部，但是机器的主体仍然是它的机械系统。无论分解哪一台机器，它的机械系统都是由一些机构组成的，每个机构又由许多零件组成。所以，零件是组成机器的最小制造单元。

　　本课程的研究对象是在普通工作条件下一般参数的通用零部件的基本设计理论和方法（重型、微型零件，以及在高速、高压、高温、低温条件下工作的通用零件除外），以及有关技术资料的应用等。各种机器中普遍使用的零件称为通用零件，如轴、轴承、齿轮、链轮、带轮等；另一类则是在特定类型的机器中才能用到的零件，称为专用零件，如涡轮机的叶片、飞机的螺旋桨、往复式活塞内燃机的曲轴等。另外，还常把由一组协同工作的零件所组成的独立制造或独立装配的组合体称为部件，如减速器、离合器等。

　　本课程中"设计"的含义是机械装置的实体设计，涉及零件应力、强度的分析计算，材料的选择、结构设计，加工工艺性、标准化以及经济性、环境保护等。

　　机械设计是机械产品设计的第一步，也是决定机械产品性能、质量、成本的最主要、最重要的环节。据统计，机械产品生产成本的70%是由设计阶段决定的。这是因为机械产品的设计包含零件材料的选择、标准件、通用件的选用，零部件及整机的结构设计、优化设计，工艺流程及成本核算等均在产品设计阶段基本确定。因此，本课程对机械类专业的学生尤为重要。

1.2 本课程研究的性质、内容和任务

1. 本课程的性质

机械设计是以一般通用零部件的设计计算为核心的一门设计性、综合性和实践性都很强的设计性专业基础课。这门课将综合运用理论力学、材料力学、机械制图、机械原理、金属工艺学、工程材料及热处理、公差及测量技术基础等多门课程的知识来解决一般通用机械零部件的设计问题,同时也为专业课的学习打下基础。它把基础课和专业课有机地结合起来,是一门承上启下的主干类核心课程。

2. 本课程讨论的具体内容

1) 总论部分——机器及零件设计的基本原则、设计计算理论、材料的选择、结构要求,以及摩擦、磨损、润滑等方面的基本知识。

2) 联接部分——螺纹联接,键、花键及无键联接,销联接等。

3) 传动部分——带传动、链传动、齿轮传动、蜗杆传动等。

4) 轴系部分——滑动轴承、滚动轴承、轴以及联轴器与离合器等。

3. 本课程的主要任务

本课程的主要任务是通过理论教学和实践训练,培养学生以下能力:

1) 具有正确的设计思想,提高创新思维和创新设计能力。

2) 掌握通用机械零件的设计原理、方法和机械设计的一般规律,进而具有综合运用所学的知识,研究、改进或开发新的基础件及设计简单的机械的能力。

3) 具有运用标准、规范、手册、图册的能力和查阅有关技术资料的能力。

4) 掌握典型机械零件的实验方法,进行实验技能的基本训练。

5) 了解国家当前的有关技术经济政策,并对机械设计的新发展有所了解。

在本课程的学习过程中,要综合运用先修课程中所学的有关知识与技能,结合各个教学实践环节进行机械工程技术人员的基本训练,逐步提高自己的理论水平、构思能力、工程洞察力和判断力,特别是不断地吸收、融会分析问题及解决问题的能力,为顺利过渡到专业课程的学习及进行专业产品和设备的设计打下宽广而坚实的基础。

1.3 本课程的特点及学习方法

本课程有着既不同于一般公共基础课程,又区别于后续专业课程的显著特点。了解和掌握本课程的特点,在学习中着重于基本概念的理解和设计方法、步骤的掌握,强调对设计能力的训练,注意创新思维能力的培养和开发,不断总结和提高是学好本课程的重要条件。现结合本课程的特点,将学习中应该注意的几个问题进行介绍,供学习者参考。

1) 本课程的内容涉及多门先修课程和同修课程,如机械制图(设计的图形表达)、理论力学(解决受力分析和动力计算)、材料力学(解决强度计算问题)、互换性与测量技术(解决精度设计问题)、机械原理(解决机械的方案设计)、工程材料及金属工艺学(材料的性能、热处理、选用)等。可见,本课程是一门知识面宽、综合性强的课程,学习中要随时复习和巩固有关先修课程,学好同修课程,并注意训练和提高自己综合应用各门课程知识的能力。

2) 本课程以培养学生对机械零部件及简单机构的设计能力为根本目标,是一门实践性很强的课程。学习中一定要抓住"设计"这一环节,在学好设计基本知识、基本理论的同时,重视设

计的实际训练，尤其是要重视本课程的课程设计环节。通过实际的设计训练，培养和提高机械设计的能力，尤其是要重视提高机械零部件结构设计的能力和熟练查阅、使用设计手册及各种技术资料的技能，真正实现"能设计"的学习目标。

3）影响机械零部件工作能力的因素有很多且错综复杂，因而本课程中许多机械零部件的设计原理和设计公式是带有条件的，不少机械零部件的设计公式中涉及多个参数与系数，使设计表现出某种不确定性，设计结果也往往不是唯一的。学习时：①注意原理与公式的适用条件，弄清实际情况是否与适用条件相同；②准确把握设计公式中各参数间的关系和系数的意义与取值；③正确对待设计结果，尤其是要正确对待理论计算的结果。通常，理论计算结果要服从结构设计和加工工艺的要求。此外，不少零部件的尺寸并不是由理论计算一次确定的，而是先由结构设计或凭经验初定尺寸，再经过校核、修改（若校核不满足）后确定的；有些零部件设计公式中的参数或系数，在开始设计时是不能确定的，同样需要经过"先初选，再校核，最后确定"的设计过程。这种设计方法是机械零部件设计中常用的方法，学习中要逐步地适应和很好地掌握。

4）本课程的主要内容是通用零部件的设计问题，涉及的零部件较多，学习时既要注意区分不同零部件在功效、应用、载荷、应力、材料、失效形式、设计准则、计算公式、结构等方面的差别，又要把握不同机械零部件的设计所遵循的一些共同规律。一般来说，在机械零部件的参数设计中，分析问题的大致思路及设计步骤如下：

5）本课程介绍的机械设计方法主要是理论设计方法。但工程实际中的许多现象目前还难以用理论解释清楚，有些问题还难以进行精确的定量计算，有些数据还不能完全由理论分析及计算获得。所以，实际设计工作中往往要借助类比、实验等经验性的设计手段，或者使用经验公式和由实验提供的设计数据，更需要借助设计人员长期积累的设计经验。这就要求设计人员既要认真学习和掌握机械理论设计的方法，也要重视对经验设计方法的了解和学习，切不可轻视经验设计。经验设计虽无详细的理论分析，但有实践基础和依据，仍有一定的实用价值。

6）机械零部件是机器的基本组成部分。在不同的机器中，同样的零部件在受力情况、设计要求及设计特点等许多方面会有所不同。所以，机械零部件的设计总是和具体机械或机电产品的开发设计联系在一起的。要真正学好本课程，真正掌握机械零部件设计，必须注意培养和建立整机设计的观念，从产品开发设计的高度来对待机械零部件的设计问题。要结合产品的制造与装配工艺、市场前景及产品的经济性来考虑机械零部件的设计问题。此外，在市场竞争日趋激烈的今天，产品的开发设计离不开改进、改革与创新，因此应努力增强创新意识，培养创新设计能力，以积极创新的精神对待本课程的学习，对待机械零部件设计问题。此外，还要增强市场意识和工程意识，从市场与工程的角度来考虑机械零部件设计问题。

思 考 题

1-1 本课程的研究对象是什么？

1-2 机器由哪些基本部分构成？各部分的作用是什么？

1-3 什么是专用零件，什么是通用零件？试举例说明。

1-4 学习本课程时应注意哪些问题？

1-5 本课程的性质是什么？

第 2 章 机械设计概论

由绪论可知，机械是机器和机构的总称，零件是组成机器的基本单元，因此机械设计包括机器和机构设计两大部分内容。本课程只讨论机器的设计，即在本课程中，机械设计与机器设计同义，并重点介绍机械零部件设计。

机械设计是指设计开发新的机器设备或改进现有的机器设备，是一项具有创造性要求的工作。要学好本课程，掌握机械设计的基本知识、基本理论和基本方法，首先必须对机器的基本要求、设计程序和内容、设计方法等有一定的了解。

2.1 机器应满足的基本要求

机器的种类虽然很多，但设计时的主要要求往往是共同的。根据对现有机器的分析，现代机器的设计一般应满足以下几个方面的要求。

1. 预定功能要求

机器必须具有预定的使用功能，以达到预期的使用目的。这主要靠正确地选择机器的工作原理，正确地设计或选用原动机、传动机构和执行机构，以及合理地配置辅助系统来保证。

2. 经济性要求

机器的经济性体现在机器的设计、制造和使用的全过程中，包括设计制造经济性和使用经济性。设计制造经济性表现为机器的成本低，使用经济性表现为高生产率、高效率、较低的能源与原材料消耗，以及低的管理和维护费用等。设计机器时应最大限度地考虑其经济性。

提高设计制造经济性的主要途径有：①尽量采用先进的现代设计理论和方法，力求参数最优化，应用CAD技术，加快设计进度，降低设计成本；②合理组织设计和制造过程；③最大限度地采用标准化、系列化及通用化的零部件；④合理选用材料，改善零件的结构工艺性，尽可能地采用新材料、新结构、新工艺和新技术，使其用料少、质量小、加工费用低、易于装配；⑤尽力改善机器的造型设计，扩大销量。

提高机器使用经济性的主要途径有：①提高机器的机械化、自动化水平，以提高机器的生产率和生产产品的质量；②选用高效率的传动系统和支承装置，从而降低能源消耗和生产成本；③注意采用适当的防护、润滑和密封装置，以延长机器的使用寿命，并避免环境污染。

3. 劳动保护要求和环境保护要求

设计机器时应满足劳动保护要求和环境保护要求，一般可以从以下两个方面着手。

（1）保护操作者的人身安全，减轻操作时的劳动强度　具体措施有：对外露的运动件加设防护罩；设置完善的能消除和避免不正确操作等引起危害的安全保险装置和报警信号装置；减少操作动作单元，缩短动作距离；操纵应简便、省力，简单而重复的劳动要利用机械本身的机构来完成，做到"设计以人为本"。

（2）改善操作者及机器的环境　具体措施有：降低机器工作时的振动与噪声；防止有毒、有害介质渗漏；进行废水、废气和废液的治理；美化机器的外形及外部色彩。

总之，应使所设计的机器符合国家劳动保护法规的要求和环境保护的要求。

4. 可靠性要求

机器在预定工作期限内必须具有一定的可靠性。机器可靠性的高低常用可靠度来表示。机器的可靠度是指机器在规定的工作期限内和规定的工作条件下，无故障地完成规定功能的概率。机器在规定的工作期限和条件下丧失规定功能，不能正常工作称为失效。

提高机器可靠度的关键是提高其组成零部件的可靠度。此外，从机器设计的角度考虑，确定适当的可靠性水平，力求结构简单，减少零件数目，尽可能选用标准件及可靠零件，合理设计机器的组件和部件，必要时选取较大的安全系数，采用备用系统等，对提高机器可靠度也是十分有效的。

5. 其他特殊要求

对不同的机器，还有一些为该机器所特有的要求。例如，对食品机械有保持清洁与不能污染产品的要求；对机床有长期保持精度的要求；对飞机有质量小与飞行阻力小等要求。设计此类机器时，不仅要满足前述共同的基本要求，还应满足其特殊要求。

此外，要指出的是，随着社会的不断进步和经济的高速增长，在许多国家和地区，机器的广泛使用使自然资源被大量地消耗和浪费，自然环境也遭到严重的破坏。这一切使人类自身的生存和发展受到了严重的威胁，人们对此已有了较为深刻的认识，并提出了可持续发展的观念和战略，即人类的进步必须建立在经济增长与环境保护相协调的基础之上。因此，设计机器时除了满足以上基本要求和某些特殊要求外，还应该考虑满足可持续发展战略的要求，采取必要的措施，尽量减少机器对环境和资源的不良影响。具体措施包括：①使用清洁的能源，如太阳能、水力、风力及现有燃料的清洁燃烧；②采用清洁的材料，即采用低污染、无毒、易分解、可回收的材料；③采用清洁的制造过程，不消耗对环境产生污染的资源，无"废气、废水、废物"排放；④使用清洁的产品，即在使用机器过程中不污染环境，机器报废后易回收。

2.2　机器设计的主要内容及一般程序

机器的质量基本上是由设计质量所决定的，而制造过程主要就是实现设计时所规定的质量。机器设计是一项复杂的工作，必须按照科学的程序来进行。机器设计的一般程序及主要内容可概括如下。

1. 计划阶段

这是机器设计整个过程中的准备阶段。在计划阶段要进行所设计机器的需求分析和市场预测，在此基础上确定所设计机器的具体功能和性能参数，并根据现有的技术、资料及研究成果，分析其实现的可能性，明确设计中的关键问题，拟订设计任务书。设计任务书大体上应包括：机器的功能、技术经济指标及环保要求估计（应与国内外的指标及要求进行对比）、主要参考资料和样机、关键制造技术、特殊材料、必要的试验项目、完成设计任务的预期期限、其他特殊要求等。只有在充分调查研究和仔细分析的基础上，才能形成合适、可行的设计任务书。

2. 方案设计阶段

方案设计的成败，直接关系到整个机器设计的成败。按照设计任务书的要求，方案设计阶段的主要工作有以下几个部分。

（1）拟订执行机构方案

1）选择机器的工作原理。设计一台机器，首先要根据预期的机器功能选择机器的工作原理，再进行工艺动作分析，定出其运动形式，从而拟订所需执行构件的数目和运动。根据不同的工作原理，所设计出的机器就会根本不同。同一种工作原理，也可能有多种不同的结构方案。在多方案的情况下，应对其中可行的不同方案从技术、经济及环境保护等方面进行综合评价，从中选定一个综合性能最佳的方案。

2) 拟订原动机方案。该项工作包括选择原动机类型及其运动参数。一般机器中大多选用电动机。

3) 机构的选型。该项工作包括传动机构和执行机构的选型，但主要是执行机构的选型。

4) 正确设计执行机构间运动的协调、配合关系。

(2) 拟订传动系统方案　拟订传动系统方案时主要考虑的问题有合理设计传动路线、合理安排传动机构顺序、合理安排功率传递顺序、合理分配传动比及注意提高机械效率等。

(3) 传动系统运动尺寸设计　主要目的是确定各执行机构运动尺寸和传动系统中齿轮、链轮的齿数，以及链轮、带轮的直径等，并绘制各执行机构的运动简图和整个传动系统的运动简图。

(4) 传动系统运动、动力分析　其中动力学计算将为以后零件的工作能力计算提供数据。根据动力学计算的结果，可粗略计算原动机所需功率，从而选定原动机的型号和规格。

(5) 考虑总体布局并画出传动简图　总体布局时还应考虑一些其他装置和必要的附属设备的配置，如操纵、信号等装置，以及润滑、降温、吸尘、排屑等设备的配置，并应在传动简图中明确表示出来。

3. 技术设计阶段

技术设计的目标是给出正式的机器总装配图、部件装配图和零件图，主要工作有以下几个方面。

1) 零部件工作能力设计和结构设计。

2) 部件装配草图和总装配草图的设计。草图设计过程中应对所有零件进行结构设计，协调各个零件的结构和尺寸，应全面考虑零部件的结构工艺性。

3) 主要零件校核计算。有些零件（如转轴等）必须在草图设计后才能确定其基本结构和尺寸，确定其受力。因此，对其中重要的或受力复杂的零件，应进行有关的校核计算。

4) 零件图设计。

5) 完成部件装配图和总装配图设计。

4. 编制技术文件阶段

需要编制的技术文件有机器设计计算说明书、使用说明书、标准件明细表及易损件（或备用件）清单等。

以上介绍的机器的设计程序并不是一成不变的。在实际设计工作中，上述设计步骤往往是相互交叉或相互平行的。例如，计算和绘图、装配图和零件图的绘制，就常常是相互交叉、互为补充的。一些机器的继承性设计或改型设计，则常常直接从技术设计开始，整个设计步骤大为简化。机器设计过程中还少不了各种审核环节，如方案设计与技术设计的审核、工艺审核和标准化审核等。

此外，从产品设计开发的全过程来看，完成上述设计工作后，接着是样机试制，这一阶段随时都会因工艺原因修改原设计，甚至在产品推向市场一段时间后，还会根据用户反馈意见修改设计或进行改型设计。作为一个合格的设计工作者，完全应该将自己的设计视野延伸到制造和使用的全过程，这样才能不断地改进设计和提高机器质量，更好地满足生产及生活的需要。但这些设计工作毕竟是属于另一层次的设计工作，机器设计的主要内容与步骤仍然是以上介绍的四大部分。

2.3 机械零件设计的基本要求及一般步骤

2.3.1 机械零件设计的基本要求

机器是由机械零件组成的，因此设计的机器是否满足前述基本要求，零件的设计情况将起着决定性的作用。为此，对机械零件提出以下基本要求。

1. 强度、刚度及寿命要求

强度是指零件抵抗破坏的能力。零件强度不足，将导致过大的塑性变形甚至断裂破坏，使机器停止工作甚至发生严重事故。采用高强度材料，增大零件截面尺寸，合理设计截面形状，采用热处理及化学处理方法，提高运动零件的制造精度，合理配置机器中各个零件的相互位置等，均有利于提高零件的强度。

刚度是指零件抵抗弹性变形的能力。零件刚度不足，将导致过大的弹性变形，引起载荷集中，影响机器工作性能，甚至造成事故。例如，机床的主轴、导轨等，若刚度不足，会使变形过大，将严重影响所加工零件的精度。零件的刚度分整体变形刚度和表面接触刚度两种。增大零件截面尺寸或增大惯性矩，缩短支承跨距或采用多支点结构等措施，都将有利于提高零件的整体刚度。增大贴合面及采用精细加工等措施，将有利于提高零件的接触刚度。一般而言，满足刚度要求的零件，也满足其强度要求。

寿命是指零件正常工作的期限。影响零件寿命的主要因素有：材料的疲劳、腐蚀、相对运动零件接触表面的磨损及高温下零件的蠕变等。提高零件疲劳强度的主要措施有：减小应力集中，保证零件有足够大小的尺寸，提高零件表面质量等。提高零件耐蚀性的主要措施有：选用耐蚀材料和采取各种防腐蚀的表面保护措施。

2. 结构工艺性要求

零件应具有良好的结构工艺性，即在一定的生产条件下，零件应能方便而经济地生产出来，并便于装配成机器。零件的结构工艺性应从零件的毛坯制造、机械加工过程及装配等几个生产环节加以综合考虑。因此，在进行零件的结构设计时，除了满足零件功能上的要求和强度、刚度及寿命要求外，还应该重视对零件的加工、测量、安装、维修、运输等方面的要求，使零件的结构能较好地满足以上各方面的要求。

3. 可靠性要求

零件可靠性的定义和机器可靠性的定义是相同的。机器的可靠性主要是由其组成零件的可靠性来保证的。提高零件的可靠性，应从工作条件（载荷、环境温度等）和零件性能两个方面综合考虑，使其随机变化尽可能小。同时，加强使用中的维护与监测，也可提高零件的可靠性。

4. 经济性要求

零件的经济性主要决定于零件的材料和加工成本，因此提高零件的经济性主要从零件的材料选择和结构工艺性两个方面加以考虑。例如用廉价材料代替贵重材料，采用轻型结构和少余量、无余量毛坯，简化零件结构和改善零件结构工艺性，以及尽可能地采用标准件等。

5. 质量小的要求

尽可能地减小质量对绝大多数机械零件都是必要的。减小质量一方面可节约材料，另一方面对于运动零件可减小其惯性力，从而改善机器的动力性能。对于运输机械，减小零件质量就可减小机械本身的质量，从而可增加运载量。要达到零件质量减小的目的，应从多方面采取设计措施。

2.3.2 机械零件设计的一般步骤

由于机械零件种类的不同，其具体的设计步骤也不一样，但一般可按下列步骤进行。

(1) 类型选择　根据零件功能要求、使用条件及载荷性质等选定零件的类型。为此，必须对各种常用机械零件的类型、特点及适用范围有明确的了解。通常，应经过多方案比较择优确定。

(2) 受力分析　分析零件的工况，计算作用在零件上的载荷。

(3) 选择材料　根据零件的工作条件及对零件的特殊要求，选择合适的材料及热处理方法。

(4) 确定计算准则　根据工况，分析零件的失效形式，从而确定其设计计算准则。

(5) 理论设计计算　根据设计计算准则，计算并确定零件的主要尺寸和主要参数。

(6) 结构设计　根据工艺性要求及标准化等原则，进行零件的结构设计，确定其结构尺寸。这是零件设计中极为重要的设计内容，而且往往是工作量较大的工作。

(7) 精确校核　对于重要的零件，结构设计完成后，必要时还应进行精确校核计算，若不合适，应修改结构设计。

(8) 绘制零件图　理论设计和结构设计的结果最终由零件图表达。零件图上不仅要标注详细的零件尺寸，还要标注配合尺寸的尺寸公差、必要的几何公差、表面粗糙度及技术要求等。

(9) 编写计算说明书及有关技术文件　将设计计算的过程整理成计算说明书等，作为技术文件备查。

2.4　机械零件的主要失效形式及计算准则

2.4.1　机械零件的主要失效形式

机械零件在规定的时间内和规定的条件下不能完成规定的功能，称为失效。机械零件的主要失效形式有以下几种。

1. 整体断裂

在载荷的作用下，零件因危险截面上的应力大于材料的极限应力而引起的断裂称为整体断裂，如螺栓的断裂、齿轮轮齿的折断、轴的折断等。整体断裂分为静强度断裂和疲劳断裂两种。静强度断裂产生在静应力状态下，疲劳断裂则是由于交变应力的作用而引起的。由于机械零件的疲劳断裂往往是在没有明显的预兆下突然发生，因而引起的后果也更为严重。据统计，机械零件的整体断裂中大部分为疲劳断裂。

2. 过大的弹性变形或塑性变形

机械零件受载时会产生弹性变形。当弹性变形量超过许可范围时，零件或机器便不能正常工作。弹性变形量过大会破坏零件间相互位置及配合关系，有时还会引起附加动载荷及振动。

对于塑性材料制成的零件，当载荷过大使零件内应力超过材料的屈服强度时，零件将产生塑性变形。塑性变形会使零件的尺寸和形状发生永久性改变，使零件不能正常工作。

3. 零件的表面破坏

表面破坏是发生在机械零件工作表面上的一种失效形式。零件的工作表面一旦出现某种表面失效，将破坏表面精度，改变表面尺寸和形状，使运动性能降低，摩擦增大、能耗增加，严重时会导致零件完全不能工作。零件的表面破坏主要有磨损、点蚀和腐蚀。

1) 磨损是两个接触表面相对运动的过程中，因摩擦而引起零件表面材料丧失或转移的现象。

2) 在交变接触应力作用下发生在零件表面的局部疲劳破坏的现象，称为点蚀。发生点蚀时，零件的局部表面上会形成麻点或凹坑，并且其发生区域会不断扩展，进而导致零件失效。

3）腐蚀是发生在金属表面的一种电化学或化学侵蚀现象。腐蚀的结果会使金属表面产生锈蚀，从而使零件表面受到破坏。与此同时，对于承受变应力的零件，还会出现腐蚀疲劳现象。

磨损、点蚀和腐蚀都是随工作时间的延续而逐渐发生的失效形式。对于做相对运动的零件，其接触表面都有可能发生磨损；对于在交变接触应力作用下工作的零件，其表面都有可能发生点蚀；对于处于潮湿空气中或与水、汽及其他腐蚀性介质相接触的金属零件，均有可能发生腐蚀。

4. 破坏正常工作条件引起的失效

有些零件只有在一定的工作条件下才能正常工作，若破坏了这些必备条件，则将发生不同类型的失效。例如，V带传动当传递的有效圆周力大于带和带轮之间摩擦力的极限值时将发生打滑失效；高速转动的零件当其转速与转动系统的固有频率相一致时会发生共振，以致引起断裂；液体润滑的滑动轴承当润滑油膜被破坏时将发生过热、胶合、磨损等。

2.4.2 机械零件的计算准则

为了避免机械零件的失效，设计机械零件时就应使其具有足够的工作能力。目前，针对各种不同的零件失效形式，已分别提出了相应的计算准则，其中常用的计算准则有以下几个。

1. 强度准则

强度准则是指零件危险截面上的应力不得超过其许用应力，其一般表达式为

$$\sigma \leq [\sigma] \tag{2-1}$$

式中，$[\sigma]$ 为零件的许用应力（MPa），由零件材料的极限应力 σ_{lim} 和设计许用安全系数 $[S]$ 确定，即

$$[\sigma] = \frac{\sigma_{lim}}{[S]} \tag{2-2}$$

式中，材料极限应力 σ_{lim}（MPa）要根据零件的失效形式来确定。对于静强度断裂，σ_{lim} 为材料的静强度极限；对于疲劳断裂，σ_{lim} 为材料的疲劳极限；对于塑性变形，σ_{lim} 为材料的屈服强度。

一般来讲，各种零件都应满足一定的强度要求，因而强度准则是零件设计最基本的准则。

2. 刚度准则

刚度准则是指零件在载荷下产生的弹性变形量 y 不得大于许用变形量 $[y]$，即

$$y \leq [y] \tag{2-3}$$

弹性变形量 y 可根据不同的变形形式由理论计算或实验方法来确定。许用变形量 $[y]$ 主要根据机器的工作要求、零件的使用场合等，由理论计算或工程经验来确定其合理的数值。

3. 寿命准则

影响零件寿命的主要失效形式是腐蚀、磨损和疲劳，它们的产生机理、发展规律及对零件寿命的影响是完全不同的，应分别加以考虑。迄今为止，还未能提出有效而实用的腐蚀寿命计算方法，所以尚不能列出相应的计算准则。对于摩擦和磨损，人们已充分认识到它们的严重危害性，进行了大量的研究工作，取得了很多研究成果，并已建立了一些有关摩擦、磨损的设计准则，也在某些领域中进行了应用。对于疲劳寿命计算，通常是求出零件使用寿命期内的疲劳极限作为计算的依据，本书第3章将进一步进行介绍。

4. 振动稳定性准则

做回转运动的零件一般都会产生振动。轻微振动对机器的正常工作妨碍不大，但剧烈振动将会严重影响机器的性能。机器中存在着许多周期性变化的激振源，如齿轮的啮合、轴的偏心转动、滚动轴承中的振动等。当零件（或部件）的固有频率 f 与上述激振源的频率 f_p 相等或相近时，零

件就会发生共振，导致振幅急剧增大，短期内就会使零件破坏，机器工况失常。因此，对于高速回转的零件，应满足一定的振动稳定性条件，相应的计算准则为

$$f_p < 0.85f \text{ 或 } f_p > 1.15f \tag{2-4}$$

从而，使受激零件的固有频率与激振源的频率相互错开。

若不满足振动稳定性条件，可改变零件或系统的刚度或采取隔振、减振措施来改善零件的振动稳定性。例如提高零件的制造精度，提高回转零件的动平衡精度，增加阻尼系数，提高材料或结构的衰减系数，以及采用减振、隔振装置等，都可改善零件的振动稳定性。

5. 可靠性准则

对于满足强度要求的一批完全相同的零件，由于零件的工作应力和极限应力都是随机性地变化的，必有一定数量的零件会因丧失工作能力而失效。机械零件在规定的工作条件下和规定的使用时间内完成规定功能的概率，称为机械零件的可靠度。可靠度是表示机械零件可靠性的一个特征量。

设有 N_0 个零件在预定的使用条件下进行试验，在规定的使用时间 t 内，有 N_t 个零件随机失效，剩下 N_s 个零件仍能继续工作，则可靠度 R_t 为

$$R_t = \frac{N_s}{N_s + N_t} = \frac{N_s}{N_0} = \frac{N_0 - N_t}{N_0} \tag{2-5}$$

当可靠度越大时，零件的可靠性便越高。显然，随着使用时间的延长，零件的可靠度会降低，所以零件的可靠度是随使用时间而变化的。

可靠度准则要求零件的工作可靠度 R_t 不小于规定的许用可靠度 $[R_t]$，即

$$R_t \geq [R_t] \tag{2-6}$$

此外，对一个由多个零件组成的串联系统，任意一个零件失效都会使整个系统失效。若系统中各个零件的可靠度分别为 R_1，R_2，…，R_n，则整个系统的可靠度为

$$R_t = R_1 R_2 \cdots R_n \tag{2-7}$$

由式（2-7）可知，串联系统的可靠度一定低于系统中最低可靠度零件的可靠度。串联的零件越多，则系统的可靠度越低。

设计零件时，要根据具体零件的主要失效形式选择和确定计算准则。

在现代机器的设计中，除了以上常用的计算准则外，热平衡准则、摩擦学准则等也已越来越受到了人们的重视，在有些场合已成为必须遵守的基本准则，从而更加有效地提高了机械零件的设计质量和机器的质量。

2.5 机械零件的材料选择

2.5.1 机械零件的常用材料

在工程实际中，机械零件的常用材料主要有金属材料、非金属材料和复合材料几大类。其中金属材料尤其是钢铁材料的使用最为广泛，设计人员应对各种钢铁材料的性能特点、影响因素、工艺性及热处理性能等，都有全面了解。有色金属中的铜、铝及其合金具有各自独特的优点，应用也较多。机械零件使用的非金属材料主要是各种工程塑料和新型的陶瓷材料，它们各自具有金属材料所不具备的一些优点，如强度高、刚度大、耐磨、耐蚀、耐高温、耐低温、密度低等，常常被应用在工作环境较为特殊的场合。复合材料是由两种或两种以上具有不同的物理和力学性能的材料复合制成的，可以获得单一材料难以达到的优良性能。由于复合材料的价格比较高，目前

主要应用于航空、航天等高科技领域。机械零件的常用材料绝大多数已标准化,可查阅有关的国家标准、设计手册等资料,了解它们的性能特点和使用场合,以备选用。在后面的有关章节中也将对具体零件的适用材料分别加以介绍。

2.5.2 机械零件材料的选用原则

材料的选择是机械零件设计中非常重要的环节,特别是随着工程实际情况对现代机器及零件要求的不断提高,以及各种新材料的不断出现,合理选择零件材料已成为提高零件质量和降低成本的重要手段。通常,零件材料选择的一般原则是满足使用要求、工艺要求和经济性要求。

1. 使用要求

满足使用要求是选择零件材料的最基本要求。使用要求一般包括:①零件的受载情况,即载荷、应力的大小和性质;②零件的工况,主要是指零件所处的环境、介质、工作温度、摩擦、磨损等情况;③对零件尺寸和质量的限制;④零件的重要程度;⑤其他特殊要求,如需要绝缘、抗磁等。在考虑使用要求时,要抓住主要问题,兼顾其他方面。

2. 工艺要求

工艺要求是指所选用材料的冷、热加工性能要好。为了使零件便于加工制造,选择材料时应考虑零件结构的复杂程度、尺寸大小和毛坯类型。对于外形复杂、尺寸较大的零件,若考虑采用铸造毛坯,则需要选择铸造性能好的材料;若考虑采用焊接毛坯,则应选择焊接性能好的低碳钢。对于外形简单、尺寸较小、批量较大的零件,适合冲压或模锻,应选择塑性较好的材料;对于需要热处理的零件,材料应具有良好的热处理性能。此外,还应考虑材料的易切削性及热处理后的易切削性。

3. 经济性要求

材料的经济性不仅指材料本身的价格,还包括加工制造费用、使用维护费用等。提高材料经济性可从以下几个方面加以考虑。

1)材料本身的价格。与铸铁相比,合金钢的价格可高达十多倍,铜材更是高达三十多倍,因此在满足使用要求和工艺要求的条件下,应尽可能地选择价格低廉的材料,特别是对生产批量大的零件更为重要。

2)采用热处理或表面强化(如喷丸、碾压等)工艺,充分发挥和利用材料潜在的力学性能。

3)合理采用表面镀层(如镀铬、镀铜、发黑等)方法,以减轻腐蚀或磨损的程度,延长零件的使用寿命。

4)改善工艺方法,提高材料利用率,降低制造费用。例如采用无切削、少切削工艺(冷镦、碾压、精铸、模锻、冷拉工艺等),可减少材料的浪费,缩短加工工时,还可使零件内部金属流线连续,从而提高强度。

5)节约稀有材料。例如采用我国资源较丰富的锰硼系合金钢代替资源较少的铬镍系合金钢,采用铝青铜代替锡青铜等。

6)采用组合式结构,节约价格较高的材料。例如直径较大的蜗轮齿圈采用减摩性较好但价高的锡青铜,可得到较高的啮合效率,而轮芯采用价廉的铸铁,可显著地降低成本。

7)根据材料的供应情况,选择本地现有且便于供应的材料,以降低采购、运输、储存的费用。

此外,应尽可能地减少材料的品种和规格,以简化供应和管理,同时应使加工及热处理方法更容易被掌握和控制,从而提高制造质量,减少废品,提高劳动生产率。

2.6 机械零件的工艺性及标准化

2.6.1 机械零件的结构工艺性

在一定的生产条件和生产规模下，花费最少的劳动量和最低的生产成本，把零件制造和装配出来，这样的零部件就被认为具有良好的结构工艺性。因此，零件的结构形状除了要满足功能上的要求外，还应该有利于零件在强度、刚度、加工、装配、调试、维护等方面的要求。零件的结构工艺性贯穿于生产过程的各个阶段之中，涉及面很广，包括材料选择、毛坯制作、热处理、切削加工、机器装配及维修等。应该注意，生产规模的不同将对结构工艺性好坏的评定方法产生很大的影响。在单件、小批量生产中被认为工艺性好的结构，在大量生产中却往往显得不好，反之亦然。例如外形复杂、尺寸较大的零件，单件或少量生产时，宜采用焊接毛坯，可节省费用；大批量生产时，应该采用铸造毛坯，可提高生产率。同样，不同的生产条件（生产设备、工艺装配、技术力量等）也会对结构工艺性产生较大的影响，一般应根据具体的生产条件研究零件的结构工艺性问题。

设计零件的结构时，要使零件的结构形状与生产规模、生产条件、材料、毛坯制作、工艺技术等相适应，一般可从以下几个方面加以考虑。

1. 零件形状简单合理

一般来讲，零件的结构和形状越复杂，制造、装配和维修将越困难，成本也越高。所以，在满足使用要求的情况下，零件的结构形状应尽量简单，尽可能地采用平面和圆柱面及其组合，各面之间应尽量相互平行或垂直，避免倾斜、突变等不利于制造的形状。

2. 合理选用毛坯类型

例如，根据尺寸、生产批量和结构的复杂程度来确定齿轮的毛坯类型：尺寸小、结构简单、批量大时采用模锻件；结构复杂、批量大时，采用铸件；单件或少量生产时，采用焊接件。

3. 铸件的结构工艺性

铸造毛坯的采用较为广泛，设计其结构时首先应使铸件的最小壁厚满足液态金属的流动性要求，要注意壁厚均匀、过渡平缓，以防产生缩孔和裂纹，保证铸造质量；要有适当的起模斜度，以便于起模；铸件各个面的交界处要采用圆角过渡；为了加强刚度，应设置必要的加强肋。

4. 零件的切削加工工艺性

对于切削加工的零件要考虑加工的可能性，尽可能减小加工的难度。在机床上加工零件时，要有合适的基准面，便于定位与夹紧，尽量减少工件的装夹次数。在满足使用要求的条件下，应减少加工面的数量和减小加工面积；加工面要尽量布置在同一个平面或同一条线上；应尽量采用相同的形状和元素，如相同的齿轮模数、螺纹、键、圆角半径、退刀槽等；结构尺寸应便于测量和检查；应选择适当的公差等级和表面粗糙度，过高的精度和过低的表面粗糙度要求，将极大地增加加工成本和装配难度。

5. 零部件的装配工艺性

装配工艺性是指零件组装成部件或机器时，相互连接的零件不需要再加工或只需要少量加工就能顺利地装上或拆卸，并达到技术要求。结构设计时要注意以下几点：①要有正确的装配基准面，保证零件间相对位置的固定；②配合面大小要合适；③定位销位置要合理，不致产生错装；④装配端面要有倒角或引导锥面；⑤绝对不允许出现装不上或拆不下的现象。

6. 零部件的维修工艺性

良好的维修工艺性体现在以下几个方面：①可达性，是指容易接近维修处，并易于观察到维修的部位；②易于装拆；③便于更换，为此应尽量采用标准件或模块化设计；④便于修理，即对损坏部分容易修配或更换。

2.6.2 机械零件设计中的标准化

机械零件的标准化就是对零件尺寸、规格、结构要求、材料性能、检验方法、设计方法、制图要求等，制定出各种相应的标准，供设计制造时大家共同遵照使用。贯彻标准化是一项重要的技术经济政策和法规，同时也是进行现代化生产的重要手段。目前，标准化程度的高低已成为评定设计水平及产品质量的重要指标之一。

标准化工作实际上包括三方面的内容，即标准化、系列化和通用化，简称为机械产品的"三化"。系列化是指在同一基本结构下，规定若干个规格尺寸不同的产品，形成产品系列，用较少的品种规格满足对多种尺寸的性能指标的广泛需要，如圆柱齿轮减速器系列。通用化是指在同类型机械系列产品内部或在跨系列的产品之间，采用同一结构和尺寸的零部件，使有关的零部件特别是易损件，最大限度地实现通用互换性。

国家标准化法规规定，我国实行的标准分国家标准（GB）、行业标准、地方标准和企业标准。国际标准化组织还制定了国际标准（ISO）。

机械零件设计中贯彻标准化的重要意义是：①减小设计工作量，缩短设计周期，降低设计费用，有利于设计人员将主要精力用于关键零部件的设计；②便于建立专门工厂，采用最先进的技术，大规模地生产标准零部件，有利于合理地使用原材料，节约能源、降低成本，提高质量和可靠性，提高劳动生产率；③增强互换性，便于维修；④便于产品改进，增加产品品种；⑤采用与国际标准一致的国家标准，有利于产品走向国际市场。

因此，在机械零件的设计中，设计人员必须了解和掌握有关的标准并认真地贯彻执行，不断提高设计产品的标准化程度。此外，随着科学技术的不断发展，现有的标准还在不断地更新，设计人员必须密切予以关注。

2.7 机械设计方法及其发展

机械设计的方法通常可分为两类：一类是过去长期采用的传统（或常规的）设计方法；另一类是近几十年发展起来的现代设计方法。

2.7.1 传统设计方法

传统设计方法是综合运用与机械设计有关的基础学科，如理论力学、材料力学、弹性力学、流体力学、热力学、互换性与技术测量、机械制图等，逐渐形成的机械设计方法。传统设计方法是以经验总结为基础，运用力学和数学形成经验公式、图表、设计手册等作为设计的依据，通过经验公式、近似系数或类比等方法进行设计的方法。这是一种以静态分析、近似计算、经验设计、人工劳动为特征的设计方法。目前，在我国的许多场合，传统设计方法仍被广泛使用。传统设计方法分为以下三种。

1. 理论设计

根据长期研究和实践总结出来的传统设计理论及实验数据所进行的设计，称为理论设计。理论设计的计算过程又可分为设计计算和校核计算。设计计算是按照已知的运动要求、载荷情况及零件的材料特性等，运用一定的理论公式设计零件尺寸和形状的计算过程，如按转轴的强度、刚度条件计算转轴的直径等；校核计算是先根据类比法、实验法等方法初步定出零件的尺寸和形状，再用理论公式进行零件的强度、刚度等校核及精确校核的计算过程，如转轴的弯扭组合强度校核和精确校核等。设计计算多用于能通过简单的力学模型进行设计的零件；校核计算则多用于结构复杂、应力分布较复杂，但又能用现有的分析方法进行计算的场合。

理论设计可得到比较精确而可靠的结果，重要的零部件大多数都应该选择这种设计方法。

2. 经验设计

根据对某类零件已有的设计与使用实践归纳出的经验公式或设计者本人的工作经验，用类比法所进行的设计，称为经验设计。经验设计简单、方便，是比较实用的设计方法。对于一些不重要的零件，如不太受力的螺钉等，或者对于一些理论上不够成熟或虽有理论方法但没有必要进行复杂、精确计算的零部件，如机架、箱体等，通常采用经验设计方法。

3. 模型实验设计

将初步设计的零部件或机器制成小模型或小尺寸样机，经过实验手段对其各方面的特性进行检验，再根据实验结果对原设计进行逐步的修改，从而获得尽可能完善的设计结果，这样的设计过程称为模型实验设计。该设计方法费时、昂贵，一般只用于特别重要的设计中。一些尺寸巨大、结构复杂而又十分重要的零部件，如新型重型设备及飞机的机身、新型舰船的船体等的设计，常采用这种设计方法。

2.7.2 设计方法的新发展

20世纪60年代以来，随着科学技术的迅速发展及计算机技术的广泛应用，在机械设计传统设计方法的基础上又发展了一系列新兴的设计理论与方法，如设计方法学设计、优化设计、可靠性设计、摩擦学设计、计算机辅助设计、有限元方法、动态设计、模块化设计、参数化设计、价值分析或价值工程、并行设计、虚拟产品设计、工业造型设计、反求工程设计、人机工程设计、智能设计、网上设计等。现代设计方法种类极多，内容十分丰富，这里仅简略介绍几种国内在机械设计中应用较为成熟、影响较大的方法，具体使用时应进一步参考有关资料。

1. 机械优化设计

机械优化设计是将最优化数学理论（主要是数学规划理论）应用于机械设计领域而形成的一种设计方法。该方法先将设计问题的物理模型转化为数学模型，再选用适当的优化方法并借助计算机求解该数学模型，经过对优化方案的评价与决策后，从而求得最佳设计目标（如经济性最好、重量最轻、体积最小、寿命最长、刚度最大、速度最高等）下结构参数的最优解。采用优化设计方法可以在多变量、多目标的条件下，获得高效率、高精度的设计结果，极大地提高了设计质量。近些年来，优化设计还与可靠性设计、模糊学设计等其他一些设计方法结合起来，形成了可靠性优化设计、模糊优化设计等一些新的设计方法。

2. 机械可靠性设计

机械可靠性设计是将概率论、数理统计、失效物理和机械学相结合而成的一种设计方法。其主要特点是将传统设计方法中视为单值而实际上具有多值性的设计变量（如载荷、应力、强度、寿命等），如实地作为服从某种分布规律的随机变量来对待，用概率统计方法定量设计出符合机械产品可靠性指标要求的零部件和整机的主要参数及结构尺寸。机械可靠性设计的主要内容有：①从规定的目标可靠度出发，设计零部件和整机的有关参数及结构尺寸，这是可靠性设计最基本的内容；②可靠性预测，即根据零部件和机器（或系统）目前的状况及失效数据，预测其实际可能达到的可靠度，预报它们在规定的条件下和在规定的时间内完成规定功能的概率；③可靠度分配，即根据确定的机器（或系统）的可靠度，分配其组成零部件或子系统的可靠度。这对复杂产品和大型系统来说尤为重要。

3. 机械系统设计

机械系统设计是应用系统的观点进行机械产品设计的一种设计方法。与传统设计相比，传统设计只注重机械内部系统设计，且以改善零部件的特性为重点，对各零部件之间、内部与外部系统之间的相互作用和影响考虑较少；机械系统设计则遵循系统的观点，研究内外系统和各子系统之间的相互关系，通过各子系统的协调工作和取长补短来实现整个系统最佳的总功能。

机械系统设计的一般过程包括计划、外部系统设计（简称外部设计）、内部系统设计（简称内部设计）和制造销售四个阶段。

4. 有限元方法

有限元方法是随着电子计算机的发展而迅速发展起来的一种现代设计计算方法。它的基本思想：把连续的介质（如零件、结构等）看成是由在有限个节点处连接起来的有限个小块（称为元素）组合而成的，然后对每个元素通过取定的插值函数，如线性函数，将其内部每一点的位移（或应力）用元素节点的位移（或应力）来表示，再根据介质整体的协调关系，建立包括所有节点的未知量的联立方程组，最后用计算机求解该联立方程组，以获得所需要的解答。当元素足够"小"时，可以得到十分精确的解答。

有限元方法适用性极广，不仅可用来计算一般零件（二维或三维）及杆系结构、板、壳等问题的静应力或热应力，还可计算它们的弹塑性、蠕变、大挠度变形等非线性问题，以及振动、稳定性等问题。

5. 计算机辅助设计

计算机辅助设计（CAD）是利用计算机运算快速、准确、存储量大、逻辑判断功能强等特点进行设计信息处理，并通过人机交互作用完成设计工作的一种设计方法。一个完备的 CAD 系统由科学计算、图形系统和数据库三方面组成。与传统设计方法相比，该方法具有以下优点：①显著提高设计效率，缩短设计周期，有利于加快产品的更新换代，增强市场竞争能力；②能获得一定条件下的最佳设计方案，提高了设计质量；③能充分应用其他各种先进的现代设计方法；④随着 CAD 系统的日益完备和高度自动化，设计工作越显得易学易用，设计人员从烦琐的重复性工作中解脱出来，可从事更富创造性的工作；⑤可与计算机辅助制造（CAM）结合形成 CAD/CAM 系统，再与计算机辅助检测（CAT）、计算机管理自动化结合形成计算机集成制造系统（CIMS），综合进行市场预测、产品设计、生产计划、制造和销售等一系列工作，实现人力、物力和时间等各种资源的有效利用，有效地促进了现代企业生产组织、管理和实施的自动化、无人化，使企业总效益最高。

2.7.3 现代设计方法的特点

现代设计方法是综合应用现代各个领域科学技术的发展成果所形成的设计方法，同时又是在传统设计方法的基础上发展形成的。它包含哲学、思维科学、心理学和智能科学的研究成果；解剖学、生理学和人体科学的研究成果；社会学、环境科学、生态学的研究成果；现代应用数学、物理学与应用化学的研究成果；应用力学、摩擦学、技术美学、材料科学的研究成果及机械电子学、控制理论与技术、自动化的研究成果。特别是电子计算机的广泛应用和现代信息科学与技术的发展，极大、迅速地推动了现代设计方法的发展。与传统设计方法相比，现代机械设计方法具有如下一些特点：①以科学设计取代经验设计；②以动态的设计和分析取代静态的设计和分析；③以定量的设计计算取代定性的设计分析；④以变量取代常量进行设计计算；⑤以注重"人—机

—环境"大系统的设计准则,如人机工程设计准则、绿色设计准则,取代偏重于结构强度的设计准则;⑥以优化设计取代可行性设计,以及以自动化设计取代人工设计。

现代设计方法的应用将弥补传统设计方法的不足,从而有效地提高设计质量,但它并不能离开或完全取代传统设计方法。现代设计方法还将随着科学技术的飞速发展而不断地发展。

思 考 题

2-1 设计机器应满足哪些基本要求?
2-2 现代机器的定义及特征是什么?
2-3 机械设计的一般过程包括哪些阶段?
2-4 机械方案设计和零部件设计的主要内容及要求有哪些?
2-5 零件主要有哪些失效形式、计算准则和设计计算类型?
2-6 零件的材料选用原则是什么?
2-7 传统机械设计有哪些局限性?现代机械设计的思想和方法有哪些新发展?
2-8 什么是标准化、系列化和通用化?标准化的重要意义是什么?

第3章 机械零件的强度

3.1 载荷和应力的分类

3.1.1 载荷的分类

作用在机械零件上的载荷，按其大小和方向是否随时间变化而分为静载荷和变载荷。不随时间变化或变化缓慢的载荷称为静载荷，如物体的重力；随时间做周期性或非周期性变化的载荷称为变载荷。周期性变载荷如往复式活塞运动机构中曲轴所受载荷，非周期性变载荷如支承车身重量的弹簧所受到的载荷。

在机械零件的设计计算中，又将载荷分为名义载荷和计算载荷。名义载荷是根据原动机或负载的额定功率，用力学公式计算所得的作用在零件上的载荷，它没有反映载荷随时间变化的特征、载荷在零件上作用的不均匀性及其他影响零件上载荷的因素等。严格地说，它不能作为零件设计计算时的真实载荷。计算载荷则是综合考虑了各种实际影响因素之后用于零件设计计算的载荷。计算载荷等于名义载荷乘以载荷系数 K。载荷系数 K 的大小主要由原动机和工作机的性质来决定。常见原动机和工作机的工作性质见表3-1。

表3-1 常见原动机和工作机的工作性质

	工作性质	举例
原动机	工作平稳	电动机、汽轮机、燃气轮机
	轻度冲击	多缸内燃机
	中度冲击	单缸内燃机
工作机	平稳载荷（$T_{max}/T \leq 1.25$）	通风机、离心泵、车床、钻床、磨床、发电机、带式运输机
	轻度冲击（$1.25 < T_{max}/T \leq 1.5$）	轻型传动装置、铣床、滚齿机床、转塔车床、自动车床、带有较轻飞轮的活塞式水泵和压缩机、链式运输机
	中度冲击（$1.5 < T_{max}/T \leq 2.0$）	可逆转的传动装置、刨床、插床、插齿机、带有较重飞轮的活塞式水泵和压缩机、螺旋运输机、刮板运输机、带有较轻飞轮的螺旋压力机和偏心压力机
	重度冲击（$2.0 < T_{max}/T \leq 3.0$）	起重机、挖土机、挖泥船、破碎机、锯木机、球磨机、带有较重飞轮的螺旋压力机和偏心压力机、剪断机、模锻锤、往复运输机

注：T_{max}—起动转矩；T—名义转矩。

3.1.2 应力的分类

按应力的大小和方向是否随时间变化，将应力分为静应力和变应力。大小和方向不随时间变化或变化缓慢的应力称为静应力，静应力只能在静载荷作用下产生，零件的失效形式主要是断裂破坏或塑性变形。随时间变化的应力称为变应力，变应力可由变载荷作用产生，也可由静载荷作用产生，零件的失效形式主要是疲劳失效。静载荷作用下产生变应力的实例如图3-1所示。

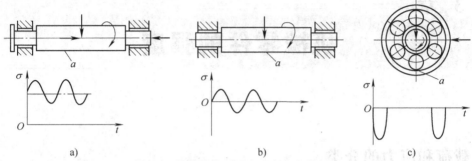

图3-1 静载荷作用下产生变应力的实例

变应力可归纳为非对称循环变应力、脉动循环变应力和对称循环变应力三种基本形式，它们的特征应力谱分别如图3-2b～d所示。图3-2中最大应力σ_{max}、最小应力σ_{min}、平均应力σ_m及应力幅σ_a间有如下关系

$$\sigma_m = \frac{\sigma_{max} + \sigma_{min}}{2}$$

$$\sigma_a = \frac{\sigma_{max} - \sigma_{min}}{2} \tag{3-1}$$

最小应力与最大应力的比，称为应力循环特性，用r表示，即

$$r = \frac{\sigma_{min}}{\sigma_{max}} \tag{3-2}$$

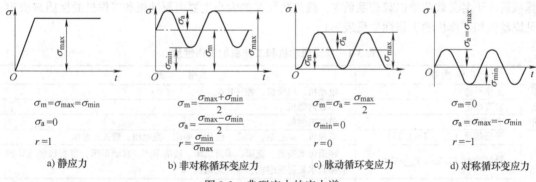

图3-2 典型应力的应力谱

变应力特性可用σ_{max}、σ_{min}、σ_m、σ_a、r五个参数中的任意两个来描述，常用的有：①σ_m和σ_a；②σ_{max}和σ_{min}；③σ_{max}和σ_m。

3.2 静应力状态下机械零件的整体强度

3.2.1 静应力状态下机械零件的强度计算

判断零件强度的方法有两种：一是判断危险截面处的应力是否小于许用应力，即

$$\sigma \leqslant [\sigma] = \frac{\sigma_{\lim}}{[S_\sigma]}$$

$$\tau \leqslant [\tau] = \frac{\tau_{\lim}}{[S_\tau]} \qquad (3\text{-}3)$$

二是判断危险截面处的实际安全系数是否小于许用安全系数,即

$$S_\sigma \leqslant [S_\sigma] = \frac{\sigma_{\lim}}{\sigma}$$

$$S_\tau \leqslant [S_\tau] = \frac{\tau_{\lim}}{\tau} \qquad (3\text{-}4)$$

单向静应力状态下工作的塑性材料零件,应按不发生塑性变形的条件进行强度计算。这时式(3-3)和式(3-4)中的极限应力应为材料的屈服极限 σ_s 和扭转极限应力 τ_s。计算应力 σ 和 τ 时,不考虑应力集中的影响。

复合应力状态下工作的塑性材料零件,可根据第三强度理论或第四强度理论来确定其强度条件。用第三强度理论计算弯扭复合应力时,强度条件为

$$\sigma_{ca} = \sqrt{\sigma_B^2 + 4\tau_T^2} \leqslant [\sigma] \qquad (3\text{-}5)$$

式中　σ_B——弯曲应力(MPa);
　　　τ_T——扭转剪切应力(MPa);
　　　σ_{ca}——相当应力(MPa)。

近似取 $\sigma_s/\tau_s = 2$,可得到安全系数的计算公式

$$S = \frac{\sigma_s}{\sqrt{\sigma_B^2 + 4\tau_T^2}} \text{或} S = \frac{S_\sigma S_\tau}{\sqrt{S_\sigma^2 + S_\tau^2}} \qquad (3\text{-}6)$$

允许少许塑性变形的零件,可根据允许达到一定塑性变形时的载荷进行强度计算。图 3-3a 所示为受弯矩 M 作用简支梁在弹性变形范围内危险截面上的弯曲正应力分布图。随着弯矩 M 的增加,最大弯曲正应力 σ_{Bmax} 将达到材料的屈服极限 σ_s。随后,若进一步增大弯矩 M,则 $\sigma_{Bmax} = \sigma_s$ 将不再增加。弯曲正应力分布如图 3-3b、c 所示。由此可知,在承载能力上,图 3-3b、c 所示状态要比图 3-3a 所示状态更强。图 3-3b、c 所示的应力状态称为极限状态,产生这种应力状态的载荷则称为极限载荷。

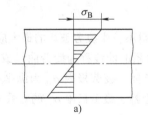
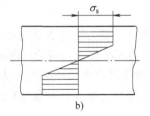
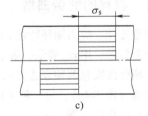

图 3-3　梁弯曲时的极限应力状态

对于脆性材料或低塑性材料制成的零件,式(3-3)和式(3-4)中的极限应力应为材料的强度极限 σ_b 或 τ_b。对于像铸铁这类组织不均匀的材料,因不连续组织在零件内部产生的局部应力要远远大于零件形状和机械加工等原因产生的局部应力,所以计算时不考虑应力集中的影响。对于低温回火的高强度钢这类组织均匀的低塑性材料,则应考虑应力集中的影响,并应根据最大局部应力进行强度计算。

3.2.2 许用安全系数的选择

合理选择许用安全系数是强度计算中的一项重要工作。许用安全系数过大,零件显得笨重且不符合经济性原则;许用安全系数过小,则零件可能不安全。合理选择许用安全系数的原则是:在保证安全、可靠的前提下,尽可能选用较小的许用安全系数。

不同的机器制造部门,常常制定有自己的许用应力和许用安全系数专用规范,并且还附有计算说明,如无特殊的原因,设计时应严格遵守这些专门规范。如没有具体规范可依,可遵循以下原则选择许用安全系数。

1)塑性材料制成的零件,静应力状态下以屈服极限 σ_s 作为极限应力,其许用安全系数 $[S]$ 可以按表 3-2 选取。如果载荷和应力的计算不十分准确,$[S]$ 应加大 30%~50%。$[S]$ 随比值 σ_s/σ_b 的增加而加大,是为了保证防止破坏的安全度。

2)组织不均匀的材料制成的零件,静应力状态下以强度极限 σ_b 作为极限应力,可取 $[S]=3\sim4$;组织均匀的低塑性材料制成的零件,可取 $[S]=2\sim3$。如果计算不十分准确,可加大 50%~100%。

3)变应力状态下以疲劳极限作为极限应力时,塑性材料制成的零件取 $[S]=1.5\sim4.5$,脆性材料和低塑性材料制成的零件取 $[S]=2\sim6$,无应力集中时取小值。

表 3-2 $[S]$ 的最小值

σ_s/σ_b	0.45~0.55	0.55~0.70	0.70~0.90	铸 件
$[S]$	1.2~1.5	1.4~1.8	1.7~2.2	1.6~2.5

许用安全系数也可用部分系数法来确定,这时的许用安全系数等于几个部分系数的乘积,即 $[S]=S_1S_2S_3$。其中:S_1 反映载荷和应力计算的准确性,$S_1=1\sim1.5$;S_2 反映材料性能的均匀性,对于轧制和铸造的钢零件,$S_2=1.2\sim1.5$,对于铸铁零件,$S_2=1.5\sim2.5$;S_3 反映零件的重要程度,$S_3=1\sim1.5$。

3.3 变应力状态下机械零件的整体强度

3.3.1 材料的疲劳曲线

在给定任一应力循环特性 r 的条件下,应力经过 N 次循环而材料不发生疲劳破坏的最大应力,称为疲劳极限,用 σ_{rN} 表示。表示应力循环次数 N 与疲劳极限 σ_{rN} 关系的曲线称为疲劳曲线或 σ-N 曲线。疲劳曲线有两种表达方式:一种是以应力循环次数 N 为横坐标、疲劳极限 σ_{rN} 为纵坐标的指数曲线(图 3-4a);另一种是以应力循环次数 N 的对数 $\lg N$ 为横坐标、疲劳极限 σ_{rN} 的对数 $\lg\sigma_{rN}$ 为纵坐标的折线(图 3-4b)。

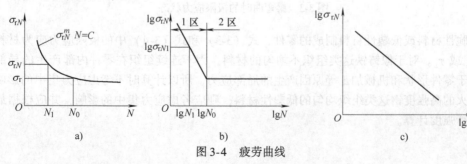

图 3-4 疲劳曲线

从疲劳曲线可以看出材料疲劳有以下特点：

1）应力循环次数 $N > N_0$ 时，疲劳曲线为水平线，即疲劳极限 σ_{rN} 不再随循环次数的增加而发生变化，称这个应力循环区（图3-4b 中2区）为无限寿命区。记一定应力循环特性 r 循环次数 N_0 下的疲劳极限为 σ_r（或 τ_r），如对称循环时为 σ_{-1}（或 τ_{-1}），脉动循环时为 σ_0（或 τ_0）。N_0 为应力循环次数的基数，不同材料及不同的材料特性有不同的 N_0 值。钢的硬度（强度）越高，N_0 值越大。对钢而言：硬度≤350HBW 时，$N_0 \approx 10^7$；硬度>350HBW 时，$N_0 \approx 2.5 \times 10^8$。有色金属和某些高硬度合金钢的疲劳曲线没有明显的水平部分（图3-4c）。对这类材料，使用中一般规定 $N_0 \geq 10^8$ 时的应力为该材料的疲劳极限。

2）应力循环次数 $N \leq N_0$ 时，图3-4a 所示的疲劳曲线为一条指数曲线，在双对数坐标系（图3-4b）中为一条斜直线，疲劳极限 σ_{rN} 随 N 的增加而降低，称这个应力循环区（图3-4b 中1区）为有限寿命区。在有限寿命区内，σ_{rN}（或 τ_{rN}）与 N 满足

$$\left. \begin{array}{l} \sigma_{rN}^m N = \sigma_r^m N_0 = C \\ \tau_{rN}^m N = \tau_r^m N_0 = C \end{array} \right\} \tag{3-7}$$

式中　m——随材料和应力状态而定的指数；
　　　C——试验常数。

对于钢，在拉应力、弯曲正应力和切应力状态时 $m = 9$，在接触应力状态时 $m = 6$；对于青铜，在弯曲正应力状态时 $m = 9$，在接触应力状态时 $m = 8$。

在一定的应力循环次数 N 下，有

$$\left. \begin{array}{l} \sigma_{rN} = \sigma_r \sqrt[m]{\dfrac{N_0}{N}} = K_N \sigma_r \\ \tau_{rN} = \tau_r \sqrt[m]{\dfrac{N_0}{N}} = K_N \tau_r \end{array} \right\} \tag{3-8}$$

式中　K_N——寿命系数。

$$K_N = \sqrt[m]{\dfrac{N_0}{N}} \tag{3-9}$$

按有限寿命设计时，以实际 N 值代入式（3-9）；按无限寿命设计时，钢材取 $N = N_0$，$K_N = 1$。$N < 10^3$ 时，按静应力问题处理。

图3-5 所示斜直线 BF 为 45 钢的双对数坐标疲劳曲线，其中 BF 的斜率等于 $-1/9$。

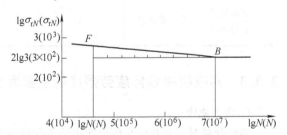

图3-5　45 钢的双对数坐标疲劳曲线

3.3.2　材料的疲劳极限应力图

材料在不同应力循环特性 r 下有不同的疲劳极限，可用疲劳极限应力图来表示。以应力幅 σ_a 为纵坐标、平均应力 σ_m 为横坐标所作的应力变化图称为疲劳极限应力图。如图3-6 所示，曲线 ABF 为低塑性和脆性材料的疲劳极限应力图，曲线上点 $A(0, \sigma_{-1})$ 为对称循环点，点 $B\left(\dfrac{\sigma_0}{2}, \dfrac{\sigma_0}{2}\right)$ 为脉动循环点，点 $F(\sigma_b, 0)$ 为静应力点。对于塑性材料，曲线 ABF 可以简化为折线 AES（图3-6），AES 称为材料的简化极限应力图。图3-6 中，S 点为材料的屈服点，ES 与横坐标成 135°角并交 AB 的延长线于 E 点，ES 称为塑性极限分界线（又称屈服极限曲线），ES 上任意一点都有 $\sigma_{max} = \sigma_m + \sigma_a = \sigma_s$。只要零件的工作应力点$(\sigma_m, \sigma_a)$ 在 ES 左侧，必然有 $\sigma_m + \sigma_a < \sigma_s$，零件不会出现静强度

不足的问题。AE段为材料的疲劳极限分界线（又称疲劳极限曲线），AE上任意一点都有 $\sigma_{\max} = \sigma_{rm} + \sigma_{ra} = \sigma_r$。只要零件的工作应力点（$\sigma_{rm}, \sigma_{ra}$）在AE下面，必然有 $\sigma_{rm} + \sigma_{ra} < \sigma_r$，零件就不会出现疲劳强度不足的问题。但工作应力点位于图3-6所示△BEG小区域内时，有可能会出现不安全的问题。

由上可知，可根据材料的强度极限 σ_s、对称疲劳极限 σ_{-1} 和脉动循环疲劳极限 σ_0，就可方便地作出材料的简化极限应力图。若已知 σ_b，则钢的 σ_s、σ_{-1} 和 σ_0 可按表3-3中的经验公式求得。

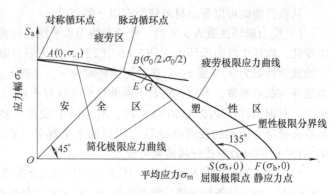

图3-6 疲劳极限应力图

表3-3 钢的极限应力计算式

极限应力类型	材料	拉 压	弯 曲	扭 剪
强度极限	碳素钢、合金钢	σ_b	$\sigma_B = \sigma_b$	$\tau_b = 0.6\sigma_b$
屈服极限	碳素钢	$\sigma_s = (0.56 \sim 0.6)\sigma_b$	$\sigma_{sb} = (0.67 \sim 0.72)\sigma_b$	$\tau_s = (0.34 \sim 0.36)\sigma_b$
	合金钢	$\sigma_s = (0.75 \sim 0.8)\sigma_b$	$\sigma_{sb} = (0.83 \sim 0.89)\sigma_b$	$\tau_s = (0.45 \sim 0.48)\sigma_b$
对称循环疲劳极限	碳素钢	$\sigma_{-1} = 0.32\sigma_b$	$\sigma_{-1b} = 0.45\sigma_b$	$\tau_{-1} = 0.26\sigma_b$
脉动循环疲劳极限	碳素钢	$\sigma_0 = 0.57\sigma_b$	$\sigma_{0b} = 0.81\sigma_b$	$\tau_0 = 0.50\sigma_b$

3.3.3 影响机械零件疲劳强度的主要因素

1. 应力集中

零件受载时，其截面几何形状突然变化处（如圆角、孔、槽、螺纹等处）的局部应力要远远大于其名义应力，这种现象称为应力集中。常用有效应力集中系数 k_σ、k_τ 来考虑应力集中对疲劳强度的影响。

$$\left.\begin{array}{l} k_\sigma = 1 + q(\alpha_\sigma - 1) \\ k_\tau = 1 + q(\alpha_\tau - 1) \end{array}\right\} \tag{3-10}$$

式中 α_σ、α_τ——零件几何形状的理论应力集中系数；

q——材料对应力集中的敏感系数。

α_σ、α_τ 可从相关的应力集中系数手册中查得，也可从相关线图中查取，如从图3-7中可查取平板上过渡圆角处的理论应力集中系数。钢材的敏感系数 q 可根据强度极限在图3-8中查得。对于钢材来说，强度极限越高，q 值越大，对应力集中越敏感。铸铁对应力集中不敏感，因而取 $q = 0$，$k_\sigma = k_\tau = 1$。

同一截面上同时有几个应力集中源时，应取其中最大的有效应力集中系数进行计算。

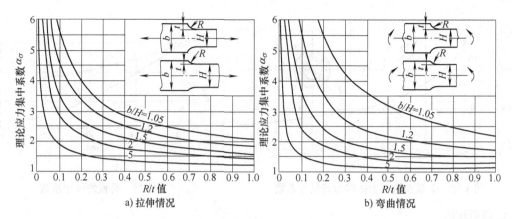

图 3-7　平板上过渡圆角处的理论应力集中系数

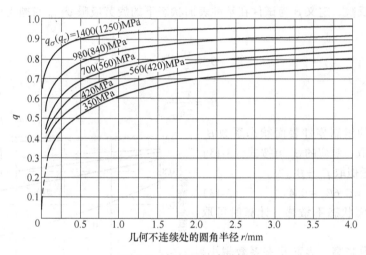

图 3-8　钢材的敏感系数

2. 几何尺寸

其他条件相同时，尺寸越大的零件疲劳强度越低。这是由于尺寸越大，出现缺陷的概率就越大，以及机加工后表面冷作硬化层相对减薄等原因引起的。

截面尺寸对零件疲劳强度的影响可用绝对尺寸系数 ε 来反映。ε 定义为直径为 d 的试件的疲劳极限 σ_{-1d} 与直径 $d_0 = 6 \sim 10\text{mm}$ 的试件的疲劳极限 σ_{-1d_0} 的比值，即

$$\left.\begin{aligned} \varepsilon_\sigma &= \frac{\sigma_{-1d}}{\sigma_{-1d_0}} \\ \varepsilon_\tau &= \frac{\tau_{-1d}}{\tau_{-1d_0}} \end{aligned}\right\} \quad (3\text{-}11)$$

钢材的 ε_σ、ε_τ 可分别从图 3-9、图 3-10 中查取，铸铁件的 ε_σ、ε_τ 可从图 3-11 中查取。

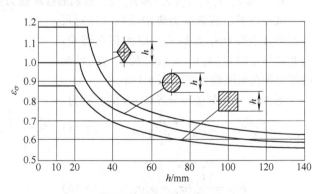

图 3-9　钢材的尺寸系数

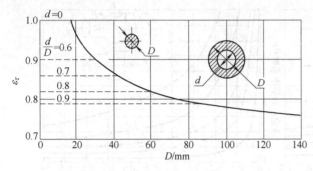
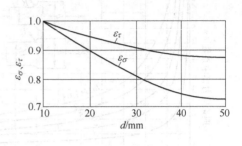

图 3-10 圆截面钢材的扭转剪切尺寸系数　　图 3-11 铸铁的尺寸系数

3. 表面状态

当其他条件相同时,零件表面越粗糙,其疲劳强度越低。表面状态对疲劳极限的影响可用表面状态系数 β 来反映。定义 β 为试件在某种表面状态下的疲劳极限 $\sigma_{-1\beta}$ 与抛光试件的疲劳极限 $\sigma_{-1\beta_0}$ 的比值,即

$$\left.\begin{array}{l}\beta_\sigma = \dfrac{\sigma_{-1\beta}}{\sigma_{-1\beta_0}} \\[6pt] \beta_\tau = \dfrac{\tau_{-1\beta}}{\tau_{-1\beta_0}}\end{array}\right\} \qquad (3\text{-}12)$$

弯曲疲劳时的钢制零件表面状态系数 β_σ 可以从图 3-12 查取,对应的 β_τ 可按式(3-13)进行计算,也可近似取 $\beta_\sigma = \beta_\tau$。

$$\beta_\tau = 0.6\beta_\sigma + 0.4 \qquad (3\text{-}13)$$

铸铁件对表面状态不敏感,计算时可取 $\beta_\sigma = \beta_\tau = 1$。

钢的强度极限越高,表面状态系数越小。因此,用高强度合金钢制造的零件,应有较高的表面质量。随着现代表面处理技术水平的提高,表面状态系数有可能大于 1,但实际计算时,最大只能取 $\beta = 1$。

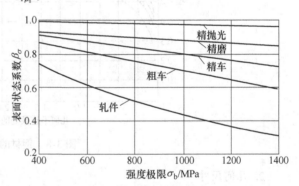

图 3-12 钢材的表面状态系数

4. 考虑 $k_\sigma(k_\tau)$、$\varepsilon_\sigma(\varepsilon_\tau)$ 和 $\beta_\sigma(\beta_\tau)$ 影响的极限应力图

试验证明,有效应力集中系数、绝对尺寸系数及表面状态系数只对应力幅有影响。据此可作考虑 $k_\sigma(k_\tau)$、$\varepsilon_\sigma(\varepsilon_\tau)$ 和 $\beta_\sigma(\beta_\tau)$ 影响的零件简化极限应力图(图 3-13)。

图 3-13 中疲劳极限分界线 AD 的方程为

$$\dfrac{\varepsilon_\sigma \beta_\sigma}{k_\sigma}\sigma_{-1} = \sigma_{ra} + \dfrac{\varepsilon_\sigma \beta_\sigma}{k_\sigma}\varphi_\sigma \sigma_{rm} \qquad (3\text{-}14)$$

或

$$\sigma_{-1} = \dfrac{k_\sigma}{\varepsilon_\sigma \beta_\sigma}\sigma_{ra} + \varphi_\sigma \sigma_{rm} \qquad (3\text{-}15)$$

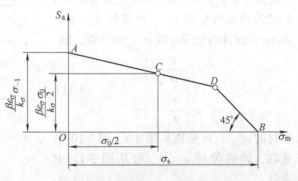

图 3-13 零件简化极限应力图

同理

$$\tau_{-1} = \frac{k_\tau}{\varepsilon_\tau \beta_\tau} \tau_{ra} + \varphi_\tau \tau_{rm} \tag{3-16}$$

式中 σ_{ra}、τ_{ra}——材料的极限应力幅;

σ_{rm}、τ_{rm}——材料的极限平均应力;

φ_σ、φ_τ——平均应力折合为应力幅的等效系数。碳素钢,$\varphi_\sigma = 0.1 \sim 0.2$,$\varphi_\tau = 0.05 \sim 0.1$;合金钢,$\varphi_\sigma = 0.2 \sim 0.3$,$\varphi_\tau = 0.1 \sim 0.15$。

3.4 机械零件的表面接触疲劳强度

零件在交变接触应力的作用下,表层材料产生塑性变形,进而导致表面硬化,并在表面接触处产生初始裂纹。当润滑油被挤入初始裂纹中后,与其接触的另一零件表面在滚过该裂纹时将裂纹口封住,使裂纹中的润滑油产生很大的压力,迫使初始裂纹扩展。当裂纹扩展到一定深度后,必将导致表层材料的局部脱落,在零件表面出现鱼鳞状的凹坑,这种现象称为疲劳点蚀。润滑油的黏度越低,越易进入裂纹中,疲劳点蚀的发生也就越迅速。零件表面发生疲劳点蚀后,破坏了零件的光滑表面,减小了接触面积,因而降低了承载能力,并引起振动和噪声。疲劳点蚀常是齿轮、滚动轴承等零部件的主要失效形式。

由图 3-14 所示的接触应力计算简图及弹性力学可知,当两曲率半径为 ρ_1、ρ_2 的圆柱体以力 F 轴向压紧时,接触面呈狭带形,最大接触应力发生在狭带中线的各点上。根据赫兹(Hertz)公式,最大接触应力 $\sigma_{H_{max}}$ 为

$$\sigma_{H_{max}} = \sqrt{\frac{F}{\pi L} \cdot \frac{\frac{1}{\rho_\Sigma}}{\frac{1-\mu_1^2}{E_1} + \frac{1-\mu_2^2}{E_2}}} \tag{3-17}$$

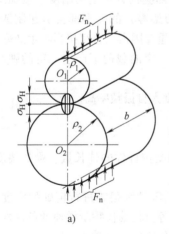 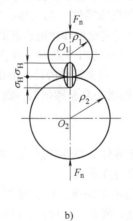 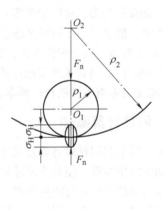

图 3-14 接触应力计算简图

于是,接触疲劳强度条件为

$$\sigma_{H_{max}} \leq [\sigma_H] \tag{3-18}$$

式中 E_1、E_2——两接触体材料的弹性模量;

μ_1、μ_2——两接触体材料的泊松比;

ρ_Σ——综合曲率半径,$1/\rho_\Sigma = 1/\rho_1 \pm 1/\rho_2$,外接触取 +,内接触取 -;

L——接触线长度 (mm)。

提高表面接触疲劳强度的主要措施如下：

1) 增大接触表面的综合曲率半径 ρ，以降低接触应力，如将标准齿轮传动改为正传动。
2) 将外接触改成内接触。
3) 在结构设计上将点接触改为线接触，如用圆柱滚子轴承代替球轴承。
4) 提高零件表面硬度。
5) 在一定范围内提高接触表面的加工质量，接触疲劳强度也随着提高。
6) 采用黏度较高的润滑油，除降低渗入裂纹的能力外，还能在接触区形成较厚的油膜，增大接触面积，从而降低接触应力。

3.5 机械零件的刚度

刚度是指零件在载荷作用下抵抗弹性变形的能力。刚度大小常用产生单位弹性变形所需的外力或外力矩来表示。刚度的反义词是柔度，柔度大小常用单位外力或外力矩所产生的弹性变形来表示。

3.5.1 刚度的影响

凡是对弹性变形、变形稳定性、精度或振动有一定要求的零件，都应具有一定的刚度，分别说明如下：

1) 如果某些零件刚度不足，将影响机器正常工作。例如轴弯曲刚度不足时，轴颈将在轴承中倾斜而使两者接触不良。
2) 刚度有时也是保证强度的一个重要条件。例如受压的长杆、受外压力的容器，其承载能力决定于它们对变形的稳定性。所以，要想提高零件的承载能力，一般要从提高其刚度着手。
3) 为了保证机床的加工精度，被加工的零件和机床零件都应具有一定的刚度。被加工零件的变形（如夹持变形、进给变形等）和机床零件（如主轴、刀架等）的变形都会引起制造误差。大量生产时，被加工零件的刚度还是决定进给量和切削速度的重要因素，将直接影响生产率。
4) 对于弹簧一类的弹性零件，其设计的出发点就是要在一定的载荷下产生一定的弹性变形（压缩或伸长等），可以说满足刚度要求是这类零件的计算前提。
5) 刚度会影响零件的自振频率。刚度小自振频率低，刚度大自振频率高。

3.5.2 刚度计算概述

刚度计算是利用材料力学公式计算零件的弹性变形量，如受拉杆件的伸长量、梁的挠度和转角、传动轴的扭角等，使其不超过相应的许用值。

形状简单的零件进行刚度计算一般不太困难，形状复杂的零件则很难进行精确的刚度计算。通常需要将复杂形状零件用简化的模型来代替。例如：可以用等直径轴代替阶梯轴做条件性计算，必要时通过实测对计算加以修正；也可以根据经验和资料对零件刚度进行类比设计。

按刚度计算所得的零件截面尺寸一般要比按强度计算的大，故满足刚度要求的零件往往也能同时满足强度要求；但对于尺寸较大的零件，当满足刚度要求时，强度也可能不足。

3.5.3 影响刚度的因素及其改进措施

1. 材料对刚度的影响

材料的弹性模量越大，零件的刚度越大。金属的弹性模量一般远大于非金属的弹性模量。常用金属材料的弹性模量 E 见表 3-4。实际上零件所用的材料多决定于工作要求、制造方法和成本高低，所以单纯以弹性模量来选用零件材料往往不可行。

同类金属的弹性模量相差不大，因此以昂贵的高强度合金钢代替普通碳素钢来提高零件的刚度是不起作用的。

表 3-4　常用金属材料的弹性模量 E　　　　　　　　（单位：MPa）

金属材料	弹性模量 E
钢	$(2 \sim 2.2) \times 10^5$
铸钢	$(1.75 \sim 2.16) \times 10^5$
铸铁	$(1.15 \sim 1.6) \times 10^5$
青铜	$(1.05 \sim 1.15) \times 10^5$
硬质合金	7.1×10^4

2. 结构对刚度的影响

（1）横截面形状　当横截面面积相同时，中空截面比实心截面的惯性矩大，故零件的弯曲刚度和扭转刚度也大。

（2）支承方式和位置　简支梁的挠度与支点距的三次方（集中载荷）或四次方（分布载荷）成正比，所以减小支点距能有效地提高梁的刚度。

尽量避免采用悬臂结构，必须采用时，也应尽量减小悬臂长度。

采用多支承也能增加轴的刚度，如内燃机曲轴、某些机床主轴的多支承结构，但增加了制造工艺的难度和装配的复杂性。

（3）加强肋　采用加强肋可以提高零件和机架的刚度。设计加强肋时应遵守下列原则：①承载的加强肋应在受压下工作，避免受拉情况；②三角肋必须延至外力的作用点处（图 3-15）；③加强肋的高度不宜过低，否则会削弱截面的弯曲强度。

接触刚度是指接触表面层在载荷作用下抵抗弹性变形的能力。由于点接触副的变形与载荷呈非线性关系，故接触刚度将随着载荷的增大而迅速增大。所以，采用预紧装配工艺，不仅能消除接触间隙，而且对提高接触刚度非常有利，但同时使接触面间的载荷增大。

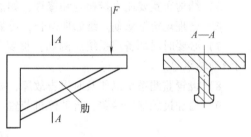

图 3-15　加强肋的结构

3.6　机械零件的可靠性

3.6.1　可靠性概念

按传统的强度设计方法（$\sigma \leqslant [\sigma]$ 或 $S \leqslant [S]$）设计的零件，由于材料强度、外载荷和加工尺寸等都存在着离散性，有可能出现达不到预定工作时间而失效的情况。因此，希望将出现这种失效情况的概率限制在一定程度之内，这就对零件提出可靠性要求。采用可靠性设计能定量给出零件可靠性的概率值，排除主要的不可靠因素和预防危险事故的发生，但也有可能出现大大超过预定工作时间而失效的情况，这意味着浪费和生产成本的增加。

可靠性是指产品在规定的条件下和规定的时间内，完成规定功能的能力。

可靠度是指产品在规定的条件下和规定的时间内，完成规定功能的概率，常用 R_t 表示。

累积失效概率是指产品在规定的条件下和规定的时间内失效的概率，常用 F_t 表示，有时也用 P 表示。

设有 N 个相同零件，在规定时间 t 内有 N_f 个零件失效，剩下 N_t 个零件仍能继续工作，则可靠度

$$R_t = \frac{N_t}{N} = \frac{N - N_f}{N} = 1 - \frac{N_f}{N} \quad (3\text{-}19)$$

累积失效概率

$$F_t = \frac{N_f}{N} = 1 - R_t \quad (3\text{-}20)$$

可靠度与累积失效概率之和等于1，即

$$R_t + F_t = 1 \quad (3\text{-}21)$$

3.6.2 提高机械零件可靠性的措施

下面列举一些可供参考的措施。

1）设计上要力求结构简单、传动链短、零件数少、调整环节少、连接可靠等。

2）设法提高系统中最低可靠度零件的可靠度。

3）尽量选用可靠度高的标准件。

4）避免采用容易出现维护疏忽和操作错误的结构。例如：采用自动润滑系统代替人工供油，操纵手柄的扳动方向应与机构的运动方向相一致等。

5）结构布置要能直接检查和修理，如油面指示器位置应便于观察油面、设置检查孔等。

6）合理规定维修期。维修期过长，可靠度下降，如润滑油变质、配合间隙过大等。

7）必要时增加备用系统。例如：重要的液体动力润滑滑动轴承备有两套供油系统，采用双列滚动轴承等。

8）设置监测系统以便及时报告故障，如温度监测、微裂纹监测等。

9）增加过载保护装置、自动停机装置等。

思 考 题

3-1 是不是只有变载荷才产生变应力，静载荷只产生静应力？举出静载荷产生变应力、变载荷产生静应力的实例各一个。

3-2 什么是名义载荷？什么是计算载荷？

3-3 稳定变应力有哪几种类型，它们的变化规律如何？

3-4 静应力计算的强度准则是什么？计算中选取材料的极限应力和安全系数的原则是什么？

3-5 试从应力类型、材料强度指标、失效本质等方面比较疲劳失效和静强度失效的区别。

3-6 机械零件设计中确定许用应力时，极限应力要根据零件工况及零件材料而定，试指出金属材料的几种极限应力 $\sigma_b(\tau_b)$、$\sigma_s(\tau_s)$、$\sigma_{-1}(\tau_{-1})$、$\sigma_0(\tau_0)$ 和 $\sigma_r(\tau_r)$ 各适用于什么工况。

3-7 稳定循环变应力的主要参数有哪些？它们的相互关系怎样？

3-8 什么是材料的疲劳曲线？什么是有限寿命？什么是无限寿命？

3-9 如何绘制材料的极限应力图？材料极限应力图在零件强度计算中有什么用处？

3-10 影响零件疲劳强度的主要因素有哪些？

3-11 受稳定变应力作用的零件强度计算时应注意哪些问题？

3-12 什么是接触应力？高副接触零件（如齿轮、凸轮）接触应力计算的计算模型是什么？

第 4 章 摩擦、磨损及润滑

在外力作用下，一物体相对于另一物体运动（或有运动趋势）时，在两物体接触表面上所产生的切向阻力称为摩擦力，其现象称为摩擦。摩擦是一种不可逆过程，其结果必然造成能量损耗、效率降低、温度升高、摩擦表面物质的丧失或迁移——表面磨损。过度磨损会使机器丧失应有的精度，产生振动和噪声，缩短使用寿命。

当然，摩擦在机械中也并非总是有害的，如利用摩擦传递动力（如带传动、摩擦无级变速箱、摩擦离合器）、制动（如摩擦制动器）或吸收能量起缓冲阻尼作用（如环形弹簧、多板弹簧）等正是靠摩擦来工作的，这时还要进行增加摩擦技术的研究。

据估计，目前世界上工业方面有 1/3~1/2 的能源消耗在各种形式的摩擦过程中，大约有 80% 的损坏零件是由各种形式的摩擦、磨损引起的。而为了减少摩擦和磨损、提高机器效率、减小能量损失、降低材料消耗、保证机器工作的可靠性，工程中最经济、最有效，也是最常用的方法就是润滑。

因此，控制摩擦、减少磨损、改善润滑性能，已成为节约能源和原材料、提高机械零件使用寿命的重要措施。人们把研究有关摩擦、磨损与润滑的科学与技术统称为摩擦学，这是一门边缘学科，涉及流体力学、固体力学、应用数学、材料科学、物理化学、冶金学、机械工程学等多门学科。本章只简要介绍机械设计中有关摩擦学方面的一些基础知识。

4.1 摩擦的种类及其性质

4.1.1 摩擦表面的形貌

金属是机械中最常用的材料，故在此只讨论金属的表面形貌。

我们知道，即使是经过精加工的金属零件表面也不是理想光滑的状态。在显微镜下放大来看，总是高低不平的。有的大体上有一定规律，如刨削表面；有的则完全是随机的，像地球表面一样十分复杂，如抛光表面。图 4-1 是摩擦表面的形貌放大图，凸起的地方称为微凸体（波峰）。目前，常用剖面轮廓的表面粗糙度和波纹度来表征表面的形貌。例如，表面轮廓的算术平均偏差 Ra 就是表面粗糙度的一个重要参数，磨削表面的 Ra 约为 $0.63\mu m$，抛光表面的 Ra 则为

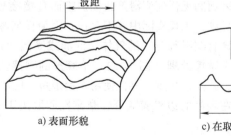

图 4-1 摩擦表面的形貌放大图

$0.08\mu m$ 左右，Ra 值越大表明表面越粗糙。

显然，两个这样的摩擦表面直接接触时，实际接触的只是微凸体部分，如图 4-2 所示的摩擦副接触面积示意图。实际接触面积 A_r（微凸体相接触所形成的微面积的总和）要比表观接触面积 A_0（两个金属表面互相覆盖的公称接触面积）小得多，一般只占表观接触面积的万分之一至百分之一，而且实际接触面积还随法向载荷的改变而改变，如法向载荷加大，不仅已接触的微凸体因变形增大而使其接触面积增大，原来尚未接触的微凸体也会有一些参与接触来共同支承载荷，因而，实际接触面积将增大。

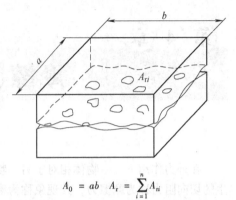

$$A_0 = ab \quad A_r = \sum_{i=1}^{n} A_{ri}$$

图 4-2 摩擦副接触面积示意图

如表面间加入润滑油，那么只有在载荷作用下润滑油油膜的厚度足以隔开其中最高的微凸体的接触时，才能避免金属表面的直接接触，这就是后面要讨论的流体润滑状态。

4.1.2 摩擦的种类及其基本性质

摩擦可分两大类：一类是发生在物质内部，阻碍分子间相对运动的摩擦，称为内摩擦；另一类是当相互接触的两个物体发生相对运动或有相对运动的趋势时，在接触表面之间产生的阻碍相对运动的摩擦，称为外摩擦。外摩擦只是摩擦副（运动副从摩擦角度研究时也称为摩擦副）接触表面之间的相互作用，而不涉及物体内部的现象。仅有相对运动趋势时的摩擦称为静摩擦；相对运动进行中的摩擦称为动摩擦。根据运动形式的不同，动摩擦又分为滑动摩擦与滚动摩擦。本节将只着重讨论金属表面间的滑动摩擦。

根据摩擦副表面间存在润滑剂的情况及流体膜厚度，滑动摩擦状态分为四种：干摩擦、边界摩擦（边界润滑）、流体摩擦（流体润滑）及混合摩擦（混合润滑），如图 4-3 所示。

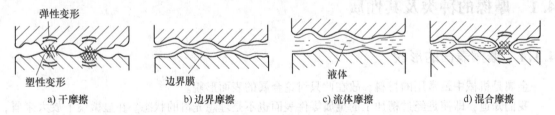

a) 干摩擦　　b) 边界摩擦　　c) 流体摩擦　　d) 混合摩擦

图 4-3 滑动摩擦状态

干摩擦是指两摩擦表面间无任何润滑剂或保护膜而直接接触的纯净表面间的摩擦。真正的干摩擦只有在真空中才能见到，工程实际中并不存在，因为任何零件表面不仅会因氧化而形成氧化膜，而且或多或少会被含有润滑剂分子的气体所湿润或受到"污染"。机械设计中通常把未经人为润滑的摩擦状态当作干摩擦处理（图4-3a）。干摩擦的摩擦性质取决于配对材料的性质，其摩擦阻力和摩擦损耗最大，磨损最严重，零件使用寿命最短，应尽可能避免。

两摩擦表面被吸附在表面的边界膜隔开，摩擦性质取决于边界膜和表面的吸附性质的摩擦，称为边界摩擦（图4-3b）。

两摩擦表面被流体（液体或气体）膜完全隔开，摩擦性质取决于流体内部分子间黏性阻力的摩擦，称为流体摩擦（图4-3c）。流体摩擦的摩擦阻力最小，理论上没有磨损，零件使用寿命最长,对滑动轴承来说是一种最为理想的摩擦状态。但流体摩擦必须在载荷、速度和流体黏度等合理匹配的情况下才能实现。

当摩擦面处于边界摩擦和流体摩擦的混合状态时,称为混合摩擦(图4-3d)。

一般说来,干摩擦因属于外摩擦,其摩擦因数及摩擦阻力最大,发热多,磨损最严重,零件使用寿命最短,应力求避免。流体摩擦因属于内摩擦,其摩擦因数及摩擦阻力最小、磨损最小、使用寿命最长,但必须在一定的工况条件下才能实现。边界摩擦和混合摩擦能有效地降低摩擦阻力,减轻磨损,提高承载能力和延长使用寿命。对于要求低摩擦的摩擦副,流体摩擦是最理想的摩擦状态,维持边界摩擦或混合摩擦为其最低要求;对于要求高摩擦的摩擦副,则大多处于干摩擦或边界摩擦状态。

流体摩擦、边界摩擦及混合摩擦,都必须在一定润滑条件下才能实现,所以又常称为流体润滑、边界润滑和混合润滑。

可以用膜厚比 λ 来大致估计两滑动表面所处的摩擦(润滑)状态,即

$$\lambda = \frac{h_{\min}}{\sqrt{R^2q_1 + R^2q_2}} \tag{4-1}$$

式中 $h_{\min}$——两滑动粗糙表面间的最小公称流体膜厚度(μm);

Rq_1、Rq_2——两表面轮廓的均方根偏差,为算术平均偏差 Ra_1、Ra_2 的1.20~1.25倍(μm)。

当 $\lambda \leq 1$ 时,呈边界摩擦(润滑)状态;当 $\lambda > 3$ 时,呈流体摩擦(润滑)状态;当 $1 < \lambda \leq 3$ 时,呈混合摩擦(润滑)状态。

在有润滑的条件下,摩擦表面间究竟处于何种润滑状态,要看流体膜厚度和两表面的表面粗糙度值的相对大小而定。对具有一定表面粗糙度的表面,改变某些影响流体膜厚度的工作参数,如载荷、速度和流体的黏度,将出现不同的润滑状态,即边界润滑、混合润滑和液体润滑因条件改变而相互转化。下面具体介绍四种摩擦原理。

1. 干摩擦

干摩擦是一种非常复杂的现象,为了解释干摩擦过程中的各种现象,各种理论不断出现。时至今日,虽然对摩擦现象及其机理的研究有了很大进展,出现了种种理论来阐明摩擦的本质,但尚未形成统一的理论。目前,关于干摩擦的理论有机械啮合理论、分子吸引理论、静电力学理论及黏附理论等。对于金属材料,特别是钢,比较多的人接受黏附理论的解释。

库仑理论是最早研究摩擦机理的理论,被称为古典摩擦理论。该理论认为:摩擦力 F_f 的大小与正压力(法向载荷)F_n 成正比而与接触面积及相对速度无关,并认为静摩擦因数大于动摩擦因数。用公式表示为

$$F_f = fF_n \tag{4-2}$$

式中 F_f——摩擦力(N);

f——摩擦因数;

F_n——法向载荷(N)。

库仑公式具有简单、实用等特点。在工程上,除流体摩擦外,其他几种摩擦和固体润滑都能用该公式进行计算。

近年来的研究表明,经典摩擦理论有一定的局限性。例如法向载荷很大以致实际接触面积接近名义接触面积时,摩擦力与法向载荷便不再呈线性关系。因此,式(4-2)只能近似地用于工程计算中。在引用手册上所列的摩擦因数 f 的值时,应注意所给定的条件。条件改变,f 值就可能改变。例如,石墨对石墨在正常大气条件下摩擦,$f \approx 0.1$,而在很干燥的大气条件下摩擦,$f \geq 0.5$;又如镍对铜在大气条件下的摩擦因数 $f \approx 0.5$,而在氢气中的 f 值竟达5.25。所以严格地说,摩擦

因数 f 是整个摩擦系统的函数。

机械啮合理论用古典的库仑公式表达摩擦力 F_f、法向载荷 F_n 和摩擦因数 f 之间的关系，其只适用于粗糙表面。摩擦副的表面无论加工得多么光洁，实际上都存在着微观凹凸不平的微凸体。两表面接触时，接触的微凸体彼此相互啮合，摩擦力就是这些微凸体啮合点间切向阻力的总和。机械啮合理论认为，表面越粗糙，则摩擦因数越大，摩擦力越大。反之，接触表面越光滑，摩擦因数及摩擦力越小。

但是，库仑定律不能解释光滑表面的摩擦现象，即在摩擦表面极为光滑的条件下，摩擦因数反而增大，同时，摩擦力也随接触面积的增大而增大。例如测量用量块的接触情况就是如此。

黏附理论认为，两摩擦面接触时，只是部分微凸体接触，实际接触面积 A_r 只有表观接触面积 A_0 的万分之一至百分之一。所以，单位接触面积上的压力很容易达到材料的屈服强度 σ_s 而产生塑性流动。对于理想的弹延性材料，载荷增大，实际接触面积也增加，应力并不升高，由此可得

$$A_r = \frac{F_n}{\sigma_s} \tag{4-3}$$

在接触点受到高压力和塑性变形后，接触表面上的脏污膜遭到破坏，使基体金属分子直接接触，并产生很大的吸引力，以致这些微小接触面发生黏附现象，形成黏附点（冷焊结点）（图4-4a）。当接触面滑动时，这些黏附点就被切开，同时又有新的黏附点形成。摩擦力就是这种反复过程中剪断黏附点所需的力。此外，较硬表面的微凸体顶端在较软的表面产生犁沟作用也会形成摩擦力。因此认为，当两个无润滑表面在做相对运动时，产生的摩擦力由两个主要因素构成：一个因素是黏附，它发生在真正的接触区，另一个因素是犁沟或变形。则摩擦力的表达式可写成 $F_f = F_e + F_p$（F_e 为黏附造成的摩擦分力；F_p 为犁沟变形造成的摩擦分力）。

设黏附点的剪切强度极限为 τ_b，黏附点的实际接触面积为 A_r，则摩擦力

$$F_f = A_r \tau_b + F_p \tag{4-4}$$

在大多数无润滑的两金属零件直接接触的情况下，犁沟作用和黏附作用相比是很小的，可略去不计。所以式（4-4）可简化为

$$F_f = A_r \tau_b \tag{4-5}$$

如果剪切发生在黏附点界面上（图4-4b），则 $\tau_b = \tau_f$，τ_f 为界面剪切强度极限（脏污严重的表面 $\tau_f \approx \tau_b$）；如果剪切发生在软金属上（图4-4c），则 τ_b 为软金属的剪切强度极限。

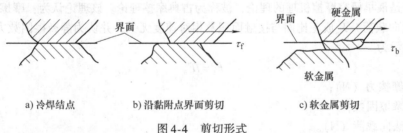

a）冷焊结点　　　b）沿黏附点界面剪切　　　c）软金属剪切

图4-4　剪切形式

摩擦因数为切向力 F_f 与法向压力 F_n 之比，故 $f = F_f / F_n$，将式（4-3）和式（4-5）代入得摩擦因数

$$f = \frac{F_f}{F_n} = \frac{A_r \tau_b}{A_r \sigma_s} = \frac{\tau_b}{\sigma_s} \tag{4-6}$$

根据以上论述，在粗糙表面接触情况下，当表观接触面积不变，实际接触面积随法向载荷成正比增加，而分子吸引力的总和又与实际接触面积成正比，故摩擦力与法向载荷成正比，与表观

接触面积无关。但在极光滑表面接触情况下，实际接触面积较大，即分子吸引力的合力大，因此摩擦力也大，而且表观接触面积越大，实际接触面积也越大，故摩擦力也越大。这些都已被实验所证实。

由上所述可知，摩擦力的大小与黏附部分的性质有关。如果黏附点容易剪开，摩擦因数就小；反之，摩擦因数就大。但不能简单地认为摩擦因数只与摩擦副的材料性质有关。通常，暴露在空气中的金属表面先覆盖一层氧化膜，外面又覆盖有吸附分子膜（如湿气），最外层还有自然脏污膜。这些表面膜的总厚度极薄（不超过 $0.03\mu m$），它们的抗剪切强度比基体金属低得多，故黏附后易于剪开，因此起着减小摩擦的作用（实际上已起了一定的润滑作用）。实测表明，它们的摩擦因数要比真空下测定的纯净表面的摩擦因数小得多（为其 1/3~1/2）。例如钢对钢的摩擦因数为 0.15，但在真空中测定时则为 0.7~0.8，这就反映了上述情况。根据这个道理，工程上常在硬金属基体表面涂敷一层极薄的软金属，这时 σ_s 仍取决于基体材料，而 τ_b 则取决于软金属，就可以减小摩擦因数，并得到很好的润滑效果。

2. 边界摩擦

如上所述，流体摩擦虽然是最理想的润滑状态之一，但必须具备一定条件才能实现。对于一般机械，为保证流体摩擦润滑而增高制造和维护费用很不经济。因此，在一般机械中大量采用的并不是流体摩擦润滑，而是广泛采用边界摩擦润滑。下面简单介绍吸附在摩擦表面上的边界膜的生成机理。

当两摩擦表面存在润滑油时，由于润滑油中的脂肪酸是一种极性化合物，它的极性分子能牢固地吸附在金属表面上。单分子膜吸附在金属表面上的符号如图 4-5a 所示（图中○为极性原子团）。这些单分子膜整齐地呈横向排列，很像一把刷子。边界摩擦类似两把刷子间的摩擦，其模型如图 4-5b 所示。

多层分子膜吸附在金属表面上的模型如图 4-6 所示。分子层距离金属表面越远，吸附能力越弱，剪切强度越低，到若干层以后，就不再受约束。因此，摩擦因数将随着层数的增加而下降，三层时要比一层降低约 1/2。比较牢固地吸附在金属表面上的分子膜，称为边界膜。边界膜极薄，一个分子的长度约为 2nm（$1nm = 10^{-9}m$）。如果边界膜有十层分子，其厚度也仅 $0.02\mu m$。由于两金属表面的表面粗糙度值之和一般都超过边界膜的厚度（当膜厚比 $\lambda \leq 1$ 时），所以边界摩擦时，不能完全避免金属的直接接触，这时仍有微小的摩擦力产生，其摩擦因数通常约在 0.1，同时摩擦面间的磨损也是不可避免的。

3. 混合摩擦

当摩擦表面间处于边界摩擦与流体摩擦的混合状态时（膜厚比 $1 < \lambda < 3$），称为混合摩擦。混合摩擦时，如流体润滑膜的厚度增大，表面轮廓峰直接接触的数量就要减小，润滑膜的承载比例也随之增加。所以在一定条件下，混合摩擦能有效地降低摩擦阻力，其摩擦因数要比边界摩擦时小得多。但因表面间仍有部分微凸体的直接接触，所以不可避免地仍有磨损存在。

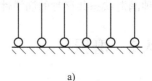

a)

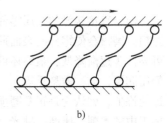

b)

图 4-5 单层分子膜吸附在金属表面上的模型

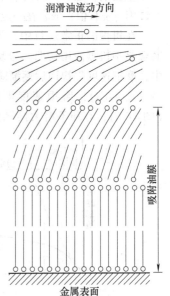

图 4-6 多层分子膜吸附在金属表面上的模型

4. 流体摩擦

正如前面所指出，当摩擦面间的流体膜厚度大到足以将两个表面的微凸体完全分开（即 $\lambda \geq 3$）时，即形成了完全的流体摩擦。这时的流体分子已大都不受金属表面吸附作用的支配而自由移动，摩擦在流体内部的分子之间进行，所以摩擦因数极小，而且不会有磨损产生。特别是这时的摩擦规律已有了根本的变化，与干摩擦完全不同。

流体摩擦的性质与黏性流体的内摩擦力有密切关系。黏度是衡量流体内摩擦力大小的指标，黏度越大，摩擦力也越大。

从上述情况看，由干摩擦到流体摩擦所形成的摩擦学理念体系是不够完善的。不论是从膜厚还是从摩擦特性来说，在流体润滑和边界润滑之间还存在一个空白区，而混合润滑只是描述了各种润滑状态共存时的润滑性能，并不具有基本的、独立的滑润机理。

4.2 磨损

4.2.1 典型磨损过程

两个直接接触的金属零件在相对运动过程中由于摩擦使其表面物质不断损失消耗的现象称为磨损。磨损会使零件的表面形状和尺寸遭到缓慢而连续的破坏，从而使机械的工作精度、效率及可靠性等逐渐降低，最终还可能导致零件的突然损坏。机械的工作过程中除非采取特殊措施（如静压润滑、电、磁悬浮等），否则磨损很难避免。但在机械预定的使用年限内，只要磨损量不超过允许值，就认为是正常磨损。磨损并非全都有害，工程上也有不少利用磨损作用的场合，如精加工中的磨削、研磨、抛光、机器的磨合都是有益的磨损，可以利用它来改善工作表面的性质，提高摩擦副的使用寿命。

单位时间内材料的磨损量称为磨损率。磨损量可以用体积、重量或厚度来衡量。磨损率是一个很重要的参数，在规定磨损率的情况下，可通过试验测定材料的许用压强 $[p]$、许用速度 $[v]$ 及许用 $[pv]$ 值；或者在一定 p 和 v 的作用下测定磨损率，以便对不同的摩擦材料进行耐磨性比较。

在机械的正常运行中，零件的磨损过程通常分为三个阶段（图 4-7a）。Ⅰ 为磨合磨损阶段。磨合是指机器使用初期，为改善机器零件的适应性、表面形貌和摩擦相容性的过程。在这一阶段中，磨损速度先快而后逐渐减慢到一稳定值。这是由于新摩擦表面的尖峰易磨去，尖峰逐渐磨平后（图 4-7b），磨损速度即逐渐减慢。磨合后，摩擦表面的尖峰高度减小，峰顶半径增大（图 4-7b），有利于增大接触面积、降低磨损速度。Ⅱ 为稳定磨损阶段，在这一阶段中，磨损率

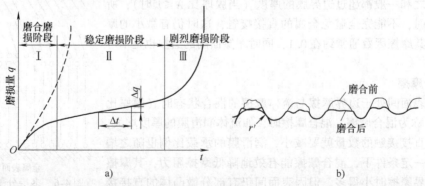

图 4-7 磨损过程

$\varepsilon = \Delta q / \Delta t =$ 常数（q——磨损量，t——时间），磨损速度缓慢而稳定，相应的时间就是零件的磨损寿命。磨损率即磨损曲线的斜率，斜率越小磨损率越低，零件的使用寿命就越长。Ⅲ为剧烈磨损阶段，当工作表面的总磨损量超过机械正常运转的某一允许值后，摩擦副的间隙增大、精度下降、润滑状态恶化（油易被挤出），从而产生振动、冲击和噪声，磨损加剧、温度升高，使零件迅速报废。

正常情况下零件经过磨合后即进入稳定磨损阶段，若初始压力过大、速度过高、润滑不良时，则磨合期很短并立即转入剧烈磨损阶段，如图 4-7a 中的虚线，这种情况必须避免。设计或使用机器时，应力求缩短磨合期，延长稳定磨损期，推迟剧烈磨损期的到来。

4.2.2 磨损的分类

目前关于磨损尚无统一的分类方法，大体可概括为两类：一类是根据磨损结果对磨损表观的描述，如点蚀磨损、胶合磨损、擦伤磨损等；另一类是根据摩擦机理，分黏着磨损、磨粒磨损、疲劳磨损、腐蚀磨损等。本节只按后一种分类依次做简要介绍。

1. 黏着磨损

摩擦表面相对滑动时，由于表面不平，其顶峰接触点受到高压力而产生弹、塑性变形后，附在摩擦表面上的吸附膜和脏污膜破裂，加上摩擦温度升高，使基体金属的峰顶塑性面牢固地黏着并熔焊在一起，形成冷焊结点。载荷越大，温度越高，黏着现象也越严重。在相对滑动情况下黏结点（结点）被剪切，塑性材料就会转移到另一工作表面上。此后出现黏着—剪断—再黏着的循环过程，这就形成了黏着磨损。如果黏结点的剪切强度低，剪切将发生在界面上。这时，表面几乎没有磨损，这就是所谓的"零磨损"，这种磨损危害不大。如果黏结点强度高，剪切面将发生在较软的金属表面之内，这就会形成危害性的黏着磨损。因为这时被剪断的软金属逐渐转移至硬表面上，一部分被转移的金属从母体分离而形成磨屑，最终导致表面破坏。黏着磨损是磨损现象中最基本的一种。

为了减轻黏着磨损，可采取以下措施：①合理选择配对材料。同种金属比异种金属易于黏着；脆性材料比塑性材料的抗黏着能力强。②进行表面处理（如表面热处理、电镀、喷涂等）可防止黏着磨损的发生。③限制摩擦表面的温度。④采用含油性和极压添加剂的润滑剂。⑤控制压强。

2. 磨粒磨损

不论是摩擦表面上本身的硬质凸起，或是外界掺入的硬质颗粒，它们在摩擦过程中都将切削或辗碎摩擦表面，引起表层材料脱落，这些都属磨粒磨损。磨粒磨损和摩擦材料的硬度、磨粒的硬度有关。

为了减轻磨粒磨损，可以采用提高材料硬度、润滑及表面处理工艺以改善表面特性，从而提高抗磨粒磨损能力。除此之外，如因摩擦面自身硬质凸起引起，可合理选配摩擦副的材料及降低表面粗糙度；如因外来的硬颗粒引起，可加防护密封装置；如硬颗粒是摩擦表面磨损的产物，则应经常注意润滑油的过滤。有时选用较便宜的材料，定期更换易磨损的零件，更符合经济原则。

3. 疲劳磨损

在变接触应力的作用下，如果该应力超过材料相应的接触疲劳极限，就会在摩擦副表面或表面以下一定深度处形成疲劳裂纹，随着裂纹的扩展及相互连接，金属微粒便会从零件工作表面上脱落，导致表面出现麻点状损伤现象，即形成疲劳磨损或称疲劳点蚀。

为了提高零件表面的疲劳寿命，除应合理选择摩擦副材料外，还应注意如下：①合理选择零件接触面的表面粗糙度。一般情况下表面粗糙度值越小，疲劳寿命越长；②合理选择润滑油黏度。黏度低的润滑油易渗入裂纹，加速裂纹扩展；黏度高的润滑油有利于接触应力均匀分布，提高抗疲劳磨损的能力。在润滑油中加入极压添加剂或固体润滑剂，能提高接触表面的抗疲劳性能；③合理选择零件接触面的硬度。以轴承钢为例，硬度为62HRC时，抗疲劳磨损能力最高，增加或降低表面硬度，寿命都有较大的降低。

4. 腐蚀磨损

在摩擦过程中金属与周围介质，如与空气中的氧或润滑油中的酸等发生化学或电化学反应，引起材料脱落的现象称为腐蚀磨损。由于有腐蚀的作用，可以产生严重的结果，特别是在高温或潮湿的环境中。但在某些情况下，腐蚀不一定是一种有害的现象，如氧化膜能防止金属表面凸峰发生黏着，并大大地降低了摩擦因数。这与在真空中不能形成氧化膜的金属相比较，磨损大为减少。常见的腐蚀磨损有氧化磨损和特殊介质腐蚀磨损。

为了防止或减轻腐蚀磨损，应选择耐蚀性强的材料，如轴承中锡基巴氏合金耐蚀性比铜铅合金、铅基巴氏合金等要高，非金属材料中酚醛胶布、尼龙等也具有良好的耐蚀性。采用多层材料结构，如轴承表面镀铟可提高耐蚀性。另外，注意降低工作表面温度，选择适当的润滑油种类及合理使用添加剂（如抗氧化剂、耐蚀剂）等都是提高耐腐蚀磨损的有效措施。

5. 侵蚀磨损——气蚀磨损和冲蚀磨损

当零件与液体接触做相对运动时，在液体与零件接触处的局部压力比其蒸发压力低的情况下，将形成气泡。同时，溶解在液体中的气体也可能析出、形成气泡。当气泡流到高压区，压力超过气泡压力时使其溃灭（溃烂消灭），瞬间产生极大的冲击力及高温。气泡的形成和溃灭的反复作用，使零件表面疲劳破坏、产生麻点，再扩展成泡沫海绵状空穴，这种磨损称为气蚀磨损，如果介质与零件有化学及电化学作用，会加速气蚀磨损。在水泵零件、水轮机叶片、燃气涡轮机的叶片、火箭发动机的尾喷管及船舶螺旋桨等处，经常发生气蚀磨损。气蚀磨损与冲蚀磨损又都称为侵蚀磨损，它们都可视为疲劳磨损的一种派生形式。

一般来说，若材料具有较好的耐蚀性，又有较高的强度及韧性（如不锈钢），则抗气蚀能力较好。反之，如低碳钢、铸铁等则极易招致气蚀破坏。非金属材料如橡胶、尼龙等有一定的抗气蚀能力。改进机件外形结构，使其在运动时不产生或少产生涡流，消除产生气蚀的条件，是提高抗气蚀能力的有效措施。

6. 微动磨损

大多数磨损常以复合形式出现，微动磨损就是一种典型的复合磨损。这种磨损发生在名义上相对静止，实际上存在于微幅的相对切向振动的两个紧密接触的表面上。例如带式无级变速箱（器）上活动盘花键孔接合面，片式摩擦离合器内外摩擦片的接合面以及一些受振动影响的旋合螺纹的工作面，滚动轴承套圈的配合面，过盈配合的接合面上等都有可能出现微动磨损。微动磨损是由黏着磨损、腐蚀磨损和磨粒磨损复合作用的结果。

摩擦副的配对材料是影响微动磨损的重要因素。实验研究表明，同类材料相接触要比异类材料相接触时的磨损情况严重得多。但是异类材料的磨损是随振幅成正比地增大，而同类材料的磨损却随振幅先增后减。在一定的振幅下，磨损与载荷也有类似的先增后减的关系。通常抗黏着磨损性能好的材料同时具有良好的抗微动磨损性能，提高零件硬度也可降低微动磨损。

4.3 润滑剂、添加剂

4.3.1 润滑剂的作用

机械零件的接触表面在相对运动过程中，不可避免要产生摩擦。如果润滑不当、效率降低，引起发热、振动、噪声等。由于零件磨损，机械精度下降，寿命降低，影响正常工作而早期报废。因此，在机械设计中，润滑是一个很重要的问题。

润滑剂是改善摩擦状态以减小摩擦、减轻磨损的介质，同时具有防锈蚀功能。液体润滑剂采用循环润滑时，还能起到散热、降温的作用。此外，润滑油膜具有缓冲、吸振的能力。润滑脂还具有密封的功能。

4.3.2 润滑剂的种类及其性能指标

润滑剂可分为液体润滑剂、半固体润滑剂、固体润滑剂和气体润滑剂四种基本类型。其中以液体润滑剂应用最为广泛。任何气体都可作为气体润滑剂，其中用得最多的是空气，它主要用于高速轻载场合。

一、液体润滑剂

液体润滑剂中应用最广泛的是润滑油，它包括有机油、矿物油和合成油。有机油主要是动植物油，边界润滑时有很好的润滑性能，但来源有限、价格较高、稳定性差，所以使用不多，常作为添加剂使用。矿物油主要是石油产品，具有品种多、黏度值范围宽、适用范围广、成本低、稳定性好及耐蚀性强等特点，故应用最多。合成油是通过化学合成方法制成的新型润滑油，它能满足矿物油所不能满足的某些特殊要求，如高温、低温、高速及重载等。由于它主要针对某种特定需要而生产，适用面窄、成本很高，故一般机器中应用较少。

矿物油类润滑油按应用场合分为全损耗系统用油（A）、齿轮油（C）、压缩机油（D）、内燃机油（E）、液压油（H），以及主轴、轴承和离合器油（F）等19组。根据用途每大类又可分为若干种。每种润滑油又按质量、使用条件和用途分为几个等级，每级有不同牌号。

无论哪类哪级润滑油，从润滑的观点考虑，主要根据以下几个指标评判它们的优劣。

1. 黏度

黏度是液体润滑剂最重要的物理性能之一，它是衡量液体内摩擦力大小的指标。黏度越大，内摩擦力越大，流动性越小。黏度是选择液体润滑剂的主要依据，常用的表示方法有三种。

（1）动力黏度 如图4-8所示，在两个平行的平板间充满具有一定黏度的润滑油，若平板A以速度v移动，另一平板B静止不动。由于油分子与平板表面的吸附作用，将使贴近板A的油层以同样的速度 $u=v$ 随板移动；而贴近板B的油层则静止不动（$u=0$）。假定板间的润滑油做层流运动，于是形成各油层间的相对滑移，在各层的界面上就存在相应的切应力。牛顿在1687年提出了黏性流体的摩擦定律（简称黏性定律），

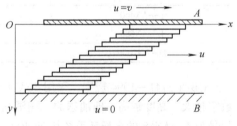

图4-8 平行平板间液体的层流流动

即在流体中任意点处的切应力均与该处流体的速度梯度成正比。若用数学形式表示这一定律，即为

$$\tau = -\eta \frac{\partial u}{\partial y} \tag{4-7}$$

式中 τ——流体单位面积上的剪切阻力，即切应力（MPa）；

$\frac{\partial u}{\partial y}$——流体沿垂直于运动方向（即沿图4-8中y轴方向或流体膜厚度方向）的速度梯度，"-"号表示u随y的增大而减小；

η——比例常数，即流体的动力黏度。

式（4-7）通常被称为流体层流流动的内摩擦定律，又称为牛顿黏性定律。摩擦学中把凡是服从这个黏性定律的流体都称为牛顿流体。

国际单位制（SI）中动力黏度的单位是 Pa·s，即长、宽、高各为 1m 的液体，上、下平面发生 1m/s 的相对滑动速度需要的切向力为 1N 时，该液体的动力黏度即为 1Pa·s。

（2）运动黏度　流体的黏度是用各种不同的仪器（黏度计）测量的，通常不是直接测量流体的动力黏度，而是测得动力黏度 η 与同温度下该液体密度 ρ（单位为 kg/m^3）的比值，并称这个比值为运动黏度 ν（单位为 m^2/s），即

$$\nu = \frac{\eta}{\rho} \tag{4-8}$$

全损耗系统用油的牌号及 40℃ 时相应的运动黏度值见表 4-1。

表 4-1　全损耗系统用油的牌号及 40℃ 时相应的运动黏度值

牌　号	黏度中心值/(mm^2/s)	黏度范围/(mm^2/s)
L—AN3	3.2	2.88 ~ 3.52
L—AN5	4.6	4.14 ~ 5.06
L—AN7	6.8	6.12 ~ 7.48
L—AN10	10	9.00 ~ 11.0
L—AN15	15	13.5 ~ 16.5
L—AN22	22	19.8 ~ 24.2
L—AN32	32	28.8 ~ 35.2
L—AN46	46	41.4 ~ 50.6
L—AN68	68	61.2 ~ 74.8
L—AN100	100	90.0 ~ 110
L—AN150	150	135 ~ 165
L—AN220	220	198 ~ 242
L—AN320	320	288 ~ 352
L—AN460	460	414 ~ 506
L—AN680	680	612 ~ 748
L—AN1000	1000	900 ~ 1110

GB/T 3141—1994 规定，采用 40℃ 时的运动黏度中心值作为润滑油的牌号，共有 20 个。牌号数字越大，黏度越高，即油越稠。润滑油实际运动黏度值在相应中心黏度值的 ±10% 以内。例如，牌号为 L—AN68 的全损耗系统用油 40℃ 时的运动黏度中心值为 68mm^2/s，实际运动黏度范围为 61.2 ~ 74.8mm^2/s。

（3）条件黏度（相对黏度）　石油产品中普遍采用条件黏度。它是利用某种规格的黏度计，在一定条件下通过测定润滑油流过该黏度计的时间来进行计量的黏度。我国常用恩氏度（°Et）作为条件粘度 η_E 的单位。1°Et 等于 200mL 待测油在规定温度下流过恩氏黏度计的时间与同体积蒸馏水在 20℃ 时流过该黏度计的时间之比值。由条件黏度 η_E 可换算到运动粘度 ν，换算方法查有关设计手册。

黏度随温度的变化是润滑油的一个十分重要的特性。润滑油黏度受温度影响的程度可用黏度指数 Ⅵ 表示。Ⅵ ≤ 35 为低黏度指数；Ⅵ 在 35 ~ 85 为中黏度指数；Ⅵ 在 85 ~ 110 为高黏度指数；Ⅵ > 110 为很高黏度指数。

润滑油的黏度越高，其对温度的变化就越敏感。图 4-9 所示为常用润滑油的黏-温曲线。黏

度指数越大、黏度随温度变化越小的润滑油，其性能越好、品质越高。

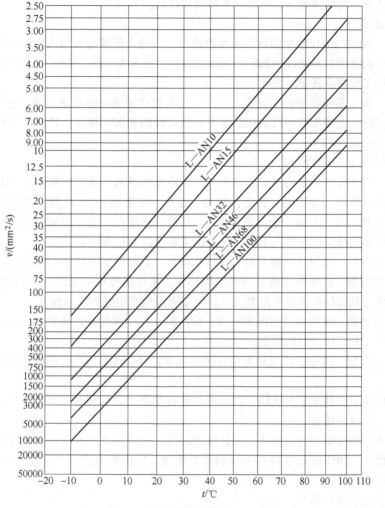

图 4-9　常用润滑油的黏—温曲线

压力对流体的影响有两方面。一是流体的密度随压力增高而加大，不过对于所有的润滑油来说，压力在 100MPa 以下时，每增加 20MPa 的压力，油的密度才增加 1%，因此在实际润滑条件下这个影响可以不予考虑。另一是压力对流体黏度的影响，这只有在压力超过 20MPa 时，黏度才随压力的增高而加大，高压时则更为显著，因此在一般的润滑条件（压力不超过 20MPa）下也同样不予考虑。

润滑油黏度的大小不仅直接影响摩擦副的运动阻力，而且对润滑油膜的形成及承载能力有决定性作用。这是流体润滑中一个极为重要的因素。

2. 润滑性（油性）

润滑性是指润滑油中极性分子与金属表面吸附形成边界油膜，以减少摩擦和磨损的性能。润滑性越好，油膜与金属表面的吸附能力越强。在低速、重载或润滑不充分的场合，润滑性具有特别重要的意义。一般来说，动、植物油和脂肪酸的油性较高。

3. 极压性

极压性是指润滑油中活性分子在金属表面生成抗磨、耐高压的化学反应边界膜的性能。普通润滑油的极压性能都不好，添加抗磨极压剂（如含硫、磷、氯的有机极性化合物）可改善这种性能。在重载、高速、高温情况下，可改善边界润滑性能。

4. 闪点和凝点

（1）闪点　油在标准仪器中加热所蒸发的油气，一遇火焰即能发出闪光时的最低温度，称为油的闪点。它是衡量油的易燃性的指标。润滑油的闪点范围为 120～340℃。选择润滑油时，通常应使油的闪点比工作温度高 20～30℃。

（2）凝点　凝点是指润滑油在规定条件下不能再自由流动时的最高温度。它是衡量润滑油低温性能的重要指标，直接影响到机器在低温下的启动性能和磨损情况。通常工作环境的最低温度应比润滑油的凝点高 5～7℃。

二、润滑脂（半固体润滑剂）

这是除润滑油外应用最多的一类润滑剂，是在液体润滑剂（常用矿物油）中加入稠化剂而成的。稠化剂有金属皂类（如铝皂、钡皂、钙皂、锂皂、钠皂等）、非皂类（如硅石粉、酞菁颜料等）和填充物（如石墨、石棉、金属粉末等）。此外，还加入一些添加剂，以增加抗氧化性和油膜强度。根据调制润滑脂所用皂基不同，润滑脂主要有以下几类。

（1）钙基润滑脂　这种润滑脂具有良好的抗水性，但耐热能力差，工作温度不宜超过65℃。

（2）钠基润滑脂　这种润滑脂有较高的耐热性，工作温度可达120℃，但抗水性差。由于它能与少量水乳化，从而保护金属免遭腐蚀，比钙基润滑脂有更好的缓蚀性。

（3）锂基润滑脂　这种润滑脂既能抗水、耐高温（工作温度不宜高于145℃），而且有较好的机械安定性，是一种多用途的润滑脂。

（4）铝基润滑脂　这种润滑脂具有良好的抗水性，对金属表面有高的吸附能力，故可起到很好的防锈作用。

润滑脂的应用范围稍次于润滑油，但因密封装置简单，且无须经常换油、加油，故常用于不易加油、重载、低速等场合。

按用途的不同润滑脂可分为如下：①抗磨润滑脂，主要用于改善摩擦副的摩擦状态以减缓磨损。②防护润滑脂，用于防止零件和金属制品的腐蚀。③密封润滑脂，主要用于密封真空系统、管道配件、螺纹联接等。

润滑脂的主要质量指标有：

（1）锥（针）入度（或稠度）　润滑脂在外力作用下抵抗变形的能力称为锥入度，是润滑脂的一项重要指标。针入度是指用150g的标准锥体，在25℃ 恒温下自润滑脂表面经5s刺入的深度（以 0.1mm 计），标志着润滑脂内阻力的大小和流动性的强弱。锥入度越小表明润滑脂越稠，越不易从摩擦表面被挤出，承载能力越强，密封性越好，但内摩擦阻力也越大，且不易充填较小的摩擦间隙。润滑脂的牌号是根据锥入度的等级编制的，按锥入度自大到小分 0～9 号共 10 个牌号。号数越大，锥入度越小，脂越稠。常用 0～4 号。

（2）滴点　在规定的加热条件下，润滑脂从标准测量杯的孔口滴下第一滴液态油时的温度，称为润滑脂的滴点，它决定了润滑脂的工作温度。选用润滑脂时，至少使工作温度比其滴点低20℃。

与润滑油相比，润滑脂的优点是密封简单，不需经常添加，载荷、速度及温度的变化对其影响不大。缺点是摩擦损耗大、机械效率低，常用于低速、受冲击载荷或间歇运动的场合。

三、固体润滑剂

固体润滑剂通常用在高温、高压、极低温、真空、强辐射、不允许污染及无法给油等场合，但其减摩、耐磨效果一般不如润滑油、脂。固体润滑剂的材料有无机化合物、有机化合物及金属等。无机化合物有石墨、二硫化钼、二硫化钨、硼砂、氮化硼及硫酸银等。石墨和二硫化钼都是惰性物质，热稳定性好。有机化合物有聚合物、金属皂、动物蜡、油脂等。属于聚合物的有聚四氟乙烯、聚氯氟乙烯、尼龙等。金属有铅、金、银、锡、铟等。

固体润滑剂通常是以固体粉末、薄膜或复合材料等形式代替润滑油、脂，以达到润滑的目的。固体粉末是利用涂抹的方法或利用气流将层状结构的石墨和二硫化钼输送到摩擦面上，这些粉末填满不平表面的波谷，使实际接触面积增大，最大压强减小，由于层间抗剪强度低，易于滑动，故摩擦因数也不高，也可将固体粉末分散于油或脂中使用；薄膜是将固体润滑剂粉末和粘结剂（如丙烯树脂、酚醛树脂及环氧树脂等），经喷镀、烧结、沉积、电泳等方法使它在摩擦表面上形成一层薄膜，其作用类似边界摩擦的边界膜；复合材料将固体润滑剂粉末和其他固体（如塑料粉、金属粉）混合、压制、烧结而成，或将润滑剂经压制、烧结等工序制成摩擦面，将其固结或镶嵌在金属表面上。

四、气体润滑剂

空气、氢气、氦气、水蒸气、其他工业气体及液态金属蒸气等都可作为气体润滑剂。最常用的为空气，它对环境没有污染。气体润滑剂由于黏度很低（例如空气的黏度只有 L—AN15 黏度的 1/5000），所以摩擦阻力极小，温升很低，故特别适用于高速场合。又由于气体的黏度随温度变化很小，所以又能在低温（-200℃）或高温（2000℃）环境中应用。但气体润滑剂的气膜厚度和承载能力都较小，如空气润滑时，气膜厚度只有油膜厚度的 1/200~1/50。

4.3.3 添加剂

为改善润滑剂的性能，而在其中添加的某些物质称为添加剂。使用添加剂是现代改善润滑剂润滑性能的重要手段，所以其品种和产量发展迅速。添加剂很多，大致可分为两类：一类为影响润滑剂物理性能的添加剂，如各种降凝剂、增黏剂、消泡剂等；另一类为影响润滑剂化学性能的添加剂，如各种极压抗磨剂、抗氧化剂、油性剂和抗腐剂等。这些添加剂大多是化学衍生物，本身往往不能单独作为润滑材料，但加入后对润滑剂的某些性能会起很大影响。

润滑剂中的各种添加剂与油或金属起不同的物理化学反应，以提高润滑性能。添加剂的作用有：

1) 提高润滑剂的油性、极压性和在极端工作条件下更有效的工作能力。
2) 推迟润滑剂的老化变质，延长其正常使用寿命。
3) 改善润滑剂的物理性能，如降低凝点、消除泡沫、提高黏度、改进其黏—温特性等。

例如在重载摩擦副中常用极压添加剂，能在高温下分解出活性元素与金属表面起化学反应，生成一种低剪切强度的金属化合物薄层（化学反应膜），在高温高压下能防止摩擦面直接接触，以增进抗黏着能力。又如动植物油、脂肪酸、油酸、硬脂酸等可作为油性添加剂，也称边界润滑添加剂，由极性很强的分子组成，在常温下也能吸附在金属表面上，形成边界膜。

润滑油根据需要可加入多种添加剂。添加剂的加入量很少，一般只占基础油的 0.01%~5%。

4.4 润滑状态

前文所述边界摩擦、流体摩擦和混合摩擦，都必须在一定的润滑条件下才能实现，摩擦状态与润滑状态成对应关系。所以，对应摩擦状态的分类，润滑状态可分为边界润滑、流体润滑和混合润滑三种。

4.4.1 边界润滑

由润滑剂中的脂肪酸所形成的边界膜厚度一般都比表面粗糙度值小，不能完全避免两表面间金属的直接接触，因此仍有磨损存在。

按边界膜形成机理，边界膜有两类：吸附膜（物理吸附膜及化学吸附膜）和化学反应膜。由润滑油中脂肪酸的极性分子与金属表面相互吸引所形成的吸附膜称为物理吸附膜；由润滑油中的分子靠化学键作用而吸附在金属表面上所形成的吸附膜称为化学吸附膜。化学反应膜是当润滑剂中含有以原子形式存在的硫、氯、磷时，在较高的温度（通常在 150~200℃）下，这些元素与金属起化学反应而生成硫、氯、磷的化合物（如硫化铁）在润滑油与金属界面处形成的薄膜。

温度对物理吸附膜影响较大，物理吸附膜的吸附强度随温度升高而下降，故物理吸附膜适宜于在常温、轻载、低速下工作。

化学吸附膜的吸附强度比物理吸附膜高且稳定性好，受热后的熔化温度也较高，故化学吸附膜适宜于在中等载荷、速度、温度下工作。

吸附膜破坏后就会发生表面擦伤，从摩擦学方面考虑，在设计上应采取的办法是限制摩擦副的表面接触温度低于吸附膜的脱吸温度。

化学反应膜厚度较厚，所形成的金属盐具有低的剪切强度和高熔点，比前两种吸附膜更稳定，故化学反应膜适用于重载、高速和高温下工作的摩擦副。其性能和添加剂与金属起化学反应的性质有关。

摩擦表面的工作温度对边界膜的性能影响很大，当达到第一临界温度时，吸附膜发生软化、失向和脱吸现象，从而使润滑作用降低，磨损率和摩擦因数都将迅速增加；当达到第二临界温度时，润滑油完全分解，摩擦副将发生严重黏着甚至咬死。因滑动表面的摩擦功耗与 pv 值（p 为摩擦表面单位面积上的压力，v 为摩擦面间的相对滑动速度）成正比，故限制 pv 值是控制摩擦表面工作温度的主要措施。

提高边界膜的强度可采取以下措施：合理选择摩擦副的材料和润滑剂；降低表面粗糙度值；在润滑剂中加入油性添加剂和极压添加剂。图 4-10 可说明油性添加剂和极压添加剂的作用，横坐标代表摩擦表面工作温度 t，纵坐标是摩擦因数 f。如图 4-10 所示，非极性润滑油的摩擦因数随着温度的升高而增大，且在整个温度范围内，摩擦因数始终是很高的，含脂肪酸的润滑油，温度低时具有良好的减摩性（即摩擦因数小），但当温度超过脂肪酸金属皂膜的软化温度后，摩擦因数将迅速上升；含极压添加剂的润滑油在软化温度之前，摩擦因数很大，当达到软化温度之后，因形成化学反应膜保护基体金属，故摩擦因数迅速下降。若在润滑油中加入脂肪酸和极压添加剂（图 4-10 中虚线），则低温时可以靠脂肪酸的油性来获得减摩性，高温时则靠极压添加剂的化学反应膜来得到良好的减摩性。

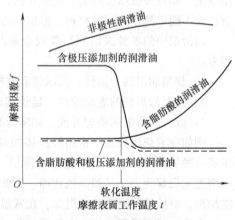

图 4-10 油性添加剂和极压添加剂的作用

4.4.2 流体润滑

当摩擦副始终被一层具有一定压力和一定厚度的流体膜完全隔开、相互运动的阻力只是流体内部的摩擦力时，这种润滑状态称为流体润滑。形成流体膜的介质既可以是液体也可以是气体。

液体润滑应用非常广泛,气体润滑只适用于高速轻载的场合。

实现流体润滑的必要条件是在两相对运动的表面之间建立具有足够厚度的承载流体膜。根据流体膜形成的原理,通常将流体润滑分为流体动压润滑和流体静压润滑。流体动压润滑是利用摩擦面间的相对运动而自动形成承载流体膜的润滑;流体静压润滑是从外部将一定压力的流体强制送入摩擦面间形成承载流体膜的润滑。此外,当两个曲面体做相对滚动或滚—滑运动(即机械中各种高副接触运动)时,在一定条件下也能在接触处产生承载油膜,形成流体润滑。这样的流体润滑称为弹性流体动力润滑,简称弹流润滑。

流体润滑没有磨损,零件使用寿命长,是理想的润滑状态。

4.4.3 混合润滑

当摩擦副两表面间的油膜厚度较薄时,局部表面的轮廓峰可能穿透润滑油膜,使其局部处于边界润滑状态,而其他区域仍处于液体润滑状态,这种介于边界润滑和液体润滑之间的润滑状态称为混合润滑。混合润滑状态的两摩擦表面之间同时存在边界膜和较厚的油膜,摩擦因数也介于两者之间,由于避免不了微凸体的直接接触,因此仍有磨损存在。它是机械工程的摩擦副中常见的一种润滑状态。

边界润滑和混合润滑统称为不完全液体润滑。它能有效地降低摩擦阻力、减轻磨损、提高承载能力和延长零件使用寿命。设计时,除极少数特殊材料外,摩擦副应以维持不完全液体润滑状态为最低要求。

4.4.4 润滑状态的转化

实践证明,改变某些参数如压强 p、两接触面间相对滑动速度 v、流体黏度,边界润滑、混合润滑和流体润滑状态可以相互转化。图4-11为摩擦特性曲线,从中可以看出,在有润滑的条件下,对具有一定表面粗糙度的表面,随着润滑特性系数 $\eta v/p$ 的增大,摩擦表面间的润滑状态由边界润滑经混合润滑过渡到流体润滑,摩擦因数 f 及相应的间隙也随之改变。润滑状态与最小油膜厚度和评定轮廓的均方根偏差有着密切的关系。通常根据膜厚比 λ($\lambda = h_{\min}/\sqrt{R^2q_1 + R^2q_2}$,$Rq_1$、$Rq_2$ 分别为两接触表面评定轮廓的均方根偏差)的大小来大致估计润滑状态:$\lambda \leq 1$ 时呈边界润滑状态;$1 < \lambda < 3$ 时呈混合润滑状态或部分弹性流体动力润滑状态;$\lambda \geq 3$ 时呈流体润滑状态或完全弹性流体动力润滑状态。

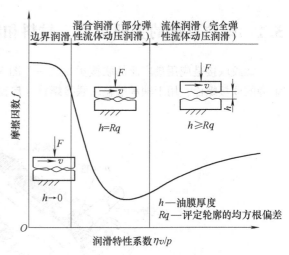

图4-11 摩擦特性曲线

思 考 题

4-1 按摩擦状态滑动摩擦分为哪几种类型?说明每种类型的特点。

4-2 何谓磨损?零件的正常磨损主要分为哪几个阶段?每个阶段有何特点?如何防止和减轻磨损?

4-3 试述润滑剂的作用。润滑剂有哪几类?添加剂的作用是什么?

4-4 简述流体动压润滑和流体静压润滑油膜形成原理的不同点。

第 5 章 螺纹联接和螺旋传动

任何一部机器都是由许多零部件组合而成的。组成机器的所有零部件都不能孤立地存在，它们必须通过一定的方式联接起来，称为机械联接。被联接件间相互固定、不能做相对运动的称为机械静联接；能按一定运动形式做相对运动的称为机械动联接，如各种运动副。本章所指的联接为机械静联接，按联接是否可拆卸，机械静联接可分为可拆联接和不可拆联接。可拆联接是指联接拆开时，不破坏联接中的零件，重新安装后即可继续使用的联接。属于这类联接的有螺纹联接、键联接、销联接和成形联接等。不可拆联接是指联接拆开时，要破坏联接中的零件而不能继续使用的联接。属于这类联接的有铆接、焊接和铰接等。过盈配合介于可拆与不可拆之间，视配合表面间过盈量的大小而定，一般宜用作不可拆联接。

按零件的个数计算，在各种机械中，联接件是使用最多的零件，一般占机器总零件数的 20%~50%，也是在近代机械设计中发明创造最多的一类机械零件。在机器不能正常工作的情况中，许多是由于联接失效造成的。因此，联接在机械设计与使用中占有重要地位。

5.1 螺纹联接的主要类型、材料和精度

螺纹联接是应用最广泛的联接类型之一。图 5-1 所示为减速器，其中有用于减速器箱盖、轴承旁的联接螺栓，用于轴承端盖的联接螺钉（启盖螺钉），以及与地基联接的地脚螺栓等。

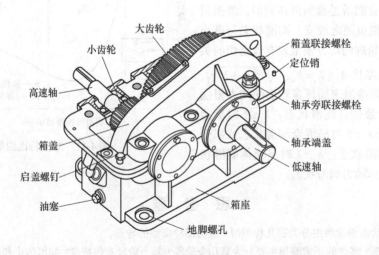

图 5-1 减速器

5.1.1 螺纹联接的主要类型

螺纹联接的主要类型有螺栓联接、双头螺柱联接、螺钉联接和紧定螺钉联接。螺纹联接的主要类型、构造、主要尺寸关系、特点及应用见表 5-1。

表 5-1 螺纹联接的主要类型、构造、主要尺寸关系、特点及应用

主要类型	构造	主要尺寸关系	特点及应用
螺栓联接	普通螺栓联接 铰制孔螺栓联接	螺纹余留长度 l_1 普通螺栓联接：静载荷 $l_1 \geq (0.3 \sim 0.5)d$； 变载荷 $l_1 \geq 0.75d$；冲击、弯曲载荷 $l_1 \geq d$ 铰制孔用螺栓联接：l_1 尽可能小 螺纹伸出长度 $a \approx (0.2 \sim 0.3)d$ 螺栓轴线到边缘的距离 $e = d + (3 \sim 6)$ mm	被联接件的通孔中不切制螺纹，通孔与螺杆间有间隙，螺杆受拉。通孔加工精度低，构造简单、装拆方便，适用于通孔并能从联接的两边进行装配的场合 螺杆大径与螺纹孔（精度较高）的小径具有同一公称尺寸，多采用过渡配合，可精确固定两被联接件的相对位置。螺杆受剪应力，主要用来承受横向载荷
双头螺柱联接		座端拧入深度 H，当螺纹孔零件材料为： 钢或青铜时 $H \approx d$；铸铁 $H \approx (1.25 \sim 1.5)d$； 铝合金 $H \approx (1.5 \sim 2.5)d$ 螺纹孔深度 $H_1 \approx H + (2 \sim 2.5)d$ 钻孔深度 $H_2 \approx H_1 + (0.5 \sim 1)d$ l_1、a、e 值同螺栓联接	双头螺柱的两端都有螺纹，其一端紧固地旋入厚件螺纹孔内，另一端与螺母旋合而将被联接件（薄件和厚件）联接，适用于不能用螺栓联接的地方（如被联接零件之一太厚）或希望结构较紧凑的场合
螺钉联接			不用螺母，螺钉直接旋入被联接件的螺纹孔中，重量较轻，在钉尾一端的被联接件外部能有光整的外露表面，应用与双头螺柱相似，但不宜用于经常拆卸的联接，以免损坏被联接件的螺纹孔

(续)

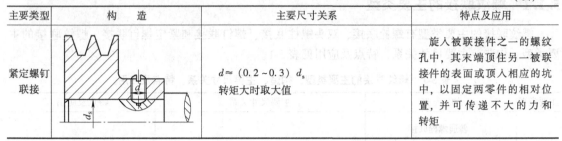

主要类型	构造	主要尺寸关系	特点及应用
紧定螺钉联接		$d \approx (0.2 \sim 0.3) d_s$ 转矩大时取大值	旋入被联接件之一的螺纹孔中,其末端顶住另一被联接件的表面或顶入相应的坑中,以固定两零件的相对位置,并可传递不大的力和转矩

螺钉除作为联接和紧定用外,还可用于调整零件位置,如机器、仪器的调节螺钉等。

螺纹联接除上述四种主要类型外,还有一些特殊结构的联接。例如用于固定机座或机架的地脚螺栓联接(图5-2),用于工装设备(机床工作台等)中的T形槽螺栓联接(图5-3),装在机器或大型零部件顶盖或外壳上起吊用的吊环螺钉联接(图5-4)等。

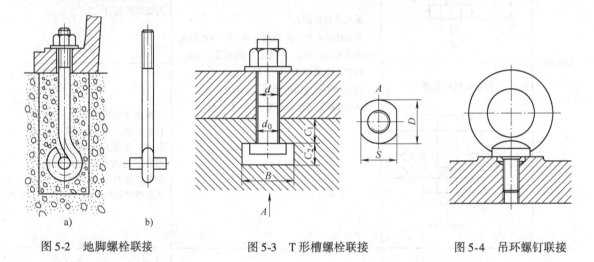

图5-2 地脚螺栓联接　　图5-3 T形槽螺栓联接　　图5-4 吊环螺钉联接

标准螺纹联接件及其特定与应用、具体尺寸及选用可查机械设计手册或机械工程手册。

5.1.2 螺纹联接件的材料和许用应力

1. 螺纹联接件的材料及等级

螺纹联接件有两类等级,一类是产品等级,另一类是机械性能等级。

(1) 产品等级　产品等级表示产品的加工精度等级。根据国家标准规定,螺纹联接件分为三个精度等级,其代号为A、B、C。A级精度螺纹联接件的公差小,精度最高,用于要求配合精确、防止振动等重要零件的联接;B级精度螺纹联接件多用于受载较大且经常装拆、调整或承受变载荷的联接;C级精度螺纹联接件多用于一般的螺纹联接。

(2) 机械性能等级和材料

1) 螺纹联接件的机械性能等级表示联接件材料的机械性能,如强度、硬度的等级。国家标准规定螺纹联接件按材料的力学性能分出等级(详见 GB/T 3098.1—2010 和 GB/T 3098.2—2015)。螺栓(双头螺柱、螺钉)的机械性能等级分为10级,自4.6~12.9级(表5-2),一般而言,4.6~4.8级用于不重要的螺栓,5.6~6.8级用于一般螺栓,8.8~9.8级用于较重要的螺栓,10.9~12.9级用于主要螺栓。小数点前的数字代表材料的抗拉强度极限的1/100 (σ_b/100),小数点后的数字代表材料的屈服极限（σ_s 或 $\sigma_{0.2}$）与抗拉强度极限（σ_b）的比值（屈强比）的 10 倍（$10\sigma_s/\sigma_b$）。例如性能等级 4.6，其中 4 表示材料的抗拉强度为 σ_b =400MPa，6 表示屈服极限与抗拉强度极限之比为 0.6，σ_s =240MPa。

表 5-2 螺栓（双头螺柱、螺钉）的机械性能（摘自 GB/T 3098.1—2010）

性能等级	4.6	4.8	5.6	5.8	6.8	8.8 ≤M16	8.8 >M16	9.8	10.9	12.9
最小抗拉强度极限 $\sigma_{b\,min}$/MPa	400	400	500		600	800	800	900	1000	1200
屈服极限 σ_s/MPa	240	—	300	—	—	—	—	—	—	—
材料、热处理	Q215、10、15	Q235	Q235、35	15、25	35、45	低碳合金钢（如硼、锰、铬等）、中碳优质钢、淬火并回火			15MnVB、20CrMnTi、40Cr 等淬火并回火	15MnVB、30CrMnTi 等合金钢，淬火并回火
最低硬度 HBW_{min}	114	124	147	152	181	245	250	286	316	380
相配螺母的性能等级	04（d>M16）05（d≤M16）		05		5	6 (M16<d≤M39)		8 (d≤M16)	10	12 (d≤M39)

注：1. 螺母材料可与螺栓（双头螺柱）材料相同或相近，硬度则略低。
    2. 规定性能等级的螺栓、螺母在图样中只标出性能等级，不应标出材料牌号。螺母的性能等级分为七级（表 5-3），从 4~12 数字粗略表示螺母保证（能承受的）最小应力 σ_{min} 的 1/100（σ_{min}/100）。选用时，须注意所用螺母的性能等级不低于与其相配螺栓的性能等级（螺母应比螺栓经济）。

表 5-3 螺母的机械性能（摘自 GB/T 3098.2—2015）

性能等级（标记）	04	05	5	6	8	10	12
螺母保证最小应力 σ_{min}/MPa	510（d≥16~39）	520（d≥3~4，右同）	600	800	900	1040	1150
推荐材料	易切削钢，低碳钢		低碳钢或中碳钢	中碳钢		中碳钢，低、中碳合金钢，淬火并回火	
相配螺栓的性能等级	4.6、4.8（d>M16）	4.6、4.8（d≤M16）；5.6、5.8	6.8	8.8	8.8(M16<d≤M39) 9.8(d≤M16)	10.9	12.9

注：1. 均指粗牙螺纹螺母。
    2. 性能等级为 10、12 的硬度最大值为 36HRC。

2）适合制造螺纹联接件的材料品种很多，根据受载情况，螺纹联接件应当采用塑性材料，最常用的是钢，可视载荷大小、变化性质和重要程度等采用普通碳素钢、优质碳素钢或合金钢。一般条件下常用的材料有低碳钢（Q215 钢、10 钢）和中碳钢（Q235 钢、35 钢、45 钢）。对于承受冲击、振动或变载荷的螺纹联接件，可采用低合金钢、合金钢，如 15Cr、40Cr、30CrMnSi 等。标准规定 8.8 级和 8.8 级以上的中碳钢、低碳钢或中碳钢都须经淬火并回火处理，对于特殊用途（如耐蚀、防磁、导电或耐高温等）的螺纹联接件，可采用特种钢或钢合金、铝合金等，并经表面处理（如氧化、镀锌钝化、磷化、镀镉等）。

普通垫圈的材料，推荐采用 Q235 钢、15 钢、35 钢；弹簧垫圈用 65Mn 钢制造，并经热处理和表面处理，使其具有弹性。

对于一般机械设计，螺纹联接件常用材料的机械性能见表 5-4。

表 5-4 螺纹联接件常用材料的机械性能

钢 号	抗拉强度极限 σ_b/MPa	屈服极限 σ_s/MPa	疲 劳 极 限	
			弯曲 σ_{-1}/MPa	拉压 σ_{-1T}/MPa
10	335	205	160~220	120~150
Q235	370~500	235	170~220	120~160
35	530	315	220~300	170~220
45	600	355	250~340	190~250
40Cr	980	785	320~440	240~340

注：螺栓直径 d 小时，取偏高值。

2. 螺纹联接件的许用应力和安全系数

螺纹联接件的许用应力与载荷性质（静、变载荷）、装配情况（松联接或紧联接）以及联接件的材料、结构尺寸等因素有关。螺纹联接件的许用拉应力按下式确定

$$[\sigma] = \frac{\sigma_s}{S} \tag{5-1}$$

$$[\sigma_a] = \frac{\varepsilon \sigma_{-1T}}{S_a k_\sigma} \tag{5-2}$$

螺纹联接件的许用切应力 $[\tau]$ 和许用挤压应力 $[\sigma_p]$ 分别按下式确定

$$[\tau] = \frac{\sigma_s}{S_\tau} \tag{5-3}$$

对于钢

$$[\sigma_p] = \frac{\sigma_s}{S_p} \tag{5-4}$$

对于铸铁

$$[\sigma_p] = \frac{\sigma_b}{S_p} \tag{5-5}$$

式中 σ_s、σ_b——螺纹联接件材料的屈服极限和抗拉强度极限（MPa），常用铸铁联接件的 σ_b 可取 200~250MPa；

S、S_a、S_p、S_τ——安全系数；

ε——螺纹尺寸系数；

k_σ——螺纹的有效应力集中系数；

σ_{-1T}——材料在拉压对称循环下的疲劳极限（MPa）。

螺纹联接的安全系数见表 5-5。

表 5-5 螺纹联接的安全系数

受载类型			静 载 荷				变 载 荷		
松螺栓联接			1.2~1.7						
紧螺栓联接	受轴向及横向载荷的普通螺栓联接	不控制预紧力的计算		M6~M16	M16~M30	M30~M60		M6~M16	M16~M30	M30~M60
			碳素钢	4~5	2.5~4	2~2.5	碳素钢	8.5~12.5	8.5	8.5~12.5
			合金钢	5~5.7	3.4~5	3~3.4	合金钢	6.8~10	6.8	6.8~10
		控制预紧力的计算	1.2~1.5				1.2~1.5 $S_a = 1.5~2.5$			
	铰制孔用螺栓联接		钢：$S_\tau = 2.5$，$S_p = 1.25$ 铸铁：$S_p = 2.0~2.5$				钢：$S_\tau = 3.5~5$，$S_p = 1.5$ 铸铁：$S_p = 2.5~3.0$			

由表 5-5 可知：当不控制预紧力时，螺栓直径越小所取安全系数越大。这是因为小直径螺栓拧紧时容易过载而断裂，为安全起见，将其安全系数适当定得高些。设计计算时，由于螺栓直径 d 和许用应力均未知，需采用试算法，即先初定一螺栓直径 d，选取相应的安全系数 S 求出，若由强度公式求得的直径 d 与原初定值相符，则计算有效。否则，重定螺栓直径 d，再进行计算，直至合乎要求。

5.2 螺纹联接的拧紧和防松

5.2.1 螺纹联接的拧紧

1. 螺栓联接预紧时力的分析

螺栓联接按装配时是否预先拧紧（预紧），可分为松螺栓联接和紧螺栓联接。松螺栓联接装配时不拧紧，螺栓只在承受工作载荷时才受到力的作用，图 5-5 所示的起重滑轮的螺栓联接为其应用的一个实例。螺纹联接在装配时一般需拧紧。拧紧的目的是增强联接的刚性，提高紧密性和防止松脱。紧螺栓联接在承受工作载荷之前就受到了拧紧力的作用，称其为预紧力。

图 5-6 所示为用扳手拧紧螺纹联接。设施加于扳手的力为 F，施力点至螺栓轴线的距离为 L（一般标准扳手的长度 $L=15d$，d 为螺栓大径），则扳手拧紧力矩 $T=FL=15Fd$。由于扳手拧紧螺母时需克服螺纹副间的摩擦力矩 T_1 和螺母与被联接件支承面间的摩擦力矩 T_2，故有

$$T = FL = 15Fd = T_1 + T_2 \tag{5-6}$$

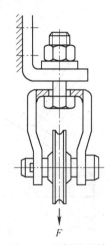

图 5-5 松螺栓联接

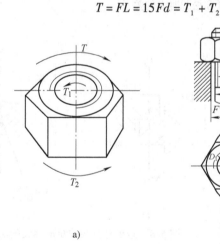
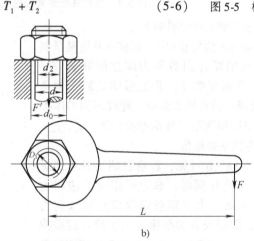

图 5-6 用扳手拧紧螺纹联接

螺栓、螺母、螺纹副间的摩擦力矩 T_1 为螺纹中径圆处的切向力 P 乘上中径圆的半径 $d_2/2$，即

$$T_1 = P \frac{d_2}{2} \tag{5-7}$$

根据螺纹形成原理可知，沿中径圆 d_2 施加切向力 P 拧紧螺母，相当于用水平力 P 推动受有轴向力 F_0 的螺母沿具有楔形槽的斜面（螺纹升角为 ψ）上升，如图 5-7a 所示。由力的平衡条件得图 5-7b 所示的力封闭三角形，则

$$P = F_0 \tan(\psi + \rho_v) \tag{5-8}$$

式中　F_0——拧紧螺母后螺栓受到的轴向预紧拉力，称为预紧力（N）；

ψ——螺纹升角（°）；

ρ_v——螺纹副楔面摩擦时的当量摩擦角（°）。

$$\rho_v = \arctan f_v = \arctan \frac{f}{\cos\beta} \tag{5-9}$$

式中 f 和 f_v——平面摩擦因数和当量（楔面）摩擦因数；

β——牙侧角（°）。

将式（5-8）代入（5-7），得

$$T_1 = \frac{F_0 d_2}{2}\tan(\psi + \rho_v) \tag{5-10}$$

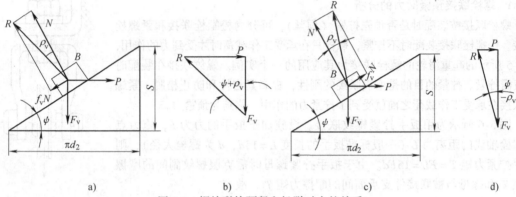

图 5-7 螺栓联接预紧和松脱时力的关系

当量摩擦因数 f_v 的说明如下。

矩形螺纹的牙侧角 $\beta = 0°$，螺纹展开后是平斜面，螺纹副间的摩擦因数称为摩擦因数 f，$f = \tan\rho$，ρ 称为平面摩擦角。非矩形螺纹的牙侧角 $\beta \neq 0°$，螺纹展开后是楔形斜面，螺纹副间的摩擦因数称为当量摩擦因数（楔面摩擦因数）f_v，$f_v = \tan\rho_v$，ρ_v 称为当量摩擦角。

对比图 5-8a、b 可见，若略去螺纹升角的影响，则当轴向 F_a 相同时，非矩形副间的法向力 N_v（$N_v = F_a/\cos\beta$）大于矩形螺纹副间的法向力 N（$N = F_a$），因而前者的摩擦力大于后者的摩擦力，即 $N_v f > Nf$。若把法向力的增加看作摩擦因数的增加，则非矩形螺纹的摩擦力可写为

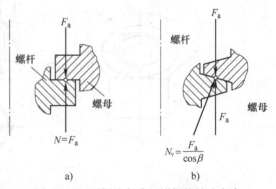

图 5-8 矩形螺纹与非矩形螺纹的法向力

$$N_v f = \frac{F_a}{\cos\beta}f = N\frac{f}{\cos\beta} = Nf_v \tag{5-11}$$

即当量摩擦因数

$$f_v = \frac{f}{\cos\beta} \tag{5-12}$$

可见，矩形、锯齿形的梯形螺纹的牙侧角（分别为 0°、3° 和 15°）均较管螺纹（$\beta = 30°$ 或 27.5°）为小，因而摩擦力较小，所以用作传动螺纹。

支承面的摩擦力矩可近似确定为

$$T_2 = F_0 f_c r_f = F_0 f_c \frac{D_0 + d_0}{4} \tag{5-13}$$

式中 f_c——螺母与被联接件支承面间的摩擦因数，$f_c = \tan\rho_c$，ρ_c 为平面摩擦角（°）；

r_f——摩擦半径（mm）；

D_0 和 d_0——支承环面的大径和小径（mm）。

对于 M6～M64 的普通粗牙螺纹，取平均值 $\psi = 2.5°$；$D_0 \approx 1.7d$；$d_0 \approx 1.1d$；$d_2 \approx 0.9d$，无润滑时取 $f_c = 0.17$，即 $\rho_v = 9.83°$；$f_c = 0.15$，即 $\rho_c = 8.53°$，代入式（5-6）后再代入式（5-10）和式（5-13），得

$$T = 15Fd = 0.2F_0 d \tag{5-14}$$

或

$$F_0 = 75F \tag{5-15}$$

式（5-15）表明，预紧力是施加在扳手上的力 F 的 75 倍。假设 $F = 200\text{N}$，则 $F_0 = 15000\text{N}$。如果用这个预紧力拧紧直径较小的普通螺栓，就有可能过载而拧断。因此，对于无法控制预紧力的联接，不宜采用小于 M12～M16 的螺栓；对于重要的螺栓联接，必须准确控制拧紧力矩。例如，采用指示式扭力扳手（图 5-9a）或预置式扭力扳手（图 5-9b）控制预紧力，操作简便，但准确性较差（因摩擦因数变动较大），特别是对于大型的螺栓联接更难控制。为此，可采用测定螺栓伸长量的方法（图 5-10）来控制预紧力。所需的伸长量可根据预紧力的规定值计算。

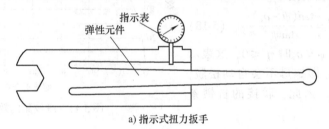

a) 指示式扭力扳手

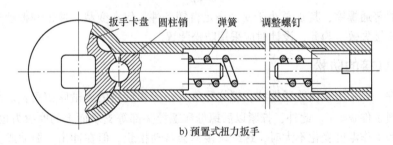

b) 预置式扭力扳手

图 5-9 指示式扭力扳手和预置式扭力扳手

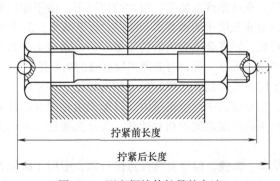

图 5-10 测定螺栓伸长量的方法

2. 联接松脱时力的分析

螺母自动松脱意味着紧螺栓联接失效。螺母松脱相当于受轴向力 F_0 的螺母沿楔形斜面自动下滑。这时，P 由推动力变为阻力，摩擦力 $f_v N$ 的方向与预紧时的方向相反，如图 5-7c 所示。根据力平衡条件，得图 5-7d 所示的力封闭三角形，即

$$P = F_0 \tan(\psi - \rho_v) \tag{5-16}$$

3. 效率和自锁

螺纹副的效率是有效功与输入功之比。若按螺纹转动一圈计算，输入功为 $P\pi d_2$，此时升举螺母所做的有效功为 $F_0 S$，故预紧时螺纹副的效率为

$$\eta = \frac{F_0 S}{P\pi d_2} = \frac{\tan\psi}{\tan(\psi + \rho_v)} \tag{5-17}$$

由上式可知，当量摩擦角 ρ_v 一定时，效率是升角 ψ 的函数。由此可绘出效率曲线（图 5-11）。取 $\dfrac{d\eta}{d\psi} = 0$，可得当 $\psi = 45° - \dfrac{\rho_v}{2}$ 时，η 随 ψ 的增大而提高。考虑到 ψ 过大时，切制螺纹困难，而效率提高并不显著，所以通常 $\psi \leq 25°$。

松脱时螺纹副联接的效率

$$\eta' = \frac{P\pi d_2}{F_0 S} = \frac{\tan(\psi - \rho_v)}{\tan\psi} \tag{5-18}$$

分析上式可知，$\psi \leq \rho_v$ 时 $\eta' \leq 0$，这表示螺纹副无相对运动，即螺母不会自动松脱，这种现象称为自锁。因此，联接的自锁条件为

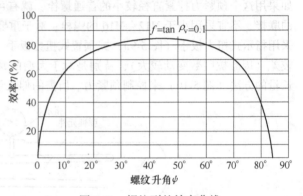

图 5-11 螺纹副的效率曲线

$$\psi \leq \rho_v \tag{5-19}$$

用于联接的普通螺纹，其 ψ 总小于 ρ_v，满足自锁条件。但在变载、冲击和振动载荷下，常会发生松脱导致联接失效。为此，设计时应采用防松装置。

5.2.2 螺纹联接的防松

螺纹联接件一般采用单线普通螺纹。螺纹升角 ψ 小于螺旋副的当量摩擦角 ρ_v。因此，联接螺纹都能满足自锁条件 $\psi \leq \rho_v$。此外，拧紧以后螺母和螺栓头部等支承面上的摩擦力也有防松作用，所以在静载荷和工作温度变化不大时，螺纹联接不会自动松脱。但在冲击、振动或变载荷的作用下，螺旋副间及螺母、螺栓头与支承面间的摩擦阻力可能减小或瞬间消失。这种现象多次重复后，就会使联接松动甚至松脱。在高温或温度变化较大的情况下，由于螺纹联接件和被联接件的材料发生蠕变和应力松弛，也会使联接中的预紧力和摩擦力逐渐减小，最终将导致联接失效。

螺纹联接一旦出现松脱，轻者会影响机器的正常运转，重者会造成严重事故。因此，为了防止联接松脱，保证联接安全、可靠，设计时必须采取有效的防松措施。

防松的根本问题在于防止螺旋副在受载时发生相对转动。防松的方法很多，按其工作原理可分为三类：①摩擦防松：在螺纹副中产生正压力，以形成阻止螺纹副相对运动的摩擦力；②机械防松：采用止动元件，约束螺纹副之间的相对转动；③永久防松：采用某种措施使螺纹副变为非螺纹副。

一般说，摩擦防松简单、方便，但没有机械防松可靠，适用于机械外部静止构件的联接以及防松要求不严格的场合；机械防松方法可靠，但拆卸麻烦，适用于机器内部的不易检查的联接，

以及防松要求较高的场合。螺纹联接常用的防松方法见表 5-6。

表 5-6　螺纹联接常用的防松方法

防松方法		结构形式	特点、应用
摩擦防松	对顶螺母		两螺母对顶拧紧后，使旋合螺纹间始终受到附加的压力和摩擦力的作用。工作载荷有变动时，该摩擦力仍然存在。下螺母螺纹牙受力较小，其高度可小些，但为了防止装错，两螺母结构的高度取成相等为宜 结构简单，适用于平稳、低速和重载的固定装置上的联接
	弹簧垫圈		弹簧垫圈的材料为高强度锰钢，装配后弹簧垫圈被压平，其反弹力使螺纹间保持压紧力和摩擦力，且垫圈切口处的尖角也能阻止螺母转动、松脱 结构简单、使用方便，但垫圈弹力不均，因而是很不可靠，多用于不甚重要的联接
	弹性锁紧螺母		在螺母的上部做成有槽的弹性结构，装配前这一部分的内螺纹尺寸略小于螺栓的外螺纹。装配时利用弹性，使螺母稍有扩张，螺纹之间得到紧密的配合，保持一定的表面摩擦力 结构简单、防松可靠，可多次装拆而不降低防松性能
	尼龙圈锁紧螺母		利用螺母末端的尼龙圈箍紧螺栓，横向压紧螺纹，防松效果好。用于工作温度小于 100℃ 的联接
机械防松	开口销与六角开槽螺母		六角开槽螺母拧紧后，用开口销穿过螺栓尾部小孔和螺母的槽，也可以用普通螺母拧紧后再配钻开口销孔

(续)

防松方法		结构形式	特点、应用
机械防松	圆螺母加带翅垫片	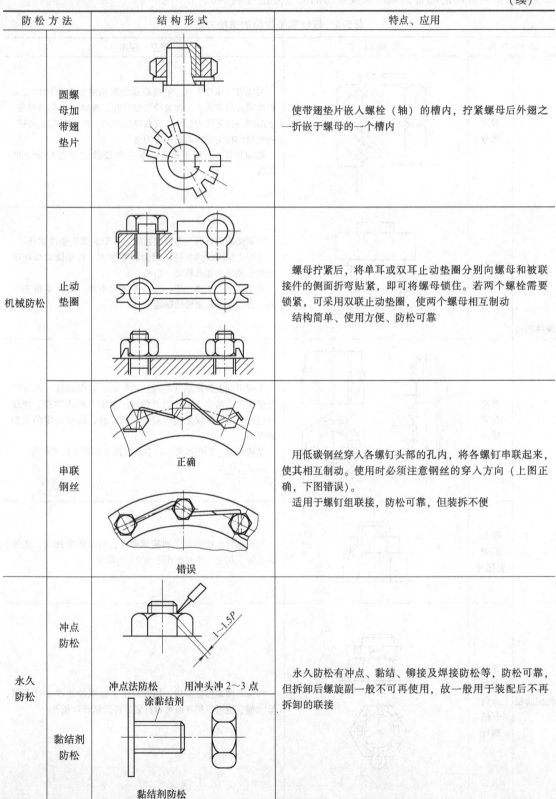	使带翅垫片嵌入螺栓（轴）的槽内，拧紧螺母后外翅之一折嵌于螺母的一个槽内
	止动垫圈		螺母拧紧后，将单耳或双耳止动垫圈分别向螺母和被联接件的侧面折弯贴紧，即可将螺母锁住。若两个螺栓需要锁紧，可采用双联止动垫圈，使两个螺母相互制动 结构简单、使用方便、防松可靠
	串联钢丝	正确 错误	用低碳钢丝穿入各螺钉头部的孔内，将各螺钉串联起来，使其相互制动。使用时必须注意钢丝的穿入方向（上图正确，下图错误）。 适用于螺钉组联接，防松可靠，但装拆不便
永久防松	冲点防松	冲点法防松　用冲头冲2~3点	永久防松有冲点、黏结、铆接及焊接防松等，防松可靠，但拆卸后螺旋副一般不可再使用，故一般用于装配后不再拆卸的联接
	黏结剂防松	黏结剂防松	

5.3 螺栓组联接的设计和受力分析

螺纹联接多数成组使用，称为螺栓组联接。螺栓组联接的设计，包括联接结构的设计、联接的受力分析和螺栓强度计算三部分内容，本节介绍前面两部分内容。

5.3.1 螺栓组联接的结构设计

螺栓组联接结构设计的主要目的，在于合理地确定联接接合面的几何形状和螺栓的数目及布置形式，力求各螺栓和联接接合面间受力均匀，便于加工和装配。设计时主要考虑以下几点。

1. 联接接合面的几何形状应尽量简单

联接接合面的几何形状通常都设计成轴对称的简单几何形状，如圆形、环形、矩形、框形、三角形等。这样不但便于加工制造，而且便于对称布置螺栓，使螺栓组的对称中心和联接接合面的形心重合，从而保证联接接合面受力比较均匀。如图5-12所示的螺栓组联接接合面的形状，以方便加工、简化计算。

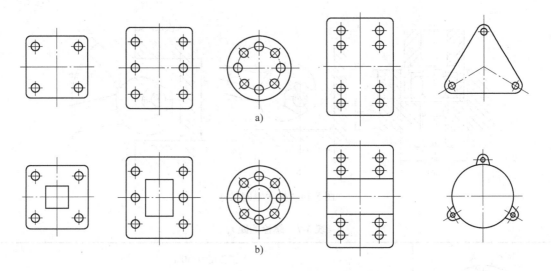

图 5-12 螺栓组联接接合面的形状

2. 螺栓的布置应使各螺栓的受力合理

对于铰制孔用螺栓组联接，不要在平行于工作载荷的方向上成排地布置8个以上的螺栓，以免载荷分布过于不均。当螺栓组联接承受弯矩或转矩时，应使螺栓的位置适当地靠近接合面边缘（图5-12），以减小螺栓的受力。受较大横向载荷的螺栓组联接应采用铰制孔或采用减荷装置（图5-13）。

3. 螺栓排列应有合理的边距和间距

布置螺栓时，螺栓轴线与机体壁面间的最小距离，应根据扳手所需活动空间的大小来决定，如图5-14所示的扳手空间尺寸。有紧密性要求的重要螺栓组联接，螺栓间距 t_0 不得大于表5-7中的推荐值，但也不得小于扳手所需最小活动空间尺寸。

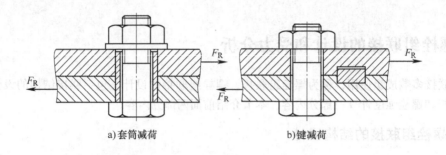

a) 套筒减荷 b) 键减荷

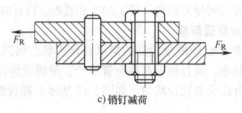

c) 销钉减荷

图 5-13 减荷装置

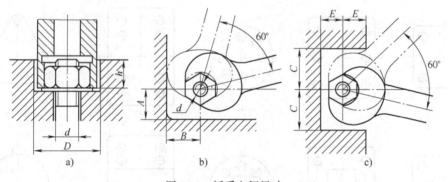

图 5-14 扳手空间尺寸

表 5-7 螺栓间距 t_0

	工作压力/MPa					
	≤1.6	1.6~4	4~10	10~16	16~20	20~30
	t_0/mm					
	$7d$	$4.5d$	$4.5d$	$4d$	$3.5d$	$3d$

注：表中 d 为螺栓公称直径。

4. 螺栓的数目和规格

同一圆周上螺栓的数目，应尽量取 4、6、8 等偶数，便于加工时分度和划线。同一螺栓组中螺栓的直径、长度及材料均应相同。

5. 避免螺栓承受附加弯曲载荷

被联接件上螺母和螺栓头部的支承面应平整并与螺栓轴线垂直。在铸件、锻件等粗糙表面上安装螺栓的部位应做出凸台或沉头座,如图 5-15 所示。支承面为倾斜面时,应采用斜面垫圈,如图 5-16 所示。

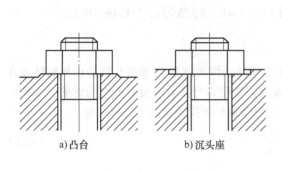

a) 凸台　　　　b) 沉头座

图 5-15　凸台与沉头座的应用

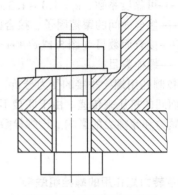

图 5-16　斜面垫圈的应用

螺栓组的结构设计,除应综合考虑以上各点外,还应根据联接的工作条件合理地选择螺栓组的防松装置。

5.3.2　螺栓组联接的受力分析

螺栓组联接受力分析的目的,是根据联接的结构和受载情况,求出受力最大的螺栓及其所受力的大小,以便进行螺栓联接的强度计算。

为简化计算,分析螺栓组联接的受力时,一般假设:①螺栓组中所有螺栓的材料、直径、长度和预紧力都相同;②螺栓组的对称中心与联接接合面的形心重合;③受载后联接接合面仍保持为平面;④螺栓的应变没有超出弹性范围。

根据联接的结构形式及受力特征,可将螺栓组联接的受力分为以下四种典型形式。

1. 受横向载荷的螺栓组联接

受横向载荷的螺栓组联接,载荷的作用线通过螺栓组的对称中心并与螺栓轴线垂直,如图 5-17 所示。

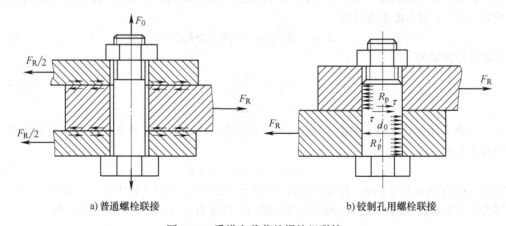

a) 普通螺栓联接　　　　b) 铰制孔用螺栓联接

图 5-17　受横向载荷的螺栓组联接

(1) 普通螺栓联接的受力分析　由图 5-17a 可知,横向载荷 F_R 靠接合面间的摩擦力来传递。由力的平衡条件可得 $fF_0 mz = k_f F_R$,则螺栓的预紧力为

$$F_0 = \frac{k_f F_R}{fmz} \tag{5-20}$$

式中 k_f——可靠度系数，$k_f = 1.1 \sim 1.3$；

f——接合面间的摩擦因子，接合面干燥时 $f = 0.1 \sim 0.16$，否则取 $f = 0.06 \sim 0.1$；

m——接合面数目（图 5-17a 中 $m = 2$）；

z——螺栓数目。

(2) 铰制孔用螺栓联接的受力分析 由图 5-17b 可知，横向载荷 F_R 靠螺杆抗剪切和螺杆与孔壁接触表面间的挤压来传递。由于联接不依靠摩擦力，装配时对预紧力没有严格的要求，计算时不考虑预紧力和摩擦力的影响。设螺栓数目为 z，则每个螺栓所受的横向工作剪力为

$$F_\tau = \frac{F_R}{z} \tag{5-21}$$

2. 受旋转力矩作用的螺栓组联接

如图 5-18 所示，转矩 T 作用在联接的接合面内，底板将绕通过螺栓组对称中心 O 并与接合面垂直的轴线转动。为防止底板转动，可用普通螺栓联接，也可用铰制孔用螺栓联接。它们的传力方式与受横向载荷的螺栓组联接类似。

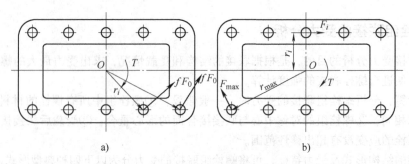

图 5-18 受旋转力矩作用的螺栓组联接

(1) 普通螺栓联接 如图 5-18a 所示，旋转力矩 T 靠联接预紧后作用在接合面上的摩擦力矩来传递。假设各螺栓的预紧力相同，各螺栓联接处的摩擦力 fF_0 集中作用在螺杆的中心并垂直于各自的旋转半径 r_i。由平衡条件可得

$$fF_0 r_1 + fF_0 r_2 + \cdots + fF_0 r_z \geq k_f T \tag{5-22}$$

各螺栓的预紧力

$$F_0 = \frac{k_f T}{f \sum_{i=1}^{z} r_i} \tag{5-23}$$

(2) 铰制孔用螺栓联接 如图 5-18b 所示，旋转力矩 T 由各个螺栓所受剪力 F 对转动中心 O 之矩的和来平衡，即

$$F_1 r_1 + F_2 r_2 + \cdots + F_z r_z = T \tag{5-24}$$

根据螺栓的变形协调条件，各螺栓的剪切变形量与螺杆中心到旋转中心 O 的距离成正比。由于各螺栓的剪切刚度相同，所以各螺栓受到的横向工作剪力也与这个距离成正比。即

$$\frac{F_1}{r_1} = \frac{F_2}{r_2} = \cdots = \frac{F_z}{r_z} = \frac{F_{max}}{r_{max}} \tag{5-25}$$

联立式 (5-24) 和式 (5-25)，即可求得受力最大螺栓所受的最大剪切力

$$F_{\max} = \frac{Tr_{\max}}{\sum_{i=1}^{z} r_i^2} \tag{5-26}$$

3. 受轴向载荷的螺栓组联接

如图 5-19 所示，载荷通过螺栓组的中心，计算时假定各螺栓平均受载。设螺栓组的螺栓数目为 z，则每个螺栓上所受到的轴向载荷为

$$F = \frac{F_Q}{z} \tag{5-27}$$

式中 F_Q——气缸盖上的总拉力（N）。

由于受到螺栓及被联接件弹性变形的影响，每个联接螺栓实际所受轴向总拉力并不等于轴向工作载荷 F 与预紧力 F_0 之和。

4. 受翻转力矩的螺栓组联接

图 5-20a 所示为受翻转力矩的底板螺栓组联接。翻转力矩 M 作用在通过 $X—X$ 轴并垂直于联接接合面的对称平面内。螺栓需要预紧，每个螺栓的预紧力都为 F_0，故有相同的伸长量。在各螺栓预紧力 F_0 的作用下，假定地基受到均匀压缩，地基对底板的均匀约束反力如图 5-20b 所示。当联接受到翻转力矩 M 的作用后，底板有绕轴线 $O—O$ 发生倾转的趋势。假设底板在倾转过程中始终保持为平面，则轴线左边的螺栓 i 受到轴向工作拉力 F_i 的作用，右边的地基被进一步压缩，使右边螺栓的受力减小。由静力平衡条件可以得到

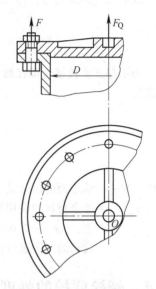

图 5-19 受轴向载荷的螺栓组联接（例题 5-1 图）

$$F_1 L_1 + F_2 L_2 + \cdots + F_z L_z = M \tag{5-28}$$

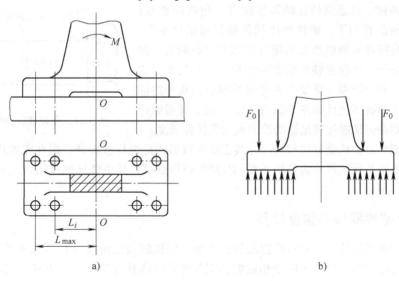

图 5-20 受翻转力矩的螺栓组联接

根据螺栓的变形协调条件，各螺栓的拉伸变形量与其中心至底板翻转轴线的距离成正比。又各螺栓的拉伸刚度相同，所以左边螺栓所受工作拉力和右边地基座上螺栓处所受的压力，都与这个距离成正比，即

$$\frac{F_1}{L_1} = \frac{F_2}{L_2} = \cdots = \frac{F_z}{L_z} = \frac{F_{\max}}{L_{\max}} \qquad (5\text{-}29)$$

联立式 (5-28)、式 (5-29)，便可求得受力最大螺栓上所受的最大工作拉力

$$F_{\max} = \frac{ML_{\max}}{\sum_{i=1}^{z} L_i^2} \qquad (5\text{-}30)$$

为了保证联接接合面在最大受压处不被压溃和最小受压处不至于出现缝隙，接合面的压力必须满足

$$\left.\begin{array}{l} \sigma_{p\max} \approx \dfrac{zF_0}{A} + \dfrac{M}{W} \leqslant [\sigma_p] \\ \sigma_{p\min} \approx \dfrac{zF_0}{A} - \dfrac{M}{W} > 0 \end{array}\right\} \qquad (5\text{-}31)$$

式中 W——承压面的抗弯截面系数；

$[\sigma_p]$——接合材料的许用挤压应力：钢，$[\sigma_p] = 0.8\sigma_s$；铸铁，$[\sigma_p] = (0.4 \sim 0.5)\sigma_s$；混凝土，$[\sigma_p] = 2.0 \sim 3.0\text{MPa}$；砖，$[\sigma_p] = 1.5 \sim 2.0\text{MPa}$。接合面材料不同时，应按强度较弱的一种进行计算。

5.4 螺栓联接的强度计算

5.4.1 螺纹联接的失效形式和设计准则

在螺栓组联接中，单个联接螺栓的受力形式为轴向力、轴向力与转矩的联合作用力、横向剪切力及挤压力四种。普通螺栓在轴向静拉力（包括预紧力）或轴向力与扭矩的作用下，螺栓产生拉伸或拉扭组合变形，主要失效形式是螺杆或螺纹部分的塑性变形和过载断裂；据螺栓失效统计分析，螺栓在轴向变载荷作用下，其失效形式多为螺栓杆部的疲劳断裂，常发生在牙底及有应力集中的部位，受拉螺栓疲劳破坏统计如图 5-21 所示。因此，普通螺栓联接的设计准则是保证螺栓有足够的静力或疲劳拉伸强度。

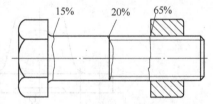

图 5-21 受拉螺栓疲劳破坏统计

铰制孔用螺栓主要承受剪切和挤压，其主要失效形式是螺杆被剪断、螺杆或被联接件孔壁被压溃，其设计准则是保证螺栓的剪切强度和联接的挤压强度，其中联接的挤压强度对联接的可靠性常常起决定作用。

5.4.2 普通螺栓联接的强度计算

螺栓联接的强度计算，主要是根据联接的类型、联接的装配情况（预紧或不预紧）、载荷状态等条件，确定螺栓的受力。然后按相应的强度条件计算螺栓危险截面的直径（螺纹小径），并据此确定螺栓的公称直径 d。螺栓的其他部分（螺纹牙、螺栓头、光杆）和螺母、垫圈的结构尺寸，都是根据等强度原则及使用经验确定的，一般不需进行强度计算，设计时按螺栓的公称直径由标准中选定。

1. 松螺栓联接

松螺栓联接装配时，螺母不需要拧紧。在承受工作载荷之前，螺栓不受力，工作时螺栓只承

受轴向拉力。这种联接应用范围有限，如图 5-22 所示吊钩尾部的螺纹联接就是松螺栓联接的典型实例。设吊钩受力 F，则吊钩螺栓的强度条件为

$$\sigma = \frac{F}{\frac{\pi d_1^2}{4}} \leq [\sigma] \tag{5-32}$$

或

$$d_1 \geq \sqrt{\frac{4F}{\pi[\sigma]}} \tag{5-33}$$

式中 σ——螺栓的拉应力（MPa）；
d_1——螺栓危险截面处螺纹小径（mm），算得后查标准确定公称直径；
$[\sigma]$——螺栓材料的许用拉应力（MPa）。

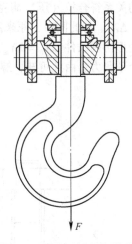

图 5-22 吊钩尾部的螺纹联接

2. 紧螺栓联接

紧螺栓联接装配时，螺母需要拧紧，此时螺栓受预紧力 F_0 和螺纹副间摩擦力矩 T_1 的联合作用，在螺栓小径危险截面上分别产生拉伸应力 $\sigma = F_0/(\pi d_1^2/4)$ 和扭转剪切应力 $\tau_T = \frac{T_1}{W_T} = \frac{16T_1}{\pi d_1^3} \approx 0.48 \frac{4F_0}{\pi d_1^2}$。因螺栓均用塑性材料，对于普通螺纹以及在通常的精度条件下可根据第四强度理论，得当量应力

$$\sigma_{ca} = \sqrt{\sigma^2 + 3\tau_T^2} = 1.3\sigma = \frac{1.3F_0}{\frac{\pi d_1^2}{4}} \tag{5-34}$$

由此可见，紧螺栓联接在拧紧时虽是同时承受拉伸和扭转的联合作用，但在计算时，可以只按拉伸强度计算，并将所受的拉力（预紧力）增大 30% 来考虑扭转的影响。

(1) 只受预紧力作用的紧螺栓联接 用普通螺栓联接承受横向载荷时，是由预紧力在接合面间产生的正压力所引起的摩擦力来抵抗工作载荷的。这时，螺栓仅承受预紧力的作用，而且预紧力不受工作载荷的影响，在联接承受工作载荷后保持不变。螺栓的拉伸强度条件为

$$\sigma = \frac{1.3F_0}{\frac{\pi d_1^2}{4}} \leq [\sigma] \tag{5-35}$$

或

$$d_1 \geq \sqrt{\frac{1.3 \times 4F_0}{\pi[\sigma]}} \tag{5-36}$$

(2) 受预紧力和轴向工作载荷共同作用的紧螺栓联接 气缸盖和压力容器盖等的螺栓联接，就属于受预紧力和轴向工作载荷共同作用的紧螺栓联接。螺栓预紧后充入压强为 p 的气体或液体，螺栓联接在承受预紧力 F_0 和轴向工作拉力 F，由于螺栓和被联接件的弹性变形，此时作用在螺栓上的总拉力 $F_\Sigma \neq F + F_0$，原因在于螺栓总拉力还将受到螺栓和被联接件弹性变形的影响。因此，应从分析螺栓联接的受力与变形的关系入手，确定螺栓所受总拉力的计算公式。

图 5-23a 是螺母刚好拧到与被联接件相接触但尚未拧紧的情况，此时螺栓和被联接件都不受力，因而不产生变形。图 5-23b 是螺母已拧紧但尚未承受工作载荷的情况，此时螺栓仅受预紧力 F_0 的作用下伸长量为 λ_b，而被联接件在预紧力 F_0 的作用下产生压缩变形，压缩量为 λ_m。图 5-23c 是承受工作载荷时的情况，此时若螺栓和被联接件的材料在弹性变形范围内，则两者的受力和变

形的关系符合拉(压)胡克定律。螺栓所受的拉力由 F_0 增至 F_Σ,伸长量增加 $\Delta\lambda_b$,总伸长量为 $\lambda_b + \Delta\lambda_b$。与此同时,原来被压缩的被联接件因螺栓伸长而被放松,压缩量随着减小了 $\Delta\lambda_m$。根据变形协调条件 $\Delta\lambda_b = \Delta\lambda_m$,被联接件的总压缩量为 $\lambda_m - \Delta\lambda_m$,所受压力将由 F_0 降至 F_0',F_0' 称为剩余预紧力。由此可知,螺栓所受总拉力 F_Σ 等于工作拉力 F 与剩余预紧力 F_0' 之和,即

$$F_\Sigma = F + F_0' \tag{5-37}$$

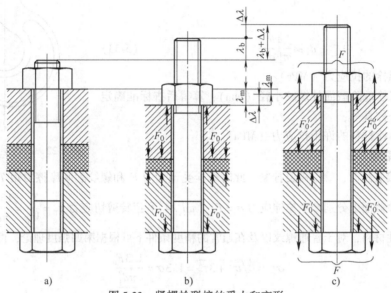

图 5-23 紧螺栓联接的受力和变形

为了保证联接的紧密性,防止联接受载后接合面间产生缝隙,应使 $F_0' > 0$。剩余预紧力的推荐值为:对于有紧密要求的联接 $F_0' = (1.5 \sim 1.8)F$;对于一般联接,工作载荷稳定时,$F_0' = (0.2 \sim 0.6)F$,工作载荷不稳定时,$F_0' = (0.6 \sim 1.0)F$;对于地脚螺栓联接,$F_0' \geqslant F$。选定了剩余预紧力 F_0',即可按式(5-37)求出螺栓所受的总载荷 F_Σ。

螺栓和被联接件的受力与变形关系,也可以用螺栓联接的受力变形线图来表述,图 5-24a、b 分别表示螺栓和被联接件的受力与变形的关系。由图可见,在联接尚未承受工作拉力 F 时,螺栓的拉力和被联接件的压缩力都等于预紧力;图 5-24c 为承受工作载荷后螺栓联接的受力变形线图。

设螺栓刚度为 c_1,被联接件的刚度为 c_2,则

$$\left.\begin{aligned} c_1 &= \frac{F_0}{\lambda_b} = \tan\theta_b \\ c_2 &= \frac{F_0}{\lambda_m} = \tan\theta_m \end{aligned}\right\} \tag{5-38}$$

设施加工作载荷后,螺栓的拉力增量为 ΔF,由图 5-24b 可知

$$\begin{cases} \dfrac{\Delta F}{\Delta\lambda_b} = c_1 \\ \dfrac{F - \Delta F}{\Delta\lambda_m} = c_2 \\ \Delta\lambda_m = \Delta\lambda_b \end{cases} \tag{5-39}$$

由式(5-39)可得

$$\Delta F = \frac{c_1}{c_1 + c_2} \tag{5-40}$$

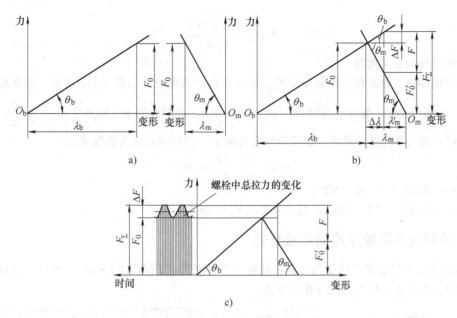

图 5-24 紧螺栓联接的受力变形线图

由图可知,螺栓总拉力的又一表达式

$$F_\Sigma = F_0 + \Delta F = F_0 + \frac{c_1}{c_1 + c_2}F = F + F_0' \tag{5-41}$$

$$F_0 = F_0' + \frac{c_2}{c_1 + c_2}F \tag{5-42}$$

上式中 $c_1/(c_1+c_2)$ 称为螺栓的相对刚度系数,其大小与螺栓和被联接件及垫片的材料、结构尺寸以及载荷的作用位置等有关,其值在 0~1 之间变动。为了降低螺栓的受力,提高螺栓联接的承载能力,应使 $c_1/(c_1+c_2)$ 值尽量小些。$c_1/(c_1+c_2)$ 值可通过计算或试验确定。一般设计时,可参考表 5-8 推荐的数据选取。

表 5-8 螺栓的相对刚度系数 $c_1/(c_1+c_2)$

被联接钢板间所用垫片	螺栓的相对刚度系数取值
无垫片	0.2~0.3
金属垫片	0.7
铜皮石棉垫片	0.8
橡胶垫片	0.9

设计时,可先根据联接的受载情况,求出螺栓的工作拉力 F;再根据联接的工作要求选取 F_0' 值;然后按式(5-37)计算螺栓的总拉力 F_Σ。求得 F_Σ 值后即可进行螺栓强度计算。考虑到工作中可能有补充拧紧的情况,此时螺栓受总拉力和相应的螺纹副摩擦力矩的复合作用,则强度条件为

$$\sigma = \frac{1.3 F_\Sigma}{\frac{\pi d_1^2}{4}} \leqslant [\sigma] \tag{5-43}$$

或

$$d_1 \geq \sqrt{\frac{1.3 \times 4F_\Sigma}{\pi[\sigma]}} \tag{5-44}$$

式中各符号的意义同前。

若螺栓的轴向工作载荷是频繁变化的，如内燃机缸盖螺栓，由图5-24c可知，当螺栓的工作拉力在 $0 \sim F$ 间变化时，螺栓的总拉力在 $F_0 \sim F_\Sigma$ 间变化，总拉力的变化幅为 $\frac{\Delta F}{2} = \frac{c_1}{c_1 + c_2} \frac{F}{2}$。这时除按式（5-43）进行静强度计算外，还应验算应力幅 σ_a，即应满足疲劳强度条件

$$\sigma_a = \frac{c_1}{c_1 + c_2} \frac{2F}{\pi d_1^2} \leq [\sigma_a] \tag{5-45}$$

式中 σ_a——螺栓的应力幅（MPa）；

[σ_a]——许用应力幅（MPa），其计算方法见式（5-2）。

5.4.3 铰制孔用螺栓联接的强度计算

图5-25所示为受剪螺栓的受力分析，铰制孔用螺栓联接受横向力作用时，螺栓在联接接合面处受到剪切，并与被联接件的孔壁相互挤压。

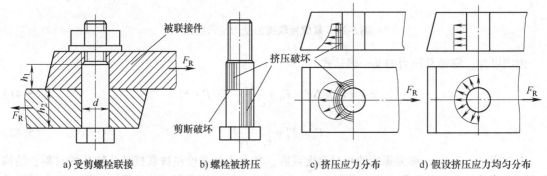

a) 受剪螺栓联接　　b) 螺栓被挤压　　c) 挤压应力分布　　d) 假设挤压应力均匀分布

图5-25　受剪螺栓的受力分析

忽略预紧力和摩擦力的影响，铰制孔用联接螺栓的剪切强度条件为

$$\sigma_p = \frac{F_R}{d_s h} \leq [\sigma_p] \tag{5-46}$$

$$d_s \geq \frac{F_R}{h[\sigma_p]} \tag{5-47}$$

螺杆的剪切强度条件为

$$\tau = \frac{4F_R}{m\pi d_s^2} \leq [\tau] \tag{5-48}$$

$$d_s \geq \sqrt{\frac{4F_R}{m\pi[\tau]}} \tag{5-49}$$

式中 F_R——螺栓所受的横向工作剪力（N）；

d_s——螺栓剪切面的直径（mm）；

h——螺杆与孔壁挤压面的最小高度（mm）；

[σ_p]——螺栓或孔壁材料的许用挤压应力（MPa）；

m——螺栓剪切面个数；

[τ]——螺栓材料的许用切应力（MPa）。

5.5 提高螺栓联接强度的措施

螺纹联接的强度主要决定于联接螺栓的强度。影响螺栓强度的因素很多，除了前面已经涉及的材质、尺寸参数、制造和装配工艺外，还有螺纹牙间的载荷分布、应力变化幅度、附加弯曲应力和应力集中等。

5.5.1 改善螺纹牙间的载荷分布

理论和实践证明，采用普通结构的螺母时，联接受载时，由于螺栓与螺母的变形性质不同，螺栓受拉，外螺纹的螺距增大；而螺母受压，内螺纹的螺距减小。而两者螺纹始终是旋合贴紧的，因此这种螺距变化差主要靠旋合各圈螺牙的变形来补偿。因此，轴向载荷在旋合的螺纹各圈间的分布是不均匀的，如图5-26所示，内、外螺纹螺距的变化差以螺母支承面起第一圈螺纹牙处最大，约占螺栓所受总拉力的30%，以后各圈依次递减，第八圈以后的螺纹牙几乎不承受载荷，所以采用旋合圈数多的厚螺母并不能提高联接的强度。

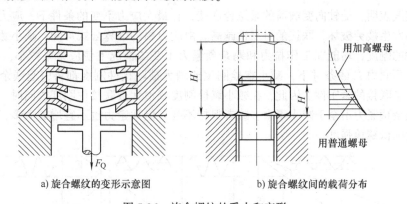

a) 旋合螺纹的变形示意图　　b) 旋合螺纹间的载荷分布

图 5-26　旋合螺纹的受力和变形

为了使螺纹牙受力均匀，主要方法有以下几种。

1. 采用悬置螺母（图5-27a）

螺母的旋合部分全部受拉，变形与螺栓相同，从而减小了两者间的螺距变化差，使各圈螺纹牙上的载荷分配趋于均匀，可提高螺栓疲劳强度约40%。

2. 采用环槽螺母（图5-27b）

螺母开割凹槽后，螺母内缘下端（与螺栓旋合部分）局部受拉，其作用与悬置螺母相似，但效果不如悬置螺母好。

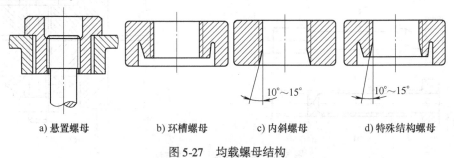

a) 悬置螺母　　b) 环槽螺母　　c) 内斜螺母　　d) 特殊结构螺母

图 5-27　均载螺母结构

3. 采用内斜螺母（图5-27c）

螺母上螺栓旋入端内斜10°~15°，使受力较大的下面几圈螺纹牙上的受力点外移，螺栓上螺纹牙刚性减小，受载后易于变形，导致载荷向上转移使载荷分配趋于均匀，可提高螺栓疲劳强度20%。

4. 采用特殊结构螺母（图5-27d）

这种螺母兼有环槽螺母和内斜螺母的作用，均载效果更明显。但螺母的加工比较困难，所以只用于重要的或大型的联接。

5. 采用钢丝螺套（图5-28）

钢丝螺套装于内、外牙间，有减轻各圈螺纹牙受力分配不均和减小冲击振动的作用，可使螺钉或螺栓的疲劳强度提高30%。若螺套材料为不锈钢并具有较高的硬度和较小的表面粗糙度值，还能提高联接的抗微动磨损和耐蚀性。

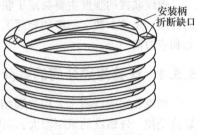

图5-28 钢丝螺套

5.5.2 减小螺栓的应力幅

理论与实践表明，受轴向变载荷的紧螺栓联接，在最大应力不变的条件下，应力幅越小，则螺栓越不容易发生疲劳破坏，联接的可靠性越高。由应力幅的计算公式可知，减小螺栓的刚度或增大被联接件的刚度，均能在工作拉力和剩余预紧力不变的情况下使应力幅减小，如图5-29所示。但在给定预紧力 F_0 的条件下，减小螺栓刚度或增大被联接件刚度都将引起残余预紧力的减小，从而降低了联接的紧密性。因此，在减小螺栓刚度或增大被联接件刚度的同时，适当增加预紧力，可使残余预紧力不至于减小得太多或者保持不变。但预紧力也不宜增加太多，以免因螺栓总拉力过大而降低螺栓强度。

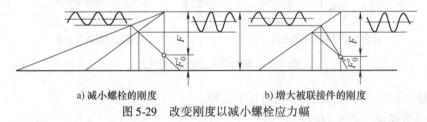

a) 减小螺栓的刚度　　　　b) 增大被联接件的刚度

图5-29 改变刚度以减小螺栓应力幅

减小螺栓刚度的方法有：增加螺栓长度（图5-30a）；减小螺栓无螺纹部分的截面积，即采用腰状杆螺栓或空心螺栓（图5-30b）等以及在螺母下面安装弹性元件（图5-30c），均可减小螺栓的刚度。无垫片或采用刚度较大的垫片，均可减小螺栓的相对刚度。

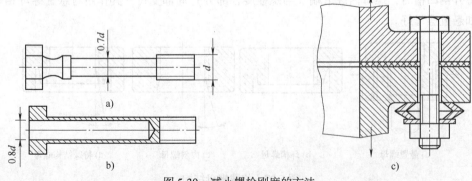

图5-30 减小螺栓刚度的方法

增大被联接件刚度的方法，主要是不宜采用刚性小的软密封垫片，而采用刚性垫片（图5-31a）；对有密封性要求的联接，采用密封环为佳（图5-31b）。

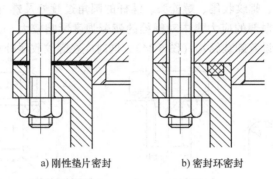

a) 刚性垫片密封　　　　b) 密封环密封

图5-31　增大被联接件刚度的密封方法

5.5.3　避免附加弯曲应力

螺纹牙根部对弯曲十分敏感，故附加弯曲应力是螺栓断裂的重要因素。图5-32所示为几种常见的产生附加弯曲应力的结构，其中钩头螺栓引起的弯曲应力最大，应尽量少用。

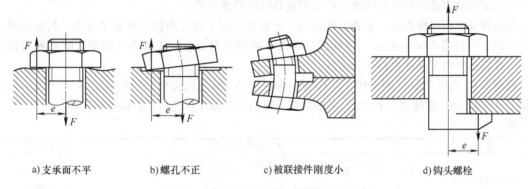

a) 支承面不平　　b) 螺孔不正　　c) 被联接件刚度小　　d) 钩头螺栓

图5-32　常见的产生附加弯曲应力的结构

为避免产生或减小附加弯曲应力，应从工艺和结构上采取措施，如规定螺纹紧固件和被联接件支承面必要的加工精度和要求；在粗糙表面上采用凸台（图5-33a）或沉头座（图5-33b），经切削加工获得与螺栓轴线垂直的平整支承面；采用方斜垫圈（图5-33c）或球面垫圈（图5-33d）等。

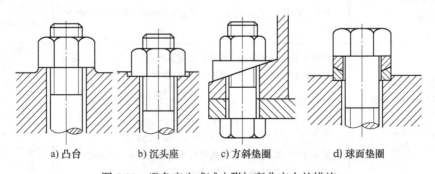

a) 凸台　　b) 沉头座　　c) 方斜垫圈　　d) 球面垫圈

图5-33　避免产生或减小附加弯曲应力的措施

5.5.4 避免应力集中

螺栓上的螺纹牙部分、螺纹收尾、螺栓头、螺杆的圆角过渡处及螺杆横截面变化处，都会产生应力集中，其中螺纹牙根部的应力集中对螺栓的疲劳强度影响较大。为减小应力集中的程度，可采用较大的过渡圆角或设置卸载结构（图 5-34），同时还在螺纹收尾处加工出螺纹退刀槽。

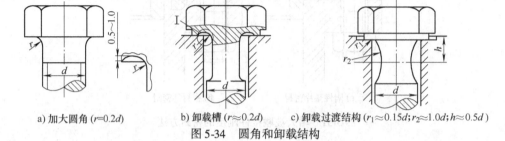

a) 加大圆角 (r=0.2d)　　b) 卸载槽 (r≈0.2d)　　c) 卸载过渡结构 (r_1≈0.15d; r_2≈1.0d; h≈0.5d)

图 5-34　圆角和卸载结构

5.5.5 采用合理的制造工艺

制造工艺对螺栓疲劳强度影响很大，尤其是对于高强度的钢制螺栓，影响更为明显。加工时在螺纹表面层中产生的残余应力，是影响螺栓疲劳强度的重要因素，采用合理的制造方法和加工方式，控制螺纹表面层的机械性能，可显著提高螺栓的疲劳强度。

碾制螺纹材料纤维连续、金属流线合理，且表面因加工硬化而存留有残余应力，其疲劳强度较车制螺纹可提高 30%～40%。热处理后再滚压则效果更好。碳氮共渗、渗氮、喷丸等表面处理，对提高螺栓疲劳强度也都十分有效。

例题 5-1　已知气缸（图 5-19）工作压力在 0～0.5MPa 之间变化，工作温度小于 125℃，气缸内径 D = 1100mm，螺栓数目 z = 20，采用铜皮石棉垫片。试计算气缸盖联接螺栓直径。

解：

设计项目	设计依据及内容	设计结果
1. 计算螺栓受力 1) 气缸盖所受合力 F_Q 2) 单个螺栓所受最大工作载荷 F_{max} 3) 剩余预紧力 F'_0 4) 螺栓所受最大拉力 F_Σ 5) 相对刚度系数 6) 预紧力 F_0	$F_Q = \dfrac{\pi D^2 p}{4} = \dfrac{\pi \times 1100^2 \times 0.5}{4}$N = 475165.49N $F_{max} = \dfrac{F_Q}{z} = \dfrac{475200}{20}$N = 23760N 有紧密性要求，取 $F'_0 = 1.5F$，则 $F'_0 = 1.5 \times 23760$N = 35640N $F_\Sigma = F_{max} + F'_0 = (23760 + 35640)$N = 59400N 查表 5-8 得 $\dfrac{c_1}{(c_1+c_2)} = 0.8$，则 $\dfrac{c_2}{c_1+c_2} = 0.2$ 由式 (5-42)，$F_0 = F'_0 + \dfrac{c_2}{c_1+c_2}F_{max} = (35640 + 0.2 \times 23760)$N = 40392N	F_Q = 475165.49N F_{max} = 23760N F'_0 = 35640N F_Σ = 59400N $\dfrac{c_1}{(c_1+c_2)} = 0.8$ $\dfrac{c_2}{c_1+c_2} = 0.2$ F_0 = 40392N
2. 设计螺栓尺寸 1) 选择螺栓材料及等级 2) 计算许用应力 $[\sigma]$ 3) 计算螺栓直径 d 4) 确定螺栓几何尺寸	因螺栓受变载荷作用，故按静强度条件进行设计，按变载荷情况校核螺栓疲劳强度。材料 45 钢，强度等级 5、6 级 查表 5-5，取 $[S] = 3$，$[\sigma] = \dfrac{\sigma_s}{[S]} = \dfrac{300}{3}$MPa = 100MPa 由式 (5-44) $d_1 \geq \sqrt{\dfrac{5.2F_\Sigma}{\pi[\sigma]}} = \sqrt{\dfrac{5.2 \times 59400}{\pi \times 100}}$mm 由 $d_1 \geq 31.36$mm 查《机械设计手册》，得 $d = 36$mm，$d_1 = 31.67$mm，$d_2 = 33.40$mm，$P = 4$mm	45 钢，5、6 级 σ_b = 500MPa σ_s = 300MPa $[\sigma]$ = 100MPa $d_1 \geq 31.36$mm $d = 36$mm $d_1 = 31.67$mm $d_2 = 33.40$mm $P = 4$mm

(续)

设计项目	设计依据及内容	设计结果
3. 校核螺栓的疲劳强度 1) 计算螺栓的应力幅 σ_a 2) 计算许用应力幅 $[\sigma_a]$ 3) 疲劳强度校核	由式(5-45) $\sigma_a = \dfrac{c_1}{c_1+c_2} \cdot \dfrac{2F}{\pi d_1^2} = 0.8 \times \dfrac{2 \times 23760}{\pi \times 31.67^2}\text{MPa} = 12.06\text{MPa}$ 查表5-4得 $\sigma_{-1T} = 220\text{MPa}$ 查附表11、附表12得 $\varepsilon = 0.64$, $k_\sigma = 3.45$, 并取 $S_a = 3$ 则由式(5-2) $[\sigma_a] = \dfrac{\varepsilon \sigma_{-1T}}{S_a k_\sigma} = \dfrac{0.64 \times 220}{3 \times 3.45}\text{MPa}$ $\sigma_a = 12.06\text{MPa} < [\sigma_a] = 13.60\text{MPa}$	$\sigma_a = 12.06\text{MPa}$ $[\sigma_a] = 13.60\text{MPa}$ 疲劳强度满足强度要求

例题 5-2 图 5-35 所示为铸铁托架,已知工作载荷 $F_Q = 4800\text{N}$,力的作用线与垂直方向成 $50°$ 角,底板高 $h = 340\text{mm}$, 宽 $b = 150\text{mm}$。试设计此螺栓组联接。

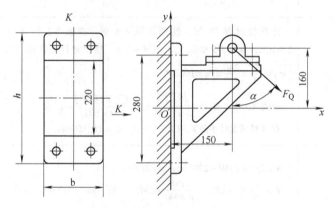

图 5-35 例题 5-2 图

解: 采用普通螺栓联接,布置形式如图 5-35 所示,螺栓数目 $z = 4$。

设计项目	设计依据及内容	设计结果
1. 螺栓组受力分析 1) 水平方向分力 F_x 2) 垂直方向分力 F_y 3) 翻转力矩 M	将工作载荷分解后可得 $F_x = F_Q \sin\alpha = 4800 \times \sin 50°\text{N} = 3677\text{N}$ $F_y = F_Q \cos\alpha = 4800 \times \cos 50°\text{N} = 3085\text{N}$ $M = (F_y \times 0.15 + F_x \times 0.16)\text{N} \cdot \text{m} = 1051.07\text{N} \cdot \text{m}$	$F_x = 3677\text{N}$ $F_y = 3085\text{N}$ $M = 1051.07\text{N} \cdot \text{m}$
2. 失效形式分析	该联接可能出现以下几种失效形式 1) 在 F_x 和 M 作用下,接合面上部可能分离 2) 在 F_y 作用下,托架可能向下滑移 3) 在 F_x 和 M 作用下,接合面下部可能被压溃 4) 最上边的受拉螺栓可能被拉断或产生塑性变形 为防止分离和滑移,应保证有足够的预紧力;为避免压溃,要求将预紧力控制在一定范围内	
3. 计算 F_x 作用下单个螺栓所受工作拉力 F_1	由式(5-27) $F_1 = \dfrac{F_Q}{z} = \dfrac{F_x}{z} = \dfrac{3677}{4}\text{N} \approx 919\text{N}$	$F_1 = 919\text{N}$
4. 计算 M 作用下受力最大螺栓所受的最大工作拉力 $F_{\max}$	由式(5-30) $F_{\max} = \dfrac{ML_{\max}}{\sum\limits_{i=1}^{z} L_i^2} = \dfrac{1051.07 \times 0.14}{4 \times 0.14^2}\text{N} = 1877\text{N}$	$F_{\max} = 1877\text{N}$

(续)

设 计 项 目	设 计 依 据 及 内 容	设 计 结 果
5. 计算最大工作拉力 F	$F = F_1 + F_{max} = (919 + 1877)\text{N} = 2796\text{N}$	$F = 2796\text{N}$
6. 计算螺栓所受拉力 F_Σ 1) 计算预紧力 F_0 2) 计算螺栓总拉力 F_Σ	由底板不滑移条件 $f\left(zF_0 - \dfrac{c_2}{c_1+c_2}F_x\right) \geq k_f F_y$ 可得 $F_0 \geq \dfrac{1}{z}\left(\dfrac{k_f F_y}{f} + \dfrac{c_2}{c_1+c_2}F_x\right)$ 查表 5-8 得 $\dfrac{c_1}{c_1+c_2} = 0.2$，则 $\dfrac{c_2}{c_1+c_2} = 0.8$ 取 $k_f = 1.2$，$f = 0.16$，则 $F_0 \geq \dfrac{1}{4} \times \left(\dfrac{1.2 \times 3085}{0.16} + 0.8 \times 3677\right)\text{N} = 6520\text{N}$ 设计时取 $F_0 = 7000\text{N}$ $F_\Sigma = F_0 + \dfrac{c_1}{c_1+c_2}F = (7000 + 0.2 \times 2796)\text{N} = 7559.2\text{N}$	$k_f = 1.2$ $f = 0.16$ $F_0 = 7000\text{N}$ $F_\Sigma = 7559.2\text{N}$
7. 确定螺栓直径 d	选螺栓材料 35 钢，性能等级 4.6 级，查表 5-2 得 $\sigma_s = 240\text{MPa}$，查表 5-5 取安全系数 $S = 1.5$，螺栓材料的许用应力 $[\sigma] = \dfrac{\sigma_s}{S} = \dfrac{240}{1.5}\text{MPa} = 160\text{MPa}$ 由式 (5-44) $d_1 \geq \sqrt{\dfrac{5.2F_\Sigma}{\pi[\sigma]}} = \sqrt{\dfrac{5.2 \times 7559.2}{\pi \times 160}}\text{mm}$ 查《机械设计手册》取 $d = 12\text{mm}$，$d_1 = 10.106\text{mm}$	35 钢，4.6 级 $\sigma_s = 240\text{MPa}$ $S = 1.5$ $[\sigma] = 160\text{MPa}$ $d_1 \geq 8.84\text{mm}$ $d = 12\text{mm}$ $d_1 = 10.106\text{mm}$
8. 校核接合面工作能力 1) 接合面不被压溃 2) 接合面上部不出现缝隙	$A = 150 \times (340-220)\text{mm}^2 = 18000\text{mm}^2$ $W = \dfrac{b}{6h}(h^3 - 220^3) = \dfrac{150}{6 \times 340} \times (340^3 - 220^3)\text{mm}^3 = 2107058.8\text{mm}^3$ 由式 (5-31)，$\sigma_{pmax} \approx \dfrac{1}{A}\left(zF_0 - \dfrac{c_2}{c_1+c_2}F_x\right) + \dfrac{M}{W}$ $\sigma_{pmax} \approx \left(\dfrac{4 \times 7000 - 0.8 \times 3677}{18000} + \dfrac{1051070}{2107058.8}\right)\text{MPa} = 1.89\text{MPa}$ 查表 5-5 得 $[S_p] = 1.25$ $[\sigma_p] = \dfrac{\sigma_s}{S_p} = \dfrac{200}{1.25}\text{MPa} = 160\text{MPa} >$ $\sigma_{pmax} = 1.89\text{MPa}$ 由式 (5-30) $\sigma_{pmin} \approx \dfrac{1}{A}\left(zF_0 - \dfrac{c_2}{c_1+c_2}F_x\right) - \dfrac{M}{W}$ $\sigma_{pmin} \approx \left(\dfrac{4 \times 7000 - 0.8 \times 3677}{18000} - \dfrac{1051070}{2107058.8}\right)\text{MPa} = 0.89\text{MPa} > 0$	$A = 18000\text{mm}^2$ $W = 2107058.8\text{mm}^3$ $\sigma_{pmax} = 1.89\text{MPa}$ 故底板不会被压溃 $\sigma_{pmin} > 0$，故不会出现缝隙
9. 验算预紧力 F_0	对碳素钢，要求 $F_0 < (0.6 \sim 0.8)\sigma_s A$ $A = \dfrac{\pi d_1^2}{4} = \dfrac{\pi \times 10.106^2}{4}\text{mm}^2 = 80.214\text{mm}^2$ $0.6\sigma_s A = (0.6 \times 240 \times 80.214)\text{N} = 11551\text{N} > F_0 = 7000\text{N}$	预紧力 F_0 符合要求

5.6 螺旋传动

螺旋传动主要用以变回转运动为直线运动，同时传递能量或力，也可用以调整零件的相互位置,有时兼有几种作用。其应用很广,如螺旋千斤顶、螺旋丝杠、螺旋压力机等。

根据螺纹副的摩擦情况,可分为滑动螺旋、滚动螺旋和静压螺旋。静压螺旋实际上是采用静压流体润滑的滑动螺旋。滑动螺旋构造简单、加工方便、易于自锁,但摩擦力大、效率低(一般为30%~40%)、磨损快,低速时可能爬行,定位精度和轴向刚度较差。滚动螺旋和静压螺旋没有这些缺点,前者效率在90%以上,后者效率可达99%;但构造较复杂,加工不便。

螺旋传动由螺旋(螺杆)和螺母组成,主要功用是将回转运动转变成直线运动并传递运动和动力。它具有结构简单紧凑、机械增益高和传动均匀、准确、平稳、易于自锁等优点,在精密仪器、重型轧钢机等中都获得了广泛的应用。

5.6.1 常用的传动螺旋副

1. 按螺杆和螺母的相对运动方式

(1) 螺杆位移

1) 螺母固定不动,螺杆转动并移动(图5-36a)。这种结构以固定螺母为主要支承,结构简单,但占据空间大。常用于螺旋压力机、螺旋起重机、千分尺等。

2) 螺母转动、螺杆移动。螺杆应设置防转装置和螺母转动要设置轴承均使结构复杂,且螺杆运动时占据空间尺寸大,故很少应用。

(2) 螺母位移

1) 螺杆转动、螺母移动(图5-36b)。这种机构占据空间尺寸小,适用于长行程螺杆,但螺杆两端的轴承和螺母防转机构使其结构较复杂。车床丝杠、刀架移动装置等多采用这种运动方式。

2) 螺杆不动,螺母旋转并移动。由于螺杆固定不转,因而两端支承结构简单,但精度不高,如应用于某些钻床工作台的升降。

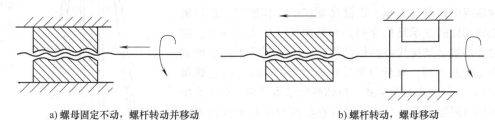

a) 螺母固定不动,螺杆转动并移动　　　　b) 螺杆转动,螺母移动

图5-36　螺旋传动的固定形式

(3) 差动位移

1) 同一螺杆上制出两段旋向相同、螺距不等的螺纹,利用其螺距之差,可产生微小的位移量。

2) 若同一螺杆(或螺母)上制出两段旋向相反、螺距不等或相等的螺纹,利用其螺距之和,可得到快速移位的螺旋传动。

2. 按功用不同

(1) 传力螺旋　主要传递动力和能量(利用机械效益高的优点),要求以较小的转矩产生较大的轴向推力,间歇工作,运动速度不高,一般有自锁要求。例如起重器和加压装置中的螺旋。

(2) 传导螺旋　主要传递运动(利用传动均匀、平稳、准确等优点,并可简化传动系统),有时也承受较大的轴向载荷,常在较长的时间内连续工作,工作速度较高,对传动精度的要求也较高。例如机床刀架、工作台等进给机构。

(3) 调整螺旋　用以调整并固定零部件间的相对位置(利用移动位移小的优点),对自锁性有较高的要求。例如机床、仪器和测试装置等的微调机构。

3. 螺旋副摩擦性质的不同

（1）滑动螺旋　螺杆与螺母面间的相对运动是滑动摩擦，结构简单、加工方便、易于自锁；但摩擦阻力大，传动效率低，磨损快，有侧向间隙，反方向时有空行程，运动精度低。

（2）滚动螺旋　在螺旋与螺母之间充填滚珠，螺旋副内滚动摩擦，摩擦阻力小，传动效率高，轴向刚度大；但抗冲击性能差，结构复杂、制造较难，不具有自锁性能。

（3）静压螺旋传动　其螺旋与螺母被油膜隔开，不直接接触。优点是摩擦阻力非常小，传动效率很高，磨损小、寿命长，轴向刚度大；缺点是结构复杂、不能自锁，还需要一套压力恒定、过滤要求较高的供油系统。因此，只有在高精度、高效率的重要传动中才宜使用，如数控、精密机床或自动控制系统中的螺旋传动。结构最简单、应用最广泛的是滑动螺旋，本节主要介绍它的设计。

5.6.2 螺旋传动的失效、结构和材料

1. 螺旋传动的失效

滑动螺旋主要承受转矩和轴向力。由于螺母和螺杆间有较大的滑动摩擦，因而磨损是其主要的失效形式。

2. 滑动螺旋传动的结构和材料

（1）滑动螺旋的结构　螺旋传动的结构主要是指螺杆、螺母固定和支承的结构形式。螺旋传动的工作刚度、精度与支承结构有直接关系。当螺杆短而粗且垂直布置时，如起重及加压装置的传力螺旋，可以利用螺母本身做支承（图5-37）。

当螺杆细长且水平布置时，如机床的传动丝杠等，应在螺杆两端或中间附加支承，以提高螺杆的工作刚度。螺杆的支承结构和轴的支承结构相同。对轴向尺寸较大的螺杆，应采用对接的组合结构代替整体结构，以减少制造工艺上的困难。按结构的不同，螺母分整体螺母（图5-38）、组合螺母（图5-39）和剖分螺母等形式。整体螺母结构简单，但由磨损产生的轴向间隙不能补偿，只适合在精度要求较低的传动中使用。对于经常双向传动的传导螺旋，为了消除轴向间隙和补偿旋合螺纹的磨损，避免反向传动时的空行程，经常采用组合螺母和剖分螺母。

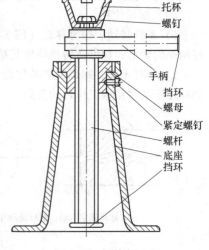

图5-37　螺旋起重器

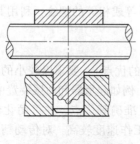

图5-38　整体螺母

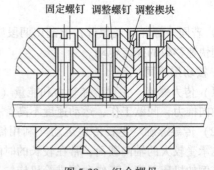

图5-39　组合螺母

螺旋传动采用的螺纹类型有矩形、梯形和锯齿形。其中以梯形和锯齿形螺纹应用最广。螺杆常用右旋螺纹，只有在某些特殊场合（如车床横向进给丝杠），为了符合操作习惯，才采用左旋螺纹。传力螺旋和调整螺旋要求可靠自锁，常用单线螺纹。为提高传动效率及直线运动速度，传导螺纹常采用双线或多线螺纹。

（2）螺杆和螺母的材料　螺杆和螺母的材料除应具备足够的强度外，还要求有较好的耐磨性和良好的工艺性。螺旋传动常用的材料见表5-9。

表 5-9　螺旋传动常用的材料

螺 旋 副	材 料 牌 号	应 用 范 围
螺杆	Q235、45、50	材料不经热处理，适用于经常运动、受力不大、转速较低的传动
	40Cr、65Mn、Y40Mn T12、40CrMn、20CrMnTi	材料需经热处理，以提高其耐磨性，适用于重载、转速较高的重要传动
	9Mn2V、CrWMn、38CrMoAl	材料需经热处理，以提高其尺寸的稳定性，适用于精密传导螺旋传动
螺母	ZCuSn10Pb1、ZCuSn5Pb5Zn5	材料耐磨性好，适用于一般传动
	ZCuAl10Fe3、ZCuZn25Al、6Fe3Mn3	材料耐磨性好、强度高，适用于重载、低速的传动。对于尺寸较大或高速传动，螺母可采用钢或铸铁制造，内孔浇铸青铜或巴氏合金

5.6.3　滑动螺旋传动的设计计算

由于螺纹磨损是螺旋传动的主要失效形式，故首先根据耐磨性条件，算出螺旋的公称尺寸（螺杆的直径和螺母的高度），按照标准确定螺旋传动的主要参数，然后校核螺杆危险截面和螺母螺纹牙的强度，以防止发生塑性变形或断裂。要求自锁的螺杆，要校核其自锁性。精密的传导螺杆，应校核其刚度，以免因受力导致螺距变化引起传动精度降低。长径比较大的螺杆，应校核其稳定性，以防止轴向受载后失稳；高速的长螺杆还应校核其临界转速，以防止过大的横向振动。具体设计时应根据传动的类型、工作条件及其失效形式等选择不同的设计准则，而不必逐项进行校核。

1. 耐磨性计算、确定螺纹中径 d_2

滑动螺旋的磨损与螺纹工作面的压力、滑动速度、表面粗糙度及润滑状态等有关，其中压力对磨损的影响最大。滑动螺旋的耐磨性计算就是指计算并限制螺纹工作面上的压强 p 不超过材料的许用压强 $[p]$，而螺纹工作面上的磨损以螺母较严重。若把旋合螺母上的一圈螺纹牙展开，相当于一悬臂梁。螺母螺牙上的受力如图5-40所示。

设轴向载荷为 F，旋合圈数 $z = H/P$（H 为螺母高度，P 为螺距），则螺母耐磨性校核的计算公式为

$$p = \frac{\frac{F}{z}}{\pi d_2 h} = \frac{FP}{\pi d_2 hH} \leqslant [p] \tag{5-50}$$

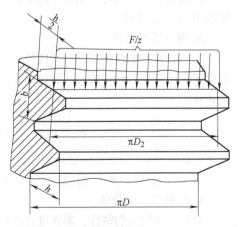

图 5-40　螺母螺纹牙上的受力情况

由上式可推得螺纹中径 d_2 的设计公式

$$d_2 \geq \xi \sqrt{\frac{F}{[p]}} \tag{5-51}$$

式中 h——螺纹的工作高度（mm），梯形和矩形螺纹 $h=0.5P$，锯齿形螺纹 $h=0.75P$；

$[p]$——许用压强（MPa），查表 5-10；

ξ——螺纹牙型系数，矩形和梯形螺纹 $\xi=0.8$，锯齿形螺纹 $\xi=0.65$。

表 5-10 滑动螺旋传动的许用压强

螺纹副材料	滑动速度/(m/min)	许用压强/MPa	螺纹副材料	滑动速度/(m/min)	许用压强/MPa
钢对青铜	低速 <3.0 6~12 >15	18~25 11~18 7~10 1~2	钢对灰铸铁	<2.4 6~12	13~18 4~7
			钢对钢	低速	7.5~13
钢对耐磨铸铁	6~12	6~8	淬火钢对青铜	6~12	10~13

注：$\psi<2.5$ 或人力驱动时，$[p]$ 可提高约 20%；螺母为两半式时，$[p]$ 应降低 15%~20%。求得 d_2 后，便可确定 d 和 P，继而可确定螺母高度 H（$H=\psi d_2$）及螺母的旋合圈数 z 等。

2. 螺母螺纹牙的强度校核

因螺母的材料性能一般低于螺杆，所以只对螺母螺纹牙进行剪切强度和弯曲强度校核。螺母螺纹牙上的受力情况如图 5-40 所示，危险截面在螺纹牙根部，剪切强度条件为

$$\tau = \frac{F}{\pi D b z} \leq [\tau] \tag{5-52}$$

弯曲强度条件为

$$\sigma_B = \frac{6Fl}{\pi D b^2 z} \leq [\sigma_B] \tag{5-53}$$

两式中 b——螺纹牙根部的厚度（mm），矩形螺纹 $b=0.5P$，梯形螺纹 $b=0.65P$，30°锯齿形螺纹 $b=0.75P$；

l——弯曲力臂（mm），$l=(D-D_2)/2$；

$[\tau]$——螺母材料的许用切应力（MPa）；

$[\sigma_B]$——螺母材料的许用弯曲应力（MPa）。

z——螺纹旋合圈数。

若螺母和螺杆的材料相同，则应校核螺杆螺纹牙的强度。此时只需将式（5-52）、式（5-53）中的 D 改为 d_1 即可。

3. 螺杆强度校核

受力较大的螺杆需要进行强度校核。螺杆工作时受轴向力和扭矩的作用，螺杆危险截面处既有轴向应力又有扭转切应力。因此，应按第四强度理论计算螺杆危险截面上的当量应力 σ_{ca}。其强度条件为

$$\sigma_{ca} = \sqrt{\sigma^2 + 3\tau^2} = \sqrt{\left(\frac{4F}{\pi d_1^2}\right)^2 + 3\left(\frac{T}{0.2 d_1^3}\right)^2} \leq [\sigma] \tag{5-54}$$

式中 T——螺杆所受的扭矩（N·mm），$T=Fd_2(\lambda+\rho_v)/2$；

$[\sigma]$——螺杆材料的许用应力（MPa），需要时查设计手册。

4. 螺杆稳定性校核

对长径比较大的螺杆，需要进行压杆稳定性校核，校核公式为

$$\frac{F_{cr}}{F} \geq 2.5 \sim 4 \tag{5-55}$$

式中 F_{cr}——螺杆的稳定临界载荷（N）；
F——螺杆所受工作压力（N）。

记 I 为螺杆危险截面的轴惯性矩，i 为截面的惯性半径，$i = \sqrt{I/A} = d_1/4$；μ 为长度系数，与螺杆两端支承形式有关，见表 5-11。则

当 $\mu l/i \geq 90$ 时

$$F_{cr} = \frac{\pi^2 EI}{(\mu l)^2} \tag{5-56}$$

式中 E——螺杆材料的弹性模量（MPa）；
l——螺杆的最大工作长度（mm）。

当 $\mu l/i < 90$、材料为未淬火钢时

$$F_{cr} = \frac{340 i^2}{i^2 + 0.00013(\mu l)^2} \cdot \frac{\pi d_1^2}{4} \tag{5-57}$$

当 $\mu l/i < 80$、材料为淬火钢时

$$F_{cr} = \frac{340 i^2}{i^2 + 0.0002(\mu l)^2} \cdot \frac{\pi d_1^2}{4} \tag{5-58}$$

当 $\mu l/i < 40$ 时，不必进行稳定性计算。

表 5-11 长度系数

螺杆端部结构	长度系数 μ
两端固定	0.5
一端固定、一端不完全固定	0.6
一端固定、一端铰支	0.7
两端铰支	1.0
一端固定、一端自由	2.0

注：1. 采用滑动支承（d_2—轴承孔直径，B—轴承宽度），$B/d_2 < 1.5$—铰支，$B/d_2 < 1.5 \sim 3$—不完全固定，$B/d_2 > 3$—固定端。
2. 采用滚动支承，只有径向约束—铰支，径向与轴向均有约束—固定端。

5. 螺旋副自锁条件校核

有自锁性要求的螺旋副，螺纹升角 φ 应满足

$$\varphi = \arctan \frac{nP}{\pi d_2} \leq f_v \tag{5-59}$$

式中 f_v——当量摩擦角，$f_v = \arctan(f/\cos\beta)$（°）；
f——螺旋副的摩擦因数，见表 5-12；
β——螺侧角（°）。

表 5-12 螺旋副的摩擦因数（定期润滑）

螺杆和螺母的材料	摩擦因数 f
钢对青铜	0.08 ~ 0.10
钢对耐磨铸铁	0.10 ~ 0.12
钢对铸铁	0.12 ~ 0.15
钢对钢	0.11 ~ 0.17
淬火钢对青铜	0.06 ~ 0.08

注：起动时取大值，运转中取小值。

6. 其他校验计算

精密的传导螺旋还应校验螺杆的刚度，即验算它在轴向载荷和转矩作用下的变形量。

螺杆较长且转速较高时，可能产生横向振动，应验算其临界转速。

一般情况下，不需要做这些校验。

思 考 题

5-1　常用螺栓材料有哪些？选用螺栓材料时主要应考虑哪些问题？

5-2　松螺栓联接和紧螺栓联接的区别是什么？计算中应如何考虑这些区别？

5-3　实际应用中绝大多数螺纹联接都要预紧，试问预紧的目的是什么？

5-4　拧紧螺母时，拧紧力矩 T 要克服哪些摩擦阻力矩？这时螺栓和被联接件各受什么载荷作用？

5-5　为什么对于重要的螺栓联接要控制螺栓的预紧力 F_0？预紧力 F_0 的大小由哪些条件决定？控制预紧力的方法有哪些？

5-6　螺纹联接松脱的原因是什么？试按三类防松原理举例说明螺纹联接的各种防松措施。

5-7　设计螺栓组联接的结构时一般应考虑哪些方面的问题？

5-8　螺栓组联接承受的载荷与螺栓组内螺栓的受力有什么关系？若螺栓组受横向载荷，螺栓是否一定受到剪切？

5-9　对于常用的普通螺栓，预紧后螺栓承受拉伸和扭转的复合应力，但是为什么只要将轴向拉力增大 30% 就可以按纯拉伸计算螺栓的强度？

5-10　对于受轴向载荷的紧螺栓联接，若考虑螺栓和被联接件刚度的影响，螺栓受到的总拉力是否等于预紧力 F_0 与工作拉力 F 之和？为什么？

5-11　提高螺纹联接强度的常用措施有哪些？

5-12　对于受变载荷作用的螺栓，可以采取哪些措施来减小螺栓的应力幅？

5-13　螺栓中的附加弯曲应力是怎样产生的？为避免产生附加弯曲应力，从结构或工艺上可采取哪些措施？

习　题

5-1　试分析图 5-41 所示紧定螺钉联接和普通螺栓联接拧紧时各联接零件（螺栓、螺母、螺钉）的受力，并分别画出其受力图。已知 $F_0 = 5.6$ kN，螺纹副间的摩擦因数 $f = 0.15$，螺钉底端与零件间的摩擦因数 $f = 0.18$，试判断最大应力发生在哪个截面处（列出必要的公式）。

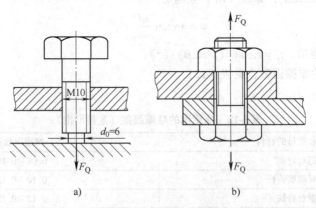

图 5-41　习题 5-1 图

5-2　图 5-42 所示起重卷筒与大齿轮间用双头螺柱联接，起重钢索拉力 $F_Q = 50$ kN，卷筒直径 $D =$

400mm，8个双头螺柱均匀分布在直径 $D_0 = 500$mm 的圆周上，螺栓性能等级 4.6 级，接合面摩擦因数 $f = 0.12$，可靠度系数 $k_f = 1.2$。试确定双头螺柱的直径。

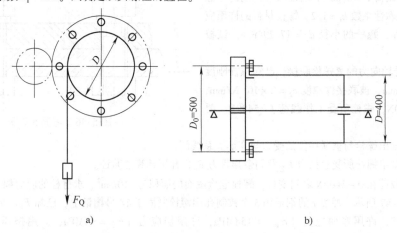

图 5-42　习题 5-2 图

5-3　图 5-43 所示气缸盖联接中，已知气缸内压强 p 在 $0 \sim 2$MPa 之间变化，气缸内径 $D = 500$mm，螺栓分布在直径 $D_0 = 650$mm 的圆周上，为保证气密性要求，剩余预紧力 $F_0' = 1.8F$。试设计此螺栓组联接。

5-4　图 5-44 所示凸缘联轴器，用 6 个普通螺栓联接，螺栓分布在 $D = 100$mm 的圆周上，接合面摩擦因数 $f = 0.16$，防滑因数 $K_f = 1.2$，若联轴器传递扭矩为 150N·m，试求螺栓螺纹小径（螺栓 $[\sigma] = 120$MPa）。

5-5　图 5-44 所示刚性联轴器，螺孔分布圆直径 $D = 160$mm，其传递的扭矩 $T = 1200$N·m，若使用 M16 的普通螺栓（螺纹小径 $d_1 = 13.84$mm），被联接件接合面的摩擦因数 $f = 0.25$，防滑系数 $k_f = 1.2$，螺栓材料的许用应力 $[\sigma] = 80$MPa，问至少需要多少个螺栓才能满足联接的要求？

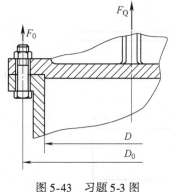

图 5-43　习题 5-3 图

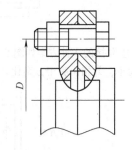

图 5-44　习题 5-4，习题 5-5 图

5-6　图 5-45 所示螺栓组联接，用两个螺栓将三块板联接起来，螺纹规格为 M20，螺纹小径 $d_1 = 17.294$mm，螺栓材料的许用拉应力 $[\sigma] = 160$MPa，被联接件接合面之间的摩擦因数 $f = 0.2$，过载系数 $k_f = 1.2$，试计算该联接能承受的最大横向载荷 R。

图 5-45　习题 5-6 图

5-7 图 5-46 所示为两平板用 $2 \times M20$ 的普通螺栓联接，承受横向载荷 $F = 6000\text{N}$，若取接合面间的摩擦因数 $f = 0.2$，可靠性系数 $k_f = 1.2$，螺栓材料的许用应力 $[\sigma] = 120\text{MPa}$，螺栓的小径 $d_1 = 17.294\text{mm}$。试校核螺栓的强度。

5-8 有一受轴向力的紧螺栓联接，已知螺栓刚度 $c_1 = 0.5 \times 10^6 \text{N/mm}$，被联接件刚度 $c_2 = 2 \times 10^6 \text{N/mm}$，预紧力 $F_0 = 9000\text{N}$，螺栓所受工作载荷 $f = 5400\text{N}$。要求如下。

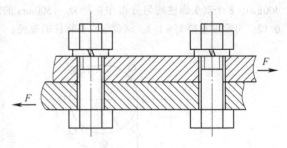

图 5-46 习题 5-7 图

1) 按比例画出螺栓与被联接件的受力与变形关系线图。
2) 在图上量出螺栓所受总拉力 F_Σ 及剩余预紧力 F_0'，并用计算法验证。
3) 若工作载荷在 $0 \sim 5400\text{N}$ 之间变化，螺栓危险截面的面积为 110mm^2，求螺栓的应力幅。

5-9 如图 5-47 所示，厚度 t 的钢板用 3 个铰制孔用螺栓紧固于 18 号槽钢上，已知 $F_Q = 9\text{kN}$，钢板及螺栓材料均为 Q235，许用弯曲应力 $[\sigma_B] = 158\text{MPa}$，许用切应力 $[\tau] = 98\text{MPa}$，许用挤压应力 $[\sigma_p] = 240\text{MPa}$。试求钢板的厚度 t 和螺栓的尺寸。

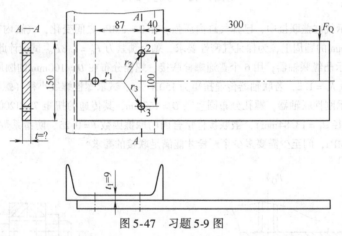

图 5-47 习题 5-9 图

5-10 螺栓组联接的 3 种方案如图 5-48 所示，外载荷 F_R 及尺寸 L 相同，试分析确定各方案中受力最大螺栓所受力的大小，并指出哪个方案比较好。

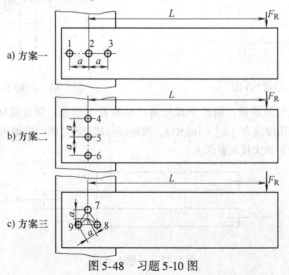

图 5-48 习题 5-10 图

第 6 章 键、花键、销、无键联接

键和花键主要用于轴和带毂零件（如齿轮、蜗轮等），实现周向固定以传递转矩的轴毂联接。其中有些还能实现轴向固定以传递轴向力；有些则能构成轴向动联接。销主要用来固定零件的相互位置，还可用作安全装置。销联接通常只传递少量载荷。成形联接和弹性环联接是轴毂联接的其他形式，后者只能构成静联接。成形联接又称无键联接，轴毂联接段为非圆形。

6.1 键联接

6.1.1 键联接的功能、分类、结构形式及应用

键是一种标准件，通常用来实现轴与轮毂之间的周向固定以传递转矩，有的还能实现轴上零件的轴向固定或轴向滑动的导向。键联接的主要类型有平键联接、半圆键联接、楔键联接和切向键联接。

1. 平键联接

图 6-1a 是普通平键联接的断面图。键的两侧面是工作面，工作时，靠键与键槽侧面的挤压来传递转矩。键的上表面和轮毂的键槽底面间则留有间隙。平键联接具有结构简单、装拆方便、对中性较好等优点，因而得到广泛应用。这种键联接不能承受轴向力，因而对轴上的零件不能起到轴向固定的作用。

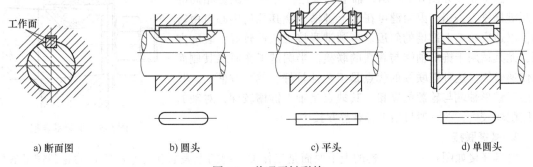

a) 断面图   b) 圆头   c) 平头   d) 单圆头

图 6-1 普通平键联接

根据用途的不同，平键分为普通平键、薄型平键、导向平键和滑键四种。其中普通平键和薄型平键用于静联接，导向平键和滑键用于动联接。

普通平键按构造分为圆头（A 型）、平头（B 型）及单圆头（C 型）三种。圆头平键（图 6-1b）宜放在轴上用键槽铣刀铣出的键槽中，键在键槽中轴向固定良好，其缺点是键的头部

侧面与轮毂上的键槽并不接触，因而键的圆头部分不能充分利用，而且轴上键槽端部的应力集中较大。平头平键（图6-1c）放在用盘铣刀铣出的键槽中，因而避免了上述缺点，但对于尺寸大的键，宜用紧定螺钉固定在轴上的键槽中，以防松动。单圆头平键（图6-1d）则常用于轴端与毂类零件的联接。

薄型平键与普通平键的主要区别是键的高度为普通平键的60%～70%，也分圆头、平头和单圆头三种类型，但传递转矩的能力较低，常用于薄壁结构、空心轴及一些径向尺寸受限制的场合。

当被联接的毂类零件在工作过程中必须在轴上做轴向移动时（如变速箱中的滑移齿轮），则须采用导向平键或滑键。导向平键（图6-2a）是一种较长的平键，用螺钉固定在轴上的键槽中，为了便于拆卸，键上制有起键螺孔，以便拧入螺钉使键退出键槽。轴上的传动零件则可沿键做轴向滑移。当零件需滑移的距离较大时，因所需导向平键的长度过大、制造困难，故宜采用滑键（图6-2b）。滑键固定在轮毂上，轮毂带动滑键在轴上的键槽中做轴向滑移。这样，可将键做得较短，只需在轴上铣出较长的键槽即可，从而降低加工难度。

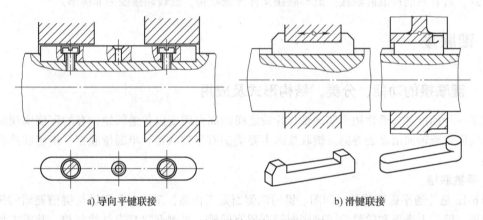

a) 导向平键联接　　　　　　　　　　b) 滑键联接

图6-2　导向平键联接和滑键联接

2. 半圆键联接

半圆键联接如图6-3所示。轴上键槽用尺寸与半圆键相同的半圆键槽铣刀铣出，因而键可在轴上键槽中绕其几何中心自由转动，以适应轮毂上键槽的斜度。半圆键联接工艺性较好，装配方便，尤其适用于锥形轴端与轮毂的联接。半圆键工作时靠其侧面来传递转矩。这种键联接的优点是工艺性较好，装配方便，尤其适用于锥形轴端与轮毂的联接。其缺点是轴上键槽较深，对轴的强度削弱较大，故一般只用于轻载静联接中。

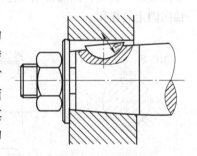

图6-3　半圆键联接

3. 楔键联接

楔键联接如图6-4所示。键的上下两面是工作面，键的上表面和与它相配合的轮毂键槽底面均具有1∶100的斜度。装配后，键即楔紧在轴和轮毂的键槽里。工作时，靠键的楔紧作用来传递转矩，同时还可以承受单向的轴向载荷，对轮毂起到单向的轴向固定作用。楔键的侧面与键槽侧面间有很小的间隙，当转矩过载而导致轴与轮毂发生相对转动时，键的侧面能像平键那样参加工作。因此，楔键联接在传递有冲击和振动的较大转矩时，仍能保证联接的可靠性。楔键联接的缺点是键楔紧后，轴和轮毂的配合产生偏心和偏斜。因此，楔键联接主要用于毂类零件的定心精度要求不高和低转速的场合。

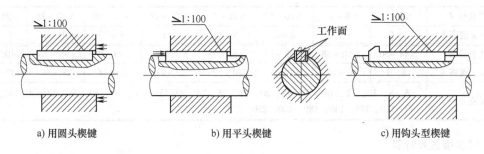

图 6-4 楔键联接

楔键分为普通楔键和钩头型楔键,普通楔键有圆头(图6-4a)、平头(图6-4b)和单圆头三种类型。装配圆头楔键时,要先将键放入轴上键槽中,然后打紧轮毂,而装配平头、单圆头和钩头型楔键(图6-4c)时,则在轮毂装好后才将键放入键槽并打紧。钩头型楔键的钩头供拆卸用,安装在轴端时,应注意加装防护罩。

4. 切向键联接

切向键联接如图6-5所示。将一对斜度为1:100的楔键分别从轮毂两端打入,从而得到切向键,拼合而成的切向键就沿轴的切线方向楔紧在轴与轮毂之间。其工作面就是拼合后相互平行的两个窄面,工作时就靠这两个窄面上的挤压力以及轴与轮毂间的摩擦力来传递转矩。须注意的是,用一个切向键只能传递单向转矩,若用两个切向键则可传递双向转矩,且两者间的夹角为120°~130°。考虑到切向键的键槽对轴的削弱较大,因此常用

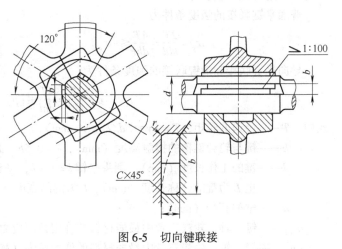

图 6-5 切向键联接

于直径大于100mm的轴上。例如,用于大型带轮、大型飞轮、矿山用大型绞车的卷筒及齿轮等与轴的联接。

6.1.2 键的选择和键联接强度计算

1. 键的选择

键的选择包括类型选择和尺寸选择两个方面。键的类型应根据键联接的结构特点、使用要求和工作条件来选择;键的尺寸则按符合标准规格和强度要求来取定。键的主要尺寸为其截面尺寸(一般以键宽$b×$键高h表示)和键长L。键的截面尺寸$b×h$按轴的直径d从标准中选定。键的长度L一般可按轮毂的长度而定,即键长比轮毂的长度短5~10mm;而导向平键则按轮毂的长度及其滑动距离确定。一般轮毂的长度可取为$L'=(1.5~2)d$,这里d为轴的直径。所选定的键长也应符合标准规定的长度系列。普通平键和普通楔键的主要尺寸见表6-1。重要的键联接在选出键的类型和尺寸后,还应进行强度校核计算。键的材料通常用45钢,如果强度不够,通常采用双键。

表 6-1　普通平键和普通楔键的主要尺寸　　　　　　　　　　（单位：mm）

轴的直径 d	>6~8	>8~10	>10~12	>12~17	>17~22	>22~30	>30~38	>38~44
键宽 b × 键高 h	2×2	3×3	4×4	5×5	6×6	8×7	10×8	12×8
轴的直径 d	>44~50	>50~58	>58~65	>65~75	>75~85	>85~95	>95~100	>100~130
键宽 b × 键高 h	14×9	16×10	18×11	20×12	22×14	25×14	28×16	32×18
键的长度系列 L	6, 8, 10, 12, 14, 16, 18, 20, 22, 25, 28, 32, 36, 40, 45, 50, 56, 63, 70, 80, 90, 100, 110, 125, 140, 180, 200, 220, 250, …							

2. 键联接强度计算

图 6-6 所示为平键联接受力情况。普通平键联接（静联接）的主要失效形式是 b 面被压溃，如果键没有严重过载，一般不会出现键的剪断现象（图 6-6 中沿 $a-a$ 面剪断），因此通常只按工作面上的挤压应力进行强度校核计算。导向平键联接和滑键联接（动联接）的主要失效形式是工作面的过度磨损，通常按工作面上的压力进行强度校核计算。

普通平键联接的强度条件为

$$\sigma_{\mathrm{p}} = \frac{2T}{kld} = \frac{4T}{dhl} \leqslant [\sigma_{\mathrm{p}}] \quad (6-1)$$

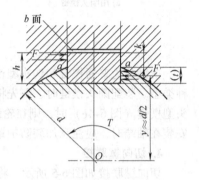

图 6-6　平键联接受力情况

导向平键联接和滑键联接的强度条件为

$$p = \frac{2T}{kld} = \frac{4T}{dhl} \leqslant [p] \quad (6-2)$$

式中　T——传递的转矩，$T = Fy \approx Fd/2$（N·mm）；

　　　k——键与轮毂键槽的接触高度（mm），$k = 0.5h$，此处 h 为键的高度；

　　　l——键的工作长度（mm），圆头平键 $l = L - b$，平头平键 $l = L$，单圆头平键 $l = L - b/2$，这里 L 为键的公称长度（mm），b 为键的宽度（mm）；

　　　d——轴的直径（mm）；

　　　$[\sigma_{\mathrm{p}}]$——键、轴、轮毂三者中最弱材料的许用挤压应力（MPa），见表 6-2；

　　　$[p]$——键、轴、轮毂三者中最弱材料的许用压强（MPa），见表 6-2。

表 6-2　键联接的许用挤压应力、许用压强值　　　　　　　　（单位：MPa）

许用挤压应力、许用压强	联接工作方式	键或毂、轴的材料	载荷性质		
			静载荷	轻微冲击	冲击
$[\sigma_{\mathrm{p}}]$	静联接	钢	120~150	100~120	60~90
		铸铁	70~80	50~60	30~45
$[p]$	动联接	钢	50	40	30

注：如与键有相对滑动的被联接件表面经过淬火，则动联接的许用压强 $[p]$ 可提高 2~3 倍。

例题 6-1　已知某蜗轮传递的功率 $P = 5$kW，转速 $n = 90$r/min，载荷有轻微冲击；轴径 $d = 60$mm，轮毂长 $L' = 100$mm；轮毂材料为铸铁，轴材料为 45 钢。试设计此蜗轮与轴的键联接。

解：（1）选择键的类型　考虑到蜗轮工作时有较高的对中性要求，故选用普通平键；蜗轮安装在轴的中段（即在两轴颈之间），可选用 A 型平键。

（2）确定键的尺寸　由轴的直径 $d = 60$mm，查表 6-1 得键宽 $b = 18$mm，键高 $h = 11$mm，由轮

毂长 $L' = 100\text{mm}$,取较为接近的标准键长 $L = 90\text{mm}$。

(3) 计算工作转矩

$$T = \frac{9.55 \times 10^6 P}{n} = \frac{9.55 \times 10^6 \times 5}{90}\text{N}\cdot\text{mm} = 5.31 \times 10^5 \text{N}\cdot\text{mm}$$

(4) 校核挤压强度 轴和键为钢制,则联接中较弱的为铸铁轮毂,按照载荷有轻微冲击,查表 6-2 得铸铁的许用挤压应力 $[\sigma_\text{p}] = 50 \sim 60\text{MPa}$。

键的工作长度 $l = L - b = 90\text{mm} - 18\text{mm} = 72\text{mm}$

挤压面的高度 $k = \dfrac{h}{2} = \dfrac{11}{2}\text{mm} = 5.5\text{mm}$

挤压应力 $\sigma_\text{p} = \dfrac{2T}{kld} = \dfrac{2 \times 5.31 \times 10^5}{5.5 \times 72 \times 60}\text{MPa} = 44.66\text{MPa} < [\sigma_\text{p}]$

由设计结果可见,此设计合用。

6.2 花键联接

6.2.1 花键联接的类型、结构和特点

花键联接由外花键(图 6-7a)和内花键(图 6-7b)组成。由图 6-7 可知,花键联接是平键联接在数目上的发展。但是,由于结构形式和制造工艺的不同,与平键联接比较,花键联接在强度、工艺和使用方面有下述一些优点:①因为在轴上与毂孔上直接而匀称地制出较多的齿与槽,故联接受力较为均匀;②因槽较浅,齿根处应力集中较小,轴与毂的强度削弱较少;③齿数较多,总接触面积较大,因而可承受较大的载荷;④轴上零件与轴的对中性好(这对高速及精密机器很重要);⑤导向性较好这对动联接很重要;⑥可用磨削的方法提高加工精度及联接质量。

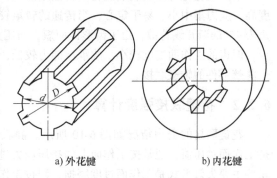

a) 外花键　　b) 内花键

图 6-7　花键联接

缺点是齿根仍有应力集中;有时需用专门设备加工;成本较高。因此,花键联接适用于定心精度要求高、载荷大或经常滑移的联接。花键联接的齿数、尺寸、配合等均应按标准选取。

按齿型不同,花键联接可分为矩形花键联接和渐开线花键联接,均已标准化。

1. 矩形花键联接

图 6-8 所示为矩形花键联接,键齿的两侧面为平面,形状较为简单,加工方便。花键通常要进行热处理,表面硬度应高于 40HRC。矩形花键联接的定心方式为小径定心,外花键和内花键的小径为配合面。由于制造时轴和毂上的接合面都要经过磨削,因此能消除热处理引起的变形,具有定心精度高、定心稳定性好、应力集中较小、承载能力较大的特点,故应用广泛。

根据花键的齿数和齿高的不同,矩形花键的齿

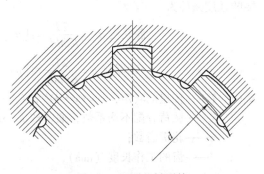

图 6-8　矩形花键联接

形尺寸分为轻、中两个系列。轻系列承载能力较小，一般用于轻载联接或静联接；中系列用于中等载荷的联接。

2. 渐开线花键联接

图 6-9 所示为渐开线花键联接。渐开线花键的齿廓为渐开线，与渐开线齿轮相比，主要有 3 点不同：①压力角不同。渐开线花键的分度圆压力角有 30°（图 6-9a）和 45°（图 6-9b）两种；②键齿较短、齿根较宽。两种压力角对应的齿顶高系数分别为 0.5 和 0.4；③不产生根切的最少齿数较少。渐开线花键不产生根切的最少齿数 $z_{\min}=4$。

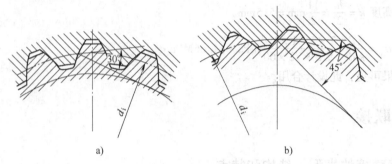

图 6-9 渐开线花键联接

渐开线花键可以用制造齿轮的方法来加工，工艺性较好，制造精度也较高，花键齿的根部强度高、应力集中小、易于定心，当传递的转矩较大且轴径也大时，宜采用渐开线花键联接。压力角为 45°的渐开线花键，由于齿形钝而短，与压力角为 30°的渐开线花键相比，对联接件的削弱较少，但齿的工作面高度较小，故承载能力较低，多用于载荷较轻、直径较小的静联接，特别适用于薄壁零件的轴毂联接。

6.2.2 花键联接强度计算

花键联接的受力情况如图 6-10 所示。静联接主要失效形式是工作面被压溃，通常按工作面上的挤压应力进行强度计算；动联接主要失效形式是工作面过度磨损，则按工作面上的压力进行条件性的强度计算。

假定载荷均匀分布在键的工作面上，每个齿工作面上压力的合力 F 作用在平均直径 d_m 处，此时传递的转矩 $T=zFd_m/2$，考虑实际载荷在各花键齿上分配不均的影响，引入系数 K，则花键联接的强度条件为

静联接 $\sigma_p = \dfrac{2T}{Kzhld_m} \leq [\sigma_p]$ (6-3)

动联接 $p = \dfrac{2T}{Kzhld_m} \leq [p]$ (6-4)

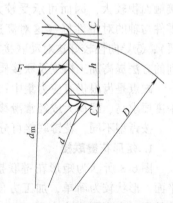

图 6-10 花键联接的受力情况

式中　T——传递的转矩，$T=Fy\approx Fd/2$（N·mm）；

　　　K——载荷分配不均系数，通常取 $K=0.7\sim0.8$，齿数多时取偏小值；

　　　z——花键齿数；

　　　l——齿的工作长度（mm）；

　　　h——齿侧面工作高度，矩形花键，$h=\dfrac{D-d}{2}-2C$，D 为外花键的大径，d 为内花键的小径，

C 为倒角尺寸（mm）；渐开线花键，$\alpha = 30°$，$h = m$；$\alpha = 45°$，$h = 0.8m$，m 为模数（mm）；

d_m——花键的平均直径，矩形花键，$d_m = \dfrac{D + d}{2}$（mm）；渐开线花键，$d_m = d_i$，d_i 为分度圆直径（mm）；

$[\sigma_p]$——花键联接的许用挤压应力（MPa），见表6-3；

$[p]$——花键联接的许用压强（MPa），见表6-3。

表 6-3 花键联接的许用挤压应力和许用压强 （单位：MPa）

许用挤压应力、许用压强	工 作 方 式	使用和制造情况	齿面未经热处理	齿面经热处理
$[\sigma_p]$	静联接	不良	35~50	40~70
		中等	60~100	100~140
		良好	80~120	120~200
$[p]$	空载下移动的动联接	不良	15~20	20~35
		中等	20~30	30~60
		良好	25~40	40~70
	在载荷下移动的动联接	不良	—	3~10
		中等	—	3~15
		良好	—	10~20

注：1. 使用和制造情况不良指受变载荷、双向冲击载荷、振动频率高和振幅大、润滑不良（对动联接）、材料硬度不高或精度不高等。
2. 相同情况下 $[\sigma_p]$ 或 $[p]$ 的较小值用于工作时间长和较重要的场合。

6.3 销联接

销主要用来固定零件之间的相对位置，称为定位销（图6-11），它是组合加工和装配时的重要辅助零件；也可用于联接，称为联接销（图6-12），可传递不大的载荷；还可作为安全装置中的过载剪断元件，称为安全销（图6-13）。

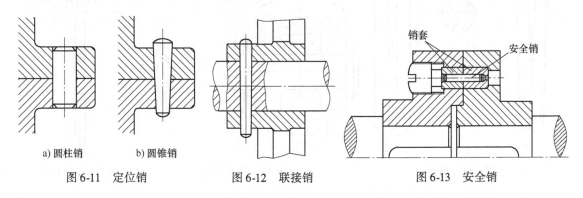

a) 圆柱销　　b) 圆锥销

图6-11　定位销　　　　图6-12　联接销　　　　图6-13　安全销

圆柱销（图6-11a）靠过盈配合固定在销孔中，经多次装拆会降低其定位精度和可靠性。圆柱销的直径偏差有 u8、m6、h8 和 h11 四种，以满足不同的使用要求。

圆锥销（图6-11b）具有 1∶50 的锥度，在受横向力时可以自锁。它安装方便、定位精度高，可多次装拆而不影响定位精度。端部带螺纹的圆锥销（图6-14）可用于不通孔或拆卸困难的场合。

开尾圆锥销（图6-15）适用于有冲击、振动的场合。

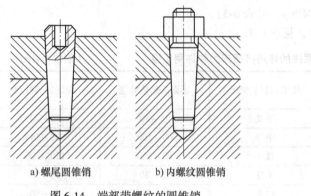
a) 螺尾圆锥销　　b) 内螺纹圆锥销

图6-14　端部带螺纹的圆锥销

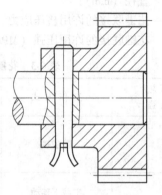

图6-15　开尾圆锥销

槽销上有辗压或模锻出的三条纵向沟槽（图6-16），将槽销打入销孔后，由于材料的弹性使销挤紧在销孔中，不易松脱，因而能承受振动和变载荷。安装槽销的孔不需要铰制，加工方便，可多次装拆。

销轴用于两零件的铰接处，构成铰链联接（图6-17）。销轴通常用开口销锁定，工作可靠、拆卸方便。

开口销如图6-18所示。装配时，将尾部分开，以防脱出。开口销除与销轴配用外，还常用于螺纹联接的防松装置中（表5-6）。

定位销通常不受载荷或只受很小的载荷，故不做强度校核计算，其直径可按结构确定，数目一般不少于两个。销装入每一被联接件内的长度，为销直径的1～2倍。

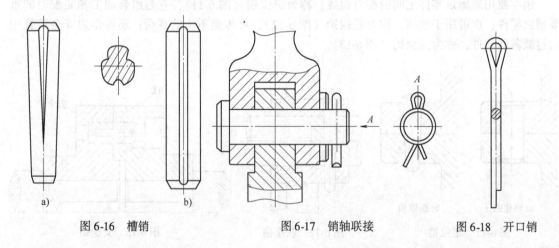

图6-16　槽销　　　　图6-17　销轴联接　　　　图6-18　开口销

联接销的类型可根据工作要求选定，其尺寸可根据联接的结构特点按经验或规范确定，必要时再按剪切和挤压强度条件进行校核计算。

安全销在机器过载时应被剪断，因此销的直径应按过载时被剪断的条件确定。

6.4 无键联接

常见无键联接有过盈联接、胀紧联接和型面联接等。

6.4.1 过盈联接

过盈联接是利用两个被联接件本身的过盈配合来实现的。组成联接的零件一个为包容件，另一个为被包容件。配合表面通常为圆柱面（图 6-19），也有为圆锥面（图 6-20）的，分别称为圆柱面过盈联接和圆锥面过盈联接。由于被联接件本身的弹性和装配时的过盈量 δ，在配合面间产生很大的径向压力，工作时靠这种相伴而生的摩擦力来传递载荷。载荷可以是轴向力 F 或转矩 T，或两者的组合，有时也可以是弯矩。联接的摩擦力或摩擦力矩也称为固持力。

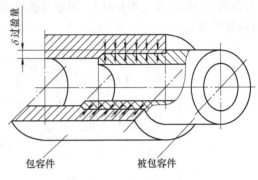

图 6-19 圆柱面过盈联接

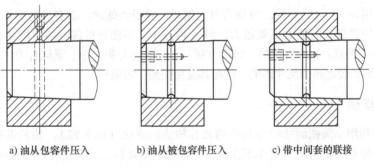

a) 油从包容件压入　　b) 油从被包容件压入　　c) 带中间套的联接

图 6-20 利用液压装配的（圆锥面）过盈联接

在一般情况下，拆开过盈联接需要很大的外力，常常会使零件配合表面损坏，甚至整个零件被破坏。因此，这种联接属于不可拆联接。但是，如果采取适当的拆卸方法，即使过盈量较大的联接也可能是可拆联接，如圆锥面过盈联接、胀紧联接等。

过盈联接具有结构简单、定心性好、承载能力强以及在振动载荷下能可靠地工作等优点。主要缺点是配合面的加工精度要求较高，且装配困难。过盈配合常用于机车车轮的轮毂与轮心的联接，组合式齿轮、蜗轮的齿圈与轮心的联接等。常用压入法或温差法装配。

过盈联接的承载能力取决于联接固持力的大小和被联接件的强度。因此，在选择配合时，既要使联接具有足够的固持力以保证在载荷作用下不发生相对滑动，又要注意到零件在装配应力状态下满足静强度和疲劳强度的要求。

圆锥面过盈联接在机床主轴的轴端上应用很普遍。装配时，借助转动端螺母或螺钉，并通过压板施力，使轮毂做微量轴向移动，以实现过盈联接，这种联接定心性能好，便于装拆，压紧程度也易于调整。为保证其可靠性，还常兼用半圆键联接。

对于重载、过盈量大，要求可靠度高的圆锥面过盈联接，可利用液压的装拆方法（图 6-20）。装配时，把高压（200MPa 以上）油压入联接的配合面间，以胀大包容件和压小被包容件，同时加以不大的轴向力把两件推到预定的相应位置，放出高压油后两件即构成过盈联接。拆卸时，压入高压油，两件即可分开。这种装配方法不易擦伤配合表面，能传递较大的载荷，尤其适用大型被联接件，但对配合面的接触精度要求较高。

6.4.2 胀紧联接

胀紧联接是指在轴毂之间装入一对或数对内、外弹性钢环，在轴向力的作用下，同时胀紧轴与毂而构成的联接（图6-21），属于过盈联接的一种形式，其中一对内外环构成一个胀紧联接套（简称胀套）。

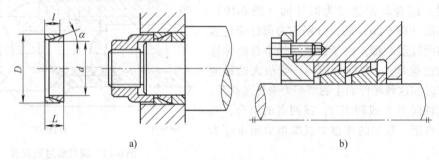

图 6-21 胀紧联接

胀套通常采用65钢、65Mn钢、70钢等材料制成，并经热处理。胀套环的半锥角 α 越小，配合面的压力越大，传递载荷的能力也就越大，但 α 角过小，不便于拆卸，通常取半锥角 $\alpha = 12.5° \sim 17°$。胀紧联接主要特点：定心性能好、装拆方便、引起的应力集中小、承载能力大、具有安全保护作用。但由于受轴和毂之间的尺寸影响，使得其应用受到一定限制。

6.4.3 型面联接

型面联接是利用非圆截面的轴与相应的毂孔构成的联接（图6-22）。轴和毂孔可做成柱形或锥形，前者只能传递转矩，但可用作不在载荷下移动的动联接，后者还能传递轴向力。

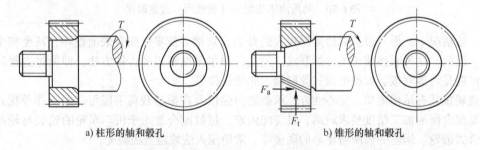

a) 柱形的轴和毂孔　　　　　　b) 锥形的轴和毂孔

图 6-22 型面联接（未画螺母）

型面联接的主要优点：装拆方便，能保证良好的对中性；没有应力集中源，故承载能力大。缺点是加工工艺较为复杂，特别是为了保证配合精度，非圆截面轴先经车削，毂孔先经钻镗或拉削，最后工序一般均要在专用机床上进行磨削加工，故目前应用并不普遍。

型面联接常用的型面曲线有摆线、等距曲线两种。此外，方形、正六边形及带切口的非圆形截面形状，在一般工程中较为常见。

第6章 键、花键、销、无键联接

思 考 题

6-1 普通平键的公称长度 L 与工作长度 l 之间有什么关系？

6-2 普通平键有哪些失效形式？主要失效形式是什么？怎样进行强度校核？如经校核判断强度不足时，可采取哪些措施？

6-3 平键和楔键联接在工作原理上有什么不同？

6-4 切向键是如何工作的？主要用在什么场合？

6-5 平键联接、半圆键联接、楔键联接和切向键联接各自的失效形式是什么？静联接和动联接校核计算有何不同？

6-6 花键有哪几种？那种花键应用最广？如何定心？

6-7 采用两个平键（双键联接）时，通常在轴的圆周上相隔180°位置布置；采用两个楔键时，常相隔90°~120°；而采用两个半圆键时，则布置在轴的同一素线上。这是为什么？

6-8 试指出图6-23中的错误结构，并画出正确的结构图。

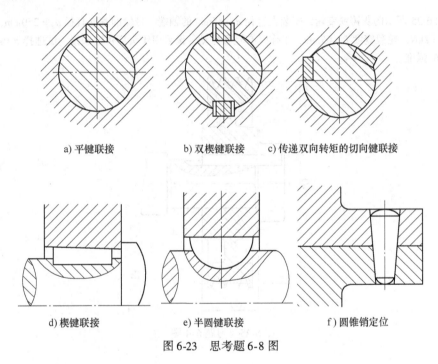

a) 平键联接　　b) 双楔键联接　　c) 传递双向转矩的切向键联接

d) 楔键联接　　e) 半圆键联接　　f) 圆锥销定位

图6-23　思考题6-8图

习 题

6-1 一齿轮装在轴上，采用 A 型普通平键联接，齿轮、轴、键均用45钢，轴径 $d = 80$mm，轮毂长度 $L = 150$mm，传递转矩 $T = 2.0 \times 10^6$ N·mm，工作中有轻微冲击，试确定平键尺寸和标记并验算联接的强度。

6-2 某键联接，已知轴径 $d = 35$mm，选择普通型平键 A 型（圆头平键），键的尺寸为 $b \times h \times L = 10$mm $\times 8$mm $\times 50$mm，键联接的许用挤压应力 $[\sigma_p] = 100$MPa，传递的转矩 $T = 2.0 \times 10^5$ N·mm，试校核键的强度。

6-3 图6-24所示凸缘联轴器及圆柱齿轮，分别用键与减速器的低速轴相联接。试选择两处键的类型及尺寸，并校核其联接强度。已知轴的材料为45钢，传递的转矩 $T = 1.0 \times 10^6$ N·mm，齿轮用锻钢制造，凸缘联轴器用灰铸铁制成，工作时有轻微冲击。

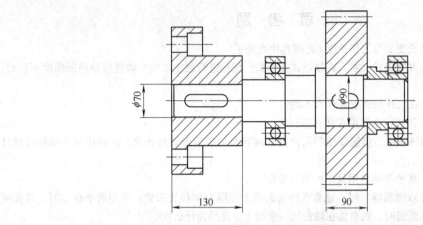

图 6-24 习题 6-3 图

6-4 图 6-25 所示的灰铸铁带轮，安装在直径 $d=45\text{mm}$ 的轴端，带轮的基准直径 $d_\text{d}=250\text{mm}$，工作时的有效拉力 $F=2\text{kN}$，轮毂宽度 $L=65\text{mm}$，工作时有轻微振动。设采用钩头型楔键联接，试选择该楔键的尺寸，并校核联接的强度。

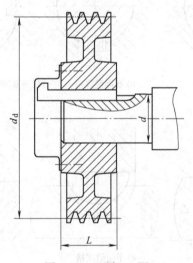

图 6-25 习题 6-4 图

第 7 章 带传动

7.1 概述

带传动由主动轮、从动轮和挠性带组成,通过带与带轮之间的摩擦或啮合,将主动轮的运动和动力传递给从动轮,如图 7-1 所示。

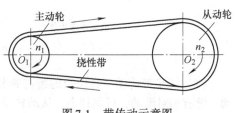

图 7-1 带传动示意图

7.1.1 带传动的类型

根据工作原理不同,带传动可分为摩擦带传动和啮合带传动两类。

1. 摩擦带传动

摩擦带传动是依靠带与带轮之间的摩擦力传递运动的,按带的横截面形状不同可分为四种类型,如图 7-2 所示。

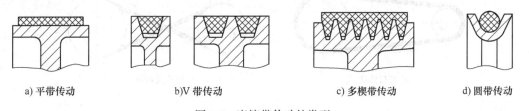

a) 平带传动　　　　b) V 带传动　　　　c) 多楔带传动　　　　d) 圆带传动

图 7-2 摩擦带传动的类型

(1) 平带传动　平带结构简单、挠曲性好、易于加工。平带的横截面为扁平矩形(图 7-2a),内表面与轮缘接触为工作面。常用的平带有普通平带(胶帆布带)、皮革平带和编织平带等,在高速传动中常使用编织平带。其中以普通平带应用最广。平带可用于平行轴交叉传动和交错轴的半交叉传动。

(2) V 带传动　V 带的横截面为等腰梯形,两侧面为工作面(图 7-2b)。工作时 V 带与带轮槽的两侧面接触,带与轮槽底面不接触。由于轮槽的楔形结构,在同样压力的作用下,V 带传动的摩擦力约为平带传动的 3 倍,故能传递较大的载荷,在一般机械中应用最广。

(3) 多楔带传动　多楔带兼有平带柔性好和 V 带摩擦力大的优点。多楔带是若干 V 带的组合(图 7-2c),可避免多根 V 带传动时由于各条 V 带长度误差造成的各带受力不均匀的缺点。多楔带适用于结构紧凑、传递功率较大的场合。

(4) 圆带传动　圆带的横截面为圆形(图 7-2d),常用皮革或棉绳制成,只用于小功率传动。

2. 啮合带传动

啮合带传动依靠带轮上的齿与带上的齿或孔啮合传递运动。啮合带传动有两种类型,如图 7-3

所示。

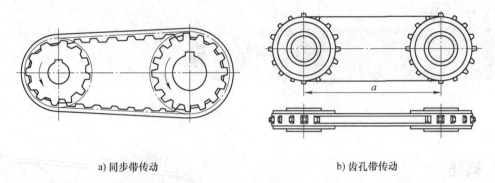

a) 同步带传动　　　　　　　　　b) 齿孔带传动

图 7-3　啮合带传动

（1）同步带传动　利用带的齿与带轮上的齿相啮合传递运动和动力，带与带轮间为啮合传动、没有相对滑动，可保持主、从动轮线速度同步（图7-3a）。

（2）齿孔带传动　带上的孔与轮上的齿相啮合，同样可避免带与带轮之间的相对滑动，使主、从动轮保持同步运动（图7-3b）。

按带轮轴线的相对位置和转动方向，带传动还分为开口（图7-4a）、交叉（图7-4b）和半交叉（图7-4c）等传动形式，如图7-4所示。交叉传动和半交叉传动只适用于平带和圆带传动。

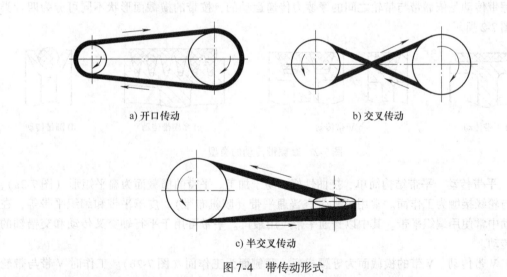

a) 开口传动　　　　　　　　　b) 交叉传动

c) 半交叉传动

图 7-4　带传动形式

在一般机械传动中，应用最广的是V带传动。习惯上，通常所讲的带传动，仅指摩擦带传动。

V带的横截面呈等腰梯形，带轮上也做出相应的轮槽。传动时，V带只和轮槽的两个侧面接触，即以两侧面为工作面（图7-2b）。与平带传动相比，根据槽面摩擦的原理，在同样的初拉力下，V带传动较平带传动能产生更大的摩擦力（图7-5），这是V带传动性能上的最主要优点，加之V带已标准化并大量生产，因此V带传动得到广泛的应用。本章主要介绍普通V带传动的设计计算方法。

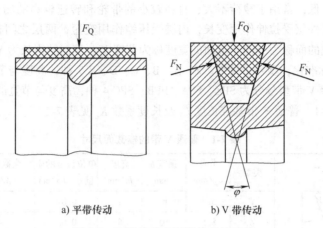

a) 平带传动　　b) V带传动

图 7-5　V带传动和平带传动的比较

7.1.2　带传动的特点

带传动具有以下特点：

1) 结构简单，适用于两轴中心距较大的场合。
2) 胶带富有弹性，能缓冲吸振，传动平稳无噪声。
3) 过载时可产生打滑，能防止薄弱零件的损坏，起安全保护作用，但不能保持准确的传动比。
4) 传动带需张紧在带轮上，对轴和轴承的压力较大。
5) 外廓尺寸大，传动效率低（一般为 0.94～0.96）。

根据上述特点，带传动多用于如下场合：①中、小功率传动（通常不大于 100kW）；②原动机输出轴的第一级传动（工作速度一般为 5～25m/s）；③传动比要求不十分准确的机械。

多楔带兼有平带和 V 带的优点：柔性好，摩擦力大，能传递的功率大，并解决了多根 V 带长短不一而使各带受力不均的问题。多楔带主要用于传递功率较大而结构要求紧凑的场合，传动比可达 10，带速可达 40m/s。

7.2　V带和带轮

7.2.1　V带的构造和类型

V带有普通 V 带、窄 V 带、联组 V 带、齿形 V 带、大楔角 V 带、宽 V 带等多种类型，其中普通 V 带应用最广，近年来窄 V 带也得到广泛应用。

普通 V 带都制成无接头的环形，由抗拉体、顶胶、底胶和包布构成，如图 7-6 所示。顶胶和底胶均由胶料制成。包布由胶帆布制成。抗拉体是承受载荷的主体，分为帘布结构（由胶帘布组成）和线绳结构（由胶线绳组成）两种。帘布结构的抗拉强度高，一般用途的 V 带多采用这种结构。线绳结构比较柔软，弯曲疲劳强

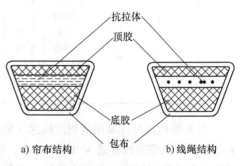

a) 帘布结构　　b) 线绳结构

图 7-6　V带横截面结构

度较好，但抗拉强度低，常用于载荷不大、直径较小的带轮和转速较高的场合。V带在规定初拉力下弯绕在带轮上时外层受拉伸作用变长，内层受压缩作用变短，两层之间存在一长度不变的中性层，沿中性层形成的面称为节面。节面的宽度称为节宽b_p。节面的周长为V带的基准长度L_d。

普通V带已经标准化，型号分为Y、Z、A、B、C、D、E 7种，高度与节宽的比值为0.7，V带的楔角$\theta=40°$；窄V带型号分为SPZ、SPA、SPB、SPC 4种，高度与节宽的比值为0.9。普通V带的截面尺寸见表7-1，普通V带基准长度L_d及长度系数K_L见表7-2。

表7-1 普通V带的横截面尺寸

类型	节宽 b_p/mm	顶宽 b/mm	高度 h/mm	单位长度的质量 q/(kg/m)	横截面面积 A/mm²	楔角 θ
Y	5.3	6	4	0.02	18	40°
Z	8.5	10	6	0.06	47	
A	11	13	8	0.10	81	
B	14	17	11	0.17	138	
C	19	22	14	0.30	230	
D	27	32	19	0.62	476	
E	32	38	25	0.90	692	

表7-2 普通V带基准长度L_d及长度系数K_L

Y		Z		A		B		C		D		E	
L_d/mm	K_L	L_d/mm	K_L	L_d/mm	K_L	L_d/mm	K_L	L_d/mm	K_L	L_d/mm	K_L	L_d/mm	K_L
200	0.81	405	0.87	630	0.81	930	0.83	1565	0.82	2740	0.82	4660	0.91
224	0.82	475	0.90	700	0.83	1000	0.84	1760	0.85	3100	0.86	5040	0.92
250	0.84	530	0.93	790	0.85	1100	0.86	1950	0.87	3330	0.87	5420	0.94
280	0.87	625	0.96	890	0.87	1210	0.87	2195	0.90	3730	0.90	6100	0.96
315	0.89	700	0.99	990	0.89	1370	0.90	2420	0.92	4080	0.91	6850	0.99
355	0.92	780	1.00	1100	0.91	1560	0.92	2715	0.94	4620	0.94	7650	1.01
400	0.96	920	1.04	1250	0.93	1760	0.94	2880	0.95	5400	0.97	9150	1.05
450	1.00	1080	1.07	1430	0.96	1950	0.97	3080	0.97	6100	0.99	12230	1.11
500	1.02	1330	1.13	1550	0.98	2180	0.99	3520	0.99	6840	1.02	13750	1.15
		1420	1.14	1640	0.99	2300	1.01	4060	1.02	7620	1.05	15280	1.17
		1540	1.54	1750	1.00	2500	1.03	4600	1.05	9140	1.08	16800	1.19
				1940	1.02	2700	1.04	5380	1.08	10700	1.13		
				2050	1.04	2870	1.05	6100	1.11	12200	1.16		
				2200	1.06	3200	1.07	6815	1.14	13700	1.19		
				2300	1.07	3600	1.09	7600	1.17	15200	1.21		
				2480	1.09	4060	1.13	9100	1.21				
				2700	1.10	4430	1.15	10700	1.24				
						4820	1.17						
						5370	1.20						
						6070	1.24						

窄V带的抗拉体采用高强度绳芯，能承受较大的初拉力，且可挠曲次数增加，当带高与普通V带相同时其带宽较普通V带小约1/3，而承载能力可提高1.5~2.5倍。在传递相同功率时，带轮宽度和直径可减小，费用比普通V带降低20%~40%，故应用日趋广泛。V带的型号和标准长

度都压印在胶带的外表面上,以供识别和选用。例如,B2300GB/T 1171 表示 B 型 V 带,带的基准长度为 2300mm。

7.2.2 V 带轮的材料和结构

制造 V 带轮的材料可采用灰铸铁、钢、铝合金或工程塑料,以灰铸铁应用最为广泛。当带速 $v \leqslant 25\text{m/s}$ 时,采用 HT150;$25 < v \leqslant 30\text{m/s}$ 时采用 HT200;速度更高时可采用球墨铸铁或铸钢,或采用钢板冲压后焊接带轮。小功率传动可采用铸铝或工程塑料。结构设计时,主要是根据带轮的基准直径选择带轮的结构形式。带轮由轮缘、轮辐、轮毂三部分组成。

当带轮的基准直径 $d_d \leqslant (2.5 \sim 3) d_s$($d_s$ 为带轮轴直径)时,可采用实心式结构,如图 7-7a 所示;当 $d_d \leqslant 300\text{mm}$ 时,可采用腹板式或孔板式结构,如图 7-7b、c 所示;当 $d_d > 300\text{mm}$ 时,可采用轮辐式结构,如图 7-7d 所示。

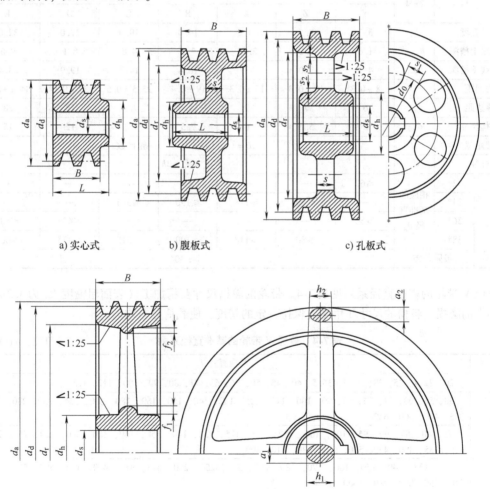

a) 实心式 b) 腹板式 c) 孔板式

d) 轮辐式

$d_h = (1.8 \sim 2) d_s$ $d_f = d_a - 2(h_a + h_f + \delta)$ $h_1 = 290 [P/(n z_a)]^{1/3}$
$h_2 = 0.8 h_1$ $d_0 = (d_h + d_f)/2$ $s = (0.2 \sim 0.3) B$ $L = (1.5 \sim 2) d_s$
$s_1 \geqslant 1.5 s$ $s_2 \geqslant 0.5 s$ $a_1 = 0.4 h_1$ $a_2 = 0.8 a_1$ $f_1 = f_2 = 0.2 h_1$
h_a、h_f、δ、B 见表 7-3;d_s 为轴的直径;P 为传递的功率(kW);n 为带轮的转速(r/min);z_a 为辐条数。

图 7-7 V 带轮的结构

普通 V 带轮轮槽尺寸见表7-3。

表7-3 普通 V 带轮轮槽尺寸　　　　　　　　　　　　　　单位：mm

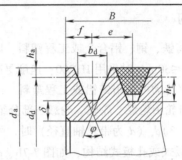

项　目	符号	槽　型						
		Y	Z	A	B	C	D	E
基准宽度	b_d	5.3	8.5	11.0	14.0	19.0	27.0	32.0
基准线上槽深	$h_{a\min}$	1.6	2.0	2.75	3.5	4.8	8.1	9.6
基准线下槽深	$h_{f\min}$	4.7	7.0	8.7	10.8	14.3	19.9	23.4
槽间距	e	8±0.3	12±0.3	15±0.3	19±0.4	25.5±0.5	37±0.6	44.5±0.7
槽边距	$f_{\min}$	6	7	9	11.5	16	23	28
结构尺寸	$\delta_{\min}$	5	5.5	6	7.5	10	12	15
带轮宽	B	$B=(z-1)e+2f$　　z—轮槽数						
外径	d_a	$d_a=d_d+2h_a$						
槽角 φ 32°		相应的基准直径 d_d	≤60	—	—	—	—	—	—
34°			—	≤80	≤118	≤190	≤315	—	—
36°			>60	—	—	—	—	≤475	≤600
38°			—	>80	>118	>190	>315	>475	>600
极限偏差		±30′						

普通 V 带轮的基准直径系列见表7-4。带轮的轮槽尺寸要精加工（表面粗糙度 Ra 为 $3.2\mu m$），以减小带的磨损；各槽的尺寸和角度应保持一定的精度，使载荷分布均匀。

表7-4 普通 V 带轮的基准直径系列　　　　　　　　　（单位：mm）

型　号	基准直径 d_d
Y	20, 22.4, 25, 28, 31.5, 35.5, 40, 45, 50, 56, 63, 71, 80, 90, 100, 112, 125
Z	50, 56, 63, 71, 75, 80, 90, 100, 112, 125, 132, 140, 150, 160, 180, 200, 224, 250, 280, 315, 355, 400, 500, 630
A	75, 80, 85, 90, 95, 100, 106, 112, 118, 125, 132, 140, 150, 160, 180, 200, 224, 250, 280, 315, 355, 400, 450, 500, 560, 630, 710, 800
B	125, 132, 140, 150, 160, 170, 180, 200, 224, 250, 280, 315, 355, 400, 450, 500, 560, 630, 710, 750, 800, 900, 1000, 1120
C	200, 212, 224, 236, 250, 265, 280, 300, 315, 335, 355, 400, 450, 500, 560, 600, 630, 710, 750, 800, 900, 1000, 1120, 1250, 1400, 1600, 2000
D	355, 375, 400, 425, 450, 475, 500, 560, 600, 630, 710, 750, 800, 900, 1000, 1060, 1120, 1250, 1400, 1500, 1600, 1800, 2000
E	500, 530, 560, 600, 630, 670, 710, 800, 900, 1000, 1120, 1250, 1400, 1500, 1600, 1800, 2000, 2240, 2500

7.3 带传动的工作情况分析

7.3.1 带传动的受力分析

安装带传动时，传动带即以一定的初拉力 F_0 紧套在两个带轮上。由于 F_0 的作用，带和带轮的接触面上产生了正压力。不工作时，传动带两边的拉力相等，都等于 F_0，如图 7-8a 所示。

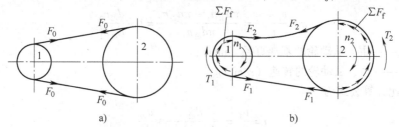

图 7-8 带传动的受力分析

工作时，主动轮对带的摩擦力 $\sum F_f$ 的方向与带的运动方向一致，从动轮对带的摩擦力 $\sum F_f$ 的方向与带的运动方向相反，故带两边的拉力不再相等。带绕上主动轮的一边力增大，由 F_0 增至 F_1，该边称为紧边，F_1 则称为紧边拉力；另一边力减小，由 F_0 减至 F_2，称为松边，F_2 则称为松边拉力，如图 7-8b 所示。紧边拉力与松边拉力的差值（$F_1 - F_2$）为带传动中起传递转矩作用的拉力，称为有效拉力 F_e。

$$F_e = F_1 - F_2 \tag{7-1}$$

若带传动传递的功率为 P（kW），带速为 v（m/s），有效拉力为 F_e（N），则

$$P = \frac{F_e v}{1000} \tag{7-2}$$

如果近似地认为工作前后环形带总长不变，则带的紧边拉力的增加量应等于松边拉力的减少量，即 $F_1 - F_0 = F_0 - F_2$，即

$$F_1 + F_2 = 2F_0 \tag{7-3}$$

由式（7-1）、式（7-3）得

$$\begin{cases} F_1 = F_0 + \dfrac{F_e}{2} \\ F_2 = F_0 - \dfrac{F_e}{2} \end{cases} \tag{7-4}$$

7.3.2 带的弹性滑动和打滑

1. 弹性滑动

带是弹性体，受到拉力会产生弹性伸长，拉力越大，弹性伸长越大。如图 7-9 所示，当带于点 A_1 绕上主动轮时，带速和主动轮的圆周速度相等。在带由点 A_1 运动到点 B_1 的过程中，带受到的拉力由 F_1 逐步减小为 F_2。与此对应，带的弹性伸长也由点 A_1 处的最大逐渐减少到点 B_1 处的最小，带相对于带轮出现回缩，导致带速小于带轮的圆周速度，出现了

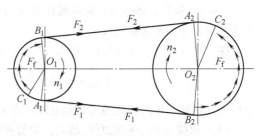

图 7-9 带传动的弹性滑动

带与带轮之间的相对滑动。在从动轮一侧，在带由点 A_2 运动到点 B_2 的过程中，带受到的拉力由 F_2 逐渐增加到 F_1，带的弹性伸长也随之由最小值增加到最大值，带相对于带轮出现向前拉伸，导致带速大于带轮的圆周速度，使带与带轮之间的产生相对滑动。所以，由于带的紧边拉力与松边拉力不等，因而弹性伸长也不等，将造成带在带轮上微量滑动，这种微量的滑动现象称为弹性滑动。弹性滑动造成带的线速度 v 略低于带轮的圆周速度，导致从动轮的圆周速度 v_2 低于主动轮的圆周速度 v_1，使传动比不准确。弹性滑动也会降低传动效率，引起带的磨损。

其速度降低率可用相对滑动率 ε 表示。

$$\varepsilon = \frac{v_1 - v_2}{v_1} = \frac{\pi d_{d1} n_1 - \pi d_{d2} n_2}{\pi d_{d1} n_1} = 1 - \frac{d_{d2} n_2}{d_{d1} n_1} \tag{7-5}$$

式中　d_{d1}、d_{d2}——主、从动轮的基准直径（mm）；
　　　n_1、n_2——主、从动轮的转速（r/min）。

此时传动比计算公式为

$$i = \frac{n_1}{n_2} = \frac{d_{d2}}{(1-\varepsilon) d_{d1}} \approx \frac{d_{d2}}{d_{d1}} \tag{7-6}$$

相对滑动率 $\varepsilon = 0.01 \sim 0.02$，故在一般计算中可不考虑。

2. 打滑

当外载较小时，弹性滑动只发生在带即将由主、从动轮离开的一段弧上（图 7-9 中 $\overset{\frown}{C_1 B_1}$ 和 $\overset{\frown}{C_2 B_2}$）。传递外载增大时，有效拉力随之加大，弹性滑动区域也随之扩大。当有效拉力达到或超过某一极限值时，带与主动轮在整个接触弧上的摩擦力达到极限。当外载继续增加，带将沿整个接触弧滑动，这种现象称为打滑。此时主动轮还在转动，但从动轮的转速急剧下降，带迅速磨损、发热而损坏，使传动失效。所以，带传动正常工作时必须避免打滑。

7.3.3　带的极限有效拉力 F_elim 及其影响因素

在其他条件不变，初拉力 F_0 一定时，带和带轮接触面上的摩擦力 ΣF_f 有一个极限值，即最大摩擦力（或最大有效拉力 F_emax），也称带的极限有效拉力 F_elim。该极限值限制了带传动的传动能力。若需要传递的有效拉力 F_e 超过极限值 F_elim，则带将在带轮上打滑，这时传动失效。

当带处于将要打滑而未打滑的临界状态时，紧边拉力 F_1 和松边拉力 F_2 的关系可由柔韧体摩擦的欧拉公式给出，即

$$F_1 = F_2 e^{f\alpha} \tag{7-7}$$

式中　e——自然对数的底，e = 2.718；
　　　f——摩擦因数，V 带用当量摩擦因数 f_v 代替 f，$f_v = f/\sin(\varphi/2)$；
　　　φ——带轮的槽角（表 7-3）；
　　　α——包角，即带与带轮接触弧对应的中心角（rad），因大带轮包角总是大于小带轮包角，故这里应取 α 为小带轮包角。

联立式 (7-1)、式 (7-3) 和式 (7-7)，经整理可得到极限有效拉力 F_elim 的表达式

$$F_\text{elim} = F_1 \left(1 - \frac{1}{e^{f\alpha}}\right) = 2F_0 \frac{e^{f\alpha} - 1}{e^{f\alpha} + 1} = 2F_0 \left(1 - \frac{2}{1 + e^{f\alpha}}\right) \tag{7-8}$$

分析上式可知，带所能传递的极限有效拉力 F_elim 与下列因素有关：

（1）初拉力 F_0　初拉力 F_0 越大，带与带轮间的正压力越大，极限有效拉力 F_elim 越大。当 F_0 过大时，将导致带的磨损加剧、寿命缩短；当 F_0 过小时，带的工作能力将不足，工作时易打滑。

(2) 包角 α 极限有效拉力 F_{elim} 随包角 α 的增大而增大。为保证带的传动能力，一般要求 $\alpha_{min} \geq 120°$。

(3) 摩擦因数 f 摩擦因数 f 越大，极限有效拉力 F_{elim} 越大。f 与带及带轮的材料、表面状况及工作环境等有关。

此外，欧拉公式是在忽略离心力影响下导出的，若 v 较大，带产生的离心力就大，这将减小带与带轮间的正压力，因而使 F_{elim} 减小。

7.3.4 带传动的应力分析

带在工作过程中主要承受拉应力、离心应力和弯曲应力三种应力。

1. 拉应力

当带传动工作时，紧边产生的拉应力 σ_1 和松边产生的拉应力 σ_2 分别为

$$\sigma_1 = \frac{F_1}{A} \tag{7-9}$$

$$\sigma_2 = \frac{F_2}{A} \tag{7-10}$$

式中 A——带的横截面面积（mm^2）。

2. 离心应力

带在绕过带轮时做圆周运动，从而产生离心力，并在带中产生离心应力。离心应力作用于带长的各个横截面上，且大小相等。离心应力 σ_c 可由下式计算

$$\sigma_c = \frac{qv^2}{A} \tag{7-11}$$

式中 σ_c——离心应力（MPa）；
$\quad\quad q$——带单位长度的质量（kg/m）；
$\quad\quad v$——带的速度（m/s）。

3. 弯曲应力

当带绕过带轮时，因弯曲而产生弯曲正应力，弯曲正应力只产生在带绕上带轮的部分。根据材料力学有

$$\sigma_B = E \frac{2h_a}{d_d} \tag{7-12}$$

式中 σ_B——弯曲应力（MPa）；
$\quad\quad E$——带的弹性模量（MPa）；
$\quad\quad h_a$——带的最外层到中性层的距离（mm）；
$\quad\quad d_d$——带轮的基准直径（mm）。

在带的高度 h 一定的情况下，d_d 越小，带的弯曲正应力就越大。为防止产生过大的弯曲应力，对各种型号的 V 带轮都规定了最小基准直径 d_{dmin}，见表 7-5。

表 7-5 V 带轮的最小基准直径

型号	Y	Z	A	B	C	D	E
d_{dmin}/mm	20	50	75	125	200	355	500

带在传动时，作用在带上某点的应力，随它所处的位置不同而变化。当带回转一周时，应力变化一个周期。当应力循环一定次数时，带将疲劳断裂。图 7-10 所示为带上各横截面的应力分

布，其中，最大应力产生在紧边绕入小带轮处，其公式为

$$\sigma_{\max} = \sigma_1 + \sigma_{B1} + \sigma_c \tag{7-13}$$

7.3.5 带传动的主要失效形式

带传动的主要失效形式为打滑和带的疲劳破坏。由图 7-10 可以看出，带的任一横截面上的应力，将随着带的运转而循环变化。当应力循环达到一定次数，即带使用一段时间后，传动带的局部将出现帘布（或线绳）与橡胶脱离，造成该处松散甚至断裂，从而发生疲劳破坏，丧失传动能力。

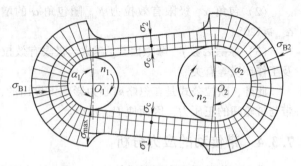

图 7-10 带上各横截面的应力分布

7.4 V 带传动的设计计算

7.4.1 设计准则和单根 V 带的额定功率

1. 设计准则

根据带传动的主要失效形式，带传动的设计准则是：在保证不打滑的前提下，最大限度地发挥带传动的工作能力，同时保证带具有一定的疲劳强度和寿命。

2. 单根 V 带所能传递的额定功率

使带不打滑、不发生疲劳破坏的有效拉力应满足

$$F_e = \frac{1000P}{v} \leqslant F_{\text{elim}} \tag{7-14}$$

带处于开始打滑的临界状态时，带的极限有效拉力 F_{elim} 及带的紧边拉力 F_1 应满足

$$F_{\text{elim}} = F_1 \left(1 - \frac{1}{e^{f_v \alpha}}\right) \tag{7-15}$$

带的疲劳强度条件为

$$\sigma_{\max} = \sigma_1 + \sigma_{B1} + \sigma_c \leqslant [\sigma] \tag{7-16}$$

当带不发生疲劳破坏且最大应力 $\sigma_{\max}$ 达到许用应力 $[\sigma]$ 时，紧边拉应力为

$$\sigma_1 = [\sigma] - \sigma_{B1} - \sigma_c \tag{7-17}$$

由式 (7-2)、式 (7-9)、式 (7-15) 和式 (7-17)，经推导可得单根 V 带的基本额定功率为

$$P_1 = \frac{F_{\text{elim}} v}{1000} = \frac{([\sigma] - \sigma_{B1} - \sigma_c)\left(1 - \dfrac{1}{e^{f_v \alpha}}\right) A v}{1000} \tag{7-18}$$

式中　v——带速（m/s）；

　　　A——带的横截面面积（mm²）。

许用应力 $[\sigma]$ 和 V 带的型号、材料、长度及预期寿命等因素有关，由试验结果得出，在 $10^8 \sim 10^9$ 次循环应力条件下，许用应力 $[\sigma]$ 为

$$[\sigma] = \sqrt[11.1]{\frac{CL_d}{3600 mvT}} \tag{7-19}$$

式中　m——带轮数目；

v——V 带的速度（m/s）；
T——V 带的预期寿命（h）；
L_d——V 带的基准长度（m）；
C——由 V 带材料及结构决定的试验系数。

在特定带长、预期寿命、传动比（$i=1$、$\alpha=180°$）以及在载荷平稳条件下，通过疲劳试验测得带的许用应力 $[\sigma]$ 后，代入式（7-18）便可求出特定条件下的 P_1 值，见表 7-6。

表 7-6 包角 $\alpha=180°$、特定带长、工作平稳的情况下，单根 V 带的基本额定功率 P_1

（单位：kW）

型号	小带轮直径 d_{d1} /mm	小带轮转速 n_1/(r/min)												
		200	400	730	800	980	1200	1460	1600	2000	2400	2800	3200	3600
Z	50	0.04	0.06	0.09	0.10	0.12	0.14	0.16	0.17	0.20	0.22	0.26	0.28	0.30
	63	0.05	0.08	0.13	0.15	0.18	0.22	0.25	0.27	0.32	0.37	0.41	0.45	0.47
	71	0.06	0.09	0.17	0.20	0.23	0.27	0.31	0.33	0.39	0.46	0.50	0.54	0.58
	80	0.10	0.14	0.20	0.22	0.26	0.30	0.36	0.39	0.44	0.50	0.56	0.61	0.64
	90	0.10	0.14	0.22	0.24	0.28	0.33	0.37	0.40	0.48	0.54	0.60	0.64	0.68
A	75	0.16	0.27	0.42	0.45	0.52	0.60	0.68	0.73	0.84	0.92	1.00	1.04	1.08
	90	0.22	0.39	0.63	0.68	0.79	0.93	1.07	1.15	1.34	1.50	1.64	1.75	1.83
	100	0.26	0.47	0.77	0.83	0.97	1.14	1.32	1.42	1.66	1.87	2.05	2.19	2.28
	112	0.31	0.56	0.93	1.00	1.18	1.39	1.62	1.74	2.04	2.30	2.51	2.68	2.78
	125	0.37	0.67	1.11	1.19	1.40	1.66	1.93	2.07	2.44	2.74	2.98	3.16	3.26
	140	0.43	0.78	1.31	1.41	1.66	1.96	2.29	2.45	2.87	3.22	3.48	3.65	3.72
	160	0.51	0.94	1.56	1.69	2.00	2.36	2.74	2.94	3.42	3.80	4.06	4.19	4.17
B	125	0.48	0.84	1.34	1.44	1.67	1.93	2.20	2.33	2.64	2.85	2.96	2.94	2.80
	140	0.59	1.05	1.69	1.82	2.13	2.47	2.83	3.00	3.42	3.70	3.85	3.83	3.63
	160	0.74	1.32	2.16	2.32	2.72	3.17	3.64	3.86	4.40	4.75	4.89	4.80	4.46
	180	0.88	1.59	2.61	2.81	3.30	3.85	4.41	4.68	5.30	5.67	5.76	5.52	4.92
	200	1.02	1.85	3.06	3.30	3.86	4.50	5.15	5.46	6.13	6.47	6.43	5.95	4.98
	224	1.19	2.17	3.59	3.86	4.50	5.26	5.99	6.33	7.02	7.25	6.95	6.05	4.47

型号	小带轮直径 d_{d1} /mm	小带轮转速 n_1/(r/min)												
		100	200	300	400	500	600	730	980	1200	1460	1600	1800	2000
C	200	—	1.39	1.92	2.41	2.87	3.30	3.80	4.66	5.29	5.86	6.07	6.28	6.34
	224	—	1.70	2.37	2.99	3.58	4.12	4.78	5.89	6.71	7.47	7.75	8.00	8.05
	250	—	2.03	2.85	3.62	4.33	5.00	5.82	7.18	8.21	9.06	9.38	9.63	9.62
	280	—	2.42	3.40	4.32	5.19	6.00	6.99	8.65	9.81	10.74	11.06	11.22	11.04
	315	—	2.86	4.04	5.14	6.17	7.14	9.34	10.23	11.53	12.48	12.72	12.67	12.14
	400	—	3.91	5.54	7.06	8.52	9.82	11.52	13.67	15.04	15.51	15.24	14.08	11.95
D	355	3.01	5.31	7.35	9.24	10.90	12.39	14.04	16.30	17.25	16.70	15.63	12.97	—
	400	3.66	6.52	9.13	11.45	13.55	15.42	17.58	20.25	21.20	20.03	18.31	14.28	—
	450	4.37	7.90	11.02	13.85	16.40	18.67	21.12	24.16	24.84	22.42	19.59	13.34	—
	500	5.08	9.21	12.88	16.20	19.17	21.78	24.52	27.60	27.61	23.28	18.88	9.59	—
	560	5.91	10.76	15.07	18.95	22.38	25.32	28.28	31.00	29.67	22.08	15.13	—	—
E	500	6.21	10.86	14.96	18.55	21.65	24.21	26.62	28.52	25.53	16.25	—	—	—
	560	7.32	13.09	18.10	22.49	26.25	29.30	32.02	33.00	28.49	14.52	—	—	—
	630	8.75	15.65	21.69	26.95	31.36	34.83	37.64	37.14	29.17	—	—	—	—
	710	10.31	18.52	25.69	31.83	36.85	40.58	43.07	39.56	25.91	—	—	—	—
	800	12.05	21.70	30.05	37.05	42.53	46.26	47.79	39.08	16.46	—	—	—	—

在传动比 $i>1$ 时，带传动的工作能力有所提高，即单根 V 带有一定的功率增量 ΔP_1，其值列于表 7-7 中，这时单根 V 带所能传递的功率为 $P_1+\Delta P_1$。

表 7-7 考虑 $i\neq 1$ 时单根 V 带的基本额定功率增量 ΔP_1 （单位：kW）

型号	传动比 i	小带轮转速 $n_1/(\text{r/min})$												
		200	400	730	800	980	1200	1460	1600	2000	2400	2800	3200	3600
Z	1.00~1.01	—	0.00	0.00	0.00	0.00	0.00	0.00	0.00	0.00	0.00	0.00	0.00	0.00
	1.02~1.04	—	0.00	0.00	0.00	0.00	0.00	0.00	0.00	0.00	0.00	0.00	0.00	0.02
	1.05~1.08	—	0.00	0.00	0.00	0.00	0.00	0.00	0.00	0.00	0.00	0.00	0.00	0.00
	1.09~1.12	—	0.00	0.00	0.00	0.00	0.00	0.00	0.00	0.00	0.00	0.00	0.00	0.00
	1.13~1.18	—	0.00	0.00	0.00	0.00	0.00	0.00	0.00	0.00	0.00	0.00	0.00	0.00
	1.19~1.24	—	0.00	0.00	0.00	0.00	0.00	0.01	0.00	0.00	0.00	0.00	0.00	0.00
	1.25~1.34	—	0.00	0.00	0.00	0.00	0.00	0.00	0.00	0.00	0.00	0.03	0.00	0.00
	1.35~1.51	—	0.00	0.00	0.00	0.00	0.00	0.02	0.00	0.00	0.00	0.00	0.00	0.00
	1.52~1.99	—	0.00	0.00	0.00	0.00	0.00	0.00	0.00	0.00	0.00	0.04	0.00	0.05
	≥2.0	—	0.00	0.00	0.00	0.00	0.00	0.00	0.00	0.00	0.00	0.00	0.00	0.00
A	1.00~1.01	0.00	0.00	0.00	0.00	0.00	0.00	0.00	0.00	0.00	0.00	0.00	0.00	0.00
	1.02~1.04	0.00	0.00	0.10	0.00	0.00	0.02	0.02	0.02	0.03	0.03	0.04	0.04	0.05
	1.05~1.08	0.00	0.01	0.02	0.02	0.03	0.03	0.04	0.04	0.06	0.07	0.08	0.09	0.10
	1.09~1.12	0.00	0.02	0.03	0.03	0.04	0.05	0.06	0.06	0.08	0.10	0.11	0.13	0.15
	1.13~1.18	0.00	0.02	0.04	0.04	0.05	0.07	0.08	0.09	0.11	0.13	0.15	0.17	0.19
	1.19~1.24	0.00	0.03	0.05	0.05	0.06	0.08	0.09	0.11	0.13	0.16	0.19	0.22	0.24
	1.25~1.34	0.02	0.03	0.06	0.06	0.07	0.10	0.11	0.13	0.16	0.19	0.23	0.26	0.29
	1.35~1.51	0.02	0.04	0.07	0.08	0.08	0.11	0.13	0.15	0.19	0.23	0.26	0.30	0.34
	1.52~1.99	0.02	0.04	0.08	0.09	0.10	0.13	0.15	0.17	0.22	0.26	0.30	0.34	0.39
	≥2.0	0.03	0.05	0.09	0.10	0.11	0.15	0.17	0.19	0.24	0.29	0.34	0.39	0.44
B	1.00~1.01	0.00	0.00	0.00	0.00	0.00	0.00	0.00	0.00	0.00	0.00	0.00	0.00	0.00
	1.02~1.04	0.01	0.01	0.02	0.03	0.03	0.04	0.05	0.06	0.07	0.08	0.10	0.11	0.13
	1.05~1.08	0.01	0.03	0.05	0.06	0.07	0.08	0.10	0.11	0.14	0.17	0.20	0.23	0.25
	1.09~1.12	0.02	0.04	0.07	0.08	0.10	0.13	0.15	0.17	0.21	0.25	0.29	0.34	0.38
	1.13~1.18	0.03	0.06	0.10	0.11	0.13	0.17	0.20	0.23	0.28	0.34	0.39	0.45	0.51
	1.19~1.24	0.04	0.07	0.12	0.14	0.17	0.21	0.25	0.28	0.35	0.42	0.49	0.56	0.63
	1.25~1.34	0.04	0.08	0.15	0.17	0.20	0.25	0.31	0.34	0.42	0.51	0.59	0.68	0.76
	1.35~1.51	0.05	0.10	0.17	0.20	0.23	0.30	0.36	0.39	0.49	0.59	0.69	0.79	0.89
	1.52~1.99	0.06	0.11	0.20	0.23	0.26	0.34	0.40	0.45	0.56	0.68	0.79	0.90	1.01
	≥2.0	0.06	0.13	0.22	0.25	0.30	0.38	0.46	0.51	0.63	0.76	0.89	1.01	1.14

型号	传动比 i	小带轮转速 $n_1/(\text{r/min})$												
		100	200	300	400	500	600	730	980	1200	1460	1600	1800	2000
C	1.00~1.01	—	0.00	0.00	0.00	0.00	0.00	0.00	0.00	0.00	0.00	0.00	0.00	0.00
	1.02~1.04	—	0.02	0.03	0.04	0.05	0.06	0.07	0.09	0.12	0.14	0.16	0.18	0.20
	1.05~1.08	—	0.04	0.06	0.08	0.10	0.12	0.14	0.19	0.24	0.28	0.31	0.35	0.39
	1.09~1.12	—	0.06	0.09	0.12	0.15	0.18	0.21	0.27	0.35	0.42	0.47	0.53	0.59
	1.13~1.18	—	0.08	0.12	0.16	0.20	0.24	0.27	0.37	0.47	0.58	0.63	0.71	0.78
	1.19~1.24	—	0.10	0.15	0.20	0.24	0.29	0.34	0.47	0.59	0.71	0.78	0.88	0.98
	1.25~1.34	—	0.12	0.18	0.23	0.29	0.35	0.41	0.56	0.70	0.85	0.94	1.06	1.17
	1.35~1.51	—	0.14	0.21	0.27	0.34	0.41	0.48	0.65	0.82	0.99	1.10	1.23	1.37
	1.52~1.99	—	0.16	0.24	0.31	0.39	0.47	0.55	0.74	0.94	1.14	1.25	1.41	1.57
	≥2.0	—	0.18	0.26	0.35	0.44	0.53	0.62	0.83	1.06	1.27	1.41	1.59	1.76
D	1.00~1.01	0.00	0.00	0.00	0.00	0.00	0.00	0.00	0.00	0.00	0.00	0.00	0.00	—
	1.02~1.04	0.03	0.07	0.10	0.14	0.17	0.21	0.24	0.33	0.42	0.51	0.56	0.63	—
	1.05~1.08	0.07	0.14	0.21	0.28	0.35	0.42	0.49	0.66	0.84	1.01	1.11	1.24	—
	1.09~1.12	0.10	0.21	0.31	0.42	0.52	0.62	0.73	0.99	1.25	1.51	1.67	1.88	—
	1.13~1.18	0.14	0.28	0.42	0.56	0.70	0.83	0.97	1.32	1.67	2.02	2.23	2.51	—
	1.19~1.24	0.17	0.35	0.52	0.70	0.87	1.04	1.22	1.60	2.09	2.52	2.78	3.13	—
	1.25~1.34	0.21	0.42	0.62	0.83	1.04	1.25	1.46	1.92	2.50	3.02	3.33	3.74	—
	1.35~1.51	0.24	0.49	0.73	0.97	1.22	1.46	1.70	2.31	2.92	3.52	3.89	4.98	—
	1.52~1.99	0.28	0.56	0.83	1.11	1.39	1.67	1.95	2.64	3.34	4.03	4.45	5.01	—
	≥2.0	0.31	0.63	0.94	1.25	1.56	1.88	2.19	2.97	3.75	4.53	5.00	5.62	—

(续)

型号	传动比 i	小带轮转速 n_1/(r/min)											
		100	200	300	400	500	600	730	980	1200	1460	1600	1800	2000
E	1.00~1.01	0.00	0.00	0.00	0.00	0.00	0.00	0.00	0.00	0.00	0.00	—	—	—
	1.02~1.04	0.07	0.14	0.21	0.28	0.34	0.41	0.48	0.65	0.80	0.98	—	—	—
	1.05~1.08	0.14	0.28	0.41	0.55	0.64	0.83	0.97	1.29	1.61	1.95	—	—	—
	1.09~1.12	0.21	0.41	0.62	0.83	1.03	1.24	1.45	1.95	2.40	2.92			
	1.13~1.18	0.28	0.55	0.83	1.00	1.38	1.65	1.93	2.62	3.21	3.90			
	1.19~1.24	0.34	0.69	1.03	1.38	1.72	2.07	2.41	3.27	4.01	4.88			
	1.25~1.34	0.41	0.83	1.24	1.65	2.07	2.48	2.89	3.92	4.81	5.85			
	1.35~1.51	0.48	0.96	1.45	1.93	2.41	2.89	3.38	4.58	5.61	6.83			
	1.52~1.99	0.55	1.10	1.65	2.20	2.76	3.31	3.86	5.23	6.41	7.80			
	≥2.0	0.62	1.24	1.86	2.48	3.10	3.72	4.34	5.89	7.21	8.78			

如果实际包角不等于180°，当V带长度与特定带长不相等时，引入包角系数 K_α 和长度系数 K_L（分别见表7-8和表7-2），对单根V带所能传递的功率进行修正。在实际情况下，单根V带所能传递的功率为

$$P_1' = (P_1 + \Delta P_1) K_\alpha K_L \tag{7-20}$$

表7-8 包角系数 K_α

包角 α_1	180°	175°	170°	165°	160°	155°	150°	145°	140°	135°	130°	125°	120°	110°	100°	90°
K_α	1	0.99	0.98	0.96	0.95	0.93	0.92	0.91	0.89	0.88	0.86	0.84	0.82	0.78	0.74	0.69

7.4.2 带传动的设计步骤和参数选择

设计V带传动时，原始数据为带传递的功率 P 和转速 n_1、n_2（或传动比 i）及外廓尺寸的要求等。

设计内容有确定带的型号、长度、根数、中心距、带轮直径及带轮结构尺寸等。设计步骤一般如下：

1. 确定计算功率 P_{ca}

$$P_{ca} = K_A P \tag{7-21}$$

式中 P——带传递的额定功率（kW）；

K_A——工况系数，见表7-9。

表7-9 工况系数 K_A

载荷性质	工作机	原动机					
		每天工作小时数/h					
		空、轻载起动①			重载起动②		
		<10	10~16	>16	<10	10~16	>16
载荷变动微小	液体搅拌机、通风机和鼓风机（≤7.5kW）、离心式水泵和压缩机、轻型输送机	1.0	1.1	1.2	1.1	1.2	1.3
载荷变动小	带式输送机（不均匀负荷）、通风机（>7.5kW）旋转式水泵和压缩机（非离心式）、发电机、金属切削机床、旋转筛、锯木机和木工机械	1.1	1.2	1.3	1.2	1.3	1.4

(续)

载荷性质	工作机	原动机					
		每天工作小时数/h					
		空、轻载起动①			重载起动②		
		<10	10~16	>16	<10	10~16	>16
载荷变动较大	制砖机、斗式提升机、往复式水泵和压缩机、起重机、磨粉机、冲剪机床、旋转筛、纺织机械、重载输送机	1.2	1.3	1.4	1.4	1.5	1.6
载荷变动很大	破碎机（旋转式、颚式等）、磨碎机（球磨、棒磨、管磨）	1.3	1.4	1.5	1.5	1.6	1.8

注：反复起动、正反转频繁、工作条件恶劣等场合，K_A 应乘以 1.2。
① 空、轻载起动——电动机（交流起动、三角起动、直流并励）、四缸以上的内燃机，装有离心式离合器、液力联轴器的动力机。
② 重载起动——电动机（联机交流起动、直流复励或串励）、四缸以下的内燃机。

2. 选择 V 带的型号

根据计算功率 P_{ca} 和小带轮转速 n_1，由图 7-11 所示的普通 V 带选型图选择带的型号。

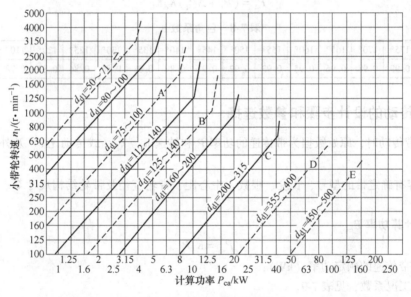

图 7-11　普通 V 带选型图

3. 确定带轮的基准直径 d_{d1} 和 d_{d2}

小带轮基准直径 d_{d1} 应大于或等于表 7-5 中所列的最小基准直径 d_{dmin}。d_{d1} 过小则带的弯曲应力较大，反之又使外廓尺寸增大。一般在工作位置允许的情况下，小带轮直径取得大些可减小弯曲应力，提高承载能力和延长带的预期寿命。由式（7-6）得

$$d_{d2} = \frac{n_1}{n_2} d_{d1} \tag{7-22}$$

d_{d1}、d_{d2} 均应符合带轮的基准直径系列尺寸，见表 7-4。

4. 验算带速 v

$$v = \frac{\pi d_{d1} n_1}{60 \times 1000} \tag{7-23}$$

式中 d_{d1}——小带轮基准直径（mm）；
  n_1——小带轮转速（r/min）；
  v——带速（m/s）。

带速太高，离心力增大，使带与带轮间的摩擦力减小，容易打滑；带速太低，传递功率一定时所需的有效拉力过大，也会打滑。一般应使 v 满足以下条件：

1）普通 V 带：$5\text{m/s} < v < 25\text{m/s}$。
2）窄 V 带：$5\text{m/s} < v < 35\text{m/s}$。
否则需重选 d_{d1}。

5. 确定中心距 a 和带的基准长度 L_d

在无特殊要求时，可按下式初选中心距 a_0

$$0.7(d_{d1} + d_{d2}) \leq a_0 \leq 2(d_{d1} + d_{d2}) \tag{7-24}$$

由带传动的几何关系，可得带的基准长度计算公式

$$L_0 = 2a_0 + \frac{\pi}{2}(d_{d1} + d_{d2}) + \frac{(d_{d2} - d_{d1})^2}{4a_0} \tag{7-25}$$

按 L_0 查表 7-2 得相近的 V 带的基准长度 L_d，再按下式近似计算实际中心距

$$a \approx a_0 + \frac{L_d - L_0}{2} \tag{7-26}$$

当采用改变中心距方法进行安装调整和补偿初拉力时，中心距的变化范围为

$$\begin{cases} a_{\max} = a + 0.030L_d \\ a_{\min} = a - 0.015L_d \end{cases} \tag{7-27}$$

6. 验算小带轮包角 α_1

$$\alpha_1 \approx 180° - \frac{d_{d2} - d_{d1}}{a} \times 57.3° \geq 120° \tag{7-28}$$

α_1 与传动比 i 有关。i 越大，$d_{d2} - d_{d1}$ 的差值越大，则 α_1 越小。所以，V 带传动的传动比一般小于 7，推荐值为 2~5。传动比不变时，可用增大中心距 a 的方法增大 α_1。

7. 确定 V 带根数 z

$$z \geq \frac{P_{ca}}{P_1'} = \frac{P_{ca}}{(P_1 + \Delta P_1)K_\alpha K_L} \tag{7-29}$$

式中 P_{ca}——计算功率（kW），按式（7-21）计算；
  P_1——特定条件下单根 V 带的基本额定功率（kW），见表 7-6；
  ΔP_1——考虑 $i \neq 1$ 时单根 V 带的基本额定功率增量（kW），因 P_1 是按 $\alpha_1 = \alpha_2 = 180°$ 的条件得到的，当 $i \neq 1$ 时，从动轮直径比主动轮直径大，带绕过大带轮时的弯曲正应力较绕过小带轮时小，故其传动能力有所提高，单根 V 带的 ΔP_1 见表 7-7；
  K_α——包角系数（考虑不是特定长度时，对传动能力的影响），见表 7-8；
  K_L——长度系数，见表 7-2。

8. 确定单根 V 带初拉力 F_0

初拉力的大小是保证传动正常工作的重要因素。初拉力过小，摩擦力小，容易发生打滑；初拉力过大，则带寿命短，轴和轴承受力大。对于 V 带传动，既能保证传递功率，又不出现打滑时单根传动带的最合适的初拉力 F_0 可由下式计算

$$F_0 = \frac{500P_{ca}}{zv}\left(\frac{2.5}{K_\alpha} - 1\right) + qv^2 \tag{7-30}$$

式中 P_{ca}——计算功率（kW）；
　　　z——根数；
　　　v——带速（m/s）；
　　　K_α——包角系数；
　　　q——单位长度的质量（kg/m）。

9. 计算压轴力 F_Q

为了设计带轮的轴和轴承，需先知道带传动作用在轴上的载荷 F_Q。可近似地由下式确定。

$$F_Q = 2zF_0\sin\left(\frac{\alpha_1}{2}\right) \qquad (7\text{-}31)$$

式中 F_0——带的初拉力（N）；
　　　z——带的根数。

带初装上时初拉力要比合适的初拉力大很多，所以常将载荷 F_Q 加大 50%，自动张紧的可以不加。压轴力的计算简图如图 7-12 所示。

为使带上的拉力不作用在轴上，以减小轴的挠度和提高轴的旋转精度，可以采用卸载带轮，如图 7-13 所示。图 7-13 中带上的拉力由安装在砂轮架后盖上的滚动轴承承受，转矩则通过一对相互啮合的内、外齿轮使砂轮主轴旋转。传递功率不太大时，装在轴上的齿轮可用工程塑料制造，有利于缓冲、减振。

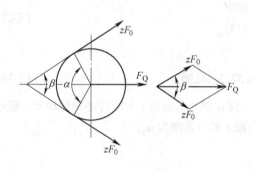
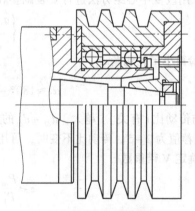

图 7-12　压轴力的计算简图　　　　　图 7-13　卸载带轮

例题 7-1　设计某机床上电动机与主轴箱的 V 带传动。已知：电动机的额定功率 $P = 7.5\text{kW}$，转速 $n_1 = 1440\text{r/min}$，传动比 $i = 2$，中心距 a 为 800mm 左右，三班制工作，开式传动。

解：

计算项目	计算与说明	计算结果
1. 确定计算功率 P_{ca}	由表 7-9 取 $K_A = 1.3$ 得：$P_{ca} = 1.3 \times 7.5\text{kW} = 9.75\text{kW}$	$P_{ca} = 9.75\text{kW}$
2. 选择带型号	根据 $P_{ca} = 9.75\text{kW}$，$n_1 = 1440\text{r/min}$，由图 7-11 选 A 型 V 带	选 A 型 V 带
3. 确定小带轮基准直径	由表 7-4、表 7-5，取 $d_{d1} = 140\text{mm}$	$d_{d1} = 140\text{mm}$
4. 确定大带轮基准直径	$d_{d2} = id_{d1} = 2 \times 140\text{mm} = 280\text{mm}$，由表 7-4，取 $d_{d2} = 280\text{mm}$	$d_{d2} = 280\text{mm}$
5. 验算带速 v	$v = \dfrac{\pi d_{d1} n_1}{(60 \times 1000)} = \dfrac{3.14 \times 140 \times 1440}{60 \times 1000}\text{m/s} = 10.55\text{m/s}$ $5\text{m/s} < v < 25\text{m/s}$，符合要求	$v = 10.55\text{m/s}$，符合要求
6. 初定中心距 a_0	按要求取 $a_0 = 800\text{mm}$	$a_0 = 800\text{mm}$

(续)

计算项目	计算与说明	计算结果
7. 确定带的基准长度 L_d	$L_0 = 2a_0 + \pi \dfrac{(d_{d1} + d_{d2})}{2} + \dfrac{(d_{d2} - d_{d1})^2}{4a_0}$ $= \left[2 \times 800 + \dfrac{\pi(140 + 280)}{2} + \dfrac{(280 - 140)^2}{(4 \times 800)}\right]$mm $= 2265.53$mm 由表 7-2 取 $L_d = 2240$mm	$L_d = 2240$mm
8. 确定实际中心距 a	$a \approx a_0 + \dfrac{(L_d - L_0)}{2} = \left[800 + \dfrac{(2240 - 2265.53)}{2}\right]$mm $= 787.24$mm 中心距变动调整范围如下： $a_{\max} = a + 0.03L_d = (787.24 + 0.03 \times 2240)$mm $= 854.44$mm $a_{\min} = a - 0.015L_d = (787.24 - 0.015 \times 2240)$mm $= 753.64$mm	$a = 787.24$mm $a_{\max} = 854.44$mm $a_{\min} = 753.64$mm
9. 验算小带轮包角 α_1	$\alpha_1 = 180° - \dfrac{d_{d2} - d_{d1}}{a} \times 57.3°$ $= 180° - \dfrac{280 - 140}{787.24} \times 57.3°$ $= 169.81°$ $\alpha_1 > 120°$，合用	$\alpha_1 = 169.81°$，合用
10. 确定单根 V 带的基本额定功率 P_1	根据 $d_{d1} = 140$mm，$n_1 = 1440$r/min，由表 7-6 查得 A 型带 $P_1 = 2.27$kW	$P_1 = 2.27$kW
11. 确定额定功率增量 ΔP_1	由表 7-7 查得 $\Delta P_1 = 0.17$kW	$\Delta P_1 = 0.17$kW
12. 确定 V 带根数 z	$z \geq \dfrac{P_{ca}}{(P_1 + \Delta P_1) K_\alpha K_L}$ 由表 7-8 查得 $K_\alpha \approx 0.98$， 由表 7-2 查得 $K_L = 1.06$ $z \geq \dfrac{9.75\text{kW}}{(2.27 + 0.17)\text{kW} \times 0.98 \times 1.06} = 3.85$，取 $z = 4$ 根	$z = 4$ 根
13. 确定单根 V 带的初拉力 F_0	$F_0 = 500 \dfrac{P_{ca}}{zv}\left(\dfrac{2.5}{K_\alpha} - 1\right) + qv^2$ $= \left[500 \times \dfrac{9.75}{4 \times 10.55} \times \left(\dfrac{2.5}{0.98} - 1\right) + 0.10 \times 10.55^2\right]$N ≈ 190.31N	$F_0 = 190.31$N
14. 计算压轴力 F_Q	$F_Q = 2zF_0 \sin(\alpha_1/2)$ $= 2 \times 4 \times 190.31$N $\times \sin(169.81°/2) \approx 1516.46$N	$F_Q = 1516.46$N
15. 确定带轮结构，绘制零件图	(略)	

7.5 带传动的张紧和维护

7.5.1 带传动的张紧和调整

带传动的张紧程度对其传动能力、寿命和轴压力都有很大的影响。V 带传动初拉力的测定，可在带与带轮两切点中心加以垂直于带的载荷 F，使每 100mm 跨距产生 1.6mm 的挠度，此时传动带的初拉力 F_0 是合适的（即总挠度 $y = 1.6a/100$），如图 7-14 所示。

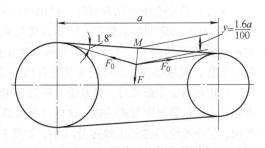

图 7-14　V 带传动初拉力的测定

对于普通 V 带传动，施加于跨距中心的垂直力 F 可由表 7-10 查得。

表 7-10　普通 V 带的垂直力 F 值　　　　　　　　　　（单位：N/根）

类型	小带轮直径 d_{d1}/mm	带速 $v/(\text{m/s})$		
		0～10	10～20	20～35
Z	50～100	5～7	4.2～6	3.5～5.5
	>100	7～10	6～8.5	5.5～7
A	75～140	9.5～14	8～12	6.5～10
	>140	14～21	12～18	10～15
B	125～200	18.5～28	15～22	12.5～18
	>200	28～42	22～33	18～27
C	200～400	36～54	30～45	25～38
	>400	54～85	45～70	38～56

带传动工作一段时间后会由于塑性变形而松弛，使初拉力减小，传动能力下降，此时在规定垂直力 F 作用下总挠度 y 变大，需要重新张紧。常用张紧方法有以下两种：

1. 调整中心距法

（1）定期张紧　如图 7-15 所示，将装有带轮的电动机装在滑道上，旋转调节螺钉以增大或减小中心距，从而达到张紧或松开的目的。图 7-16 所示为把电动机装在一摆动底座上，通过调节螺钉调节中心距达到张紧的目的。

（2）自动张紧　把电动机装在如图 7-17 所示的摇摆架上，利用电动机的自重，使电动机轴心绕铰支点 A 摆动，拉大中心距达到自动张紧的目的。

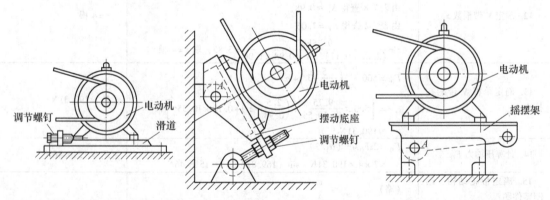

图 7-15　水平传动定期张紧装置　　图 7-16　垂直传动定期张紧装置　　图 7-17　自动张紧装置

2. 张紧轮法

带传动的中心距不能调整时，可采用张紧轮法。图 7-18a 所示为定期张紧装置，定期调整张紧轮的位置可达到张紧的目的。图 7-18b 所示为摆锤式自动张紧装置，依靠摆锤重力可使张紧轮自动张紧。

V 带和同步带张紧时，张紧轮一般放在带的松边内侧并应尽量靠近大带轮一边，这样可使带只受单向弯曲，且小带轮的包角不致过分减小，如图 7-18a 所示的定期张紧装置。

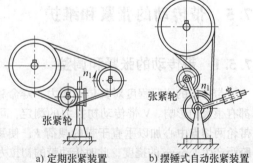

a) 定期张紧装置　　b) 摆锤式自动张紧装置

图 7-18　张紧轮的布置

平带传动时,张紧轮一般应放在松边外侧,并要靠近小带轮。这样小带轮包角可以增大,提高平带的传动能力,如图 7-18b 所示的摆锤式自动张紧装置。

7.5.2 带传动的安装和维护

正确安装和维护是保证带传动正常工作、延长带预期寿命的有效措施,一般应注意以下几点:

1) 平行轴传动时各带轮的轴线必须保持规定的平行度。V 带传动主、从动轮轮槽必须调整在同一平面内,误差不得超过 20′,如图 7-19 所示,否则会引起 V 带扭曲,使两侧面过早磨损。

2) 套装带时不得强行撬入。应先将中心距缩小,将带套在带轮上,再逐渐调大中心距以拉紧带,直至所加测试力 F 满足规定的挠度 $y = 1.6a/100$ 为止。

3) 多根 V 带传动时,为避免各根 V 带载荷分布不均,带的配组公差(请参阅有关手册)应在规定的范围内。

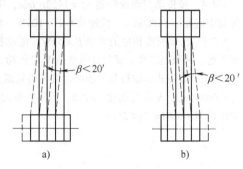

图 7-19 带轮的安装位置

4) 对带传动应定期检查、及时调整,发现损坏的 V 带应及时更换,新旧带、普通 V 带和窄 V 带、不同规格的 V 带均不能混合使用。

5) 带传动装置必须安装安全防护罩。这样既可防止绞伤人,又可以防止灰尘、油及其他杂物飞溅到带上影响传动。

思 考 题

7-1 摩擦带传动按胶带截面形状分为哪几种?各有什么特点?为什么传递动力多采用 V 带传动?按国标规定,普通 V 带横截面尺寸有哪几种?

7-2 V 带传动为什么比平带传动的承载能力大?

7-3 什么是弹性滑动?什么是打滑?它们对带传动有何影响?是否可以避免?

7-4 一般情况下,带传动的打滑首先发生在大带轮上还是小带轮上?为什么?

7-5 小带轮的包角 α_1 对 V 带传动有何影响?为什么要求 $\alpha_1 \geq 120°$?

7-6 带传动的主要失效形式有哪些?设计计算准则是什么?

7-7 什么称为有效拉力?什么称为极限有效拉力?带传动不打滑的条件是什么?

7-8 分析带传动工作时带截面上产生的应力及其分布,并指出最大应力产生处。

7-9 单根 V 带所能传递的功率与哪些因素有关?

7-10 带传动中为什么要张紧?V 带传动和平带传动张紧轮的布置位置有什么不同,为什么?

7-11 多根 V 带传动时,若发现一根已损坏,应如何处置?

7-12 为什么 V 带横截面的楔角为40°,而带轮的槽角则为32°、34°、36°或38°?

7-13 机械传动系统中,为什么一般将带传动布置在高速级?

7-14 试说明公式 $P_1' = (P_1 + \Delta P_1)K_\alpha K_L$ 中各符号的含义。

7-15 简述 V 带传动的极限有效拉力 F_{elim} 与摩擦因数 f、小带轮包角 α_1 及初拉力 F_0 之间的关系。

习 题

7-1 V 带传动传递的功率 $P = 7.5$ kW,平均带速 $v = 10$m/s,紧边拉力是松边拉力的两倍(即 $F_1 = 2F_2$),求紧边拉力 F_1、有效拉力 F_e 及初拉力 F_0。

7-2 V 带传动的 $n_1 = 1450$r/min,带与带轮的当量摩擦因数 $f_v = 0.51$,包角 $\alpha_1 = 180°$,初拉力 $F_0 = 360$N,

试问:1) 该传动所能传递的极限有效拉力为多少? 2) 若 $d_{d1}=100$mm,其传动的最大转矩是多少? 3) 若传动的效率为 0.95,弹性滑动忽略不计,从动轮输出功率是多少?

7-3 某普通 V 带传动由电动机直接驱动,已知电动机转速 $n_1=1450$r/min,主动轮基准直径 $d_{d1}=160$mm,从动轮基准直径 $d_{d2}=400$mm,中心距 $a=1120$mm,用两根 B 型 V 带传动,载荷平稳,两班制工作。试求该传动可传递的最大功率。

7-4 带传动主动轮转速 $n_1=1450$r/min,主动轮基准直径 $d_{d1}=140$mm,从动轮基准直径 $d_{d2}=400$mm,传动中心距 $a\approx1000$mm,传递功率 $P=10$kW,取工况系数 $K_A=1.2$。试选带型号并求 V 带根数 z。

7-5 已知所需传递的功率 $P=5$kW,电动机驱动,转速 $n_1=1440$r/min,从动轮转速 $n_2=340$r/min,载荷平稳,两班制工作。试设计该普通 V 带传动。

7-6 某带式运输机其异步电动机与齿轮减速器之间用普通 V 带传动,电动机额定功率 $P=5.5$kW,转速 $n_1=960$r/min,V 带传动比 $i=2.5$,运输机单向运转,载荷平稳,一班制工作,试设计此 V 带传动(允许传动比误差 $-5\%i\leq\Delta i\leq5\%i$)。

第 8 章 链传动

8.1 概述

在工程上,链传动是一种应用较广的机械传动。它由主动链轮、从动链轮和绕在链轮上的链条所组成,如图8-1所示。工作时,依靠挠性件链条与链轮轮齿的啮合来传递运动和动力。

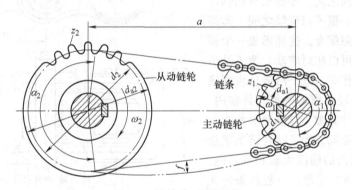

图 8-1 链传动(滚子链)

根据用途不同,链传动可分为传动链、起重链和输送链3种。传动链主要用在一般机械中传递运动和动力,用途最广;起重链主要用在起重机械中提升重物;输送链主要用在运输机械中移动重物。

在传动链中,根据结构不同,它可分为两种类型:滚子链(图8-1)和齿形链(图8-2)。齿形链工作时传动平稳,噪声和振动很小,又称无声链,但它的结构复杂、质量大、价格贵,拆装困难,除特别的工作环境要求使用外,目前应用较少。而滚子链的结构简单、成本较低,应用范围很广,所以本章仅介绍滚子传动链的结构及设计。

图 8-2 齿形链

链传动具有以下特点。
1) 由于链传动是啮合传动,故没有弹性滑动和打滑的现象,能保证准确的平均传动比。
2) 链传动所需的预紧力较小,故对轴的压力较小,轴承磨损较小,传动效率较高。
3) 与V带传动相比,链传动能在高温、多粉尘、多油污、湿度大等恶劣的环境下工作。
4) 与齿轮传动相比,链传动的制造和安装精度要求较低,中心距较大时其传动结构简单。

5）工作时，瞬时传动比不恒定，会产生动载荷，故传动平稳性较差，工作时有冲击、振动和噪声。

正由于链传动具有上述特点，故链传动主要用于两轴线平行、中心距较大、同向转动、对瞬时传动比和传动平稳性无严格要求及工作条件恶劣的环境下使用。它被广泛地应用于矿山、冶金、石油化工和农业等机械设备中。

一般链传动的适用范围：传动功率 $P \leqslant 100 \text{kW}$；链速 $v \leqslant 15 \text{m/s}$；传动比 $i \leqslant 8$；中心距 $a \leqslant 5 \sim 6 \text{m}$；传动效率 $\eta = 0.95 \sim 0.98$。

8.2 滚子链和链轮

8.2.1 滚子链的结构

图 8-3 所示为单排滚子链结构，它由内链板、外链板、销轴、套筒和滚子所组成。其中，内链板与套筒之间、外链板与销轴之间分别为过盈配合。滚子与套筒之间、套筒与销轴之间均为间隙配合。这样形成一个铰链，使内、外链板可以相对转动。滚子是活套在套筒上的，工作时，滚子沿链轮齿廓滚动，这样就可以减轻齿廓的磨损。另在内、外链板间应留有少许间隙，以便润滑油渗入套筒与销轴的摩擦面间。为了减轻链条重量和保持链条各横截面的强度大致相等，内、外链板通常制成"8"字形。一般链条各元件由碳素钢或合金钢制成，并进行热处理以提高其强度和耐磨性。

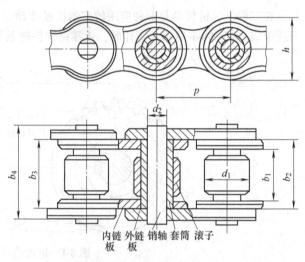

图 8-3 单排滚子链结构

在链条中，相邻两销轴中心之间的距离称为链的节距，用 p 表示（图 8-3），它是链条的主要参数之一。一般链条的节距 p 越大，链条的几何尺寸越大、承载能力越高。

组成环形链时，链板的联接方式如图 8-4 所示。当链节数为偶数时，内链节与外链节首尾相接，可以用开口销（图 8-4a）或弹簧卡（图 8-4b）将销轴锁紧。当链节数为奇数时，需要用一个过渡链板联接，如图 8-4c 所示，工作时，过渡链板将受到附加弯曲应力作用，应尽量避免采用。因此，在进行链传动的设计时，链节数最好取为偶数。

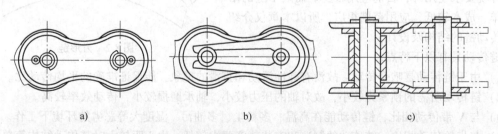

图 8-4 环形链链板的联接方式

8.2.2 滚子链的基本参数和尺寸

滚子链已标准化（GB/T 1243—2006），分为 A、B 两个系列。滚子链规格和主要参数见表 8-1。相邻销轴中心之间的距离为链的节距 p，它是链的基本特性参数，是链传动设计计算的基本参数。节距越大，链的各部分尺寸相应增大，承载能力也越大，但重量也随之增加。表 8-1 中的链号与相应的国际标准链号一致，链号数乘以 25.4/16mm 即为节距 p。

滚子链分为单排链（图 8-3）、双排链（图 8-5）和多排链。排数越多承载能力越大，但各排受力也越不均匀，故一般不超过三排和四排。当载荷大而要求排数多时，可采用两根或两根以上的双排链或三排链。

滚子链的标记方法规定如下：链号—排数—链节数—标准编号。例如 A 系列、节距为 12.7mm、单排、86 节的滚子链，其标记为：08A—1—86 GB/T 1243—2006。

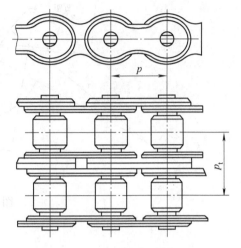

图 8-5 双排滚子链结构

表 8-1 滚子链规格和主要参数（摘自 GB/T 1243—2006）

ISO 链号	节距 p/mm	排距 p_t/mm	滚子直径 d_{1max}/mm	内节内宽 b_{1min}/mm	销轴直径 d_{2max}/mm	内链板高度 h_{2max}/mm	拉伸载荷（单排）F_{Qlim}/kN	每米质量 q（单排）/(kg/m)
08A	12.70	14.38	7.92	7.85	3.98	12.07	13.9	0.65
10A	15.878	18.11	10.16	9.40	5.09	15.09	21.8	1.00
12A	19.05	22.78	11.91	12.57	5.96	18.10	31.3	1.50
16A	25.40	29.29	15.88	15.75	7.94	24.13	55.6	2.60
20A	31.75	35.76	19.05	18.90	9.54	30.17	86.7	3.80
24A	38.10	45.44	22.23	25.22	11.11	36.20	125.0	5.06
28A	44.45	48.87	25.40	25.22	12.71	42.23	169.0	7.50
32A	50.80	58.55	28.58	31.55	14.29	48.26	223.0	10.10
40A	63.50	71.55	39.68	37.85	19.85	60.33	347.0	16.10
48A	76.20	87.83	47.63	47.35	23.81	72.39	500.0	22.60

8.2.3 滚子链链轮

1. 链轮的齿形

链传动属于非共轭啮合传动，链轮齿形有较大灵活性，主要考虑便于加工、不易脱链，保证链节能平稳、自如地进入啮合和退出啮合以及尽量减少啮合时与链节的冲击。GB/T 1243—2006 仅仅规定了最大和最小齿槽形状及其极限参数，齿槽形状（图 8-6）在两个极限齿槽形状之间均可用。链轮轮齿用相应的标准刀具加工，故链轮端面齿形不必在零件图上画出，只要在图上注明"齿形按 GB/T 1243—2006 制造"即可。而链轮剖面齿廓（图 8-7）则应在零件图中画出，几何尺寸计算查设计手册。滚子链链轮齿槽主要参数及计算公式见表 8-2。

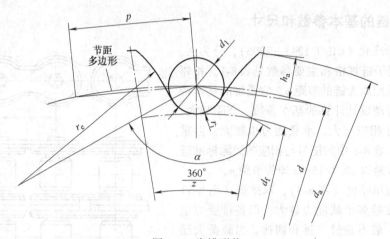

图 8-6 齿槽形状

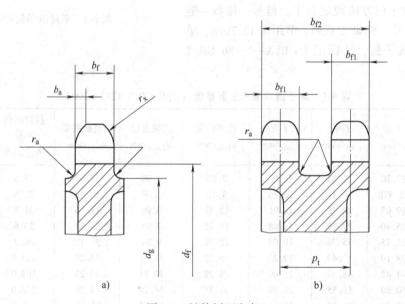

图 8-7 链轮剖面齿廓

表 8-2 滚子链链轮齿槽主要参数及计算公式

齿槽形状	名称	符号	计算公式	
			最大齿槽形状	最小齿槽形状
	齿面圆弧半径	r_e	$r_{emin} = 0.008d_1(z^2+180)$	$r_{emax} = 0.12d_1(z+2)$
	齿沟圆弧半径	r_i	$r_{imax} = 0.505d_1 + 0.069d_1^{1/3}$	$r_{imin} = 0.505d_1$
	齿沟角	α	$\alpha_{min} = 120° - \dfrac{90°}{z}$	$\alpha_{max} = 140° - \dfrac{90°}{z}$

2. 链轮的基本参数和尺寸

滚子链链轮的基本参数和主要尺寸见表 8-3。

表 8-3　滚子链链轮的基本参数和主要尺寸

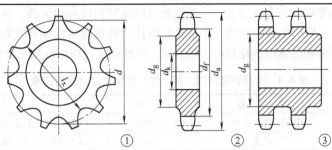

	名　称	符号	计算公式及说明
基本参数	链轮齿数	z	
	弦节距	p	等于链条节距
	最大滚子直径	d_1	
	排距	p_t	与配用链条相同
主要尺寸	分度圆直径	d	$d = \dfrac{p}{\sin\left(\dfrac{180°}{z}\right)}$
	齿顶圆直径	d_a	$d_{a\max} = d + 1.25p - d_1$ $d_{a\min} = d + \left(1 - \dfrac{1.6}{z}\right)p - d_1$
	齿根圆直径	d_f	$d_f = d - d_1$
	分度圆弦齿高（节距多边形以上的齿高），如图 8-6 所示	h_a	$h_{a\max} = 0.625p - 0.5d_1 + \dfrac{0.8p}{z}$ $h_{a\min} = 0.5(p - d_1)$
	最大齿侧凸缘直径	d_g	对链号为 04C 和 06C 的链条，$d_g = p\cot\dfrac{180°}{z} - 1.05h_2 - 1 - 2d_a$ 对所有其他的链条，$d_g = p\cot\dfrac{180°}{z} - 1.04h_2 - 0.76$

3. 链轮的结构

链轮的结构如图 8-8 所示，有整体式、腹板式和孔板式及装配式。直径较小的链轮制成整体式（图 8-8a）；大、中直径的链轮可以铸造成腹板式或孔板式（图 8-8b）。除此之外，由于链轮主要失效形式是链齿的磨损，所以可采用装配式齿圈结构，便于齿圈磨损后更换，齿圈与轮毂可用焊接联接（图 8-8c）或螺栓联接（图 8-8d）。

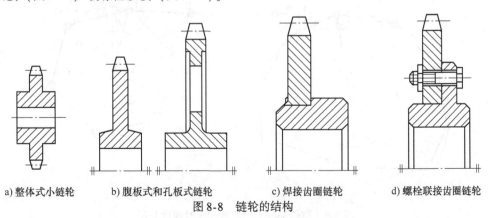

a) 整体式小链轮　　b) 腹板式和孔板式链轮　　c) 焊接齿圈链轮　　d) 螺栓联接齿圈链轮

图 8-8　链轮的结构

4. 链和链轮的材料

链条各零件由碳素钢或合金钢制造，并经热处理以提高强度和耐磨性。链轮材料应保证足够的强度和耐磨性。在相同的工作时间内，小链轮轮齿比大链轮轮齿的啮合次数要多，所以对小链轮材料性能要求应高一些。常用链轮材料、热处理、齿面硬度及应用范围见表8-4。

表8-4 常用链轮材料、热处理、齿面硬度及应用范围

材料牌号	热处理	齿面硬度	应用范围
15、20	渗碳、淬火、回火	50~60HRC	$z<25$，有冲击载荷的链轮
35	正火	160~200HBW	$z>25$ 的主、从动链轮
45、50 45Mn、ZG 310-570	淬火、回火	40~50HRC	无剧烈冲击振动和要求耐磨的主、从动链轮
15Cr、20Cr	渗碳、淬火、回火	55~60HRC	$z<30$，传递较大功率的重要链轮
40Cr、35SiMn	淬火、回火	40~50HRC	要求强度较高和耐磨的链轮
Q235	焊接后退火	≈140HBW	中、低速，功率不大，直径较大的链轮
抗拉强度不低于HT200的灰铸铁	淬火、回火	200~280HBW	$z>50$ 的从动链轮以及外形复杂或强度要求一般的链轮
夹布橡胶			$P<6$kW，速度较高，要求传动平稳、噪声小的链轮

8.3 滚子链传动的运动特性及受力分析

8.3.1 传动比、链速和速度不均匀性

由链条和链轮的结构可知，当链条与链轮啮合后便形成折线，因此链传动实质上相当于两个正多边形间的传动，如图8-9所示的链传动的平均速度和瞬时速度分析。这个正多边形的边长即为链条节距 p，边数为链轮的齿数 z。链轮每转动一周，链条移动的距离为 zp，则链条的平均速度 v（单位：m/s）为

$$v = \frac{z_1 p n_1}{60 \times 1000} = \frac{z_2 p n_2}{60 \times 1000} \tag{8-1}$$

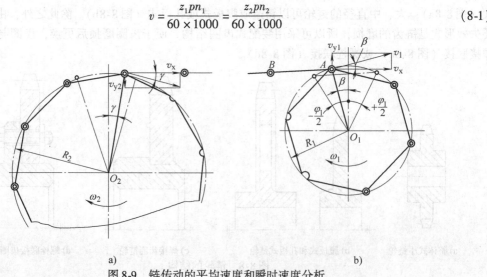

图8-9 链传动的平均速度和瞬时速度分析

式中 z_1、z_2——主、从动链轮的齿数；
　　　n_1、n_2——主、从动链轮的转速（r/min）。
链条的平均传动比为

$$i = \frac{n_1}{n_2} = \frac{z_2}{z_1} = 常数 \tag{8-2}$$

为便于分析，假定链条的紧边在传动时总处于水平位置。当主动链轮以 ω_1 等速回转时，链轮上 A 点的圆周速度 v 可以分解为沿着链条前进方向的分速度 v_x 和垂直链条前进方向的分速度 v_{y1}，其值分别为

$$\left.\begin{aligned}v_x &= v_1\cos\beta = R_1\omega_1\cos\beta \\ v_{y1} &= v_1\sin\beta = R_1\omega_1\sin\beta\end{aligned}\right\} \tag{8-3}$$

式中 β——主动链轮上最后进入啮合的链节铰链的销轴 A（链轮上 A 点）的圆周速度 v_1 与水平方向间的夹角（°），它也是啮合过程中，链节铰链在主动链轮上的相位角。

从销轴 A（链轮上 A 点）进入铰链啮合位置到销轴 B（链轮上 B 点）也进入铰链啮合位置为止，β 角是从 $-\frac{\varphi_1}{2} \sim +\frac{\varphi_1}{2}$ 变化的，其中 $\varphi_1 = 360°/z_1$。

当 $\beta = \pm\frac{\varphi_1}{2}$ 时

$$\left.\begin{aligned}v_x &= v_{x\min} = R_1\omega_1\cos\frac{180°}{z_1} \\ v_{y1} &= v_{y1\max} = R_1\omega_1\sin\frac{180°}{z_1}\end{aligned}\right\} \tag{8-4}$$

当 $\beta = 0$ 时

$$\left.\begin{aligned}v_x &= v_{x\max} = R_1\omega_1 \\ v_{y1} &= v_{y1\min} = 0\end{aligned}\right\} \tag{8-5}$$

由此可知，主动链轮虽然做等速转动，而链条前进的瞬时速度 v_x 却周期性地由小变大，又由大变小。每转过一个链节，链速的变化就重复一次。链轮的节距越大、齿数越少，β 的变化范围就越大，链速的变化也就越大。与此同时，铰链销轴做上下运动的垂直分速度 v_{y1} 也在做周期性地变化，导致链条沿垂直方向产生有规律的振动。同前理，每一链节在与从动链轮轮齿啮合的过程中，链节铰链在从动链轮上的相位角 γ 也不断地在 $\pm\frac{180°}{z_2}$ 的范围内变化（图 8-9），所以从动链轮的角速度为

$$\omega_2 = \frac{v_x}{R_2\cos\gamma} = \frac{R_1\omega_1\cos\beta}{R_2\cos\gamma} \tag{8-6}$$

由式（8-6）可知，链传动的瞬时传动比为

$$i' = \frac{\omega_1}{\omega_2} = \frac{R_2\cos\gamma}{R_1\cos\beta} \tag{8-7}$$

由式（8-7）可知，随着 γ 和 β 的不断变化，链传动的瞬时传动比也是不断变化的。当主动链轮做等速转动时，从动链轮的角速度将做周期性变化，这种特性称为链传动的多边形效应。只有在 $z_1 = z_2$（即 $R_1 = R_2$），且中心距恰好为节距 p 的整数倍时（这时 β 和 γ 的变化才会时时相等），传动比才能在全部啮合过程中保持不变，即恒为 1。

链传动时，引起动载荷的因素较多，主要体现在如下几个方面。

1）由于链条速度和从动链轮角速度都在做周期性的变化，从而会产生加速度，引起动载荷。

通过前面的分析可知，链轮的转速越高、链节距越大、齿数越少，则传动过程中的动载荷也越大，冲击和噪声也随之增大，传动越不平稳。因此，为了减少链传动的冲击、振动和噪声，在设计中要求尽量选择小节距、齿数较多的链轮，并要限制链条速度。

2) 由于链条沿垂直方向的分速度 v_{y1} 也在做周期性的变化，将使链条沿垂直方向产生有规律的振动，甚至发生共振，这也是链传动产生动载荷的重要原因之一。

3) 当链条的铰链啮入链轮齿间时，由于链条、链轮间存在相对速度，将引起啮合冲击，从而使链传动产生动载荷。

4) 若链条过度松弛，在起动、制动、反转、载荷突变的情况下，将引起惯性冲击，从而使链传动产生较大的动载荷。

8.3.2 链传动的受力分析

链传动工作时，紧边和松边的拉力不相等。若不考虑动载荷，则紧边所受的拉力 F_1 为工作拉力 F、离心拉力 F_c 和悬垂拉力 F_y 之和（图8-10）

$$F_1 = F + F_c + F_y \tag{8-8}$$

松边拉力为

$$F_2 = F_c + F_y \tag{8-9}$$

工作拉力为

$$F = \frac{1000P}{v} \tag{8-10}$$

式中　P——链传动传递的功率（kW）；
　　　v——链速（m/s）。

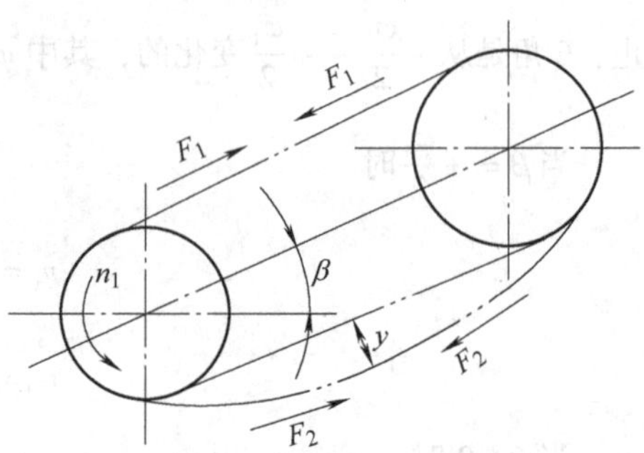

离心拉力为

$$F_c = qv^2 \tag{8-11}$$

式中　q——每米质量（kg/m），见表8-1。

悬垂拉力为

$$F_y = K_y q g a \tag{8-12}$$

图8-10　作用在链上的力

式中　a——链传动的中心距（m）；
　　　g——重力加速度，$g = 9.81 \text{m/s}^2$；
　　　K_y——下垂度 $y = 0.02a$ 时的垂度系数。K_y 与两链轮轴线所在平面与水平面的倾斜角 β 有关。垂直布置时 $K_y = 1$，水平布置时 $K_y = 7$，对于倾斜布置的情况，$\beta = 30°$ 时 $K_y = 6$，$\beta = 60°$ 时 $K_y = 4$，$\beta = 75°$ 时 $K_y = 2.5$。

链作用在轴上的压力 F_Q 可近似取为

$$F_Q = (1.2 \sim 1.3)F \tag{8-13}$$

有冲击和振动时取大值。

8.4 滚子链传动的设计计算

8.4.1 链传动的失效形式

在正常安装和润滑情况下，根据链传动的运动特点，其主要失效形式有以下几种。

(1) 链条的疲劳破坏　闭式链传动中，链条受循环应力作用，经过一定的循环次数，链板发生疲劳断裂，滚子与套筒发生冲击疲劳破坏。其中链板的疲劳破坏是链传动的主要失效形式之一。

（2）链条铰链的磨损　在工作过程中，由于铰链的销轴和套筒间承受较大的压力，传动时彼此间又产生相对转动而发生磨损，当润滑密封不良时，其磨损加剧。铰链磨损后链节变长，在工作中易出现跳齿或脱链的现象。磨损是开式链传动的主要失效形式。

（3）冲击疲劳破坏　若链传动频繁地起动、制动及反转，滚子、套筒和销轴间将引起重复冲击载荷，当这种应力的循环次数超过一定数值后，滚子、套筒和销轴间将发生冲击疲劳破坏。

（4）链条铰链的胶合　当润滑不良、速度过高或载荷过大时，链节啮入时受到的冲击能量增大，销轴与套筒间润滑油膜破坏，使两者的工作表面在很高温度和压力下直接接触，从而导致胶合。因此，胶合在一定程度上限制了链传动的极限转速。

（5）链条的静力拉断　在低速（$v<0.6\text{m/s}$）、重载或过载的传动中，若载荷超过链条的静力强度，链条就会被拉断。

8.4.2　额定功率曲线

在一定使用寿命和润滑良好条件下，链传动的各种失效形式的额定功率曲线如图8-11所示。润滑不良、工作环境恶劣的链传动，它所能传递的功率要比润滑良好的链传动低得多。

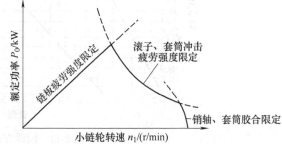

图8-11　链传动的各种失效形式的额定功率曲线

8.4.3　链传动的设计准则和链的额定功率曲线

根据链传动的主要失效形式，链传动的设计准则是：①对链速$v>0.8\text{m/s}$的中、高速链传动，采用以抗疲劳破坏为主的防止多种失效形式的设计方法；②对链速$v<0.6\text{m/s}$的低速链传动，采用以防止过载拉断为主要失效形式的静强度设计方法。

图8-12为A系列滚子链的额定功率曲线图，该曲线根据特定实验条件下测得的数据绘制而成。特定实验条件指：两链轮轴线在同一水平面上，两链轮保持共面，两链轮齿数$z_1=z_2=19$，

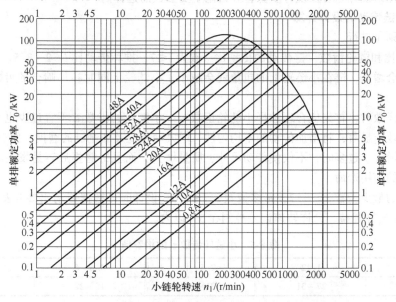

图8-12　A系列滚子链的额定功率曲线图（$v>0.6\text{m/s}$）

链节数 $L_p = 100$ 节,单排链传动,载荷平稳,按图 8-13 中推荐的润滑方式润滑,使用寿命 15000h,以及链条因磨损而产生的相对伸长量不超过 3%。当实际工作条件与上述特定实验条件不符时,应加以修正。

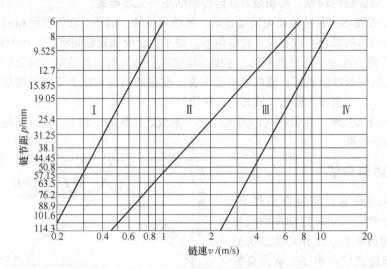

图 8-13 润滑方式的选用

Ⅰ—用油刷或油壶人工定期润滑 Ⅱ—滴油润滑 Ⅲ—油浴或飞溅润滑 Ⅳ—喷油润滑

8.4.4 链传动的设计计算及主要参数的选择

设计链传动时的已知条件一般有所需传递的功率 P、传动用途、载荷性质、小链轮转速 n_1、大链轮转速 n_2(或传动比 i)和原动机种类等。设计内容包括确定链轮齿数 z_1 和 z_2、链节距 p、排数 m、链节数 L_p、中心距 a 及润滑方式等。以下根据上述设计准则,分中高速链传动和低速链传动两种情况,介绍设计内容及设计步骤,并讨论主要参数的选择。

1. 中高速链传动的设计计算

按设计准则①进行。

(1) 传动比和链轮齿数 链传动的传动比一般为 $i \leq 7$,推荐传动比 $i = 2 \sim 3.5$。若传动比 i 过大,传动尺寸会增大,链在小链轮上的包角就会减小,小链轮上同时参加啮合的齿数减少,轮齿磨损加重。

确定链轮齿数时,首先应合理选择小链轮齿数 z_1。小链轮的齿数 z_1 不宜过少也不宜过多。过少时,多边形效应显著,将增加传动的不均匀性、增大动载荷及加剧链的磨损,使功率消耗增大,链的工作拉力增大。过多时,不仅使传动尺寸、质量增大,而且链磨损后容易发生跳齿和脱链现象,缩短了链的使用寿命。

一般链轮的最少齿数 $z_{min} = 17$,最多齿数 $z_{max} \leq 120$。设计时可根据传动比参考表 8-5 选择小链轮齿数 z_1,$z_2 = iz_1$ 并圆整,允许转速误差控制在 5% 以内。

表 8-5 小链轮齿数 z_1 的推荐值

传动比 i	1~2	2.5~4	4.6~6	≥7
齿数 z_1	27~31	21~25	18~22	17

从限制大链轮齿数和减少传动尺寸考虑,传动比大的链传动建议选取较少的链轮齿数。当链速很低时,允许最少齿数为 9。

链轮齿数太多将缩短链的使用寿命。因为链节磨损后,套筒和滚子都被磨薄而且中心偏移,这时,链与轮齿实际啮合的节距将由 p 增至 $p+\Delta p$,链节势必沿着轮齿齿廓向外移,因而分度圆直径将由 d 增至 $d+\Delta d$,如图 8-14 所示。若 Δp 不变,则链轮齿数越多,分度圆直径的增量 Δd 就越大,所以链节越向外移,因而链从链轮上脱落下来的可能性也就越大,链的寿命也就越短。因此,链轮最多齿数限制为 $z_{max}=120$。

为了使两链轮与链条磨损均匀,两链轮齿数 z_1、z_2 尽可能取奇数且最好与链节数互为质数,一般链轮齿数优先选用以下数列值:17、19、21、23、25、38、57、76、95、114。

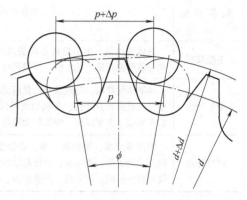

图 8-14 链节伸长对啮合的影响

(2) 初选中心距 a_0　中心距小,则结构紧凑。但中心距过小,链的总长缩短,单位时间内每一链节参与啮合的次数过多,链的寿命降低;而中心距过大,链条松边下垂量大,传动中松边上下颤动和拍击加剧。通常 $a_0=(30\sim50)p$,最大中心距 $a_{0max}=80p$。为保证链在小链轮上的包角大于 120°,且大、小链轮不会相碰,其最小中心距可由下面公式确定

$$i<4, \quad a_{0min}=0.2z_1(i+1)p \tag{8-14}$$

$$i\geqslant 4, \quad a_{0min}=0.33z_1(i-1)p \tag{8-15}$$

(3) 确定链节数 L_p　首先按下式确定计算链节数 L_p'

$$L_p'=\frac{2a_0}{p}+\frac{z_1+z_2}{2}+\left(\frac{z_2-z_1}{2\pi}\right)^2\frac{p}{a_0} \tag{8-16}$$

计算链节数 L_p' 应圆整成整数且最好取偶数作为链节数 L_p,以避免使用过渡链节。

(4) 选定链的型号,确定链节距 p　节距 p 越大,链的承载能力越大,但传动的不平稳性、冲击、振动及噪声越严重。因此,设计时在承载能力足够的条件下,应尽可能选用小节距链;高速重载时可采用小节距多排链;当速度较低、载荷较大、中心距和传动比小时,可选用大节距链。

实际工况大多与特定实验条件中规定的工况不同,因而应对其传递功率 P 进行修正,先求得计算功率 P_{ca}

$$P_{ca}=K_AP \tag{8-17}$$

要求

$$P_{ca}=K_AP\leqslant K_zK_LK_mP_0 \tag{8-18}$$

由式 (8-18) 可得链应传递的额定功率

$$P_0=\frac{K_AP}{K_zK_LK_m} \tag{8-19}$$

式中　K_A——工况系数,见表 8-6;
　　　K_z——小链轮齿数系数,见表 8-7;
　　　K_L——链长系数,见表 8-8;
　　　K_m——多排链排数系数,见表 8-9。

表 8-6 工况系数 K_A

载荷性质	工作机类型	输入动力种类		
		内燃机—液力传动	电动机或汽轮机	内燃机—机械传动
平稳载荷	液体搅拌机、中小型离心式鼓风机、离心式压缩机、谷物机械、均匀载荷输送机、发电机、均匀载荷不反转的一般机械	1.0	1.0	1.2
中等冲击	半液体搅拌机、三缸以上往复压缩机、大型或不均匀负荷输送机、中型起重机和升降机、金属切削机床、食品机械、木工机械、印染织布机械、大型风机、中等脉动载荷不反转的一般机械	1.2	1.3	1.4
严重冲击	船用螺旋桨，制砖机，单、双缸往复压缩机，挖掘机，往复式、振动式输送机，破碎机，重型起重机械，石油钻井机械，锻压机械，线材拉拔机械，压力机，严重冲击、有反转的机械	1.4	1.5	1.7

表 8-7 小链轮齿数系数 K_z (K_z')

z	9	10	11	12	13	14	15	16	17
K_z	0.446	0.500	0.554	0.609	0.664	0.719	0.775	0.831	0.887
K_z'	0.326	0.382	0.441	0.502	0.566	0.633	0.701	0.773	0.846
z	19	21	23	25	27	29	31	33	35
K_z	1.00	1.11	1.23	1.34	1.46	1.58	1.70	1.82	1.93
K_z'	1.00	1.16	1.33	1.51	1.69	1.89	2.08	2.29	2.50

注：工作在图 8-12 中高峰值左侧时取 K_z；工作在图 8-12 中高峰值右侧时取 K_z'。

表 8-8 链长系数 K_L (K_L')

链节数 L_p	50	60	70	80	90	100	110	120	130	140	150	180	200	220
链长系数 K_L	0.835	0.87	0.92	0.945	0.97	1.00	1.02	1.055	1.07	1.10	1.135	1.175	1.215	1.265
链长系数 K_L'	0.70	0.76	0.83	0.90	0.96	1.00	1.055	1.10	1.15	1.175	1.26	1.34	1.415	1.50

注：工作在图 8-12 中高峰值左侧时取 K_L；工作在图 8-12 中高峰值右侧时取 K_L'。

表 8-9 多排链排数系数 K_m

排数 m	1	2	3	4	5	6
排数系数 K_m	1.0	1.7	2.5	3.3	4.0	4.6

根据额定功率 P_0 和小链轮转速 n_1，便可由图 8-12 选定合适的链型号和链节距 p。图 8-12 中接近最大额定功率时的转速为最佳转速，功率曲线右侧竖线为允许的极限转速。坐标点 (n_1, P_0) 落在功率曲线顶点左侧范围内比较理想。

若实际润滑条件与图 8-13 的要求不符，则应将图 8-12 中的额定功率 P_0 按以下推荐值降低：

1) 当 $v \leq 1.5 \text{m/s}$、润滑不良时，降至 $(0.3 \sim 0.6) P_0$；无润滑时，降至 $0.15 P_0$，且不能达到预期工作寿命 150000h。

2) 当 $1.5 \text{m/s} < v \leq 7 \text{m/s}$、润滑不良时，降至 $(0.15 \sim 0.3) P_0$。

3) 当 $v > 7 \text{m/s}$、润滑不良时，则传动不可靠，故不宜选用。

(5) 验算链速 v　链速由式（8-1）计算，一般不超过 $12 \sim 15 \mathrm{m/s}$。链速与小链轮齿数之间的关系推荐如下：$v = 0.6 \sim 3 \mathrm{m/s}$，$z_1 \geq 17$；$3 \mathrm{m/s} \leq v \leq 8 \mathrm{m/s}$，$z_1 \geq 21$；$v > 8 \mathrm{m/s}$，$z_1 \geq 25$。

(6) 确定中心距 a　可按下式计算理论中心距 a

$$a = \frac{p}{4}\left[\left(L_p - \frac{z_1 + z_2}{2}\right) + \sqrt{\left(L_p - \frac{z_1 + z_2}{2}\right)^2 - 8\left(\frac{z_2 - z_1}{2\pi}\right)^2}\right] \tag{8-20}$$

为保证链传动的松边有一个合适的安装垂度（图 8-1 中 f），实际中心距 a 应比按式（8-20）计算的中心距小 $2 \sim 5 \mathrm{mm}$。链传动的中心距应可以调节，以便在链节距增大、链条变长后调整链条的张紧程度。

(7) 链条对轴的压力 F_Q　链传动属于啮合传动，不需要很大的张紧力，链通过链轮作用在轴上的压力可近似取为

$$F_Q = (1.2 \sim 1.3)F_e \tag{8-21}$$

式中　F_e——链条的有效工作拉力（N），其大小为 $F_e = 1000 \dfrac{P_c}{v}$。

(8) 链轮的结构设计　绘制出链轮零件图。

2. 低速链传动（$v < 0.6 \mathrm{m/s}$）的静强度设计

对于低速链传动（$v < 0.6 \mathrm{m/s}$），其主要的失效形式是链条的过载拉断，所以应按静强度条件确定链条的链节距和排数。其静强度的安全系数 S 为

$$S = \frac{F_{Q\lim}K_m}{K_A F} \geq [S] \tag{8-22}$$

式中　$F_{Q\lim}$——拉伸载荷（单排，N），见表 8-1；

　　　S——静强度计算的安全系数；

　　　$[S]$——许用静强度安全系数，通常 $[S] = 4 \sim 8$。

例题 8-1　设计一带动压缩机的链传动。已知，电动机的额定转速 $n_1 = 970 \mathrm{r/min}$，压缩机转速 $n_2 = 330 \mathrm{r/min}$，传递功率 $P = 9.7 \mathrm{kW}$，两班制工作，载荷平稳，并要求中心距 a 不大于 $600 \mathrm{mm}$，电动机可在滑轨上移动。

解：

设 计 项 目	计算依据及内容	设 计 结 果
1. 选择链轮齿数 1) 小链轮齿数 z_1 2) 大链轮齿数 z_2 3) 实际传动比 4) 验算传动比误差	传动比 $i = \dfrac{n_1}{n_2} = \dfrac{970 \mathrm{r/min}}{330 \mathrm{r/min}} = 2.94$ 查表 8-5，选取 $z_1 = 25$ $z_2 = iz_1 = 2.94 \times 25 = 73.5$，取 $z_2 = 73$ $i' = \dfrac{z_2}{z_1} = \dfrac{73}{25} = 2.92$　$\|(2.92 - i)/2.94\| = 0.68\% < 5\%$	$z_1 = 25$ $z_2 = 73$ $i = 2.94$ 合格
2. 确定计算功率 P_{ca}	由表 8-6 查得 $K_A = 1.0$，计算功率为 $P_{ca} = K_A P = 1.0 \times 9.7 \mathrm{kW} = 9.7 \mathrm{kW}$	$K_A = 1.0$ $P_{ca} = 9.7 \mathrm{kW}$
3. 初定中心距 a_0 和链节数 L_p	初定中心距 $a_0 = (30 \sim 50)p$，取 $a_0 = 30p$ 由式（8-16）求 L_p' $L_p' = \dfrac{2a_0}{p} + \dfrac{z_1 + z_2}{2} + \left(\dfrac{z_2 - z_1}{2\pi}\right)^2 \dfrac{p}{a_0}$ $= \dfrac{2 \times 30p}{p} + \dfrac{25 + 73}{2} + \left(\dfrac{73 - 25}{2\pi}\right)^2 \dfrac{p}{30p} = 110.94$ 取 $L_p = 110$	$a_0 = 30p$ $L_p = 110$

(续)

设计项目	计算依据及内容	设计结果
4. 确定链条型号和节距 p	首先确定系数 K_z、K_L、K_m 根据链速估计链传动可能产生链板疲劳破坏，由表8-7查得小链轮齿数系数 $K_z = 1.34$，由表8-8查得 $K_L = 1.02$，考虑传递功率不大，故选单排链，表8-9查得 $K_m = 1$ 所能传递的额定功率 $P_0 = \dfrac{P_{ca}}{K_z K_L K_m} = \dfrac{9.7\text{kW}}{1.34 \times 1.02 \times 1} = 7.09\text{kW}$ 由图8-12选择滚子链型号为10A，链节距 $p = 15.875\text{mm}$，由图证实工作点落在曲线顶点左侧，主要失效形式为链板疲劳，前面假设成立	$K_L = 1.02$ $K_m = 1$ $K_z = 1.34$ $P_0 = 7.09\text{kW}$ 滚子链型号为10A $p = 15.875\text{mm}$
5. 验算链速 v	由式 (8-1)，$v = \dfrac{z_1 p n_1}{60 \times 1000} = \dfrac{25 \times 15.875 \times 970}{60 \times 1000}\text{m/s} = 6.41\text{m/s}$	$v = 6.41\text{m/s}$ 与假定相符，合适
6. 计算理论中心距 a	由式 (8-20) $a = \dfrac{p}{4}\left[\left(L_p - \dfrac{z_1+z_2}{2}\right) + \sqrt{\left(L_p - \dfrac{z_1+z_2}{2}\right)^2 - 8\left(\dfrac{z_2-z_1}{2\pi}\right)^2}\right]$ $= \dfrac{15.875}{4}\left[\left(110 - \dfrac{25+73}{2}\right) + \sqrt{\left(110 - \dfrac{25+73}{2}\right)^2 - 8\left(\dfrac{73-25}{2\pi}\right)^2}\right]\text{mm}$ $= 468.47\text{mm}$	$a = 468.47\text{mm}$
7. 求作用在轴上的力 F	工作拉力 $F = 1000\dfrac{P}{v} = 1000\dfrac{9.7}{6.41}\text{N} = 1513\text{N}$ 由式 (8-21) 因载荷平稳，取 $F_Q = 1.2F_e = 1.2 \times 1513\text{N} = 1815.6\text{N}$	$F = 1513\text{N}$ $F_Q = 1815.6\text{N}$
8. 选择润滑方式	根据链速 $v = 6.41\text{m/s}$，节距 $p = 15.875\text{mm}$，按图8-13选择油浴或飞溅润滑	油浴或飞溅润滑
9. 链轮结构设计	结构设计（略）	

8.5 链传动的布置、张紧和润滑

8.5.1 链传动的布置

链传动的布置应注意以下几点。

1) 两链轮中心连线最好成水平（图8-15a）或与水平面成45°以下倾角（图8-15b）。

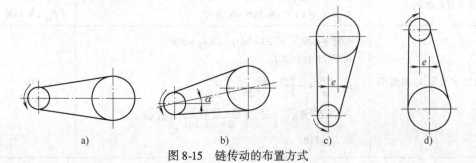

图8-15 链传动的布置方式

2）两轮轴线在同一铅垂面内时，链的下垂量集中在下端，所以要尽量避免这种垂直或接近垂直的布置，否则会减少下面链轮的有效啮合齿数，降低传动能力。必须采用这种布置方式时，应采取以下措施：①上、下两轮错开，使其轴线不在同一铅垂面内（图8-15c、d）。②中心距可调。③加设张紧装置。④尽可能将小链轮布置在上方（图8-15d）。

3）无论两轮轴线是否在同一水平面上，都应使松边布置在下面（图8-15a、b），否则松边下垂量增大后，链条易与小链轮干涉或松边会与紧边相碰。此外，需经常调整中心距。

8.5.2 链传动的张紧

链传动中，当松边垂度过大时，会引起啮合不良和链条颤动现象。链传动的张紧程度用松边垂度f（图8-1）表示，f的推荐值为$(0.01 \sim 0.02)a$。

对于重载、频繁起动、制动和反转及接近垂直布置的链传动，可适当减小松边垂度。

常用的张紧方法如下。①调整中心距。对滚子链传动，中心距调整量可取为$2p$。②缩短链长。操作时最好拆除成对的链节，必须拆除1个链节时要采用过渡链节。③采用图8-16所示的张紧装置。装置中的张紧轮可以是链轮、辊轮或导板。导板适用于中心距较大的链传动，减振效果较好。

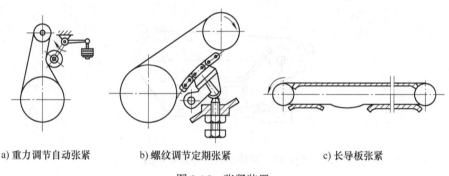

a) 重力调节自动张紧　　b) 螺纹调节定期张紧　　c) 长导板张紧

图8-16　张紧装置

8.5.3 链传动的润滑

链传动良好的润滑将会减少磨损、缓和冲击，提高承载能力，延长使用寿命，因此链传动应合理地确定润滑方式和润滑剂种类。

常用的润滑方式有如下几种。

(1) 人工定期润滑　用油壶或油刷给油（图8-17a），每班注油一次，适用于链速$v \leq 4\text{m/s}$的不重要传动。

(2) 滴油润滑　用油杯通过油管向松边的内、外链板间隙处滴油，用于链速$v \leq 10\text{m/s}$的传动（图8-17b）。

(3) 油浴润滑　链从密封的油池中通过，链条浸油深度以6~12mm为宜，适用于链速$v = 6 \sim 12\text{m/s}$的传动（图8-17c）。

(4) 飞溅润滑　在密封容器中，用甩油盘将油甩起，经由壳体上的集油装置将油导流到链上。甩油盘速度应大于3m/s，浸油深度一般为12~15mm（图8-17d）。

(5) 液压油循环润滑　用液压泵将油喷到链上，喷口应设在链条进入啮合之处。适用于链速$v \geq 8\text{m/s}$的大功率传动（图8-17e），链传动常用的润滑油有L—AN32、L—AN46、L—AN68、L—AN100等全损耗系统用油。温度低时，黏度宜低；功率大时，黏度宜高。

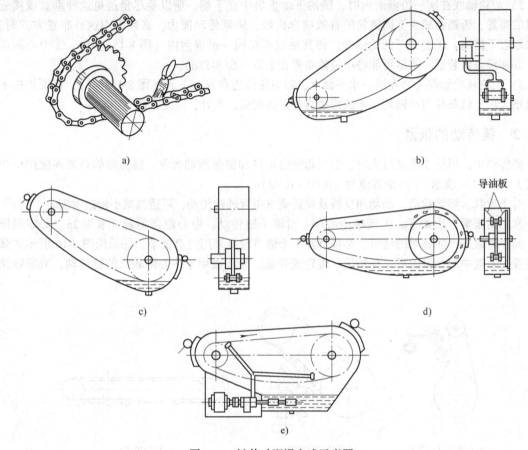

图 8-17 链传动润滑方式示意图

思 考 题

8-1 链传动有哪些主要特点？适用于什么场合？

8-2 链传动的主要失效形式有哪些？设计准则是什么？

8-3 试述链传动主要参数（链轮齿数 z_1、z_2，链节距 p、传动比 i 和中心距 a 等）的选择原则。

8-4 与带传动相比，链传动有哪些优缺点？

8-5 为什么一般链节数选偶数，而链轮齿数多取奇数？

8-6 链节距的大小对链传动有何影响？在高速重载工况下，应如何选择滚子链？

8-7 滚子链的标记"10A-2-100 GB/T 1243—2006"的含义是什么？

8-8 链传动为什么要张紧？常用张紧方法有哪些？

8-9 在设计链传动时，为什么要限制两轴中心距的最大值 a_{max} 和最小值 a_{min}？

8-10 链传动为什么会发生脱链现象？

习 题

8-1 某输送带由电动机通过三级减速传动系统来驱动，减速装置有二级圆柱齿轮减速器、滚子链传动、V 带传动。试分析三级减速装置应该采用什么排列次序？画出传动机构简图。

8-2 选择并验算一带式输送机的链传动，已知传递功率 $P=22kW$，主动轮转速 $n_1=750r/min$，传动比

$i=3$,工况系数 $K_A=1.4$,中心距 $a \leqslant 800$mm(可调节)。

8-3 图 8-18 所示为链传动的 4 种布置形式,其中小链轮为主动轮,请在图上标出其正确的转动方向。

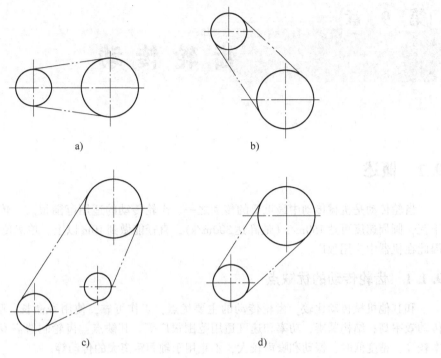

图 8-18 习题 8-3 图

第 9 章 齿轮传动

9.1 概述

齿轮传动是机械传动中最重要的传动之一。齿轮传动的适用范围很广，传递功率可高达数万千瓦，圆周速度可达 150m/s（最高达 300m/s），直径能做到 10m 以上，单级传动比可达 8 或更大，因此在机器中应用很广。

9.1.1 齿轮传动的优缺点

和其他机械传动比较，齿轮传动的主要优点：工作可靠，使用寿命长；瞬时传动比为常数；传动效率高；结构紧凑；功率和速度适用范围很广等。其缺点：齿轮制造需专用机床和设备，成本较高；精度低时，振动和噪声较大；不宜用于轴间距离大的传动等。

9.1.2 齿轮传动的分类

齿轮传动分类见表 9-1，其中按轴的布置方式和齿线相对于齿轮素线方向划分的常用齿轮传动类型如图 9-1 所示。

表 9-1 齿轮传动分类

按齿廓曲线	渐开线、圆弧、摆线
按啮合位置	外啮合、内啮合
按轮齿外形	直齿、斜齿、人字齿、曲（线）齿
按两轴相互位置	平行轴、相交轴、交错轴
按齿轮轴线位置固定与否	定轴线、动轴线（行星）
按工作条件	开式、半开式、闭式
按齿面硬度	软齿面（硬度≤350HBW）、硬齿面（硬度>350HBW）

注：开式传动是指齿轮全部与大气接触，润滑情况差；半开式传动是指齿轮一部分浸入油池，装有护罩，不完全封闭；闭式传动是指齿轮装在封闭式箱体内，润滑良好。

9.1.3 齿轮传动的基本要求

齿轮传动应满足下列两项基本要求：①传动平稳，要求瞬时传动比不变，尽量减小冲击、振动和噪声；②承载能力高，要求在尺寸小、重量轻的前提下，轮齿的强度高、耐磨性好，在预定的使用期限内不出现断齿等失效现象。

在齿轮设计、生产和科研中，有关齿廓曲线、齿轮强度、制造精度、加工方法及热处理工艺等，基本上是围绕这两个基本要求进行的。

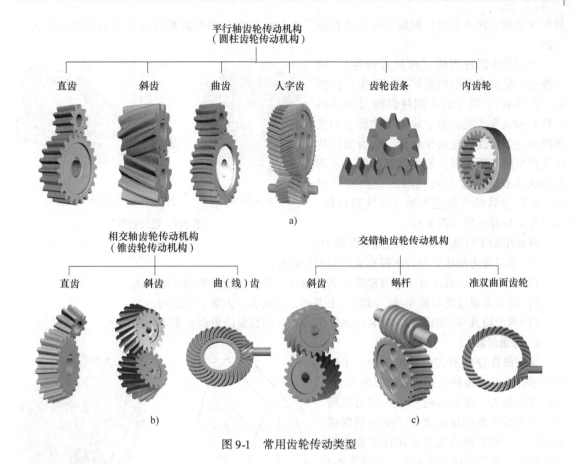

图 9-1 常用齿轮传动类型

9.2 齿轮的失效形式与设计准则

9.2.1 齿轮的失效形式

由于齿轮工作条件不同,齿轮也就出现了不同的失效形式。一般地说,齿轮的失效主要是轮齿的失效,至于齿轮的其他部分(如齿圈、轮辐、轮毂等),除了对齿轮的质量大小需加严格限制外,通常只按经验设计,所选定的尺寸对强度及刚度来说均较富余,实践中也极少失效。而轮齿的失效形式又是多种多样的,这里只就较为常见的轮齿折断和工作齿面磨损、点蚀、胶合及塑性变形等做介绍。

1. 轮齿折断

轮齿折断是指齿轮的一个或多个轮齿的整体或局部断裂,是轮齿最危险的失效形式。轮齿折断有多种形式,正常情况下主要是齿根弯曲疲劳折断。齿轮工作时,轮齿相当于悬臂梁,作用在轮齿上的载荷使齿根部分产生的弯曲应力最大,同时齿根过渡部分尺寸和形状的突变及加工刀痕等引起应力集中,当轮齿重复受载后,齿根处将会产生疲劳裂纹(图9-2),并逐步扩展,最终导致轮齿疲劳折断。另一种是由于突然产生严重过载或冲击载荷作用引起的过载折断。尤其是脆性

图9-2 疲劳裂纹的产生

材料（铸铁、淬火钢等）制成的齿轮更容易发生轮齿折断。两种折断均起始于轮齿受拉应力的一侧。

对于直齿圆柱齿轮（简称直齿轮），疲劳裂纹一般从齿根沿齿向扩展，发生全齿折断（图9-3a）。对于斜齿圆柱齿轮（简称斜齿轮）和人字齿轮，由于轮齿工作面上的接触线为一条斜线，轮齿受载后，疲劳裂纹往往从齿根向齿顶扩展，发生局部折断。若齿轮制造或安装精度不高或轴的弯曲变形过大，使轮齿局部受载过大时，即使直齿轮，也会发生局部折断（图9-3b）。

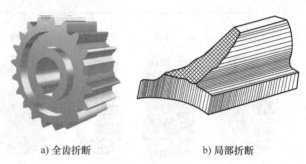

a) 全齿折断　　　　b) 局部折断

图9-3　轮齿折断

可采用如下措施提高轮齿的抗折断能力：
1) 采用合适的热处理方法提高齿芯材料的韧性。
2) 采用喷丸、碾压等工艺方法进行表面强化，防止初始疲劳裂纹的产生。
3) 增大齿根过渡圆弧半径，减轻加工刀痕，以减小应力集中的影响。
4) 增大轴及支承的刚性，减轻因轴变形而产生的载荷沿齿向分布不均的现象。

2. 齿面点蚀

在润滑良好的闭式齿轮传动中，由于齿面啮合点处的接触应力是脉动循环应力，且应力值很大，因此齿轮工作一定时间后首先使节线附近的根部齿面产生细微的疲劳裂纹，润滑油的挤入又加速这些疲劳裂纹的扩展，导致金属微粒剥落，形成图9-4所示的细小凹坑，这种现象称为点蚀。点蚀出现后，齿面不再是完整的渐开线曲面，影响轮齿的正常啮合，产生冲击和噪声，进而凹坑扩展到整个齿面而失效。

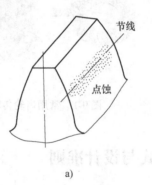

图9-4　齿面点蚀

实践表明，点蚀通常首先出现在靠近节线的齿根面上，然后再向其他部位扩展，这是因为轮齿在啮合过程中，齿面间的相对滑动起着形成润滑油膜的作用，相对滑动的速度越高，越易在齿面间形成油膜，润滑也就越好。当轮齿在靠近节线处啮合时，由于相对滑动速度低，不易形成润滑油膜，同时啮合齿对数也少，特别是直齿轮传动，这时只有一对齿啮合，因此轮齿所受接触应力最大，所以节线附近最易产生疲劳点蚀。在开式齿轮传动中，由于轮齿表面磨损较快，点蚀未形成前已被磨掉，因而一般看不到点蚀破坏。

齿面点蚀的继续扩展会影响传动的平稳性，并产生振动和噪声，导致齿轮不能正常工作。

提高齿面接触疲劳强度，防止或减轻点蚀的措施有：
1) 提高齿面硬度和降低表面粗糙度值。
2) 采用黏度较高的润滑油。
3) 采用变位齿轮，增大两个齿轮节圆处的曲率半径，以降低接触应力。

3. 齿面磨损

齿轮啮合传动时，两渐开线齿廓之间存在相对滑动，在载荷作用下，齿面间的灰尘、硬屑粒会引起齿面磨损（图9-5）。严重的磨损将使齿面渐

图9-5　齿面磨损

开线齿形失真，齿侧间隙增大，从而产生冲击和噪声，严重时导致轮齿过薄而折断。在开式传动中，特别在多灰尘的场合，齿面磨损是轮齿失效的主要形式。

对于开式传动，应特别注意保持环境清洁，减少磨粒侵入。改用闭式传动是避免磨粒磨损最有效的方法。

4. 齿面胶合

润滑良好的啮合齿面间保持一层润滑油膜，在高速重载传动中，常因啮合区温度升高或因齿面的压力很大而导致润滑油膜破裂，使齿面金属直接接触。在高温高压条件下，相接触的金属材料熔粘在一起，并由于两齿面间存在相对滑动，导致较软齿面上的金属被撕下，从而在齿面上形成与滑动方向一致的沟痕，如图9-6所示，这种现象称为齿面胶合。传动时齿面瞬时温度越高、相对滑动速度越大的地方，越易发生胶合。在低速重载齿轮传动中，因齿面的压力很大，润滑油膜不易形成，也可能产生胶合破坏。此时，齿面的瞬时温度并无明显增高，故称为冷胶合。

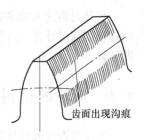

图 9-6　齿面胶合

提高抗胶合能力的措施有：

1）提高齿面硬度和降低表面粗糙度值。
2）选用抗胶合性能好的材料作为齿轮材料。
3）采用抗胶合性能好的润滑油（如硫化油）。
4）减小模数和齿高，降低齿面间相对滑动速度。

5. 齿面塑性变形

当齿轮材料较软而载荷及摩擦力较大时，啮合轮齿的相互滚压与滑动将引起齿轮材料的塑性流动，由于材料的塑性流动方向与齿面上所受的摩擦力方向一致，而齿轮工作时主动轮齿面受到的摩擦力方向背离节圆，从动轮齿面受到的摩擦力方向指向节圆，所以在主动齿轮轮齿上节线处被碾出沟槽，从动齿轮轮齿上节线处被挤出脊棱，使齿廓失去正确的齿形，瞬时传动比发生变化，引起附加动载荷，如图9-7所示。这种失效形式多发生在低速、重载和起动频繁的传动中。

提高齿面抵抗塑性变形能力的措施有：

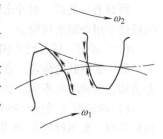

图 9-7　齿面塑性变形

1）提高齿面硬度。
2）采用黏度大的润滑油或使用含有极压添加剂的润滑油。

提高轮齿对上述几种失效形式的抵抗能力，除上面所说的办法外，还有减小齿面表面粗糙度值，适当选配主、从动齿轮的材料及硬度，进行适当的磨合，以及选用合适的润滑剂及润滑方法等。前已说明，轮齿的失效形式很多，除上述五种主要形式外，还可能出现齿面熔化、齿面烧伤、电蚀、异物啮入和由于不同原因产生的多种腐蚀和裂纹等。

9.2.2　齿轮传动的设计准则

齿轮的失效形式不大可能同时发生，但却是互相影响的。例如齿面的点蚀会加剧齿面的磨损，而严重的磨损又会导致轮齿折断。在一定条件下，由于轮齿折断和齿面点蚀是主要的失效形式，因此设计齿轮传动时，应根据实际工作条件分析其可能发生的主要失效形式，以确定相应的设计准则。

对于软齿面（硬度≤350HBW）的闭式齿轮传动，润滑条件良好，齿面点蚀将是主要的失效形式，在设计时，通常按齿面接触疲劳强度设计，再按齿根弯曲疲劳强度校核。

对于硬齿面（硬度＞350HBW）的闭式齿轮传动，抗点蚀能力较强，轮齿折断的可能性大，在设计计算时，通常按齿根弯曲疲劳强度设计，再按齿面接触疲劳强度校核。

开式齿轮传动的主要失效形式是齿面磨损，但由于磨损的机理比较复杂，目前尚无成熟的设计计算方法，故只能按齿根弯曲疲劳强度计算，用模数增大10%～20%的办法来考虑磨损的影响。

另外对高速大功率的齿轮传动，还需要进行齿面抗胶合能力的校核或设计。当有短时过载时，应进行静强度计算。对于齿轮的轮圈、轮辐、轮毂等部位的尺寸，通常仅做结构设计，不进行强度计算。

9.3 齿轮的材料、热处理及其许用应力

由轮齿失效形式可知，选择齿轮材料时，应考虑以下要求：轮齿的表面应有足够的硬度和耐磨性，在循环载荷和冲击载荷作用下，应有足够的弯曲强度。即齿面要硬，齿芯要韧，并具有良好的加工性和热处理性。

9.3.1 齿轮的常用材料

最常用的材料是钢，钢的品种很多，且可通过各种热处理方式获得适合工作要求的综合性能。其次是铸铁，还有非金属材料。

1. 钢

钢材的韧性好，耐冲击，还可通过热处理或化学热处理改善其力学性能及提高齿面的硬度，故最适于用来制造齿轮。

(1) 锻钢　只有尺寸较大（齿轮分度圆直径 $d>400$mm），结构形状复杂的齿轮宜用铸钢外，一般都用锻钢制造齿轮。常用的是碳的质量分数为0.15%～0.6%的碳素钢或合金钢。按热处理方法和齿面硬度的不同，制造齿轮的锻钢可分为以下两种情况。

1) 软齿面（硬度≤350HBW）齿轮用锻钢。对于强度、速度及精度都要求不高的齿轮，常采用软齿面。常用材料有35钢、45钢、50钢，以及40Cr、35SiMn等合金钢。齿轮毛坯经过正火或调质处理后切齿，切制后即为成品，其精度一般为8级，精切时可达7级。制造简便、经济，生产效率高。此类齿轮传动中，考虑到小齿轮齿根较薄，且受载次数较多，弯曲强度较低，为使大、小齿轮使用寿命比较接近，一般应使小齿轮齿面硬度比大齿轮硬度高30～50HBW。

2) 硬齿面（硬度＞350HBW）齿轮用锻钢。对于高速、重载及精密机器所用的主要齿轮传动，要求齿轮材料性能优良、轮齿具有高强度、齿面具有高硬度（如58～65HRC）及高精度。常用材料有45、40Cr、40CrNi、20Cr、20CrMnTi、20CrMnMo等钢。齿轮毛坯是经过正火或调质处理后切齿，再做表面硬化处理，最后进行精加工，精度可达5级或4级。常用热处理方法有表面淬火、渗碳、渗氮及氮碳共渗等，具体加工方法及热处理方法视材料而定。这类齿轮精度高，价格较贵。

根据合金钢所含金属的成分及性能，可通过不同的热处理或化学热处理方法改善材料的力学性能和提高齿面的硬度，以分别获得较高的韧性、耐冲击性、耐磨性及抗胶合的性能。所以对于既高速、重载又要求尺寸小、质量轻的航空用齿轮，常用性能优良的合金钢（如20CrMnTi）来制造。

(2) 铸钢　铸钢的耐磨性及强度均较好，但切齿前须经退火、正火及调质处理。当齿轮分度圆直径 $d>400$mm，结构复杂，锻造有困难时，可采用铸钢齿轮。常用铸钢材料有ZG 310-570、

ZG 340-640 等。

2. 铸铁

灰铸铁性质较脆，抗胶合及抗点蚀能力强，具有良好的减摩性、加工工艺性和较低的价格，但抗冲击及耐磨性能差，因此主要用于制造低速、不重要的开式传动、功率不大的齿轮。常用材料有 HT250、HT300 等。

球墨铸铁的强度比灰铸铁高很多，具有良好的韧性和塑性，在冲击不大的情况下，可代替钢制齿轮。

3. 有色金属和非金属材料

有色金属（如铜合金、铝合金）常用于制造有特殊要求的齿轮。

对于高速轻载及精度不高的齿轮传动，为了降低噪声，常用非金属材料（如夹布胶木、尼龙等）做小齿轮，大齿轮仍用钢或铸铁制造，以利于散热。为使大齿轮具有足够的耐磨损和抗点蚀的能力，齿面的硬度应为 250~350HBW。常用齿轮材料及其力学特性见表 9-2。

表 9-2 常用齿轮材料及其力学特性

材料牌号	热处理方法	强度极限 σ_b/MPa	屈服极限 σ_s/MPa	硬度 齿芯部	硬度 齿面
HT250		250			170~241HBW
HT300		300			187~255HBW
HT350		350			197~269HBW
QT500-7		500			147~241HBW
QT600-3		600			229~302HBW
ZG 310-570	正火	580	350		156~217HBW
ZG 340-640		650	350		169~229HBW
45		580	290		162~217HBW
ZG 340-640		700	380		241~269HBW
45		650	360		217~255HBW
30CrMnSi	调质	1100	900		310~360HBW
35SiMn		750	450		217~269HBW
40Cr		700	500		241~286HBW
45	调质后表面淬火				40~50HRC
40Cr					48~55HRC
20Cr	渗碳后淬火	650	400	300HBW	58~62HRC
20CrMnTi		1100	850		
12Cr2Ni4		1100	850	320HBW	
20Cr2Ni4		1200	1100	350HBW	
38CrMoAlA	调质后渗氮（渗氮层厚 $t \geq 0.3$mm）	1000	850	255~321HBW	>850HV
夹布橡胶		100		25~35	

注：40Cr 可用 40MnB 或 40MnVB 代替；20Cr、20CrMnTi 可用 20MnVB 代替。

9.3.2 齿轮材料的选择原则

齿轮材料的种类很多，在选择时应考虑的因素也很多，下述几点可供选择材料时参考。

1) 齿轮材料必须满足工作条件的要求。例如，用于飞行器上的齿轮，要满足质量小、传递功率大和可靠性高的要求，因此必须选择力学性能高的合金钢；矿山机械中的齿轮传动，一般功率很大，工作速度较低，周围环境中粉尘含量极高，因此往往选择铸钢或铸铁等材料；家用及办公用设备的功率很小，但要求传动平稳、低噪声或无噪声，以及能在少润滑或无润滑状态下正常工作，因此常选用工程塑料作为齿轮材料。总之，工作条件的要求是选择齿轮材料时首先应考虑的因素。

2) 应考虑齿轮尺寸的大小、毛坯成形方法及热处理和制造工艺。大尺寸的齿轮一般采用铸造毛坯，可选用铸钢或铸铁作为齿轮材料。中等或中等以下尺寸要求较高的齿轮常选用锻造毛坯，可选择锻钢制作。尺寸较小而又要求不高时，可选用圆钢做毛坯。

齿轮表面硬化的方法有：渗碳、渗氮和表面淬火。采用渗碳工艺时，应选用低碳钢或低碳合金钢做齿轮材料；渗氮钢和调质钢能采用渗氮工艺；采用表面淬火时，对材料没有特别的要求。

3) 正火碳钢，不论毛坯的制作方法如何，只能用于制作在载荷平稳或轻度冲击下工作的齿轮，不能承受大的冲击载荷；调质碳钢可用于制作在中等冲击载荷下工作的齿轮。

4) 合金钢常用于制作高速、重载并在冲击载荷下工作的齿轮。

9.3.3 齿轮材料的热处理

钢制齿轮常用的热处理方法主要有以下几种。

1. 表面淬火

一般用于中碳钢和中碳合金钢，如 45、40Cr 等。表面淬火后轮齿变形小，可不磨齿，硬度可达 52~56HRC，面硬芯软，能承受一定冲击载荷。

2. 渗碳淬火

碳的质量分数为 0.15%~0.25% 的低碳钢和低碳合金钢，如 20、20Cr 等，齿面硬度达 56~62HRC，齿面接触强度高，耐磨性好，齿芯韧性高，常用于受冲击载荷的重要传动。通常渗碳淬火后要磨齿。

3. 调质

调质一般用于中碳钢和中碳合金钢，如 45、40Cr、35SiMn 等，调质处理后齿面硬度为 220~260HBW。因为硬度不高，故可在热处理后精切齿形，且在使用中易于磨合。

4. 正火

正火能消除内应力、细化晶粒、改善力学性能和切削性能。机械强度要求不高的齿轮可用中碳钢正火处理。大直径的齿轮可用铸钢正火处理。

5. 渗氮

渗氮是一种化学处理。渗氮后齿面硬度可达 60~62HRC。渗氮处理温度低、轮齿变形小，适用于难以磨齿的场合，如内齿轮。材料为 38CrMoAlA。

9.3.4 齿轮的许用应力

齿轮的许用应力 $[\sigma_H]$、$[\sigma_F]$ 是根据试验齿轮在特定的试验条件下获得的接触和弯曲疲劳强度极限 σ_{Hlim}、σ_{Flim} 确定的。当实际工作条件与特定的试验条件不同时，应对试验数据进行修正。研究表明，对一般的齿轮传动，影响齿轮疲劳强度极限的主要因素是应力循环次数 N，而绝对尺寸、齿面表面粗糙度、圆周速度及润滑方式等的影响不大，可不予考虑。

一般的齿轮传动，其弯曲疲劳许用应力为

$$[\sigma_F] = \frac{K_{FN}\sigma_{Flim}}{S_F} \tag{9-1}$$

接触疲劳许用应力为

$$[\sigma_H] = \frac{K_{HN}\sigma_{Hlim}}{S_H} \tag{9-2}$$

式中 K_{FN}、K_{HN}——考虑应力循环次数影响的齿根弯曲疲劳和齿面接触疲劳寿命系数;

S_F、S_H——齿根弯曲疲劳和齿面接触强度安全系数,见表9-3。

表9-3 安全系数 S_H 和 S_F

安全系数	软齿面（HBW≤350）	硬齿面（HBW＞350）	重要的传动、渗碳淬火齿轮或铸造齿轮
S_H	1.0~1.1	1.1~1.2	1.3
S_F	1.3~1.4	1.4~1.6	1.6~2.2

K_{HN}、K_{FN} 可以根据所选材料种类及应力循环次数 N 分别查图9-8、图9-9,图中横坐标 N 是指齿轮传动预定寿命期内的应力循环次数。按下式计算

$$N = 60njL_h \tag{9-3}$$

式中 n——齿轮的转速（r/min）;

j——为齿轮每转一周,同一侧齿面啮合的次数;

L_h——为齿轮在设计期限内的总工作时数（h）。

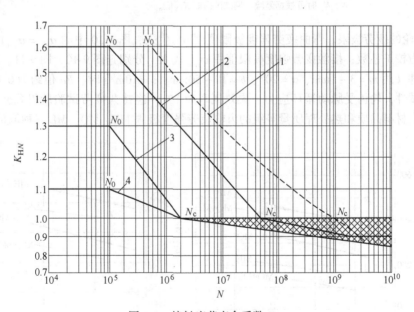

图9-8 接触疲劳寿命系数 K_{HN}

1—允许一定点蚀时的结构钢;调质钢;球墨铸铁（珠光体、贝氏体）;珠光体可锻铸铁;渗碳淬火钢。
2—结构钢;调质钢;渗碳淬火钢;火焰或感应淬火的钢、球墨铸铁;球墨铸铁（珠光体、贝氏体）;珠光体可锻铸铁,小允许出现点蚀。
3—灰铸铁;球墨铸铁（铁素体）;渗氮钢、调质钢、渗碳钢。
4—氮碳共渗的调质钢、渗碳钢 $N > N_c$ 时可根据经验在网纹区内取 K_{HN} 值。

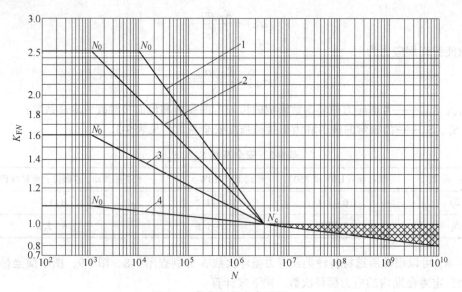

图 9-9 弯曲疲劳寿命系数 K_{FN}

1—调质钢；球墨铸铁（珠光体、贝氏体）；珠光体可锻铸铁。
2—渗碳淬火钢；全齿廓火焰或感应淬火的钢、球墨铸铁。
3—渗氮钢；球墨铸铁（铁素体）；灰铸铁；结构钢。
4—氮碳共渗的调质钢、渗碳钢。

$N > N_c$ 时可根据经验在网纹区内取 K_{FN} 值。

$\sigma_{\lim}$ 为齿轮的疲劳极限。弯曲疲劳强度极限值用 σ_{FE} 代入，图 9-10 中的 $\sigma_{FE} = \sigma_{\lim} Y_{ST}$，$Y_{ST}$ 为试验齿轮的应力校正系数；接触疲劳强度极限值用 $\sigma_{H\lim}$ 代入，分别查图 9-10、图 9-11。两图是根据特定试验条件（用 $m = 3 \sim 5\text{mm}$、$\alpha = 20°$、$b = 10 \sim 50\text{mm}$、$v = 10\text{m/s}$ 时，Ra 值约为 $0.8\mu\text{m}$ 的直齿圆柱齿轮副试件，轮齿受脉动循环应力，失效概率为 1%）经持久疲劳试验所得数据做出的。图中给出了代表材料品质和热处理质量等级的齿轮疲劳强度极限 ME、MQ、ML 三种取值线：ME 为

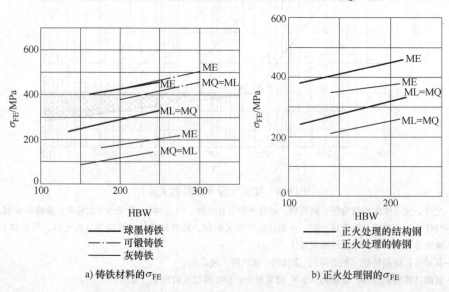

a) 铸铁材料的 σ_{FE} b) 正火处理钢的 σ_{FE}

图 9-10 齿轮的弯曲疲劳强度极限 σ_{FE}

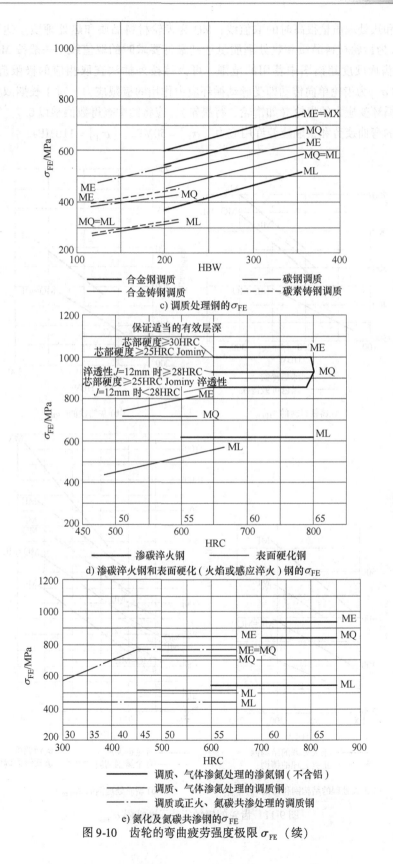

图 9-10 齿轮的弯曲疲劳强度极限 σ_{FE}（续）

齿轮材料品质和热处理质量很高时的取值线；MQ 为齿轮材料品质和热处理质量达到中等要求时的取值线；ML 为齿轮材料品质和热处理质量达到最低要求时的取值线。一般按 MQ 取值线选择 σ_{Hlim}、σ_{FE}，若齿面硬度超出图中荐用的范围，可大体按外插法查取相应的极限应力值。此外，图 9-10 所示的 σ_{FE} 为齿轮单向传动即受脉动循环应力作用的极限应力，对于长期双向传动的齿轮传动，受对称循环变应力的齿轮（如惰轮、行星轮），应将图中查得数值乘以 0.7。

夹布橡胶的弯曲疲劳和接触疲劳许用应力 $[\sigma_F] = 50\text{MPa}$、$[\sigma_H] = 110\text{MPa}$。

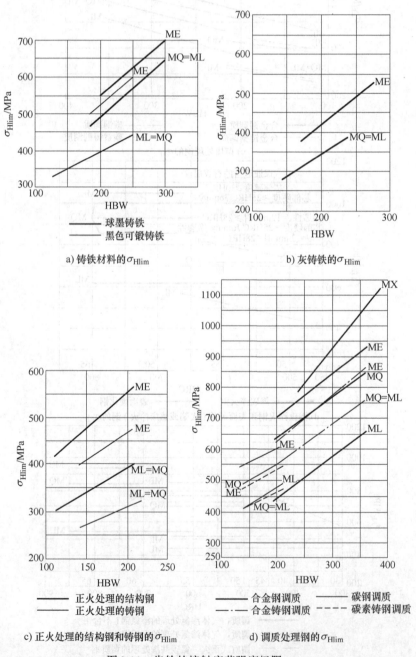

图 9-11 齿轮的接触疲劳强度极限 σ_{Hlim}

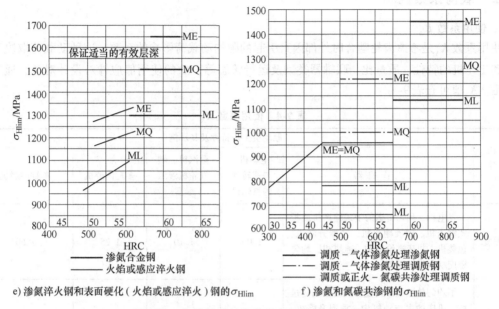

e) 渗氮淬火钢和表面硬化（火焰或感应淬火）钢的 σ_{Hlim}　　f) 渗氮和氮碳共渗钢的 σ_{Hlim}

图 9-11　齿轮的接触疲劳强度极限 σ_{Hlim}（续）

9.4　圆柱齿轮传动的载荷计算

9.4.1　计算载荷和载荷系数

为了便于分析计算，通常取沿齿面接触线单位长度上所受的载荷进行计算。沿齿面接触线单位长度上的平均载荷 p 为

$$p = \frac{F_n}{L} \tag{9-4}$$

式中　p——齿面接触线单位长度上所受的载荷（N/mm）；

　　　F_n——作用于齿面接触线上的法向载荷（N）；

　　　L——沿齿面的接触线长（mm）。

在实际传动中，由于原动机及工作机性能的影响，以及齿轮的制造误差，特别是基节误差和齿形误差的影响，会使法向载荷增大。此外，在同时啮合的齿对间，载荷的分配并不是均匀的，即使在一对齿上，载荷也不可能沿接触线均匀分布。因此在计算齿轮传动强度时，应按接触线单位长度上的最大载荷，即按计算载荷 p_{ca}（N/mm）进行计算。即

$$p_{ca} = Kp = \frac{KF_n}{L} \tag{9-5}$$

式中　K——载荷系数。

计算齿轮强度用的载荷系数 K，包括使用系数 K_A、动载系数 K_v、齿间载荷分配系数 K_α 及齿向载荷分布系数 K_β，即

$$K = K_A K_v K_\alpha K_\beta \tag{9-6}$$

9.4.2 载荷系数说明

1. 使用系数 K_A

使用系数 K_A 是考虑齿轮啮合时外部因素引起的附加动载荷影响的系数。这种动载荷取决于原动机和工作机的特性、质量比、联轴器类型及运行状态等。K_A 的使用值应针对设计对象，通过实践确定。K_A 值可查表9-4。

表9-4 使用系数 K_A

工作机的工作特性	原动机工作特性及其示例				
	工作机器	电动机、匀速转动的汽轮机	蒸汽机、燃气轮机液压装置	多缸内燃机	单缸内燃机
均匀平稳	发电机、均匀传送的带式输送机或板式输送机、螺旋输送机、轻型升降机、包装机、机床进给机构、通风机、均匀密度材料搅拌机等	1.00	1.10	1.25	1.50
轻微冲击	不均匀传送的带式输送机或板式输送机、机床的主传动机构、重型升降机、工业与矿用风机、重型离心机、变密度材料搅拌机等	1.25	1.35	1.50	1.75
中等冲击	橡胶挤压机、橡胶和塑料做间断工作的搅拌机、轻型球磨机、木工机械、钢坯初轧机、提升装置、单缸活塞泵等	1.50	1.60	1.75	2.00
严重冲击	挖掘机、重型球磨机、橡胶糅合机、破碎机、重型给水泵、旋转式钻探装置、压砖机、带材冷轧机、压坯机等	1.75	1.85	2.00	≥2.25

注：表中所列 K_A 仅适用于减速传动；若为增速传动，K_A 值约为表中值的1.1倍。当外部机械与齿轮装置间有挠性联接时，通常 K_A 值可适当减少。

2. 动载系数 K_v

齿轮传动不可避免会有制造及装配的误差，轮齿受载后还要产生弹性形变。这些误差及变形实际上将使啮合轮齿的法向齿距 p_{b1} 与 p_{b2} 不相等，因而轮齿就不能正确地啮合传动，瞬时传动比就不是定值，从动齿轮在运转中就会产生角加速度，于是引起动载荷或冲击。对于直齿轮传动，轮齿在啮合过程中，不论是由双对齿啮合过渡到单对齿啮合，或者由单对齿啮合过渡到双对齿啮合的期间，由于啮合齿对的刚度变化，也会引起动载荷。为了计及动载荷的影响，引入了动载系数 K_v。

齿轮的制造精度及圆周速度对轮齿啮合过程中产生动载荷的大小影响很大。提高制造精度、减小齿轮直径以降低圆周速度，均可减小动载荷。

为了减小动载荷，可将轮齿进行修缘，即把齿顶的小部分齿廓曲线（分度圆压力角 $\alpha = 20°$ 的渐开线）修正成 $\alpha > 20°$ 的渐开线。如图9-12a所示，因 $p_{b2} > p_{b1}$，则后一对轮齿在未进入啮合区时就开始接触，从而产生动载荷。为此将从动齿轮进行修缘，图中从动齿轮的虚线齿廓即为修缘后的齿廓，实线齿廓则为未经修缘的齿廓。由图9-12可明显地看出，修缘后的轮齿齿顶处的法向齿距 $p_{b2} < p_{b1}$，因此当 $p_{b2} > p_{b1}$ 时，对修缘后的轮齿，在开始啮合阶段，相啮合的轮齿的法向齿距差就小一些，啮合时产生的动载荷也就小一些。

若 $p_{b1} > p_{b2}$，则在后一对齿已进入啮合区时，其主动齿轮齿根与从动齿轮齿顶还未啮合。要待前一对齿离开正确啮合区一段距离以后，后一对齿才能开始啮合，在此期间，仍不免要产生动载荷。若将主动齿轮也进行修缘，即可减小这种载荷，如图 9-12b 所示。

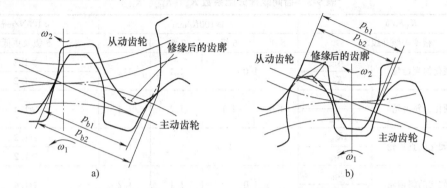

图 9-12　法向齿距 p_{b1} 与 p_{b2} 不相等造成附加动载荷

高速齿轮传动或齿面经硬化的齿轮，轮齿应进行修缘。但应注意，若修缘量过大，不仅总重合度减小过多，而且动载荷也不一定就相应减小，故轮齿的修缘量应适当。

动载系数 K_v 的实用值，应针对设计对象通过实践确定，或按有关资料确定。对于一般齿轮传动的动载系数 K_v 可参考图 9-13 选用。若为直齿锥齿轮传动，应按图中低一级的精度线及锥齿轮平均分度圆处的圆周速度 v_m 查取 K_v 值。

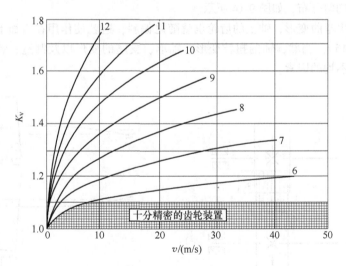

图 9-13　动载系数 K_v

3. 齿间载荷分配系数 K_α

齿轮传动的总重合度总大于 1，说明在一对轮齿的一次啮合过程中，部分时间内必有两对以上轮齿同时啮合，所以理想状态下应该由各啮合齿对均等承载。但是实际上因制造误差、轮齿受力变形以及受齿轮啮合刚度、基圆齿距误差、修缘量、磨合量等多方面因素的影响，总载荷在各齿对间的分配并不均匀，受力较大齿对的受力大于平均受力。为考虑总载荷在各齿对间分配不均所造成的个别齿对受力增大对齿轮强度的影响，引入齿间载荷分配系数 K_α 加以修正。实际选择系数 K_α 时可用详尽的算法计算。对一般不需做精确计算的直齿轮和斜齿圆柱齿轮传动可查表 9-5。

表 9-5 齿间载荷分配系数 K_α（$K_{H\alpha}$、$K_{F\alpha}$）

$K_A F_t / b$		≥100N/mm				<100N/mm
精度等级Ⅱ组		5级	6级	7级	8级	5级及更低
经表面硬化的直齿轮	$K_{H\alpha}$	1.0	1.1	1.2		≥1.2
	$K_{F\alpha}$					≥1.2
经表面硬化的斜齿轮	$K_{H\alpha}$	1.0	1.1	1.2	1.4	≥1.4
	$K_{F\alpha}$					
未经表面硬化的直齿轮	$K_{H\alpha}$	1.0			1.1	≥1.2
	$K_{F\alpha}$					≥1.2
未经表面硬化的斜齿轮	$K_{H\alpha}$	1.0	1.1	1.2		≥1.4
	$K_{F\alpha}$					

注：1. 对修形齿轮，取 $K_{H\alpha} = K_{F\alpha} = 1$。
　　2. 当大、小齿轮精度等级不同时，按精度等级较低者取值。
　　3. $K_{H\alpha}$ 为齿面接触疲劳强度计算用的齿间载荷分配系数，$K_{F\alpha}$ 为齿根弯曲疲劳强度计算用的齿间载荷分配系数。

4. 齿向载荷分布系数 K_β

齿向载荷分布系数 K_β 用于考虑因载荷沿接触线分布不均而引起的附加动载荷。例如，当轴承相对于齿轮做不对称配置时，受载前轴无弯曲变形，轮齿啮合正常，两个节圆柱面恰好相切；载荷沿着轮齿接触线均匀分布，如图 9-14 所示。

受载后，轴产生弯曲变形，轴上的齿轮也就随之偏斜，这就使作用在齿面上的载荷沿接触线分布不均匀（图 9-15）。当然，轴的扭转变形，轴承、支座的变形以及制造、装配的误差等也是使齿面上载荷分布不均的因素。

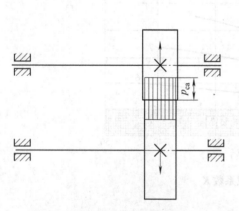

图 9-14 轴承做不对称配置

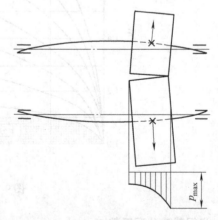

图 9-15 轮齿所受的载荷分布不均匀

计算轮齿强度时，为了计及齿面上载荷沿接触线分布不均的现象，通常以系数 K_β 来表征齿面上载荷分布不均的程度对轮齿强度的影响。

为了改善载荷沿接触线分布不均的程度，可采取以下一些措施：①提高齿轮的制造和安装精度，减小齿向误差、两轴平行度误差等；②增大轴、轴承及支座的刚度，合理布置齿轮在轴上的位置（尽量采用对称布置、避免悬臂布置）；③适当限制齿宽；④沿齿宽方向进行齿侧修形；⑤如图9-16所示，将轮齿做成鼓形齿。当轴产生弯曲变形而导致齿轮偏斜时，可缓解载荷过于偏于轮齿一端的状况，改善了载荷分布。

齿向载荷分布系数 K_β 可分为 $K_{H\beta}$ 和 $K_{F\beta}$。其中 $K_{H\beta}$ 为按齿面接触疲劳强度计算时所用的系数，而 $K_{F\beta}$ 为按齿根弯曲疲劳强度计算时所用的系数。接触疲劳强度计算用的齿向载荷分布系数 $K_{H\beta}$，可根据齿轮在轴上的支承情况、齿轮的精度等级、齿宽 b 与齿宽系数 φ_d，从表9-6中查取。齿轮的 $K_{F\beta}$ 可根据 $K_{H\beta}$ 值，齿宽 b 与齿高 h 比值 b/h 从图9-17所示弯曲疲劳强度计算时的 $K_{F\beta}$ 中查得。

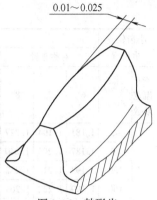

图9-16 鼓形齿

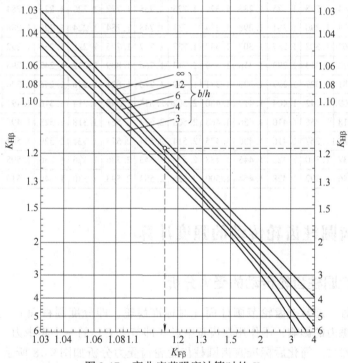

图9-17 弯曲疲劳强度计算时的 $K_{F\beta}$

表9-6 接触疲劳强度计算用的齿向载荷分布系数 $K_{H\beta}$

φ_d 齿宽系数	齿宽 b /mm	软齿面齿轮									硬齿面齿轮					
		对称布置			非对称布置			悬臂布置			对称布置		非对称布置		悬臂布置	
		6	7	8	6	7	8	6	7	8	5	6	5	6	5	6
0.4	40	1.145	1.158	1.191	1.148	1.161	1.194	1.176	1.189	1.222	1.096	1.098	1.100	1.102	1.140	1.143
	80	1.151	1.167	1.204	1.154	1.170	1.206	1.182	1.198	1.234	1.100	1.104	1.104	1.108	1.144	1.149
	120	1.157	1.176	1.216	1.160	1.179	1.219	1.188	1.207	1.247	1.104	1.111	1.108	1.115	1.148	1.155
	160	1.163	1.186	1.228	1.168	1.188	1.231	1.194	1.216	1.259	1.108	1.117	1.112	1.121	1.152	1.162
	200	1.169	1.195	1.241	1.172	1.198	1.244	1.200	1.226	1.272	1.112	1.124	1.116	1.128	1.156	1.168

(续)

小齿轮支承位置		软齿面齿轮								硬齿面齿轮					
		对称布置			非对称布置			悬臂布置			对称布置		非对称布置		悬臂布置
φ_d 齿宽系数	齿宽 b/mm	6	7	8	6	7	8	6	7	8	5	6	5	6	5	6
0.6	40	1.181	1.194	1.227	1.195	1.208	1.241	1.337	1.350	1.383	1.148	1.150	1.168	1.170	1.376	1.388
	80	1.187	1.203	1.240	1.201	1.217	1.254	1.343	1.359	1.396	1.152	1.156	1.172	1.171	1.380	1.396
	120	1.193	1.212	1.252	1.207	1.226	1.266	1.349	1.369	1.408	1.156	1.163	1.176	1.183	1.385	1.404
	160	1.199	1.222	1.264	1.213	1.236	1.278	1.355	1.378	1.421	1.160	1.169	1.180	1.189	1.390	1.411
	200	1.205	1.231	1.277	1.219	1.245	1.291	1.361	1.387	1.433	1.164	1.176	1.184	1.196	1.395	1.419
0.8	40	1.231	1.244	1.278	1.275	1.289	1.322	1.725	1.738	1.772	1.220	1.223	1.284	1.287	2.044	2.057
	80	1.237	1.254	1.290	1.281	1.298	1.334	1.731	1.748	1.784	1.224	1.229	1.288	1.293	2.049	2.064
	120	1.243	1.263	1.302	1.287	1.307	1.347	1.737	1.757	1.796	1.228	1.236	1.292	1.299	2.054	2.072
	160	1.249	1.272	1.313	1.293	1.316	1.359	1.743	1.766	1.809	1.232	1.242	1.296	1.306	2.058	2.080
	200	1.255	1.281	1.327	1.299	1.325	1.371	1.749	1.775	1.821	1.236	1.248	1.300	1.312	2.063	2.087
1.0	40	1.296	1.309	1.342	1.404	1.417	1.450	2.502	2.515	2.548	1.314	1.316	1.491	1.504	3.382	3.395
	80	1.302	1.318	1.355	1.410	1.426	1.463	2.508	2.524	2.561	1.318	1.323	1.496	1.511	3.397	3.402
	120	1.308	1.328	1.367	1.416	1.436	1.475	2.514	2.534	2.573	1.322	1.329	1.500	1.519	3.391	3.410
	160	1.314	1.337	1.380	1.422	1.445	1.488	2.520	2.543	2.586	1.326	1.336	1.505	1.526	3.396	3.417
	200	1.320	1.346	1.392	1.428	1.454	1.500	2.526	2.552	2.598	1.330	1.348	1.510	1.534	3.401	3.425

9.5 标准直齿圆柱齿轮传动的强度计算

9.5.1 标准直齿圆柱齿轮传动的受力分析

为简化计算过程，通常按齿轮节圆柱面（对标准齿轮，即分度圆柱面）上受力进行分析计算，忽略齿面上摩擦力的影响，用作用在齿宽中点（即节点 P）的一个集中力（法向载荷）F_n 代表轮齿上全部的分布力。简化后标准直齿圆柱齿轮轮齿受力分析如图 9-18 所示。图 9-18 中 F_n 可分解为两个相互垂直的分力：圆周力 F_t 和径向力 F_r（N），即

$$\left. \begin{array}{l} F_t = \dfrac{2T_1}{d_1} \\ F_r = F_t \tan\alpha \\ F_n = \dfrac{F_t}{\cos\alpha} = \dfrac{2T_1}{d_1 \cos\alpha} \end{array} \right\} \tag{9-7}$$

式中 T_1——小齿轮传递的转矩（N·mm）；
　　d_1——小齿轮的分度圆直径（mm）；
　　α——压力角，$\alpha = 20°$。

作用于主、从动齿轮上的各对力大小相等、方向相反。主动齿轮所受的圆周力是工作阻力，其方向与主动齿轮转向相反；从动齿轮所受的圆周力是驱动力，其方向与从动齿轮转向相同。径向力分别指向各轮中心（外啮合），内齿轮的径向力则背离轮心。

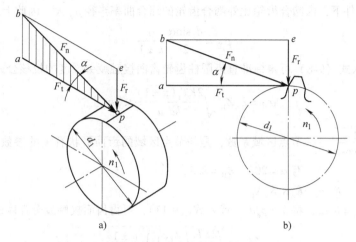

图 9-18 简化后标准直齿圆柱齿轮轮齿受力分析

9.5.2 齿面接触疲劳强度计算

一对轮齿在任一点啮合,两轮齿廓接触点的曲率半径分别为 ρ_1、ρ_2,从啮合表面受力状态看,这相当于以 ρ_1、ρ_2 为半径的两圆柱相接触,接触区内产生的最大接触应力可根据赫兹接触应力的基本公式,即

$$\sigma_H = Z_E \sqrt{\frac{p_{ca}}{\rho_\Sigma}} \leq [\sigma_H] \tag{9-8}$$

将上式用于齿轮传动,则单位长度上的计算载荷为

$$p_{ca} = \frac{F_{ca}}{L} = \frac{KF_n}{b} = \frac{KF_t}{b\cos\alpha} = \frac{2KT_1}{bd_1\cos\alpha} \tag{9-9}$$

式中 Z_E——材料系数,与材料有关($\sqrt{MPa}$),其值查表 9-7;
ρ_Σ——两个圆柱接触处的综合曲率半径。

由机械原理知,渐开线齿廓上各点的曲率($1/\rho$)并不相同,计算齿面的接触应力时,应考虑不同啮合位置时综合曲率 ρ_Σ 的不同。为计算方便,通常以节点作为齿面接触强度的计算点(图 9-19)

$$\rho_\Sigma = \left(\frac{1}{\rho_1} \pm \frac{1}{\rho_2}\right)^{-1} \tag{9-10}$$

对标准直齿圆柱齿轮传动,节点处两渐开线齿廓的曲率半径分别为 $\rho_1 = d_1\sin(\alpha/2)$,$\rho_2 = d_2\sin(\alpha/2)$。因此

$$\rho_\Sigma = \left(\frac{1}{\rho_1} \pm \frac{1}{\rho_2}\right)^{-1} = \frac{d_1\cos\alpha\tan\alpha'}{2} \frac{u}{u \pm 1} \tag{9-11}$$

式中 u——齿数比,即 $z_2/z_1 = d_2/d_1$;
α'——对齿轮的啮合角即节圆上的压力角(°),对于标准齿轮、标准安装有 $\alpha' = \alpha = 20°$;
"+"——用于外啮合;
"-"——用于内啮合。

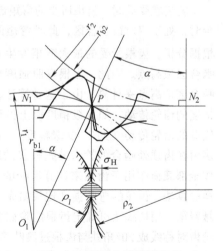

图 9-19 齿面上的接触应力

可见在相同条件下，内啮合齿轮比外啮合齿轮的综合曲率半径 ρ_Σ 大。因此上式可改写为

$$\rho_\Sigma = \frac{d_1 \sin\alpha}{2} \frac{u}{u \pm 1} \tag{9-12}$$

将 ρ_Σ、p_{ca} 代入式（9-8）可得标准直齿圆柱齿轮齿面接触疲劳强度的校核公式

$$\sigma_H = Z_E Z_H \sqrt{\frac{2KT_1(u \pm 1)}{bd_1^2 u}} \leqslant [\sigma_H] \tag{9-13}$$

式中 $Z_H = \sqrt{\dfrac{2}{\sin\alpha\cos\alpha}}$ ——节点区域系数，是与节点区域的齿面形状有关的参数，对于标准齿轮有 $\alpha = 20°$，$Z_H = 2.5$；

K —— $K_A K_v K_\alpha K_\beta$。

设齿宽系数 $\varphi_d = b/d_1$，将 $b = \varphi_d d_1$ 代入式（9-13），可得齿面接触疲劳强度的设计公式

$$d_1 \geqslant \sqrt[3]{\frac{2KT_1}{\varphi_d} \left(\frac{Z_E Z_H}{[\sigma_H]}\right)^2 \frac{u \pm 1}{u}} \tag{9-14}$$

在齿面接触疲劳强度计算中，配对齿轮的接触应力是相等的。但两齿轮的许用接触应力 $[\sigma_{H1}]$ 和 $[\sigma_{H2}]$ 分别与各自齿轮的材料、热处理方法及应力循环次数有关，一般不相等。因此，在使用式（9-14）或式（9-13）时，应取 $[\sigma_{H1}]$ 和 $[\sigma_{H2}]$ 两者中的较小者代入计算，即取 $[\sigma_H] = \min\{[\sigma_{H1}], [\sigma_{H2}]\}$ 代入计算。

表 9-7　齿轮材料系数 Z_E　　　　　　　　　　（单位：$\sqrt{\text{MPa}}$）

小齿轮材料＼大齿轮材料	钢	铸 钢	铸 铁	球墨铸铁
钢	189.8	188.9	165.4	181.4
铸钢	188.9	188.0	161.4	180.5

9.5.3　齿根弯曲疲劳强度计算

轮齿在受载时，齿根所受的弯矩最大，因此齿根处的弯曲疲劳强度最弱。当轮齿在齿顶处啮合时，处于双对齿啮合区，此时弯矩的力臂虽然最大，但力并不是最大，因此弯矩并不是最大。根据分析，齿根所受的最大弯矩发生在轮齿啮合点位于单对齿啮合区最高点。因此，齿根弯曲强度也应按载荷作用于单对齿啮合区最高点来计算。由于这种算法比较复杂，通常只用于高精度的齿轮传动，如 6 级精度以上的齿轮传动。对于制造精度较低的齿轮传动（如 7~9 级精度），由于制造误差大，实际上多由在齿顶处啮合的轮齿分担较多的载荷，为便于计算，通常按全部载荷作用于齿顶来计算齿根的弯曲强度。当然，采用这样的算法，齿轮的弯曲强度比较富余。将轮齿看作宽度为 b 的悬臂梁，用切线法可确定齿根危险截面：如图 9-20 所示，作与轮齿对称线成 30°角并与齿根过渡圆弧相切的两条切线，则过两切点并平行于齿轮轴线的截面即为齿根危险截面。作用于齿顶的法向力 p_{ca} 可分解为相互垂直的两个分力：切向分力 $p_{ca}\cos\gamma$ 和径向分力 $p_{ca}\sin\gamma$，切向分力使齿根产生弯曲应力和切应力，径

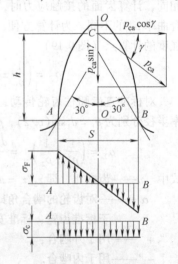

图 9-20　齿根应力分析图

第9章 齿轮传动

向分力使齿根产生压应力。疲劳裂纹往往从齿根受拉一侧开始，其中切应力和压应力相对弯曲应力所起作用均很小。所以，齿根弯曲疲劳强度计算时一般只考虑弯曲应力，对切应力、压应力以及齿根过渡曲线处应力集中效应的影响，用应力修正系数 Y_{Sa} 予以修正，其值查表 9-8。

由材料力学知，较低精度直齿轮传动齿根危险截面处的弯曲应力为

$$\sigma_F = \frac{M}{W} = \frac{p_{ca}h\cos\gamma}{\frac{bS^2}{6}} = \frac{F_t}{b}\frac{6h\cos\gamma}{S^2\cos\alpha}Y_{Sa} = \frac{2KT_1}{bd_1m}\frac{6\frac{h}{m}\cos\gamma}{\left(\frac{S}{m}\right)^2\cos\alpha}Y_{Sa} \quad (9\text{-}15)$$

式中 h——弯曲力臂（mm）；
　　S——危险截面厚度（mm）；
　　γ——载荷作用角（°）；
　　K——考虑到齿轮工作时附加载荷的影响计入的载荷系数 $K = K_A K_v K_\alpha K_\beta$。

令

$$Y_{Fa} = \frac{6\frac{h}{m}\cos\gamma}{\left(\frac{S}{m}\right)^2\cos\alpha} \quad (9\text{-}16)$$

Y_{Fa} 为载荷作用于齿顶时的齿形系数，用以考虑齿廓形状对齿根弯曲应力 σ_F 的影响。凡影响齿廓形状的参数（如 z、x、α 等）都影响 Y_{Fa}，而与模数无关。Y_{Fa} 值可由表 9-8 查取。Y_{Fa} 小的齿轮抗弯曲强度高。将 Y_{Fa} 代入式（9-15）后，可得到齿根危险截面的弯曲疲劳的强度校核公式

$$\sigma_F = \frac{2KT_1}{bd_1m}Y_{Fa}Y_{Sa} \leq [\sigma_F] \quad (9\text{-}17)$$

将 $b = \varphi_d d_1$，$d_1 = mz_1$ 代入式（9-17）得弯曲疲劳强度的校核公式

$$\sigma_F = \frac{2KT_1}{bd_1m}Y_{Fa}Y_{Sa} = \frac{2KT_1}{\varphi_d m^3 z_1^2}Y_{Fa}Y_{Sa} \leq [\sigma_F] \quad (9\text{-}18)$$

式中 φ_d——齿宽系数；
　　b——大齿轮齿宽（mm）。

由此可得齿根弯曲疲劳强度的设计公式

$$m \geq \sqrt[3]{\frac{2KT_1Y_{Fa}Y_{Sa}}{\varphi_d z_1^2[\sigma_F]}} \quad (9\text{-}19)$$

在齿根弯曲疲劳强度计算中，$z_1 \neq z_2$ 时，配对齿轮的齿形系数 Y_{Fa}、应力修正系数 Y_{Sa} 均不相等，所以 $\sigma_{F1} \neq \sigma_{F2}$，许用弯曲应力 $[\sigma_{F1}]$ 和 $[\sigma_{F2}]$ 也可能不相同，设计时取 $Y_{Fa1}Y_{Sa1}/[\sigma_{F1}]$、$Y_{Fa2}Y_{Sa2}/[\sigma_{F2}]$ 中大值代入公式计算。

表 9-8　齿形系数 Y_{Fa} 及应力修正系数 Y_{Sa}

$z\ (z_v)$	17	18	19	20	21	22	23	24	25	26	27	28	29
Y_{Fa}	2.97	2.91	2.85	2.80	2.76	2.72	2.69	2.65	2.62	2.60	2.57	2.55	2.53
Y_{Sa}	1.52	1.53	1.54	1.55	1.56	1.57	1.575	1.58	1.59	1.595	1.60	1.61	1.62
$z\ (z_v)$	30	35	40	45	50	60	70	80	90	100	150	200	∞
Y_{Fa}	2.52	2.45	2.40	2.35	2.32	2.28	2.24	2.22	2.20	2.18	2.14	2.12	2.06
Y_{Sa}	1.625	1.65	1.67	1.68	1.70	1.73	1.75	1.77	1.78	1.79	1.83	1.865	1.97

注：1. 基准齿形的参数为 $\alpha = 20°$、$h_a^* = 1$、$c^* = 0.25$、曲率半径 $\rho = 0.38m$（m 为齿轮模数）。
　　2. 对内齿轮：当 $\alpha = 20°$，$h_a^* = 1$，$c^* = 0.25$，$\rho = 0.15m$ 时，齿形系数 $Y_{Fa} = 2.65$，$Y_{Sa} = 2.65$。

当用设计公式计算 d_1 或 m 时，K 中 K_v、K_β 未知，应先初选 $K = 1.2 \sim 1.7$ 代入公式计算，得到 d_1 或 m，再查出 K_v、K_β，计算出 K，然后按下式校正 d_{1t} 或 m_t。

$$d_1 = d_{1t} \sqrt[3]{\frac{K}{K_t}} \tag{9-20}$$

$$m = m_t \sqrt[3]{\frac{K}{K_t}} \tag{9-21}$$

9.5.4 齿轮传动主要参数和传动精度的选择

1. 齿轮传动主要参数的选择

（1）齿数比 u　为了避免齿轮传动的尺寸过大，齿数比 u 不宜过大，一般取 $u \leq 7$。当要求传动比大时，可以采用两级或多级齿轮传动。

（2）压力角 α　由机械原理可知，增大压力角 α，轮齿的齿厚及节点处的曲率半径随之增加，可提高齿轮传动的弯曲疲劳强度及接触疲劳强度。对一般用途的齿轮传动规定标准压力角 $\alpha = 20°$，航空用齿轮传动可取 $\alpha = 25°$。

（3）模数 m 和小齿轮齿数 z_1　模数 m 直接影响齿根弯曲强度，而对齿面接触强度没有直接影响。用于传递动力的齿轮，一般应使 $m > 1.5 \sim 2\text{mm}$，以防止过载时轮齿突然折断。齿数 z_1 对于软齿面的闭式传动，在满足弯曲疲劳强度的条件下，宜采用较多齿数，一般取 $z_1 = 20 \sim 40$。因为当中心距确定后，齿数多，则总重合度大，可提高传动的平稳性。对于硬齿面的闭式传动，首先应具有足够大的模数以保证齿根弯曲强度，为减小传动尺寸，宜取较少齿数，但要避免发生根切，一般取 $z_1 = 17 \sim 20$。

标准直齿轮 $z_{\min} \geq 17$，若允许轻微根切或采用变位齿轮，$z_{\min}$ 可以少到 14 或更少。

在满足传动要求的前提下，应尽量使 z_1、z_2 均为质数，至少不要成整数比，以使所有轮齿磨损均匀并有利于减小振动。

（4）齿宽系数 φ_d　齿宽系数是大齿轮齿宽 b_2 和小齿轮分度圆直径 d_1 之比，增大齿宽系数，可减小齿轮传动装置的径向尺寸，降低齿轮的圆周速度。但是齿宽越大，载荷分布越不均匀。根据 d_1 和 φ_d 可计算齿宽 b（$b = \varphi_d d_1$），计算结果应加以圆整。小齿轮齿宽取 $b_1 = b_2 + (5 \sim 10)\text{mm}$，以便于补偿加工与装配误差。齿宽系数 φ_d 见表9-9。

表9-9　齿宽系数 φ_d

小齿轮相对轴承位置	φ_d
对称布置	0.9 ~ 1.4（1.2 ~ 1.9）
非对称布置	0.7 ~ 1.15（1.1 ~ 1.65）
悬臂布置	0.4 ~ 0.6

注：1. 大、小齿轮为硬齿面时，φ_d 应取表中下限值。若都为软齿面或大齿轮为软齿面时，φ_d 应取表中偏上限的数值。
2. 括号内的数值用于人字齿轮，此时 b 为人字齿轮的总宽度。
3. 金属切削机床的齿轮传动，若传递的功率不大，φ_d 可小到 0.2。
4. 非金属齿轮可取 $\varphi_d = 0.5 \sim 1.2$。

2. 齿轮精度的选择

渐开线圆柱齿轮标准（GB/T 10095.1—2008 和 GB/T 10095.2—2008）中，规定了 13 个精度等级，0 级精度最高，12 级最低。一般机械中常用 6~9 级。高速、分度等要求高的齿轮传动用 6 级，对精度要求不高的低速齿轮可用 9 级。根据误差特性及它们对传动性能的影响，齿轮每个精度等级的公差划分为三个公差组，即第Ⅰ公差组（影响运动准确性），第Ⅱ公差组（影响传动平稳性），第Ⅲ公差组（影响载荷分布均匀性）。一般情况下，可选三个公差组为同一精度等级，也可以根据使用要求的不同，选择不同精度等级的公差组组合。

齿轮传动精度等级（第Ⅱ公差组及其应用）见表9-10。

表9-10 齿轮传动精度等级（第Ⅱ公差组及其应用）

精度等级	齿面硬度 HBW	圆周速度 v/(m/s)			应用举例
		直齿圆柱齿轮	斜齿圆柱齿轮	直齿锥齿轮	
6	≤350	≤18	≤36	≤9	高速重载的齿轮传动，如机床、汽车中的重要齿轮、分度机构的齿轮、高速减速器的齿轮等
	>350	≤15	≤30		
7	≤350	≤12	≤25	≤6	高速中载或中速重载的齿轮传动，如标准系列减速器的齿轮、机床和汽车变速箱（器）中的齿轮等
	>350	≤10	≤20		
8	≤350	≤6	≤12	≤3	一般机械中的齿轮传动，如机床、汽车和拖拉机中的一般齿轮、起重机械中的齿轮、农业机械中的重要齿轮等
	>350	≤5	≤9		
9	≤350	≤4	≤8	≤2.5	低速重载的齿轮、低精度机械中的齿轮等
	>350	≤3	≤6		

注：第Ⅰ、Ⅲ公差组的精度等级参阅有关手册，一般第Ⅲ公差组的精度等级不低于第Ⅱ公差组的精度等级。

例题9-1 试设计带式输送机减速器的高速级齿轮传动。已知输入功率 $P_1=10kW$，小齿轮转速 $n_1=960r/min$，齿数比 $u=3.2$，由电动机驱动，工作寿命为15年（设每年工作300天），两班制，带式输送机工作平稳、转向不变。

解：

设计项目	设计依据及内容	设计结果
1. 选择齿轮材料、热处理方法、精度等级、齿数 z_1、z_2 及齿宽系数 φ_d	考虑到该减速器的功率不大，故小齿轮选用材料为40Cr（调质），硬度为280HBW；大齿轮材料为45钢（调质），硬度为240HBW，两者材料硬度差为40HBW 载荷平稳，齿轮速度不高，初选7级精度。取 $z_1=24$，则大齿轮齿数 $z_2=3.2\times24=76.8$，取 $z_2=77$。查表9-9，取齿宽系数 $\varphi_d=1$	大齿轮为45钢调质处理，小齿轮40Cr（调质），齿面硬度分别为240HBW、280HBW，7级精度。$z_1=24$，$z_2=77$，$\varphi_d=1$
2. 按齿面接触疲劳强度设计 （1）确定公式中各参数 1）载荷系数 K_t 2）转矩 T_1 3）接触疲劳极限应力 σ_{Hlim1}、σ_{Hlim2} 4）应力循环次数	该传动为闭式软齿面，主要失效形式为疲劳点蚀，故按齿面接触疲劳强度设计，再按齿根弯曲疲劳强度校核 设计公式 $$d_1 \geq \sqrt[3]{\frac{2KT_1}{\varphi_d}\left(\frac{Z_E Z_H}{[\sigma_H]}\right)^2 \frac{u\pm1}{u}}$$ 试选 $K_t=1.3$ $T_1=\frac{95.5\times10^5 P_1}{n_1}=\frac{95.5\times10^5\times10}{960}N\cdot mm$ $=9.948\times10^4 N\cdot mm$ $[\sigma_H]=\frac{\sigma_{Hlim}}{S_H}K_{HN}$ 按齿面硬度中间值查图9-11得 $\sigma_{Hlim1}=600MPa$，$\sigma_{Hlim2}=550MPa$ 按一年工作300天计算，应力循环次数	$T_1=9.948\times10^4 N\cdot mm$ $\sigma_{Hlim1}=600MPa$ $\sigma_{Hlim2}=550MPa$

(续)

设计项目	设计依据及内容	设计结果
5) 许用接触应力 $[\sigma_{H1}]$、$[\sigma_{H2}]$	$N_1 = 60njL_h = 60 \times 960 \times 1 \times (2 \times 8 \times 300 \times 15) = 4.147 \times 10^9$ $N_2 = \dfrac{N_1}{u} = \dfrac{4.147 \times 10^9}{3.2} = 1.296 \times 10^9$ 由图 9-8 得接触疲劳寿命系数 $K_{HN1} = 0.9$，$K_{HN2} = 0.95$ 查表 9-3，取 $S_H = 1$ 则 $[\sigma_{H1}] = \dfrac{600 \times 0.9}{1} \text{MPa} = 540 \text{MPa}$ $[\sigma_{H2}] = \dfrac{550 \times 0.95}{1} \text{MPa} = 522.5 \text{MPa}$ 取 $[\sigma_H] = 522.5 \text{MPa}$	$N_1 = 4.147 \times 10^9$ $N_2 = 1.296 \times 10^9$ $[\sigma_{H1}] = 540 \text{MPa}$ $[\sigma_{H2}] = 522.5 \text{MPa}$ $[\sigma_H] = 522.5 \text{MPa}$
(2) 设计计算 1) 计算小齿轮分度圆直径 d_{1t} 2) 计算圆周速度 3) 计算载荷系数 K 4) 校正分度圆直径 d_1	标准齿轮 $Z_H = 2.5$，查表 9-7 得 $Z_E = 189.8 \sqrt{\text{MPa}}$ 将以上参数代入下式 $d_{1t} \geq \sqrt[3]{\dfrac{2KT_1}{\varphi_d}\left(\dfrac{Z_E Z_H}{[\sigma_H]}\right)^2 \dfrac{u \pm 1}{u}}$ $= \sqrt[3]{\dfrac{2 \times 1.3 \times 99480}{1} \times \left(\dfrac{189.8 \times 2.5}{522.5}\right)^2 \times \dfrac{3.2+1}{3.2}} \text{mm} = 65.396 \text{mm}$ $v = \dfrac{\pi d_{1t} n_1}{60 \times 1000} = \dfrac{\pi \times 65.396 \times 960}{60 \times 1000} \text{m/s} = 3.29 \text{m/s}$ 因 $v < 6$ m/s，故取 7 级精度合适 查表 9-4 得使用系数 $K_A = 1$；根据 $v = 3.29$ m/s，7 级精度查图 9-13 得动载系数 $K_v = 1.12$；查表 9-5 得 $K_{H\alpha} = K_{F\alpha} = 1$ $b = \varphi_d d_{1t} = 1 \times 65.396 \text{mm} = 65.396 \text{mm}$ 计算齿宽与齿高之比 b/h 模数 $m_1 = d_{1t}/z_1 = \dfrac{65.396 \text{mm}}{24} = 2.725 \text{mm}$ 齿高 $h = 2.25 m_1 = 2.25 \times 2.725 \text{mm} = 6.13 \text{mm}$ $\dfrac{b}{h} = \dfrac{65.396}{6.13} = 10.67$ 查表 9-6 用插值法查得 7 级精度，小齿轮相对支承非对称布置时，$K_{H\beta} = 1.423$ 由 $\dfrac{b}{h} = 10.67$，$K_{H\beta} = 1.423$ 查图 9-17 得 $K_{F\beta} = 1.35$；故载荷系数 $K = K_A K_v K_{H\alpha} K_{H\beta} = 1 \times 1.12 \times 1 \times 1.423 = 1.594$ $d_1 = d_{1t} \sqrt[3]{\dfrac{K}{K_t}} = 65.396 \times \sqrt[3]{\dfrac{1.594}{1.3}} \text{mm} = 69.995 \text{mm}$	$v = 3.29 \text{m/s}$ 7 级精度合适 $K_A = 1$ $K_v = 1.12$ $K_{H\alpha} = K_{F\alpha} = 1$ $K_{H\beta} = 1.423$ $K_{F\beta} = 1.35$ $K = 1.594$ $d_1 = 69.995 \text{mm}$
3. 确定主要参数 1) 模数 2) 分度圆直径 3) 中心距 4) 齿宽	$m = \dfrac{d_1}{z_1} = \dfrac{69.995}{24} \text{mm} = 2.92 \text{mm}$ 由模数系列取 $m = 3 \text{mm}$ $d_1 = z_1 m = 24 \times 3 \text{mm} = 72.00 \text{mm}$ $d_2 = z_2 m = 77 \times 3 \text{mm} = 231.00 \text{mm}$ $a = \dfrac{d_1 + d_2}{2} = \dfrac{72 + 231}{2} \text{mm} = 151.50 \text{mm}$ $b = \varphi_d d_1 = 1 \times 72 \text{mm} = 72 \text{mm}$ 取 $b_2 = 75 \text{mm}$，$b_1 = b_2 + 5 \text{mm} = 80 \text{mm}$	$m = 3 \text{mm}$ $d_1 = 72.00 \text{mm}$ $d_2 = 231.00 \text{mm}$ $a = 151.50 \text{mm}$ $b_2 = 75 \text{mm}$ $b_1 = 80 \text{mm}$

(续)

设计项目	设计依据及内容	设计结果
4. 校核弯曲疲劳强度 1) K 2) 齿形系数 Y_{Fa} 3) 应力修正系数 Y_{Sa} 4) 大、小齿轮的弯曲疲劳强度极限 σ_{Flim1}、σ_{Flim2} 5) 弯曲疲劳寿命系数 K_{FN1}、K_{FN2} 6) 许用弯曲应力 $[\sigma_{F1}]$、$[\sigma_{F2}]$ 7) 校核计算	查表 9-4 得使用系数 $K_A = 1$ 根据 $v = \dfrac{\pi d_1 n_1}{60 \times 1000} = \dfrac{3.14 \times 72 \times 960}{60 \times 1000}$ m/s = 3.62 m/s， 7 级精度查图 9-13 得动载系数 $K_v = 1.12$ 查表 9-5 得 $K_{F\alpha} = 1$ $K = K_A K_v K_{F\alpha} K_{F\beta} = 1 \times 1.12 \times 1 \times 1.35 = 1.512$ 由表 9-8 得 $Y_{Fa1} = 2.65$，$Y_{Fa2} = 2.226$，$Y_{Sa1} = 1.58$，$Y_{Sa2} = 1.764$ 弯曲疲劳许用应力 $[\sigma_F] = \dfrac{K_{FN}\sigma_{Flim}}{S_F}$ 按齿面硬度中间值查图 9-10 得 $\sigma_{FE1} = 500$MPa，$\sigma_{FE2} = 380$MPa 由图 9-9 得弯曲疲劳寿命系数 $K_{FN1} = 0.85$，$K_{FN2} = 0.88$ 查表 9-3，取 $S_F = 1.4$，则 $[\sigma_{F1}] = \dfrac{K_{FN1}\sigma_{FE1}}{S_F} = 303.57$MPa $[\sigma_{F2}] = \dfrac{K_{FN2}\sigma_{FE2}}{S_F} = 238.86$MPa $\sigma_{F1} = \dfrac{2KT_1}{bmd_1} Y_{Fa1} Y_{Sa1}$ $= \dfrac{2 \times 1.512 \times 99480}{75 \times 3 \times 72} \times 2.65 \times 1.58$ MPa $= 77.75$ MPa $< [\sigma_{F1}]$ $\sigma_{F2} = \sigma_{F1} Y_{Fa2} Y_{Sa2} : Y_{Fa1} Y_{Sa1}$ $= 73.27$ MPa $< [\sigma_{F2}]$	$K_A = 1$ $K_v = 1.12$ $K_{F\alpha} = 1$ $K_{F\beta} = 1.35$ $K = 1.512$ $\sigma_{FE1} = 500$MPa $\sigma_{FE2} = 380$MPa $K_{FN1} = 0.85$ $K_{FN2} = 0.88$ $[\sigma_{F1}] = 303.57$MPa $[\sigma_{F2}] = 238.86$MPa $\sigma_{F1} = 77.75$MPa $\sigma_{F2} = 73.27$MPa 弯曲强度足够
5. 齿轮结构设计及绘制齿轮零件图（略）		

9.6 标准斜齿圆柱齿轮传动的强度计算

9.6.1 标准斜齿圆柱齿轮传动的受力分析

图 9-21 所示为斜齿圆柱齿轮传动的受力分析，当主动齿轮上作用转矩 T_1 时，若忽略接触面的摩擦力，齿轮上的法向力 F_n 作用在垂直于齿面的法向平面，将 F_n 在分度圆上分解为相互垂直的三个分力，即圆周力 F_t、径向力 F_r 和轴向力 F_a。各力的大小为

$$\left. \begin{aligned} F_t &= \dfrac{2T_1}{d_1} \\ F_r &= \dfrac{F_t \tan\alpha_n}{\cos\beta} \\ F_a &= F_t \tan\beta \\ F_n &= \dfrac{F_t}{(\cos\alpha_n \cos\beta)} \end{aligned} \right\} \quad (9\text{-}22)$$

式中 β——螺旋角（°）；
α_n——法向压力角（°），标准齿轮 $\alpha_n = 20°$。

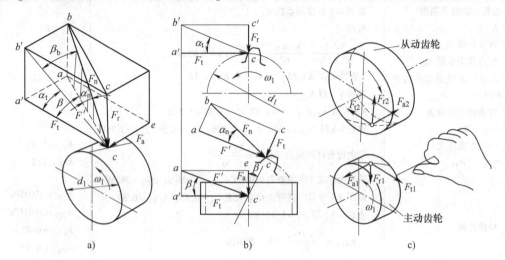

图 9-21 斜齿圆柱齿轮传动的受力分析

对标准斜齿圆柱齿轮传动而言，有 $F_{t1} = -F_{t2}$、$F_{a1} = -F_{a2}$、$F_{r1} = -F_{r2}$。圆周力和径向力方向的判断与直齿圆柱齿轮相同。轴向力 F_a 的方向取决于齿轮的回转方向和轮齿的旋向，可用"主动齿轮左、右手定则"来判断。即当主动齿轮右旋时所受轴向力的方向用右手判断，四指沿齿轮旋转方向握轴，伸直大拇指，大拇指所指即为主动齿轮所受轴向力的方向。从动齿轮所受轴向力与主动齿轮的大小相等、方向相反。

由式（9-22）可知，轮齿上的轴向力 F_a 与螺旋角 β 有关，β 越大，则 F_a 越大。为了避免支承齿轮的轴承承受过大的轴向力，斜齿圆柱齿轮的螺旋角不宜选得过大，β 一般取 $8° \sim 20°$，人字齿轮可大些，一般为 $20° \sim 40°$。

9.6.2 齿面接触疲劳强度计算

斜齿圆柱齿轮传动的强度计算是按轮齿的法面进行分析的，即按其当量直齿圆柱齿轮进行分析推导的，但与直齿圆柱齿轮传动相比应注意以下几点：①节点处的曲率半径应在法面内计算，节点区域系数 Z_H 的计算公式也不同于标准直齿圆柱齿轮传动；②斜齿圆柱齿轮啮合的接触线是倾斜的，有利于提高接触疲劳强度，故引进螺旋角系数 $Z_\beta = \sqrt{\cos\beta}$ 以考虑其影响；③因斜齿圆柱齿轮传动的总重合度较大（一般可大于2），同时啮合的齿对数较多，因此引入重合度系数 Z_ε 以考虑总重合度的影响。考虑以上不同点，由式（9-13）可导出斜齿圆柱齿轮传动齿面接触疲劳强度的校核公式

$$\sigma_H = Z_E Z_H Z_\varepsilon Z_\beta \sqrt{\frac{2KT_1(u \pm 1)}{bd_1^2 u}} \leqslant [\sigma_H] \tag{9-23}$$

式中 Z_E——材料系数；

Z_H——节点区域系数，标准安装 $Z_H = \sqrt{2\cos\beta_b/\sin\alpha_t\cos\alpha_t}$，可查图 9-22；

Z_ε——重合度系数，以考虑总重合度的影响，一般取 $Z_\varepsilon = 0.75 \sim 0.88$，齿数多时取小值，反之取大值（并应考虑齿间载荷分配不均的影响，一般取齿间载荷分配系数 $K_\alpha = 1 \sim 1.4$，齿轮制造精度低、硬齿面时取大值；精度高、软齿面时取小值）。

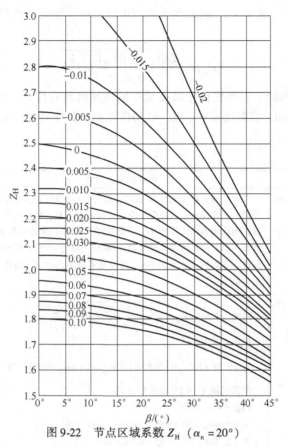

图 9-22 节点区域系数 Z_H ($\alpha_n = 20°$)

将齿宽系数 $b = \varphi_d d_1$，$d_1 = m_n z_1/\cos\beta$ 代入式 (9-23) 中，则有斜齿圆柱齿轮齿面接触疲劳强度的设计公式

$$d = \sqrt[3]{\frac{2KT_1}{\varphi_d}\left(\frac{Z_E Z_H Z_\varepsilon Z_\beta}{[\sigma_H]}\right)^2 \frac{u \pm 1}{u}} \tag{9-24}$$

因斜齿轮啮合的接触线是倾斜的，故其齿面接触疲劳强度应同时取决于大、小齿轮，传动的许用接触应力可取 $[\sigma_H] = ([\sigma_{H1}] + [\sigma_{H2}])/2$（若 $[\sigma_H] > 1.23[\sigma_{H2}]$，则取 $[\sigma_H] = 1.23[\sigma_{H2}]$，$[\sigma_{H2}]$ 为较软齿面的许用接触应力）。

9.6.3 齿根弯曲疲劳强度计算

斜齿轮的强度计算与直齿轮相似，但斜齿轮齿面上的接触线是倾斜的，故轮齿往往局部折断，其计算按法平面当量直齿轮进行、以法向参数为依据。另外，斜齿圆柱齿轮接触线较长、总重合度增大，故其计算公式与直齿轮的公式有所不同，其强度公式中引入重合度系数 Y_ε 和螺旋角系数 Y_β，并以法向模数 m_n 代替 m，则弯曲疲劳强度的校核公式为

$$\sigma_F = \frac{KF_t}{bm_n} Y_{Fa} Y_{Sa} Y_\varepsilon Y_\beta = \frac{2KT_1}{bd_1 m_n} Y_{Fa} Y_{Sa} Y_\varepsilon Y_\beta \leq [\sigma_F] \tag{9-25}$$

式中 Y_β——螺旋角系数，$Y_\beta = 0.85 \sim 0.92$，β 角大时取小值，反之取大值；

Y_{Fa}、Y_{Sa}——齿形系数和应力修正系数，按当量齿数 $z_v = z/\cos^3\beta$ 查表 9-8；

Y_ε——重合度系数，一般可取 $Y_\varepsilon = 0.63 \sim 0.87$，端面重合度大时取小值，反之取大值。

将齿宽系数 $b = \varphi_d d_1$，$d_1 = m_n z_1/\cos\beta$ 代入式（9-25）中，则有斜齿圆柱齿轮弯曲疲劳强度的设计公式

$$m_n \geq \sqrt[3]{\frac{2KT_1 \cos^2\beta Y_{Fa} Y_{Sa} Y_\varepsilon Y_\beta}{\varphi_d z_1^2 [\sigma_F]}} \tag{9-26}$$

例题 9-2 设计一两级斜齿圆柱齿轮减速器中的高速级齿轮传动。已知输入功率 $P = 10\text{kW}$，小齿轮转速 $n_1 = 960\text{r/min}$，齿数比 $u = 3.15$，电动机驱动，工作寿命 48000h，工作平稳，齿轮转向不变，要求结构紧凑。

解：

设计项目	设计依据及内容	设计结果
1. 选择齿轮材料、热处理方法、精度等级、齿数 z_1 与 z_2、齿宽系数 φ_d 并初选螺旋角 β	考虑此减速器要求结构紧凑，故大、小齿轮均用 40Cr 调质处理后表面淬火；因载荷平稳，齿轮速度不高，故初选 7 级精度；闭式硬齿面齿轮传动，考虑传动平稳性，齿数宜取多些，选 $z_1 = 25$，$z_2 = uz_1 = 3.15 \times 25 = 78.75$（取 $z_2 = 79$）；按硬齿面齿轮、非对称安装查表 9-9，选齿宽系数 $\varphi_d = 0.8$；初选螺旋角 $\beta = 13°$	大、小齿轮均用 40Cr 调质处理后表面淬火，齿面硬度为 48～55HRC，8 级精度；$z_1 = 25$，$z_2 = 79$，$\varphi_d = 0.8$；$\beta = 13°$
2. 按齿根弯曲疲劳强度设计 （1）确定公式中各参数值 1）载荷系数 K_t 2）小齿轮传递的转矩 3）大、小齿轮的弯曲疲劳强度极限 σ_{Flim1}、σ_{Flim2} 4）应力循环次数 5）弯曲疲劳寿命系数 K_{FN1}、K_{FN2} 6）计算许用弯曲应力 7）查取齿形系数和应力修正系数 8）计算大小齿轮的 $\dfrac{Y_{Fa}Y_{Sa}}{\sigma_F}$ 并加以比较 9）重合度系数 Y_ε 及螺旋角系数 Y_β （2）设计计算 1）试算齿轮模数 m_{nt} 2）计算圆周速度 v 3）计算载荷系数 4）校正并确定模数 m_n	由式（9-26） $m_{nt} \geq \sqrt[3]{\dfrac{2KT_1 \cos^2\beta Y_\varepsilon Y_\beta}{\varphi_d z_1^2} \cdot \dfrac{Y_{Fa}Y_{Sa}}{[\sigma_F]}}$ 试选 $K_t = 1.5$ $T_1 = 9.55 \times 10^6 \dfrac{P_1}{n_1} = 9.55 \times 10^6 \times \dfrac{10}{960} \text{N} \cdot \text{mm} = 99479.17\text{N} \cdot \text{mm}$ 按齿面硬度中间值查图 9-10 得 $\sigma_{FE1} = \sigma_{FE2} = 380\text{MPa}$ $N_1 = 60njL_h = 60 \times 960 \times 48000 = 2.765 \times 10^9$ $N_2 = 2.765 \times 10^9/3.15 = 8.78 \times 10^8$ 由图 9-9 得弯曲疲劳寿命系数 $K_{FN1} = 0.88$，$K_{FN2} = 0.90$ 查表 9-3 得 $S_F = 1.4$，则 $[\sigma_{F1}] = \dfrac{K_{FN1}\sigma_{FE1}}{S_F} = \dfrac{380\text{MPa} \times 0.88}{1.4} = 238.86\text{MPa}$ $[\sigma_{F2}] = \dfrac{K_{FN2}\sigma_{FE2}}{S_F} = 380\text{MPa} \times \dfrac{0.90}{1.4} = 244.29\text{MPa}$ 根据当量齿数 $z_{v1} = \dfrac{z_1}{\cos^3\beta} = \dfrac{25}{\cos^3 13°} = 27.03$ $z_{v2} = \dfrac{z_2}{\cos^3\beta} = \dfrac{79}{\cos^3 13°} = 85.39$ 由表 9-8 查取齿形系数和应力修正系数 $\dfrac{Y_{Fa1}Y_{Sa1}}{[\sigma_{F1}]} = \dfrac{2.57 \times 1.60}{238.86} = 0.0172$ $\dfrac{Y_{Fa2}Y_{Sa2}}{[\sigma_{F2}]} = \dfrac{2.21 \times 1.78}{244.29} = 0.016$ 取 $Y_\varepsilon = 0.7$，$Y_\beta = 0.86$ $m_{nt} \geq \sqrt[3]{\dfrac{2 \times 1.5 \times 99479.17 \times \cos^2 13° \times 0.7 \times 0.86}{0.8 \times 25^2} \times \dfrac{2.57 \times 1.60}{238.86}}\text{mm}$ $= 1.7\text{mm}$ $v = \dfrac{\pi m_{nt} z_1 n_1}{60 \times 1000 \cos\beta} = \dfrac{\pi \times 1.70 \times 25 \times 960}{60 \times 1000 \cos 13°}\text{m/s} = 2.2\text{m/s}$	$K_t = 1.5$ $T_1 = 99479.17\text{N} \cdot \text{mm}$ $\sigma_{FE1} = 380\text{MPa}$ $\sigma_{FE2} = 380\text{MPa}$ $N_1 = 2.765 \times 10^9$ $N_2 = 8.78 \times 10^8$ $K_{FN1} = 0.88$ $K_{FN2} = 0.90$ $Y_{Fa1} = 2.57$，$Y_{Fa2} = 2.21$ $Y_{Sa1} = 1.60$，$Y_{Sa2} = 1.78$ $\dfrac{Y_{Fa1}Y_{Sa1}}{[\sigma_{F1}]} > \dfrac{Y_{Fa2}Y_{Sa2}}{[\sigma_{F2}]}$，故按小齿轮进行齿根弯曲疲劳强度设计 $Y_\varepsilon = 0.7$，$Y_\beta = 0.86$ $m_{nt} \geq 1.70\text{mm}$ $v = 2.2\text{m/s}$

(续)

设 计 项 目	设 计 依 据 及 内 容	设 计 结 果
（3）计算齿轮传动几何尺寸 1）中心距 a 2）螺旋角 β 3）两分度圆直径 d_1、d_2 4）齿宽 b_1、b_2	查表 9-4 得 $K_A=1$，根据 $v=2.2\text{m/s}$、7 级精度，查图 9-13 得 $K_v=1.08$；查表 9-5 得 $K_{F\alpha}=1.2$ $d_{1t}=\dfrac{m_{nt}z_1}{\cos\beta}=\dfrac{1.70\text{mm}\times25}{\cos13°}=43.81\text{mm}$ $b_t=\varphi_d d_{1t}=0.8\times43.81\text{mm}=34.25\text{mm}$ $h_t=(h_{an}^*+c_{an}^*)m_n=1.25\times1.70\text{mm}=2.13\text{mm}$ $\dfrac{b_t}{h_t}=\dfrac{34.25}{2.13}=14.89$ 由表 9-6 得 $K_{H\beta}=2.07$ 查图 9-17 得 $K_{F\beta}=2.0$ $K=K_A K_v K_{F\alpha} K_{F\beta}=1\times1.08\times1.2\times2=2.376$ $m_n=m_{nt}\sqrt[3]{\dfrac{K}{K_t}}=1.70\text{mm}\times\sqrt[3]{\dfrac{2.376}{1.5}}=1.98\text{mm}$ $a=\dfrac{m_n}{2\cos\beta}(z_1+z_2)=\dfrac{2}{2\cos13°}(25+79)\text{mm}=106.78\text{mm}$ $\beta=\arccos\dfrac{m_n(z_1+z_2)}{2a}=\arccos\dfrac{2\times(25+79)}{2\times108}=15.64°$ $d_1=\dfrac{m_n z_1}{\cos\beta}=\dfrac{2\times25}{\cos15.64°}\text{mm}=51.92\text{mm}$ $d_2=\dfrac{m_n z_2}{\cos\beta}=\dfrac{2\times79}{\cos15.64°}\text{mm}=164.07\text{mm}$ $b_1=\varphi_d d_1=0.8\times51.92\text{mm}=41.54\text{mm}$ $b_2=b_1+(5\sim10)\text{mm}=41.54\text{mm}+(5\sim10)\text{mm}$	$K_A=1$，$K_v=1.08$ $K_{F\alpha}=1.2$ $K_{H\beta}=2.07$，$K_{F\beta}=2$ $K=2.376$ 取 $m_n=2\text{mm}$ 圆整 $a=108\text{mm}$ $\beta=15.64°=15°38'24''$ $d_1=51.92\text{mm}$ $d_2=164.07\text{mm}$ 取 $b_1=45\text{mm}$ $b_2=50\text{mm}$
3. 校核齿面接触疲劳强度 （1）确定公式中各参数值 1）大、小齿轮的接触疲劳强度极限 σ_{Hlim1}、σ_{Hlim2} 2）接触疲劳寿命系数 K_{HN1}、K_{HN2} 3）计算许用接触应力 4）节点区域系数 Z_H 5）重合度系数 Z_ε 6）螺旋角系数 Z_β 7）材料系数 Z_E	由式（9-23），$\sigma_H=Z_E Z_H Z_\varepsilon Z_\beta\sqrt{\dfrac{2KT_1}{bd_1^2}\dfrac{(u\pm1)}{u}}\leq[\sigma_H]$ 按齿面硬度查图 9-11 得大、小齿轮的接触疲劳强度极限 $\sigma_{Hlim1}=\sigma_{Hlim2}=1170\text{MPa}$ 查图 9-8 得 $K_{HN1}=0.89$，$K_{HN2}=0.92$ 由表 9-3 得 $S_H=1.1$，则 $[\sigma_{H1}]=\dfrac{K_{HN1}\sigma_{Hlim1}}{S_H}=0.89\times\dfrac{1170\text{MPa}}{1.1}=946.64\text{MPa}$ $[\sigma_{H2}]=\dfrac{K_{HN2}\sigma_{Hlim2}}{S_H}=0.92\times\dfrac{1170\text{MPa}}{1.1}=978.55\text{MPa}$ $[\sigma_H]=\dfrac{[\sigma_{H1}]+[\sigma_{H2}]}{2}=\dfrac{(946.64+978.55)}{2}\text{MPa}$ $=962.6\text{MPa}$ 查图 9-22 得节点区域系数 $Z_H=2.44$ 重合度系数 $Z_\varepsilon=0.8$ 螺旋角系数 $Z_\beta=\sqrt{\cos\beta}=\sqrt{\cos15.64°}=0.98$ 查表 9-7 得材料系数 $Z_E=189.8\sqrt{\text{MPa}}$ 查表 9-4 得 $K_A=1$ 根据 $v=\dfrac{\pi d_1 n_1}{60\times1000}=\dfrac{3.14\times51.92\times960}{60\times1000}\text{m/s}=2.61\text{m/s}$、7 级精度，查图 9-13 得 $K_v=1.1$；查表 9-5 得 $K_{F\alpha}=1.2$；由表 9-6 得 $K_{H\beta}=1.29$	$\sigma_{Hlim1}=\sigma_{Hlim2}=1170\text{MPa}$ $K_{HN1}=0.89$ $K_{HN2}=0.92$ $[\sigma_{H1}]=946.64\text{MPa}$ $[\sigma_{H2}]=978.55\text{MPa}$ $[\sigma_H]=962.6\text{MPa}$ $Z_H=2.44$ $Z_\varepsilon=0.8$ $Z_\beta=0.98$ $Z_E=189.8\sqrt{\text{MPa}}$

设计项目	设计依据及内容	设计结果
（2）校核计算	$K = K_A K_v K_{H\alpha} K_{H\beta} = 1 \times 1.1 \times 1.2 \times 1.29 = 1.7$ $\sigma_H = Z_E Z_H Z_\varepsilon Z_\beta \sqrt{\dfrac{2KT_1}{bd_1^2} \dfrac{(u \pm 1)}{u}} \leqslant [\sigma_H]$ $= 189.8 \times 2.44 \times 0.8 \times 0.98 \times \sqrt{\dfrac{2 \times 1.7 \times 99479.17}{45 \times 51.92^2} \dfrac{(3.15+1)}{3.15}}$ MPa $= 220.91$ MPa	$\sigma_H = 220.91$ MPa $\leqslant [\sigma_H]$ 接触疲劳强度满足要求
4. 齿轮结构设计及绘制齿轮零件图（略）		

9.7 标准直齿锥齿轮传动的强度计算

如图 9-23 所示，锥齿轮用于传递两个相交轴之间的运动和动力，有直齿、斜齿、曲线齿之分。两轴交角可为任意角度，最常用的是 90°。下面介绍应用最多的两轴交角为 90° 的标准直齿锥齿轮传动的设计计算。

直齿锥齿轮的轮齿沿齿宽方向各处截面大小不等，受力后不同截面的弹性变形不同，引起载荷分布不均，受力分析和强度计算都非常复杂。为简化计算，强度计算时，以锥齿轮的当量圆柱齿轮（以下简称当量齿轮）为计算依据，将其参数代入直齿圆柱齿轮的强度计算公式，即可得到直齿锥齿轮的强度计算公式。

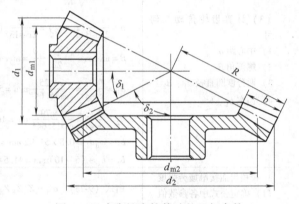

图 9-23 直齿锥齿轮传动的几何参数

9.7.1 标准直齿锥齿轮传动的受力分析

国家标准规定直齿锥齿轮以大端参数为标准，故强度计算公式中的几何参数应为大端参数。标准直齿锥齿轮的几何参数如下。

(1) 大端直径 $d = mz$。

(2) 分锥角 $\delta = \arctan \dfrac{z_1}{z_2}$。

(3) 齿数比 $u = \dfrac{z_2}{z_1} = \dfrac{d_2}{d_1} = \tan\delta_2$。

(4) 锥距 $R = \dfrac{1}{2}\sqrt{d_1^2 + d_2^2} = \dfrac{d_1}{2}\sqrt{u^2+1}$。

(5) 齿宽系数 $\phi_R = \dfrac{b}{R} = 0.2 \sim 0.35$。

(6) 齿宽中点处分度圆直径 $d_m = d(1 - 0.5\phi_R)$。

(7) 齿宽中点处模数 $m_m = m(1 - 0.5\phi_R)$。

(8) 当量齿数 $z_v = \dfrac{z}{\cos\delta}$。

(9) 当量齿数比 $u_v = \dfrac{z_{v2}}{z_{v1}} = u^2$。

一对直齿锥齿轮啮合传动时，如果不考虑摩擦力的影响，轮齿间的作用力可以近似简化为作用于齿宽中点节线的集中载荷 F_n，其方向垂直于工作齿面。图 9-24 所示为直齿锥齿轮的受力分析，轮齿间的法向作用力 F_n 可分解为三个互相垂直的分力，即圆周力 F_{t1}、径向力 F_{r1} 和轴向力 F_{a1}。各力的大小为

$$\left.\begin{array}{l} F_{t1} = \dfrac{2T_1}{d_{m1}} \\ F_{r1} = F'\cos\delta_1 = F_{t1}\tan\alpha\cos\delta_1 \\ F_{a1} = F'\sin\delta_1 = F_{t1}\tan\alpha\sin\delta_1 \\ F_n = \dfrac{F_{t1}}{\cos\alpha} \end{array}\right\} \tag{9-27}$$

圆周力的方向在主动齿轮上与回转方向相反，在从动齿轮上与回转方向相同；径向力的方向分别指向各自的轮心；轴向力的方向分别指向大端。根据作用力与反作用力的原理得主、从动齿轮上三个分力之间的关系：$F_{t1} = -F_{t2}$、$F_{r1} = -F_{a2}$、$F_{a1} = -F_{r2}$，负号表示方向相反。

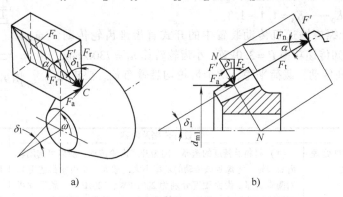

图 9-24 直齿锥齿轮的受力分析

9.7.2 齿面接触疲劳强度计算

直齿锥齿轮的失效形式及强度计算的依据与直齿圆柱齿轮基本相同，可近似按齿宽中点的一对当量直齿圆柱齿轮来考虑。将当量齿轮有关参数代入直齿圆柱齿轮齿面接触疲劳强度计算公式，则得锥齿轮齿面接触疲劳强度的计算公式

$$\sigma_H = Z_E Z_H \sqrt{\dfrac{4KT_1}{\phi_R(1-0.5\phi_R)^2 d_1^3 u}} \le [\sigma_H] \tag{9-28}$$

对于 $\alpha = 20°$ 标准直齿锥齿轮传动，$Z_H = 2.5$，则上式为

$$\sigma_H = 5Z_E \sqrt{\dfrac{KT_1}{\phi_R(1-0.5\phi_R)^2 d_1^3 u}} \le [\sigma_H] \tag{9-29}$$

$$d_1 \ge 2.92 \sqrt[3]{\dfrac{4KT_1}{\phi_R(1-0.5\phi_R)^2 u}\left(\dfrac{Z_E}{[\sigma_H]}\right)^2} \tag{9-30}$$

式中 Z_E——齿轮材料系数（$\sqrt{\text{MPa}}$），见表 9-7；

Z_H——节点区域系数，标准齿轮正确安装时 $Z_H = 2.5$；

[σ_H]——许用应力（MPa），确定方法与直齿圆柱齿轮相同。

9.7.3 齿根弯曲疲劳强度计算

将当量齿轮有关参数代入直齿圆柱齿轮齿根弯曲疲劳强度计算公式，则得锥齿轮齿根弯曲疲劳强度的计算公式

$$\sigma_F = \frac{4KT_1}{\phi_R(1-0.5\phi_R)^2 z_1^2 m^3 \sqrt{u^2+1}} Y_{Fa}Y_{Sa} \leq [\sigma_F] \tag{9-31}$$

$$m \geq \sqrt[3]{\frac{4KT_1}{\phi_R(1-0.5\phi_R)^2 z_1^2 [\sigma_F]\sqrt{u^2+1}} Y_{Fa}Y_{Sa}} \tag{9-32}$$

式中　　Y_{Fa}、Y_{Sa}——根据当量齿数 z_v（$z_v = z/\cos\delta$）由表 9-8 查得；

[σ_F]——许用弯曲应力（MPa），确定方法与直齿圆柱齿轮相同；

载荷系数 K——$K = K_A K_v K_\beta$，使用系数 K_A 查表 9-4；

动载系数 K_v——K_v 按图 9-13 中低一级的精度线及齿宽中点的圆周速度 v_m 查取；

齿向载荷分布系数 K_β——$K_\beta = 1.1 \sim 1.3$。

例题 9-3　设计螺旋输送机传动装置中的开式直齿锥齿轮传动，如图 9-25 所示。已知传递功率 $P = 3.0$ kW，小齿轮转速 $n_1 = 730$ r/min，传动比 $i = 2.4$，单向传动、载荷平稳，两个齿轮均悬臂布置，要求使用寿命为 20000h。

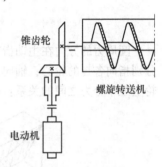

图 9-25　例题 9-3 图

解：

设计项目	设计依据及内容	设计结果
1. 选择齿轮材料、热处理方法及精度等级、齿数	（1）材料及精度的选择　因为开式齿轮传动，所以可选用软齿面齿轮。考虑到该传动的功率不大，故大、小齿轮都选用 45 钢调质处理，齿面硬度分别为 200HBW、220HBW，属于软齿面闭式传动，载荷平稳，齿轮速度不高，选择 8 级精度 （2）齿数的选择　由于开式齿轮传动，选择 $z_1 = 19$，$z_2 = i z_1 = 2.4 \times 19 = 45.6$ 得 $z_2 = 46$，$u = \dfrac{z_2}{z_1} = \dfrac{46}{19} = 2.42 \approx i$，可以	小齿轮齿面硬度 220HBW 大齿轮齿面硬度 200HBW 选择 8 级精度 $z_1 = 19$ $z_2 = 46$
2. 按齿根弯曲疲劳强度进行设计	对于开式齿轮传动，主要失效形式是齿面的磨损。因此，可只按抗弯强度的计算公式确定模数，并将求得的值加大 10%～20%，以考虑磨损的影响 $$m \geq \sqrt[3]{\frac{4KT_1}{\phi_R(1-0.5\phi_R)^2 z_1^2 [\sigma_F]\sqrt{u^2+1}} Y_{Fa}Y_{Sa}}$$ 确定上式中各项参数 （1）确定载荷系数 K　因载荷平稳，可试选载荷系数 $K_t = 1.5$ （2）计算转矩 T_1，则　$T_1 = 9.55 \times 10^6 \dfrac{P}{n_1} = 9.55 \times 10^6 \dfrac{3}{730}$ N·mm $= 39246$ N·mm （3）确定齿宽系数 ϕ_R　锥齿轮的推荐齿宽系数 $\phi_R = 0.25 \sim 0.33$，又因悬臂布置，故选 $\phi_R = 0.25$ （4）确定齿形系数 Y_{Fa} 和应力修正系数 Y_{Sa}，则	$T_1 = 39246$ N·mm

(续)

设计项目	设计依据及内容	设计结果
	$\delta_1 = \arctan\dfrac{z_1}{z_2} = \arctan\dfrac{19}{46} = 22.443°$ $\delta_2 = 90° - 22.443° = 67.557°$ 故当量齿数为 $z_{v1} = \dfrac{z_1}{\cos\delta_1} = \dfrac{19}{\cos 22.443°} = 21$ 根据当量齿数查表9-8, 得 $Y_{Fa1} = 2.76$, $Y_{Sa1} = 1.56$ $z_{v2} = \dfrac{z_2}{\cos\delta_2} = \dfrac{46}{\cos 67.557°} = 120$ 用线性插入法在齿数为 120~150 之间的值得 $Y_{Fa2} = 2.16$, $Y_{Sa2} = 1.82$ (5) 确定弯曲许用应力 $[\sigma_F]$ 则 $N_1 = 60n_1jL_h = 60 \times 730 \times 1 \times 20000 = 8.76 \times 10^8$ $N_2 = \dfrac{N_1}{u} = \dfrac{8.76 \times 10^8}{2.4} = 3.65 \times 10^8$ 由图9-9查得弯曲疲劳寿命系数 $K_{FN1} = 0.90$, $K_{FN2} = 0.92$ 取 $S_F = 1.25$ 查图9-10 取 $\sigma_{FE1} = 240\text{MPa}$, $\sigma_{FE2} = 220\text{MPa}$ $[\sigma_{F1}] = \dfrac{K_{FN1}\sigma_{FE1}}{S_F} = \dfrac{0.90 \times 240}{1.25}\text{MPa} = 172.8\text{MPa}$ $[\sigma_{F2}] = \dfrac{K_{FN2}\sigma_{FE2}}{S_F} = \dfrac{0.92 \times 220}{1.25}\text{MPa} = 161.92\text{MPa}$ 因此有 $\dfrac{Y_{Fa1}Y_{Sa1}}{[\sigma_{F1}]} = \dfrac{2.76 \times 1.56}{172.8} = 0.025$ $\dfrac{Y_{Fa2}Y_{Sa2}}{[\sigma_{F2}]} = \dfrac{2.16 \times 1.82}{161.92} = 0.024$ $\dfrac{Y_{Fa1}Y_{Sa1}}{[\sigma_{F1}]} > \dfrac{Y_{Fa2}Y_{Sa2}}{[\sigma_{F2}]}$ 有 $m_t \geqslant \sqrt[3]{\dfrac{4KT_1}{\phi_R(1-0.5\phi_R)^2 z_1^2 [\sigma_F]\sqrt{u^2+1}} Y_{Fa}Y_{Sa}}$ $= \sqrt[3]{\dfrac{4 \times 1.5 \times 39246 \times 0.025}{0.25 \times (1-0.5 \times 0.25)^2 \times 19^2 \times \sqrt{2.42^2+1}}}\text{mm}$ $= 3.19\text{mm}$	$\delta_1 = 22°26'34''$ $\delta_2 = 67°33'26''$ $z_{v1} = 21$ $z_{v2} = 120$ $Y_{Fa1}Y_{Sa1} = 4.31$ $Y_{Fa2}Y_{Sa2} = 3.90$ $[\sigma_{F1}] = 172.8\text{MPa}$ $[\sigma_{F2}] = 161.92\text{MPa}$ $\dfrac{Y_{Fa}Y_{Sa}}{[\sigma_F]} = 0.025$ $m_t = 3.19\text{mm}$
3. 修正计算结果	1) 小锥齿轮大端分度圆直径为 $d_{1t} = m_t z_1 = 3.19\text{mm} \times 19 = 60.61\text{mm}$ 小锥齿轮的平均分度圆直径为 $d_{1m} = d_{1t}(1 - 0.5\phi_R) = 60.61\text{mm}(1 - 0.5 \times 0.25)$ $= 53.03\text{mm}$ 锥距 $R = \dfrac{d_1}{2}\sqrt{u^2+1} = \dfrac{60.61}{2}\text{mm}\sqrt{2.42^2+1} = 79.35\text{mm}$ 齿宽 $b = \phi_R R = 0.25 \times 79.35\text{mm} = 19.84\text{mm}$ 平均速度 $v_m = \dfrac{\pi d_{1m} n_1}{60 \times 1000} = \dfrac{3.14 \times 53.03 \times 730}{60 \times 1000}\text{m/s} = 2.03\text{m/s}$ 2) 根据工况特性,查表9-4, 取 $K_A = 1.0$;根据速度,查图9-13,锥齿轮按低一级选取精度,即按9级精度取 $K_v = 1.19$ 3) 取齿向载荷分布系数 $K_\beta = 1.16$	$d_{1t} = 60.61\text{mm}$ $d_{1m} = 53.03\text{mm}$ $R = 79.35\text{mm}$ $b = 19.84\text{mm}$ $v_m = 2.03\text{m/s}$

(续)

设计项目	设计依据及内容	设计结果
4. 计算载荷系数	$K = K_A K_v K_\beta = 1 \times 1.19 \times 1.16 = 1.38$ $m = m_t \sqrt[3]{\dfrac{K}{K_t}} = 3.19\text{mm} \sqrt[3]{\dfrac{1.38}{1.5}} = 3.1\text{mm}$ 因为开式齿轮传动，所以要考虑磨损的影响。因此，将模数加大10%～20%，即 $m = 3.1\text{mm}(1.1 \sim 1.2) = 3.41 \sim 3.72\text{mm}$ 由齿轮模数系列选取锥齿轮大端模数 $m = 4\text{mm}$	$K = 1.38$ $m = 4\text{mm}$
5. 确定锥齿轮的主要尺寸	$d_1 = mz_1 = 4\text{mm} \times 19 = 76\text{mm}$ $d_2 = mz_2 = 4\text{mm} \times 46 = 184\text{mm}$ $R = \dfrac{d_1}{2}\sqrt{u^2+1} = \dfrac{76\text{mm}}{2}\sqrt{2.42^2+1} = 99.50\text{mm}$ $b = \phi_R R = 0.25 \times 99.50\text{mm} = 24.88\text{mm}$ 取齿宽 $b_1 = b_2 = 25\text{mm}$（一般取锥齿轮大、小齿轮齿宽相等） $d_{m1} = d_1(1-0.5\phi_R) = 76\text{mm}(1-0.5 \times 0.25) = 66.5\text{mm}$ $d_{m2} = d_2(1-0.5\phi_R) = 184\text{mm}(1-0.5 \times 0.25) = 161\text{mm}$ 开式齿轮不必校核	$d_1 = 76\text{mm}$ $d_2 = 184\text{mm}$ $R = 99.50\text{mm}$ $b = 25\text{mm}$ $d_{m1} = 66.5\text{mm}$ $d_{m2} = 161\text{mm}$
6. 绘制零件图（略）		

9.8 齿轮的结构设计

通过齿轮传动的强度计算，确定齿数、模数、螺旋角、分度圆直径等主要参数和尺寸后，还要通过结构设计确定齿圈、轮辐、轮毂等的结构形式及尺寸大小。齿轮的结构形式主要依据齿轮的尺寸、材料、加工工艺、经济性等因素而定，各部分尺寸由经验公式求得。较小的钢制圆柱齿轮，其齿根圆至键槽底部的距离 $e \leqslant 2m$（m 为模数），或锥齿轮小端齿根圆至键槽底部的距离 $e \leqslant 1.6m$（m 为大端模数）时（图9-26），为了保证轮毂键槽有足够的强度，齿轮和轴做成一体，称为齿轮轴（图9-27）。

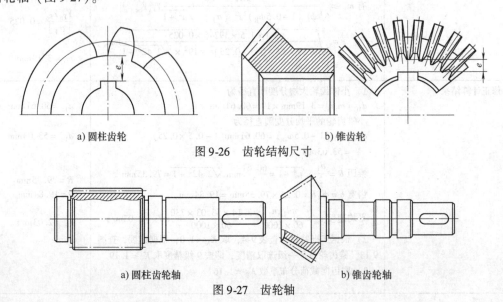

a) 圆柱齿轮　　　　　　　　　　b) 锥齿轮

图 9-26　齿轮结构尺寸

a) 圆柱齿轮轴　　　　　　　　　　b) 锥齿轮轴

图 9-27　齿轮轴

齿轮轴的刚度较好，但制造较复杂，齿轮损坏时轴将同时报废。故直径较大的齿轮应把齿轮和轴分开制造。

当齿顶圆直径 $d_a \leq 160\text{mm}$，可以做成实心结构的齿轮，如图 9-28 所示。实心齿轮和齿轮轴可以用热轧型材或锻造毛坯加工而成。

齿顶圆直径 $d_a \leq 500\text{mm}$ 的较大尺寸的齿轮，为减轻重量、节省材料，可做成腹板式的结构，如图 9-29 所示。腹板上开孔的数目按结构尺寸大小及需要而定。

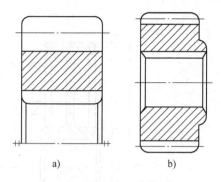

图 9-28 实心齿轮

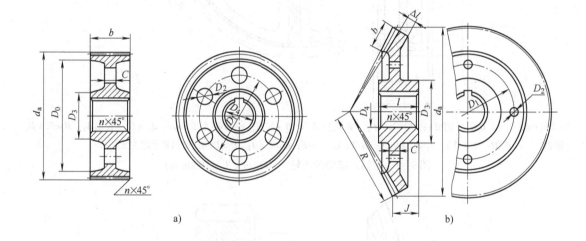

图 9-29 腹板式结构的齿轮

$D_1 = (D_0 + D_3)/2$；$D_2 = (0.25 \sim 0.35)(D_0 - D_3)$；$D_3 = 1.6 D_4$（钢材）；$D_3 = 1.4 D_4$（铸铁）；$n = 0.5 m_n$；$r = 5\text{mm}$；
圆柱齿轮：$D_0 = d_a - (10 \sim 14) m_n$；$C = (0.2 \sim 0.3)B$ 锥齿轮：$l = (1 \sim 1.2) D_4$；$C = (3 \sim 4) m$
尺寸 J 由结构设计而定；$\Delta l = (0.1 \sim 0.2) B$；常用齿轮的 C 值小应小于 10mm；航空用齿轮可取 $C = 3 \sim 6\text{mm}$。

当齿顶圆直径 $400\text{mm} < d_a < 1000\text{mm}$ 时，可采用轮辐式结构，如图 9-30 所示。受锻造设备的限制，轮辐式齿轮多为铸造齿轮。轮辐剖面形状可采用椭圆形［(轻载)、十字形（中载）及工字形（重载）］等。

为了节省贵重钢材，便于制造、安装，直径很大的齿轮（$d_a > 600\text{mm}$），常采用组装齿圈式结构（图 9-31）。齿圈用钢制成，轮芯用铸铁或铸钢，再将齿圈与轮芯用过盈配合或螺栓联接装配在一起。

当进行齿轮结构设计时，还要进行齿轮和轴的联接设计。通常采用单键联接，但当齿轮转速较高时，要考虑轮芯的平衡及对中性，这时齿轮和轴的联接应采用花键或双键联接。对于沿轴滑移的齿轮，为了操作灵活，也应采用花键或双键联接。当进行齿轮结构设计时，还要进行齿轮和轴的连接设计，通常采用单键联接，但当齿轮转速较高时，要考虑轮芯的平衡及对中性，这时齿轮和轴的联接应采用花键或双键联接。对于沿轴滑移的齿轮，为了操作灵活，也应采用花键或双键联接。

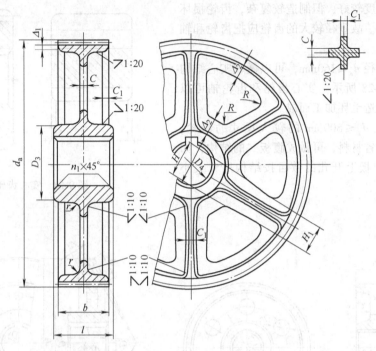

$b<240\text{mm}$;$D_3=1.6D_4$(钢材);$D_3=1.7D_4$(铸铁);$\Delta_1=(3\sim4)m_n$,但小应小于8mm;$\Delta_2=(1\sim1.2)\Delta_1$;$H=0.8D_4$(铸钢);$H=0.9D_4$(铸铁);$H_1=0.8H$;$C=H/5$;$C_1=H/6$;$R=0.5H$;$D_4>l\geqslant b$;轮辐数常取为6。

图 9-30 轮辐式结构的齿轮（$400\text{mm}<d_a<1000\text{mm}$）

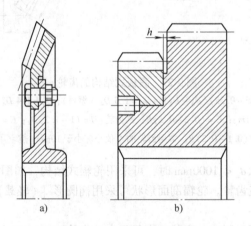

图 9-31 组装齿圈的结构

9.9 齿轮传动的润滑

齿轮啮合传动时，相啮合的齿面间既有相对滑动，又承受较高的压力，会产生摩擦和磨损，造成发热、影响齿轮的使用寿命。因此，必须考虑齿轮的润滑，特别是高速齿轮的润滑更应给予足够重视。

良好的润滑可以避免轮齿啮合面之间金属直接接触，减小摩擦损失，提高效率，还可以起散热及防锈蚀等作用。因此，对齿轮传动进行适当的润滑，可以大为改善轮齿的工况，确保齿轮在预期的寿命工作期内正常运转。

1. 齿轮传动的润滑方式

开式及半开式齿轮传动，或速度较低的闭式齿轮传动，通常用人工周期性加油润滑，所用润滑剂为润滑油或润滑脂。

通用的闭式齿轮传动，其润滑方法根据齿轮的圆周速度而定。当齿轮的圆周速度 $v<12\text{m/s}$ 时，常将大齿轮的轮齿进入油池中进行浸油润滑（图 9-32a）。这样，齿轮在传动时，就把润滑油带到啮合的齿面上，同时也将油甩到箱壁上，借以散热。齿轮浸入油中的深度可视齿轮的圆周速度而定，对圆柱齿轮通常不宜超过一个齿高，但一般也不应小于 10mm；对锥齿轮至少应浸入齿宽的一半。在多级齿轮传动中，可借带油轮将油带到未进入油池内的齿轮的齿面上（图 9-32b）。

油池中的油量多少，取决于齿轮传递功率大小。对单级传动，每传递 1kW 的功率，需油量为 0.35~0.7L。对于多级传动，需油量按级数成倍地增加。

当齿轮的圆周速度 $v>12\text{m/s}$ 时，应采用喷油润滑（图 9-32c），即由油泵或中心油站以一定的压力供油，借喷嘴将润滑油喷到轮齿的啮合面上。当 $v\leqslant25\text{m/s}$ 时，喷嘴位于轮齿啮入边或啮出边均可；当 $v>25\text{m/s}$ 时，喷嘴应位于轮齿啮出边，以便借润滑油及时冷却刚啮合过的轮齿，同时也对轮齿进行润滑。

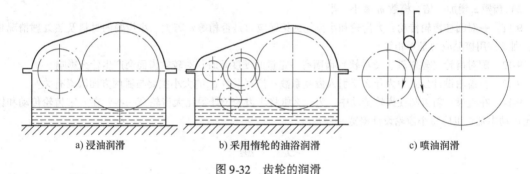

a) 浸油润滑　　　　　　b) 采用惰轮的油浴润滑　　　　　　c) 喷油润滑

图 9-32　齿轮的润滑

2. 齿轮润滑油的选择

齿轮传动的润滑剂多采用润滑油，润滑油的黏度通常根据齿轮的承载情况和圆周速度来选取。速度不高的开式齿轮也可采用脂润滑。按选定的润滑油黏度即可确定润滑油的牌号。齿轮传动润滑油黏度选择见表 9-11。

表 9-11　齿轮传动润滑油黏度选择　　　　　　　　　（单位：mm^2/s）

齿轮材料	强度极限 σ_b /MPa	圆周速度 $v/(\text{m/s})$						
		<0.5	0.5~1	1~2.5	2.5~5	5~12.5	12.5~25	>25
铸铁、青铜	—	320	320	150	100	68	46	—
钢	450~1000	460	320	220	150	100	68	46
	1000~1250	460	460	320	220	150	100	68
	1250~1600	1000	460	460	320	220	150	100
渗碳或表面淬火钢								

思 考 题

9-1　为什么齿面点蚀一般首先发生在靠近节线的齿根面上？在开式齿轮传动中，为什么一般不出现点蚀破坏？如何提高齿面抗点蚀的能力？

9-2 一般使用的闭式硬齿面、闭式软齿面和开式齿轮传动的设计计算准则是什么？

9-3 在设计软齿面齿轮传动时，为什么常使小齿轮的齿面硬度高于大齿轮齿面硬度30~50HBW？

9-4 在什么工况下工作的齿轮易出现胶合破坏？胶合破坏通常出现在轮齿的什么部位？如何提高齿面抗胶合的能力？

9-5 试述齿轮传动设计参数的选择原则。一般参数的闭式齿轮传动和开式齿轮传动在选择模数、齿数等方面有何区别？

9-6 通常所谓软齿面与硬齿面的硬度界限是如何划分的？软齿面齿轮和硬齿面齿轮在加工方法上有何区别？为什么？

9-7 导致载荷沿轮齿接触线分布不均的原因有哪些？如何减轻载荷分布不均的程度？

9-8 在进行齿轮强度计算时，为什么要引入载荷系数K？载荷系数K由哪几部分组成？各考虑了什么因素的影响？

9-9 齿面接触疲劳强度计算公式是如何建立的？为什么要选择节点作为齿面接触应力的计算点？

9-10 标准直齿圆柱齿轮传动，若传动比i、转矩T_1、齿宽b均保持不变，试问在下列条件下齿轮的弯曲应力和接触应力各将发生什么变化？

1) 模数m不变，齿数z_1增加。

2) 齿数z_1不变，模数m增大。

3) 齿数z_1增加一倍，模数m减小一半。

9-11 一对圆柱齿轮传动，大齿轮和小齿轮的接触应力是否相等？若大、小齿轮的材料及热处理情况相同，则其许用接触应力是否相等？

9-12 配对齿轮（软对软、硬对软）齿面有一定量的硬度差时，对较软齿面会产生什么影响？

9-13 在齿轮设计公式中为什么要引入齿宽系数？齿宽系数φ_d的大小主要与哪两方面因素有关？

9-14 在直齿、斜齿圆柱齿轮传动中，为什么常将小齿轮设计得比大齿轮宽一些？在人字齿轮传动和锥齿轮传动中是否也应将小齿轮设计得宽一些？

习 题

9-1 有一对齿轮传动，$m=6\text{mm}$，$z_1=20$，$z_2=80$，$b=40\text{mm}$。为了缩小中心距，要改用$m=4\text{mm}$的一对齿轮来代替。设载荷系数K、齿数z_1、z_2及材料不变。试问为了保持原有接触强度，应取多大的齿宽b？

9-2 图9-33所示为两级斜齿轮传动。今欲使轴Ⅱ上传动件轴向力完全抵消，试确定：①斜齿轮3、4轮齿的旋向；②斜齿轮3、4 螺旋角的大小；③用图表示轴Ⅱ上传动件受力情况（用各分力表示）。

9-3 一对标准斜齿圆柱齿轮传动，已知$z_1=25$，$z_2=75$，$m_n=5\text{mm}$，$\alpha=20°$，$\beta=9°6'51''$。问：①试计算该对齿轮传动的中心距a；②若要将中心距改为255mm，而齿数和模数不变，则应将β改为多少才可满足要求？

9-4 一个单级直齿圆柱齿轮减速器中，已知齿数$z_1=20$，$z_2=60$，模数$m=2.5\text{mm}$，齿宽系数$\varphi_d=1.2$，小齿轮转速$n_1=960\text{r/min}$，若主、从动齿轮的许用接触应力分别为$[\sigma_{H1}]=700\text{MPa}$，$[\sigma_{H2}]=650\text{MPa}$，载荷系数$K=1.6$，节点区域系数$Z_H=2.5$，材料系数$Z_E=189.8\sqrt{\text{MPa}}$，重合度系数$Z_\varepsilon=0.9$，试按接触疲劳强度求该传动所能传递的功率。

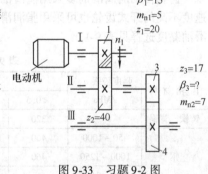

图9-33 习题9-2图

9-5 一对标准直齿圆柱齿轮传动，已知$z_1=20$，$z_2=40$，小齿轮材料为40Cr，大齿轮材料为45钢，齿形系数$Y_{Fa1}=2.8$，$Y_{Fa2}=2.4$，应力修正系数$Y_{Sa1}=1.55$，$Y_{Sa2}=1.67$，许用应力$[\sigma_{H1}]=600\text{MPa}$，$[\sigma_{H2}]=500\text{MPa}$，$[\sigma_{F1}]=179\text{MPa}$，$[\sigma_{F2}]=144\text{MPa}$。问：①哪个齿轮的接触强度弱？②哪个齿轮的弯曲强度弱？

为什么?

9-6 一对斜齿圆柱齿轮传动由电动机直接驱动,齿轮材料为 45 钢,软齿面,齿轮精度等级为 8 级。已知法面模数 $m_n = 31\text{mm}$,齿数 $z_1 = 30$,$z_2 = 93$,螺旋角 $\beta = 13.82°$,齿宽 $b_1 = 85\text{mm}$,$b_2 = 80\text{mm}$,转速 $n_1 = 1440\text{r/min}$,该齿轮对称布置在两支承之间,载荷平稳。试确定该齿轮传动的载荷系数 K。

9-7 在 9-6 的齿轮传动中,小齿轮调质处理,齿面硬度为 220~240HBW,大齿轮正火处理,齿面硬度为 190~210HBW,要求齿轮的工作寿命为 5 年(允许出现少量点蚀),每年工作 250 天,每天工作 8h,齿轮单向传动。试确定该齿轮传动的许用接触应力和许用弯曲应力。

9-8 图 9-34 所示为锥—圆柱齿轮传动装置。齿轮 1 为主动齿轮,转向如图所示,齿轮 3、4 为斜齿圆柱齿轮。

1)齿轮 3、4 的螺旋方向应如何选择,才能使轴 Ⅱ 上两齿轮的轴向力相反?

2)画出齿轮 2、3 所受各分力的方向。

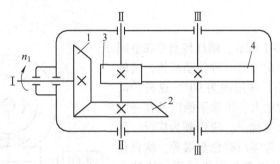

图 9-34 习题 9-8 图

9-9 设计一直齿圆柱齿轮传动,原用材料的许用接触应力为 $[\sigma_{H1}] = 700\text{MPa}$,$[\sigma_{H2}] = 600\text{MPa}$,求得中心距 $a = 100\text{mm}$;现改用 $[\sigma_{H1}] = 600\text{MPa}$,$[\sigma_{H2}] = 400\text{MPa}$ 的材料,若齿宽和其他条件不变,为保证接触疲劳强度不变,试计算改用材料后的中心距。

9-10 一直齿圆柱齿轮传动,已知 $z_1 = 20$,$z_2 = 60$,$m = 4\text{mm}$,$b_1 = 45\text{mm}$,$b_2 = 40\text{mm}$,齿轮材料为锻钢,许用接触应力 $[\sigma_{H1}] = 500\text{MPa}$,$[\sigma_{H2}] = 430\text{MPa}$,许用弯曲应力 $[\sigma_{F1}] = 340\text{MPa}$,$[\sigma_{F2}] = 280\text{MPa}$,弯曲载荷系数为 1.85,接触载荷系数为 1.40,求大齿轮所允许的输出转矩 T_2(不计功率损失)。

9-11 设计铣床中一对直齿圆柱齿轮传动。已知功率 $P_1 = 7.5\text{kW}$,小齿轮主动,转速 $n_1 = 1450\text{r/min}$,齿数 $z_1 = 26$,$z_2 = 54$,双向传动,工作寿命 $L_h = 12000\text{h}$。小齿轮对轴承非对称布置,轴的刚性较大,工作中受轻微冲击,7 级精度。

9-12 设计一斜齿圆柱齿轮传动。已知功率 $P_1 = 40\text{kW}$,转速 $n_1 = 2800\text{r/min}$,传动比 $i = 3.2$,工作寿命 $L_h = 1000\text{h}$,小齿轮做悬臂布置,工况系数 $K_A = 1.25$。

9-13 设计由电动机驱动的闭式锥齿轮传动。已知功率 $P_1 = 9.2\text{kW}$,转速 $n_1 = 970\text{r/min}$,传动比 $i = 3$,小齿轮悬臂布置,单向传动、载荷平稳,每日工作 8h,工作寿命为 5 年(每年 250 个工作日)。

第10章 蜗杆传动

10.1 概述

蜗杆传动机构如图10-1所示。蜗杆传动是在空间交错的两轴间传递运动和动力的一种传动机构,两轴线交错的夹角可为任意值,常用的为90°。这种传动由于具有结构紧凑、传动比大、传动平稳以及在一定的条件下有可靠的自锁性等优点,应用颇为广泛。其不足之处是传动效率低,常需用有色金属等。蜗杆传动通常用于减速装置,但也有个别机器用作增速装置。随着机器功率的提高,近年来出现了多种新型的蜗杆传动,其效率低的缺点正在逐步改善。在机床、冶金机械、起重机械、船舶和仪表等工业中,蜗杆传动获得了广泛应用。

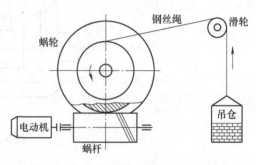

图10-1 蜗杆传动机构

10.1.1 蜗杆传动的特点

蜗杆传动的主要优点有:①传动比大、结构紧凑,传递动力时,一般$i = 8 \sim 100$(常用15~50),传递运动或在分度机构中i可达1000;②蜗杆传动相当于螺旋传动,为多齿啮合传动,故传动平稳、振动小、噪声低;③当蜗杆的导程角小于当量摩擦角时,可实现反向自锁,即具有自锁性。

其主要缺点有:①因传动时啮合齿面间相对滑动速度大,故摩擦损失大、效率低,一般效率为$\eta = 0.7 \sim 0.9$,具有自锁性时其效率$\eta < 0.5$,所以不宜用于大功率传动(尤其在大传动比时);②为减轻齿面的磨损及防止胶合,蜗轮一般使用贵重的减摩材料制造,故成本高;③对制造和安装误差很敏感,安装时对中心距的尺寸精度要求较高。

10.1.2 蜗杆传动的类型和应用

其按蜗杆齿的旋向分为左、右旋蜗杆传动(一般采用右旋);按蜗杆头数分为单头和多头蜗杆传动;按蜗杆形状分为圆柱蜗杆传动(图10-2a)、环面蜗杆传动(图10-2b)和锥面蜗杆传动(图10-2c)。

1. 圆柱蜗杆传动

圆柱蜗杆传动按蜗杆齿廓形状可分为普通圆柱蜗杆传动和圆弧圆柱蜗杆传动。

  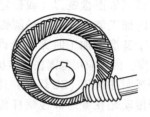

a) 圆柱蜗杆传动　　　　b) 环面蜗杆传动　　　　c) 锥面蜗杆传动

图 10-2　蜗杆传动的类型

(1) 普通圆柱蜗杆传动　普通圆柱蜗杆多用直素线切削刃的车刀在车床上切制，随刀具安装位置和所用刀具的变化，可获得在垂直轴线的横截面上具有不同齿廓的四种蜗杆。

1) 阿基米德蜗杆（ZA 蜗杆）。括号中 Z 表示圆柱蜗杆；A 为蜗杆齿形标记，此外有 N、I、K、C 等。如图 10-3 所示，车制该蜗杆时，使切削刃顶平面通过蜗杆轴线，蜗杆在轴平面 I—I 内具有梯形齿条形的直齿廓，车刀切削刃夹角 $2\alpha = 40°$；而在法平面 N—N 内齿廓外凸，在垂直于轴线的截面（端面）上，齿廓曲线为阿基米德螺旋线。其因加工和测量较方便，一般用于导程角 γ 较小（一般 $\gamma \leqslant 15°$）、头数较少、载荷较小、低速或不太重要的传动。

2) 法向直廓蜗杆（ZN 蜗杆）。如图 10-4 所示，其也称延伸渐开线蜗杆。车制该蜗杆时，切削刃顶平面置于螺旋面的法平面 N—N 内，切制出的蜗杆法向齿廓为直线，端面 I—I 内的齿廓为延伸渐开线。该蜗杆加工简单，且可使车刀获得合理的前角和后角，又可用直素线砂轮磨齿，加工精度容易保证，常用于机床的多头精密蜗杆传动。

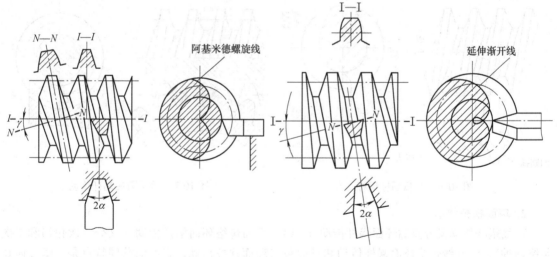

图 10-3　阿基米德蜗杆　　　　　　　图 10-4　法向直廓蜗杆

3) 渐开线蜗杆（ZI 蜗杆）。如图 10-5 所示，加工该蜗杆时，切削刃顶平面与蜗杆基圆柱相切，在切于基圆柱的剖面内，一侧齿廓为直线，另一侧为外凸曲线，而其端面齿廓是渐开线，齿面为渐开螺旋面。此蜗杆可用平面砂轮沿其直线型螺旋齿面磨削，精度高，可提高传动的抗胶合能力，但需专用机床制造。一般用于高转速、大功率和要求精密的多头蜗杆（3 头以上）传动，如滚齿机、磨齿机上的精密蜗杆副等。

4）锥面包络圆柱蜗杆（ZK 蜗杆）。该蜗杆采用直素线双锥面盘铣刀（或砂轮）等置于蜗杆齿槽内加工制成，齿面是圆锥族面的包络面。由于其磨削加工时无理论误差，能获得较高精度，因此应用范围在逐步扩大。

（2）圆弧圆柱蜗杆（ZC 蜗杆）传动　圆弧圆柱蜗杆传动是在普通圆柱蜗杆传动的基础上发展起来的，目前应用较多的是轴向圆弧齿圆柱蜗杆（ZC_3 蜗杆）传动，多采用变位蜗杆传动。如图 10-6 所示，圆弧圆柱蜗杆的齿廓螺旋面是用刃边为凸圆弧形的刀具切制而成的，其加工方法及刀具安装方式与车制 ZA 蜗杆一样。所以，该蜗杆的轴向齿廓为凹圆弧形，蜗轮的端面齿廓为凸圆弧形。如

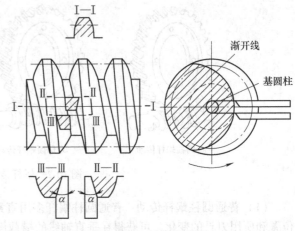

图 10-5　渐开线蜗杆

图 10-7 所示，啮合时蜗杆的凹圆弧齿面与蜗轮的凸圆弧齿面接触，接触应力小，齿根弯曲强度高，且啮合点处相对速度方向与接触线方向的夹角 θ（称为润滑角）较大，易形成液体润滑油膜，同时蜗杆可用轴向截面为圆弧形的砂轮精磨，故具有承载能力大（一般是普通圆柱蜗杆传动的 1.5～2.5 倍）、传动效率高（90% 以上）、传动比范围大（最大传动比可达 100）及精度高等优点。其缺点是传动中心距难调整，传动质量对中心距误差的敏感性较强。其适用于重载、高速、要求精密的传动，在冶金、矿山、化工、建筑、起重等机械设备的减速装置中已得到广泛应用。

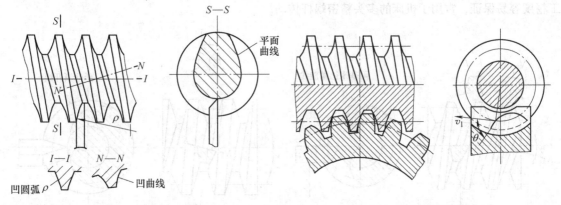

图 10-6　圆弧圆柱蜗杆　　　　　　　图 10-7　圆弧圆柱蜗杆传动

2. 环面蜗杆传动

环面蜗杆传动又分直廓环面蜗杆传动（TA）、平面包络环面蜗杆传动（又分一次包络和二次包络两种）、渐开线包络环面蜗杆传动和锥面包络环面蜗杆传动。它们的共同特点是：蜗杆体在轴向的外形是以凹圆弧为母线所形成的旋转曲面，蜗杆的节弧沿蜗轮的节圆包着蜗轮，所以称为环面蜗杆传动。其中直廓环面蜗杆传动（图 10-2b）的蜗杆和蜗轮的轮齿在中间平面（对于 $\Sigma =$ 90°的蜗杆传动，过蜗杆轴线且垂直于蜗轮轴线的平面称为中间平面）内都是直线齿廓。该传动同时啮合的齿对数多，而且轮齿的接触线与蜗杆齿运动的方向近似于垂直，这就大大改善了轮齿的受力状况和润滑油膜形成的条件，因而承载能力为阿基米德蜗杆传动的 2～4 倍，效率一般高达 0.85～0.9，体积小、寿命长，但需要较高的制造和安装精度。

3. 锥面蜗杆传动

蜗杆轮齿由在节锥上分布的等导程的螺旋所形成，故称为锥面蜗杆；蜗轮在外观上就像一个曲线齿锥齿轮，它是用与锥面蜗杆相似的锥滚刀在普通滚齿机上加工而成的，故称为锥面蜗杆。锥蜗杆传动的特点：啮合齿数多、总重合度大，故传动平稳；传动比范围大（一般为 10～360）；承载能力和效率较高；侧隙便于控制和调整；能作为离合器使用；可节约有色金属；制造安装简便，工艺性好。但由于结构上的原因，传动具有不对称性，因而正、反转时受力不同，导致承载能力和效率也不同。

圆柱蜗杆制造简单，在各种机械中得到广泛应用；环面蜗杆传动润滑状态较好，有利于提高效率，但制造复杂，主要用于大功率的传动；锥面蜗杆传动的效率较高，传动范围较大。本章主要阐述普通圆柱蜗杆传动。

10.2 圆柱蜗杆传动的基本参数和几何尺寸计算

图 10-8 为普通圆柱蜗杆传动的几何尺寸，普通圆柱蜗杆传动相当于斜齿齿条与斜齿轮的啮合传动。因此，蜗轮与蜗杆的正确啮合条件、传动的基本参数、几何尺寸和强度计算，均以中间平面为准。

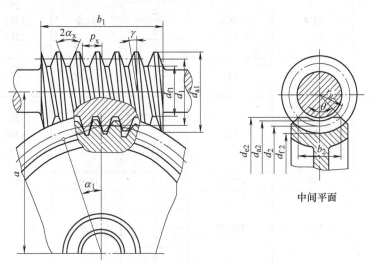

图 10-8　普通圆柱蜗杆传动的几何尺寸

10.2.1　蜗轮与蜗杆的正确啮合条件

$$\left. \begin{array}{l} m_{x1} = m_{t2} = m \\ \alpha_{x1} = \alpha_{t2} = \alpha \\ \gamma = \beta (\Sigma = 90°) \end{array} \right\} \qquad (10\text{-}1)$$

式中　m（mm）、α（°）为标准值，m 值应符合表 10-1 的规定；

ZA 蜗杆 $\alpha = 20°$，ZI、ZN 蜗杆为法向压力角。

10.2.2　普通圆柱蜗杆传动的基本参数

正确选择和匹配参数是圆柱蜗杆传动设计的首要任务，它直接关系到承载能力和经济性。普通圆柱蜗杆传动的基本参数有模数 m、压力角 α、蜗杆头数 z_1、蜗轮齿数 z_2、蜗杆分度圆直径 d_1 和导程角 γ 等。动力蜗杆传动（$\Sigma=90°$）蜗杆基本参数及其匹配见表 10-1。

表 10-1　动力蜗杆传动（$\Sigma=90°$）蜗杆基本参数及其匹配（摘自 GB/T 10085—1988）

中心距 a/mm	模数 m/mm	蜗杆分度圆直径 d_1/mm	$m^2 d_1$/mm³	蜗杆头数 z_1	直径系数 q	蜗轮齿数 z_2	蜗轮变位系数 x_2
40 50	1	18	18	1	18.00	62 82	0 0
40	1.25	20	31.25	1	16.00	49	-0.500
50 63	1.25	22.4	35	1	17.92	62 82	+0.040 +0.440
50	1.6	20	51.2	1 2 4	12.5	51	-0.500
63 80	1.6	28	71.68	1	17.5	61 82	+0.125 +0.250
40 (50) 63	2	22.4	89.6	1 2 4 6	11.2	29 (39) (51)	-0.100 (-0.100) (+0.400)
80 100	2	35.5	142	1	17.75	62 82	+0.125 +0.125
50 (63) (80)	2.5	28	175	1 2 4 6	11.2	29 (39) (53)	-0.100 (+0.100) (-0.100)
100	2.5	45	281.25	1	18.00	62	0
63 (80) (100)	3.15	35.5	352.25	1 2 4 6	11.27		-0.13499 (+0.261) (-0.3889)
125	3.15	56	555.66	1	17.778	62	-0.2063
80 (100) (125)	4	40	640	1 2 4 6	10.00	31 (41) (51)	-0.500 (-0.500) (+0.750)
160	4	71	1136	1	11.75	62	+0.125
100 (125) (160) (180)	5	50	1250	1 2 4 6	10.00	31 (41) (53) (61)	-0.500 (-0.500) (+0.500) (+0.500)
200	5	90	2250	1	18.00	62	0

（续）

中心距 a/mm	模数 m/mm	蜗杆分度圆直径 d_1/mm	$m^2 d_1$/mm^3	蜗杆头数 z_1	直径系数 q	蜗轮齿数 z_2	蜗轮变位系数 x_2
125 (160) (180) (200)	6.3	63	2500.47	1 2 4 6	10.00	31 (41) (48) (53)	+0.6587 (-0.1032) (-0.4286) (+0.2460)
250		112	444.5	1	17.778	61	+0.2937
160 (200) (225) (250)	8	80	5120	1 2 4 6	10.00	31 (41) (47) (52)	-0.500 (-0.500) (-0.375) (+0.250)

1. 模数 m 和压力角 α

蜗杆与蜗轮啮合时，在中间平面上蜗杆的轴向齿距 p_{x1} 与蜗轮的端面齿距 p_{t2} 相等，故蜗杆的轴向模数与蜗轮的端面模数相等，即 $m_{x1} = m_{t2} = m$，模数系列见表 10-1。蜗杆的轴向压力角与蜗轮的端面压力角相等，即 $\alpha_{x1} = \alpha_{t2} = \alpha$。由于刀具压力角 $\alpha_0 = 20°$，故阿基米德蜗杆的轴向压力角 $\alpha_{x1} = \alpha_0 = 20°$，并规定为标准值。轴向压力角 α_{x1} 与法向压力角 α_{n1} 的关系为

$$\tan\alpha_{n1} = \tan\alpha_{x1}\cos\gamma \tag{10-2}$$

2. 导程角 γ、螺旋角 β 和直径系数 q

设蜗杆头数 z_1、轴向齿距 p_x。由图 10-9 可知蜗杆分度圆柱面上的导程角 γ 为

$$\tan\gamma = \frac{z_1 p_x}{\pi d_1} = \frac{z_1 m}{d_1} = \frac{z_1}{q} \tag{10-3}$$

直径系数 q 定义为蜗杆分度圆直径 d_1 与模数 m 之比。由于 d_1 和 m 均为标准值，故导出的 q 值不一定是整数。根据 $d_1 = mq$ 可知，q 大则 d_1 大，有利于增大蜗杆轴的刚度和强度。当 z_1 一定时采用小的 q 值可使 γ 增大，有利于提高蜗杆传动的啮合效率。因此，在蜗杆轴强度和刚度允许情况下，设计时尽可能取小的 q 值。

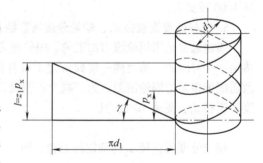

图 10-9 螺旋角与展开图

在 m、d_1 取定后，γ 的大小与 z_1 直接相关。通常 $\gamma = 3.5° \sim 27°$。对于减速蜗杆传动，在 $\gamma \leq 44°$ 的情况下，啮合效率随着 γ 的增大而增高。但当 $\gamma > 30°$ 后，啮合效率的增高不太显著。若采用 $\gamma > 30°$ 的蜗杆，蜗杆齿容易发生根切和变尖，这时可适当减小齿高或用大压力角来避免。当 $\gamma \leq 3°33'$ 时，蜗杆传动具有自锁性。但在实际工作中，若有冲击和振动时，仍可能导致自锁性能不可靠，故仍应另加制动装置。

对于 $\Sigma = 90°$ 的圆柱蜗杆传动，导程角 γ 等于螺旋角 β，且旋向相同。

3. 蜗杆头数 z_1 和蜗轮齿数 z_2

蜗杆头数 z_1 主要根据传动比和效率两个因素来选定。单头蜗杆的传动比大，易实现自锁，但效率低，多用于自锁蜗杆传动或分度传动。动力蜗杆传动可取 $z_1 = 2 \sim 6$，最多可至 $z_1 = 10$，以提高效率。z_1 常用 2、4、6，以便于分度。

蜗轮齿数根据传动比和蜗杆头数确定：$z_2 = iz_1$。为保证传动的平稳性，避免根切和干涉，通

常规定 $z_{2\min} \geq 28$（当压力角为 20°时）。z_2 过多会导致蜗杆跨度过长，降低蜗杆轴的刚度。当蜗轮直径一定时，增大 z_2 则使模数减小，削弱了轮齿的弯曲强度。对于动力蜗杆传动，一般取 $z_2 = 28 \sim 80$。具体可参考表 10-2 先选定 z_1，z_2 随后可定。

表 10-2 i、z_1 和 z_2 的荐用关系值

传动比 i	5~6	7~10	11~13	14~24	25~27	28~40	>40
蜗杆头数 z_1	6	4	3~4	2~3	2~3	1~2	1
蜗轮齿数 z_2	30~36	28~40	33~52	28~72	50~81	28~80	>40

注：对分度传动，z_2 不受此表限制。

4. 传动比 i 和齿数比 u

传动比和齿数比的定义同齿轮传动中所述。因此，对于减速蜗杆传动

$$u = i = \frac{n_1}{n_2} = \frac{z_2}{z_1} \tag{10-4}$$

对于增速蜗杆传动

$$u = \frac{1}{i} = \frac{1}{\frac{n_1}{n_2}} = \frac{z_1}{z_2} \tag{10-5}$$

式中 n_1 和 n_2——蜗杆和蜗轮的转速（r/min）。

对于单级动力蜗杆传动，减速时 $u = 5 \sim 80$，增速时 $u = 5 \sim 15$；对于非动力蜗杆传动，单级时 u 可达 1000 或更大。

5. 蜗杆分度圆直径 d_1、蜗轮分度圆直径 d_2

蜗轮通常是用蜗轮滚刀加工的，蜗轮滚刀是蜗杆的模拟。因此，蜗轮滚刀与蜗杆的种类、规格是一一对应的。然而同一模数 m 之下可有各种不同的蜗杆分度圆直径 d_1，这就意味着对同一模数需配置很多把蜗轮滚刀。为了减少蜗轮滚刀的数目，国家标准对每个模数规定了 1~4 种蜗杆分度圆直径 d_1，见表 10-1，且

$$d_1 = mq \tag{10-6}$$

蜗轮分度圆直径 d_2 的确定同齿轮，即

$$d_2 = mz_2 \tag{10-7}$$

6. 中心距 a 和蜗轮变位系数 x_2

对于标准传动（图 10-10b），中心距为

$$a = \frac{1}{2}(d_1 + d_2) = \frac{m}{2}(q + z_2) \tag{10-8}$$

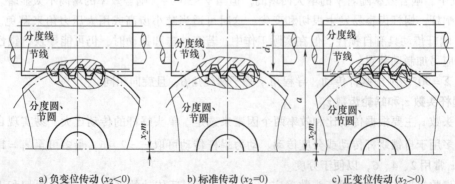

图 10-10 变位蜗杆传动啮合位置的变化

生产中常用变位蜗杆传动。变位的目的主要是凑配中心距或提高蜗杆传动的承载能力及传动效率。变位的方法与齿轮传动的变位方法相同，即在加工蜗轮时通过改变刀具相对于蜗轮毛坯的径向位置来实现。由于加工蜗轮的滚刀的齿廓形状和尺寸与该蜗轮配合蜗杆的齿廓形状和尺寸相同，为保持滚刀尺寸不变，蜗杆不变位且尺寸不变，但其分度圆与节圆不再重合；蜗轮则变位且尺寸改变，但其分度圆与节圆始终重合。

蜗轮变位有两种方式：

1）变位前后蜗轮齿数不变，但蜗杆传动的中心距发生了变化，如图 10-10a、c 所示分别为蜗轮变位系数 $x_2 < 0$ 和 $x_2 > 0$ 两种情形（$x_2 = 0$ 是标准蜗杆传动）。

2）变位前后中心距不变，但蜗轮齿数发生了变化。变位后蜗轮的齿数 z_2' 为

$$z_2' = z_2 - 2x_2 \tag{10-9}$$

或

$$x_2 = \frac{z_2 - z_2'}{2} \tag{10-10}$$

也分 $x_2 > 0$ 和 $x_2 < 0$ 两种情形。可见蜗杆变位传动有两种方式 5 种情形，一般可根据蜗杆传动使用场合的不同来选择蜗轮变位的方式、情形，但多数情况采用第 1）种变位方式。

为便于识记与交流，蜗杆、蜗轮及蜗杆传动的尺寸规格，有规定的标记方法。如"蜗杆 ZA10×90R2"表示阿基米德蜗杆，$m = 10\text{mm}$，$d_1 = 90\text{mm}$，右旋，$z_1 = 2$；"蜗轮 ZA10×80"表示相配蜗杆为阿基米德蜗杆，$m = 10\text{mm}$，$z_2 = 80$；"蜗杆传动 ZA10×90R2/80"表示阿基米德蜗杆传动，$m = 10\text{mm}$，$d_1 = 90\text{mm}$，右旋，$z_1 = 2$，$z_2 = 80$。

10.2.3 普通圆柱蜗杆传动的几何尺寸计算

在设计标准蜗杆传动中，一般先根据给定的传动比 i，选择蜗杆头数 z_1，计算蜗轮齿数 z_2，再按强度条件确定模数 m 和蜗杆分度圆直径 d_1（或蜗杆直径系数 q），最后根据表 10-3 计算其他尺寸。

表 10-3　普通圆柱蜗杆传动的主要几何尺寸计算（$\Sigma = 90°$）

名称	代号	公式及数据
非变位传动中心距	a	$a = \frac{1}{2}(d_1 + d_2) = \frac{1}{2}(q + z_2)m$
变位传动中心距	a'	$a' = a + x_2 m = \frac{1}{2}(q + z_2 + 2x_2)m$
传动比	i	$i = \frac{n_1}{n_2}$ 减速传动 $i = \frac{n_2}{n_1}$ 增速传动 n_1 为蜗杆转速，n_2 为蜗轮转速
齿数比	u	$u = \frac{z_2}{z_1}$；z_1 为蜗杆头数，z_2 为蜗轮齿数；用飞刀切制蜗轮时 $\frac{z_2}{z_1}$ 尽量避免有公因数

(续)

名 称	代 号	公式及数据
蜗轮变位系数	x_2	$x_2 = \dfrac{a'}{m} - \dfrac{1}{2}(q + z_2) = \dfrac{a' - a}{m}$; 常用范围 $-0.5 \leqslant x_2 \leqslant +0.5$, 极限范围 $-1 \leqslant x_2 \leqslant +1$
蜗杆轴向模数（蜗轮端面模数）	m	m 取标准值
法向模数	m_n	$m_n = m\cos\gamma$，m_n 不取标准值
蜗杆轴向齿距	p_{x1}	$p_{x1} = \pi m$
蜗杆导程	p_{z1}	$p_{z1} = p_{x1} z_1 = \pi m z_1$
蜗杆轴向压力角	α_x	$\alpha_x = 20°$，对于 ZA 蜗杆
蜗杆法向压力角	α_n	$\alpha_n = 20°$ 或 $\alpha_n = 25°$
蜗杆直径系数	q	$q = \dfrac{d_1}{m} = \dfrac{z_1}{\tan\gamma}$
蜗杆分度圆直径	d_1	$d_1 = qm = \dfrac{z_1 m}{\tan\gamma}$

10.3 蜗杆传动的失效形式、设计准则和材料选择

10.3.1 蜗杆传动的失效形式和设计准则

蜗杆传动的失效形式与齿轮传动类似，主要有轮齿折断、齿面点蚀、齿面磨损及胶合失效等。

在蜗杆传动中，蜗杆传递的是空间垂直交错轴运动，在啮合点蜗杆线速度 v_1 与蜗轮线速度 v_2 方向垂直，引起沿齿向较大的相对滑动速度 v_s，如图 10-11 所示。

$$v_s = \frac{v_1}{\cos\gamma} = \frac{\pi d_1 n_1}{60 \times 1000 \cos\gamma} \quad (10\text{-}11)$$

或

$$v_s = \sqrt{v_1^2 + v_2^2} \quad (10\text{-}12)$$

式中 v_1——蜗杆分度圆的圆周速度（m/s）。

由于蜗杆传动过程中齿面上沿齿高及齿向同时产生滑动摩擦，发热量大，效率低，故更易发生胶合和磨损失效。而蜗轮无论在材料的强度或结构方面均较蜗杆弱，所以失效多发生在蜗轮轮齿上，设计时一般只需对蜗轮进行承载能力计算。对于闭式传动，若齿面润滑不良，则增大了蜗轮轮齿胶合失效的可能性。而开式传动的主要失效形式则是齿面磨损。

设计中采取以下措施避免失效。

（1）强度计算　进行齿面接触强度计算，限制接触应力，避免胶合、点蚀和磨损失效（胶合及磨损尚无较完善的方法和数据）；进行齿根弯曲强度计算，避免轮齿折断。

（2）合理选材　相对滑动速度和接触应力的增大将会加剧

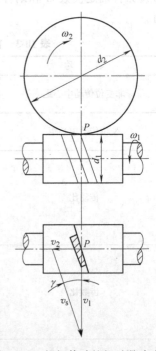

图 10-11　蜗杆传动的相对滑动速度

胶合和磨损。故为了防止胶合和减轻磨损，通过蜗杆蜗轮材料的配对，提高耐磨性及抗胶合能力。

（3）加强润滑　合理选择润滑油及润滑方式，并进行热平衡计算，控制油温，避免过热使油黏度降低，破坏油膜。

综上所述，蜗杆传动的设计准则：开式蜗杆传动以保证蜗轮齿根弯曲疲劳强度进行设计；闭式蜗杆传动以保证蜗轮齿面接触疲劳强度进行设计，校核齿根弯曲疲劳强度；此外因闭式蜗杆传动散热较困难，故需进行热平衡计算；当蜗杆轴细长且支承跨距大时，还应进行蜗杆轴的刚度计算。

10.3.2　蜗杆传动的材料选择

根据蜗杆传动的失效形式可知，蜗杆和蜗轮的材料不仅要有足够的强度，而且要有良好的减摩性、耐磨性、磨合性和抗胶合性。此外，还需考虑蜗杆和蜗轮材料的组合问题。

蜗杆一般用优质碳素钢或合金钢制造，这是由于考虑蜗杆头数少、工作长度短、受力次数多等原因所致。一般经淬火或渗碳淬火等表面热处理达到 45~50HRC 以上的硬度，磨削后有较低的表面粗糙度，可提高承载能力。常用蜗杆材料见表 10-4。

表 10-4　常用蜗杆材料

材料牌号	热处理和齿面硬度	适用条件	表面粗糙度
20、25	渗碳 55~62HRC	低速、高速、中小功率	$Ra1.6~3.2\mu m$ $Ra0.4~0.8\mu m$
40、45	调质 <270HBW	不重要、低速、中小功率	$Ra6.3\mu m$
20Cr、18CrMnTi、20MnV 等	渗碳 56~62HRC	重要、高速、中、大功率	$Ra0.4~0.8\mu m$
45、40Cr、42SiMn、37SiMn2MoV	表面淬火 45~55HRC	较重要、高速、中、大功率	$Ra0.4~0.8\mu m$
HT150、HT200、HT250	<270HBW	不重要、低速、小功率、手动	$Ra1.6~3.2\mu m$

蜗轮的材料通常采用青铜或铸铁。锡青铜有良好的耐磨性且抗胶合性能好，用于相对滑动速度 $v_s>5m/s$ 和连续工作的场合，但抗点蚀能力低，价格较贵。铝青铜机械强度较高，并耐冲击、价格便宜，但胶合及耐磨性能略差，适用于 $v_s \leq 6m/s$ 的场合。铸铁蜗轮也受齿面胶合的限制，适用于 $v_s=6m/s$ 的场合。常用蜗轮材料见表 10-5。

表 10-5　常用蜗轮材料

材　料		铸造方法	适用相对滑动速度 $v_s/(m/s)$	工　况
铸造锡青铜	ZCuSn10Pb1	砂型	≤12	稳定轻、中、重载
		金属型	≤25	
	ZCuSn5Pb5Zn5	砂型	≤10	重载、不大冲击载荷、稳定载荷
		金属型	≤12	
铸造铝青铜	ZCuAl10Fe3	砂型 金属型	≤6	重载、过载和较大冲击载荷
灰铸铁	HT150 HT200	砂型	≤2	稳定无冲击轻载

10.4 圆柱蜗杆传动的受力分析和强度计算

10.4.1 圆柱蜗杆传动的受力分析

为了计算蜗轮轮齿的强度、设计蜗杆轴及选用轴承,需要分析蜗杆蜗轮的受力情况。

蜗杆传动的受力分析沿用斜齿圆柱齿轮传动受力分析的方法。由于蜗杆传动的啮合摩擦损耗大,虽然受力分析时为简化分析暂不计摩擦力,但最后应以啮合效率 η_1(也可以传动效率 η)近似考虑该损耗。蜗杆传动的受力分析如图 10-12 所示。在蜗杆传动中,作用在齿面上的法向压力 F_n 仍可分解为圆周力 F_t、径向力 F_r 和轴向力 F_a。显然,作用于蜗杆上的轴向力等于蜗轮上的圆周力;蜗杆上的圆周力等于蜗轮上的轴向力;蜗杆上的径向力则等于蜗轮上的径向力。这些对应力的数值相等,方向彼此相反。蜗杆传动中力的计算式和方向判定见表 10-6。

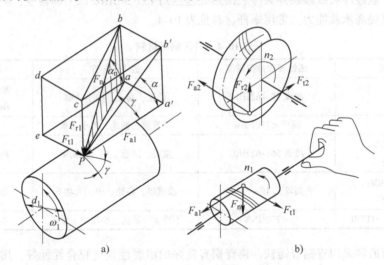

图 10-12 蜗杆传动的受力分析

表 10-6 蜗杆传动中力的计算式和方向判定

力的名称	计算式	力的方向
蜗杆圆周力 F_{t1} (蜗轮轴向力 F_{a2})	$F_{t1} = -F_{a2} = 2T/d_1$	F_{t1} 的方向与蜗杆啮合处的转向相反;F_{t1} 与 F_{a2} 反向
蜗杆径向力 F_{r1} (蜗轮径向力 F_{r2})	$F_{r1} = -F_{r2} = 2T_2/d_2 \tan\alpha$	F_{r1} 和 F_{r2} 指向各自的圆心
蜗杆轴向力 F_{a1} (蜗轮圆周力 F_{t2})	$F_{a1} = -F_{t2} = 2T_2/d_2$	F_{a1} 的方向可用左(右)手定则来确定,即蜗杆为左旋用左手(蜗杆为右旋用右手),握住蜗杆轴线,四指代表蜗杆的运动方向,则大拇指的指向代表蜗杆所受轴向力 F_{a1} 的方向
蜗杆法向力 F_{n1} (蜗轮法向力 F_{n2})	$F_{n1} = -F_{n2} \approx 2T_2/(d_2\cos\alpha_n\cos\gamma)$	F_{n1} 和 F_{n2} 沿法向啮合线指向各自本体

注:1. F_{n1}(F_{n2})和 F_{r1}(F_{r2})的计算式中不计摩擦力的影响。
  2. T_1 和 T_2 为蜗杆和蜗轮的转矩。

10.4.2 圆柱蜗杆传动的强度计算

1. 蜗轮齿面接触疲劳强度计算

蜗轮齿面接触疲劳强度的计算与斜齿圆柱齿轮相似，仍以赫兹公式为基础。因为普通蜗杆传动相当于齿条与斜齿圆柱齿轮的啮合，故可仿照斜齿圆柱齿轮传动来推导蜗轮齿面接触疲劳强度的计算公式。由于阿基米德蜗杆具有直线齿廓，按节点处啮合有

$$\rho_1 = \infty \tag{10-13}$$

$$\rho_2 = \frac{d_2 \sin\alpha}{2\cos\beta_2} \approx \frac{d_2 \sin\alpha}{2\cos\alpha_2} = \frac{d_2 \sin\alpha}{2\cos\gamma} \tag{10-14}$$

综合曲率为

$$\frac{1}{\rho_\Sigma} = \frac{1}{\rho_1} + \frac{1}{\rho_2} = \frac{2\cos\gamma}{d_2 \sin\alpha} \tag{10-15}$$

接触线长度为

$$L_{\min} = \frac{1.31 d_1}{\cos\gamma} \tag{10-16}$$

节点处啮合参数代入赫兹公式，齿面接触强度条件为

$$\sigma_H = \left[\frac{F_{nc}}{\pi L} \cdot \left(\frac{1}{\rho_1} \pm \frac{1}{\rho_2} \right) \middle/ \left(\frac{1-\mu_1^2}{E_1} \right) + \left(\frac{1-\mu_2^2}{E_2} \right) \right]^{\frac{1}{2}} \leq [\sigma_H]_2 \tag{10-17}$$

式中 F_{nc} ——计算载荷（N），查表10-6得

$$F_{nc} = KF_n = \frac{2KT_2}{d_2 \cos\alpha_n \cos\gamma} \tag{10-18}$$

将计算载荷 F_{nc}、综合曲率 $1/\rho_\Sigma$ 和接触线长度 $L_{\min}$ 代入赫兹公式，并取 $\alpha_n = 20°$，$\cos\gamma \approx 0.95$（导程角 γ 一般取 3.5°~27°），整理后可得蜗轮齿面接触疲劳强度的校核公式

$$\sigma_{H2} = 3.25 Z_E \sqrt{\frac{KT_2}{d_1 d_2^2}} \leq [\sigma_{H2}] \tag{10-19}$$

上式代入 $d_2 = mz_2$，整理后得蜗轮齿面接触疲劳强度的设计计算公式

$$m^2 d_1 \geq KT_2 \left(\frac{3.25 Z_E}{[\sigma_{H2}] z_2} \right)^2 \tag{10-20}$$

式中 K——载荷系数，用于考虑工况、载荷集中和动载荷的影响，见表10-7；
Z_E——材料系数（$\sqrt{MPa}$），见表10-8；
$[\sigma_{H2}]$——蜗轮材料的许用接触应力（MPa）。

表10-7 载荷系数 K

原 动 机	工 作 机		
	均 匀	中等冲击	严重冲击
电动机、汽轮机	0.8~1.95	0.9~2.34	1.0~2.75
多缸内燃机	0.9~2.34	1.0~2.75	1.25~3.12
单缸内燃机	1.0~2.75	1.25~3.12	1.5~3.51

注：1. 小值用于每日间断工作，大值用于长期连续工作。
2. 载荷变化大、速度高、蜗杆刚度大时取大值。

表 10-8　材料系数 Z_E　　　　（单位：$\sqrt{\text{MPa}}$）

蜗杆材料	蜗轮材料			
	铸造锡青铜	铸造铝青铜	灰 铸 铁	球墨铸铁
钢	155.0	156.0	162.0	181.4
球墨铸铁	—	—	156.6	173.9

蜗轮的失效形式因其材料的强度和性能的不同而不同，故许用接触应力的确定方法也不相同。通常分以下两种情况。

1) 蜗轮材料为锡青铜（$\sigma_b < 300\text{MPa}$），因其良好的抗胶合性能，故传动的承载能力取决于蜗轮的接触疲劳强度，许用接触应力 $[\sigma_{H2}]$ 与应力循环次数 N 有关

$$[\sigma_{H2}] = Z_N[\sigma_{0H2}] \tag{10-21}$$

式中　$[\sigma_{0H2}]$——基本许用接触应力（MPa），见表 10-9；

Z_N——寿命系数，计算方法见表 10-9 注。

2) 蜗轮材料为铝青铜或铸铁（$\sigma_b > 300\text{MPa}$），因其抗点蚀能力强，蜗轮的承载能力取决于其抗胶合能力，许用接触应力 $[\sigma_{H2}]$ 与相对滑动速度 v_s 有关而与应力循环次数 N 无关，其值直接由表 10-10 查取。

表 10-9　铸造锡青铜蜗轮的基本许用接触应力 $[\sigma_{0H2}]$

蜗轮材料	铸造方法	适用的相对滑动速度 v_s /(m/s)	蜗杆齿面硬度	
			≤350HBW	>45HRC
ZCuSn10Pb1	砂型	≤12	180MPa	200MPa
	金属型	≤25	200MPa	220MPa
ZCuSn5Pb5Zn5	砂型	≤10	110MPa	125MPa
	金属型	≤12	135MPa	150MPa

注：铸造锡青铜的基本许用接触应力为应力循环次数 $N = 10^7$ 之值，当 $N \neq 10^7$ 时，需要将表中数值乘以寿命系数 Z_N。$Z_N = \sqrt[8]{10^7/N}$。当 $N > 25 \times 10^7$ 时，取 $N = 25 \times 10^7$；当 $N < 2.6 \times 10^5$ 时，取 $N = 2.6 \times 10^5$。

表 10-10　铸造铝青铜及铸铁蜗轮许用接触应力 $[\sigma_{H2}]$

蜗轮材料	蜗杆材料	滑动速度 v_s/(m/s)							
		0.5	1	2	3	4	5	6	8
ZCuAl10Fe3 ZCuAl10Fe3Mn2	淬火钢	250MPa	230MPa	230MPa	210MPa	180MPa	160MPa	120MPa	90MPa
HT150 HT200	渗碳钢	130MPa	115MPa	90MPa	—	—	—	—	—
HT150	调质钢	110MPa	90MPa	70MPa	—	—	—	—	—

注：蜗杆未经淬火时，需将表中 $[\sigma_{H2}]$ 值降低 20%。

2. 蜗轮齿根弯曲疲劳强度计算

蜗轮类似斜齿轮，但齿轮轮齿呈圆弧形，轮齿根部的截面是变化的，故齿形较复杂。此外，离中间平面越远的平行截面上轮齿越厚，故其齿根弯曲疲劳强度高于斜齿轮。欲精确计算蜗轮齿根弯曲疲劳强度较困难，通常按斜齿圆柱齿轮的计算方法近似计算。经推导得蜗轮齿根弯曲疲劳强度的校核公式为

$$\sigma_{F2} = \frac{1.7KT_2}{d_1 d_2 m} Y_{Fa2} Y_\beta \leq [\sigma_{F2}] \tag{10-22}$$

由此可推得其设计公式

$$m^2 d_1 \geq \frac{1.7 K T_2}{z_2 [\sigma_{F2}]} Y_{Fa2} Y_\beta \tag{10-23}$$

式中 Y_{Fa2}——蜗轮轮齿的齿形系数，该系数综合考虑了齿形、磨损及总重合度的影响，其值按当量齿数 $z_v = z_2/\cos^3 \gamma$ 查图 10-13；

Y_β——螺旋角系数，$Y_\beta = 1 - \gamma/140°$；

$[\sigma_{F2}]$——蜗轮材料的许用弯曲应力（MPa）。

$$[\sigma_{F2}] = Y_N [\sigma_{0F2}]$$

式中 Y_N——寿命系数，其中应力循环次数 N 的计算方法同前；

$[\sigma_{0F2}]$——基本许用弯曲应力（MPa），从表 10-11 中查取。

表 10-11 蜗轮材料的基本许用弯曲应力 $[\sigma_{0F2}]$

材料	铸造方法	σ_b/MPa	σ_s/MPa	蜗杆硬度 <45HRC		蜗杆硬度 ≥45HRC	
				单向受载/MPa	双向受载/MPa	单向受载/MPa	双向受载/MPa
ZCuSn10Pb1	砂型	200	140	51	32	64	40
	金属型	250	150	58	73	40	50
ZCuSn5Pb5Zn5	砂型	180	90	37	29	46	36
	金属型	200	90	39	32	49	40
ZCuAl9Fe4NiMn2	砂型	400	200	82	64	103	80
	金属型	500	200	90	80	113	100
ZCuAl10Fe3	金属型	500	200	90	80	113	100
HT150	砂型	150		38	24	48	30
HT200	砂型	200	—	48	30	60	38

注：表中各种蜗轮材料的基本许用弯曲应力为应力循环次数 $N = 10^6$ 时的值，当 $N \neq 10^6$ 时，需将表中数值乘以 Y_N。当 $N > 25 \times 10^7$ 时，取 $N = 25 \times 10^7$；当 $N < 10^5$ 时，取 $N = 10^5$。

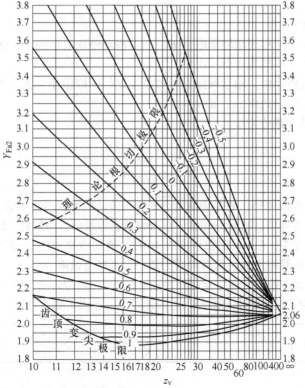

图 10-13 蜗轮的齿形系数 Y_{Fa2}（$\alpha = 20°$，$h_a^* = 1$，$\rho_0 = 0.3 m_n$）

3. 蜗杆的刚度校核

为防止载荷集中，保证传动的正确啮合，对受力后会产生较大变形的蜗杆，还须进行蜗杆弯曲刚度校核。校核时通常把蜗杆螺旋部分看作以蜗杆齿根圆直径为直径的轴段，采用条件性计算，其刚度条件为

$$y = \frac{\sqrt{F_{t1}^2 + F_{r1}^2}}{48EI}L'^3 \leq [y] \tag{10-24}$$

式中　y——蜗杆弯曲变形的最大挠度（mm）；
　　　E——蜗杆材料的拉、压弹性模量（MPa）；
　　　I——蜗杆危险截面的惯性矩（mm⁴），$I = \pi d_{f1}^4/64$，其中 d_{f1} 为蜗杆齿根圆直径（mm）；
　　　L'——蜗杆两端支承间的跨距（mm），视具体结构而定，初算时可取 $L' \approx 0.9d_2$；
　　　$[y]$——蜗杆许用最大挠度（mm），$[y] = d_1/1000$；
　　　其他符号意义同前。

10.5 圆柱蜗杆传动的效率、润滑和热平衡计算

10.5.1 蜗杆传动的效率和自锁

1. 蜗杆传动的效率

闭式蜗杆传动通常在三方面造成功率损耗：啮合摩擦损耗、轴承摩擦损耗及油浴润滑时蜗杆（或蜗轮）的搅油损耗。因此，蜗杆传动的总效率 η 为

$$\eta = \eta_1 \eta_2 \eta_3 \tag{10-25}$$

式中　η_1——啮合效率；
　　　η_2——轴承效率（一对滚动轴承取 0.99；一对滑动轴承取 0.98~0.99）；
　　　η_3——搅油效率（一般为 0.98~0.99）。

在正确设计的蜗杆传动中，轴承摩擦损耗和搅油损耗一般很小，通常忽略不计。所以，蜗杆传动的效率主要取决于啮合效率 η_1，即 $\eta \approx \eta_1$。

对于减速蜗杆传动（蜗杆主动）

$$\eta = \frac{\tan\gamma}{\tan(\gamma + \varphi_v)} \tag{10-26}$$

式中　γ——蜗杆的导程角（°），它是影响啮合效率和传动效率的主要参数；
　　　φ_v——当量摩擦角（°），$\varphi_v = \arctan f_v$，f_v 为当量摩擦系数，与蜗杆、蜗轮的材料及相对滑动速度 v_s 等有关，f_v、φ_v 的值可查表 10-12。在润滑良好的条件下，相对滑动速度 v_s 有助于润滑油膜的形成，从而降低 f_v 值，提高啮合效率。

由式（10-26）可知，效率 η 在一定范围内随 γ 的增大而增大，所以在动力传递中多采用多头蜗杆。在设计之初，为了近似地求出蜗轮轴上的转矩 T_2，η 值可如下估取。

蜗杆头数 z_1	1	2	4	6
总效率 η	0.7	0.8	0.9	0.95

第 10 章 蜗杆传动

表 10-12 普通圆柱蜗杆传动的当量摩擦系数 f_v 和当量摩擦角 φ_v

蜗轮齿圈材料	铸造锡青铜				无锡青铜				灰 铸 铁			
蜗杆齿面硬度	≥45HRC		其 他		≥45HRC		≥45HRC				其 他	
相对滑动速度 v_s/(m/s)	f_v	φ_v	f_v	φ_v	f_v	φ_v	f_v	φ_v	f_v	φ_v		
0.01	0.110	6°17′	0.120	6°51′	0.180	10°12′	0.180	10°12′	0.190	10°45′		
0.05	0.090	5°09′	0.100	5°43′	0.140	7°58′	0.140	7°58′	0.160	9°05′		
0.10	0.080	4°34′	0.090	5°09′	0.130	7°24′	0.130	7°24′	0.140	7°58′		
0.25	0.065	3°43′	0.075	4°17′	0.100	5°43′	0.100	5°43′	0.120	6°51′		
0.50	0.055	3°09′	0.065	3°43′	0.090	5°09′	0.090	5°09′	0.100	5°43′		
1.0	0.045	2°35′	0.055	3°09′	0.070	4°00′	0.070	4°00′	0.090	5°09′		
1.5	0.040	2°17′	0.050	2°52′	0.065	3°43′	0.065	3°43′	0.080	4°34′		
2.0	0.035	2°00′	0.045	2°35′	0.055	3°09′	0.055	3°09′	0.070	4°00′		
2.5	0.030	1°43′	0.040	2°17′	0.050	2°52′						
3.0	0.028	1°36′	0.035	2°00′	0.045	2°35′						
4	0.024	1°22′	0.031	1°47′	0.040	2°17′						
5	0.022	1°16′	0.029	1°40′	0.035	2°00′						
8	0.018	1°02′	0.026	1°29′	0.030	1°43′						
10	0.016	0°55′	0.024	1°22′								
15	0.014	0°48′	0.020	1°09′								
24	0.013	0°45′										

注：1. 如相对滑动速度与表中数值不一致时，可用插入法求得 f_v 和 φ_v 值。
  2. 蜗杆齿面经磨削或抛光并仔细磨合、正确安装，以及采用黏度合适的润滑油进行充分润滑时。

综上可知，蜗杆传动的效率主要取决于啮合效率。而影响啮合效率的主要因素是蜗杆的导程角 γ，其次是传动的匹配材料、润滑状态、接触表面的表面粗糙度及相对滑动速度 v_s。

2. 蜗杆传动的自锁

在减速蜗杆传动中，蜗杆可以驱动蜗轮而蜗轮不能驱动蜗杆称为自锁。其自锁条件与螺旋副的条件相同，即

$$\lambda \leqslant \varphi_v \tag{10-27}$$

所以，对于具有自锁性能的减速蜗杆传动，其啮合效率低，为

$$\eta = \frac{\tan\gamma}{\tan(2\gamma)} \tag{10-28}$$

应当注意：在振动条件下，φ_v 值的变化幅度可能较大，因此理论上具有自锁性能的减速蜗杆传动不一定保证自锁。

设计蜗杆传动时，需要预估传动的效率 η，以便近似求出蜗轮轴上的转矩 T_2。η 的经验数据见表 10-13。

表 10-13 η 的经验数据

蜗杆头数 z_1	1（自锁）	1（非自锁）	2	3	4
传动效率 η	0.4	0.7	0.8	0.85	0.9

也可按下式估取

$$\eta = \left(100 - \frac{i}{2}\right)\% \tag{10-29}$$

式中 i——传动比。

总之，蜗杆传动类似于螺旋副啮合，齿面间的相对滑动速度远较齿轮传动大，摩擦、磨损和发热问题远较齿轮传动严重，因此正确考虑蜗杆传动的润滑对维护传动的正常运转十分重要。

10.5.2 蜗杆传动的润滑

为使蜗杆蜗轮相啮合齿面之间易于建立油膜,有利于降低齿面的工作温度,减少磨损和避免胶合失效,蜗杆传动常采用黏度大的矿物油进行润滑。为了提高其抗胶合能力,必要时可加入油性添加剂以提高油膜的刚度。但青铜蜗轮不允许采用活性大的油性添加剂,以免被腐蚀。

蜗杆传动的润滑主要考虑三方面问题:润滑油的黏度(与其对应的润滑油牌号)、供油方式和油量。一般根据载荷类型和相对滑动速度的大小选用润滑油的黏度和润滑方法,见表10-14。

表10-14 蜗杆传动的润滑油黏度及润滑方法(荐用)

相对滑动速度 v_s / (m/s)	<1	<2.5	≤5	>5~10	>10~15	>15~25
工作条件	重载	重载	中载	—	—	—
运动黏度 v(40℃)/ (mm²/s)	1000	680	320	220	150	100
润滑方法	浸油润滑			浸油润滑或喷油润滑	喷油润滑油压 p/MPa	

采用油池浸油润滑,当 $v_s \leq 5$m/s 时,蜗杆下置(图10-14a、b),浸油深度约为一个齿高,但油面不得超过蜗杆轴承的最低滚动体中心;当 $v_s > 5$m/s 时,搅油阻力太大,一般蜗杆应上置(图10-14c),油面允许达到蜗轮半径的1/3处。

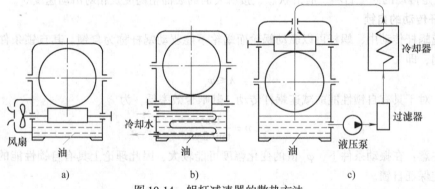

图10-14 蜗杆减速器的散热方法

10.5.3 蜗杆传动的热平衡计算

闭式蜗杆传动工作时产生大量的摩擦热,如果不及时散热,将导致润滑油温度过高,黏度下降,破坏传动的润滑条件,引起剧烈磨损,严重时发生胶合失效。故应进行热平衡计算,将润滑油的工作温度控制在许可范围内。热平衡状态下,单位时间内的发热量和散热量相等,即

$$\left. \begin{array}{l} 1000P_1(1-\eta) = K_s A(t_i - t_0) \\ t_i = \dfrac{1000P_1(1-\eta)}{K_s A} + t_0 \end{array} \right\} \tag{10-30}$$

式中 P_1——蜗杆轴传递的功率(kW);

K_s——箱体表面散热系数[W/(m²·℃)],$K_s = 8.5 \sim 17.5$W/(m²·℃),环境通风良好时取大值;

t_0——周围空气的温度（℃），通常取 $t_0=20℃$；
t_i——热平衡时的油温（℃），$t_i \leqslant 70℃$，一般限制在65℃左右为宜；
A——箱体的有效散热面积（m^2）。

有效散热面积是指箱体内表面被油浸到或飞溅到，而外表面直接与空气接触的箱体表面积。如果箱体有散热片，则有效散热面积按原面积的1.5倍估算，或者用近似公式 $A=0.33(a/100)^{1.75}$ 估算，a 为传动的中心距（mm）。

当 t_i 超过允许值，说明散热面积不足，可采用下列降温措施。

（1）增加散热面积 采用带散热片的箱体。

（2）提高散热系数 蜗杆轴端装风扇通风（图10-14a），可使 K_s 达 $25\sim35W/(m^2\cdot℃)$（转速高时取大值）。

（3）加冷却装置 若散热能力还不够，可在箱体油池内装蛇形水管，用循环水冷却（图10-14b），或用循环油直接喷在啮合处，加强冷却（图10-14c）。

10.6 蜗杆、蜗轮的结构

10.6.1 蜗杆的结构

多数蜗杆因直径不大，常与轴做成一体，称为蜗杆轴，结构如图10-15所示。根据加工方法的不同，其结构有两种。

（1）铣制蜗杆（图10-15a） 要求 $d_0 > d_{f1}$。

（2）车制蜗杆（图10-15b） 要求 $d_0 = d_{f1} - (2\sim4)mm$。

当 $d_{f1}/d_0 \geqslant 1.7$ 时或工作中要求蜗杆能做轴向移动时，蜗杆的齿圈可与轴分开制造后再用键联接。

常用车或铣加工，铣制蜗杆无退刀槽，且轴的直径 d_0 可大于蜗杆齿根圆直径 d_{f1}，所以其刚度较车制蜗杆大。车制蜗杆要留退刀槽（槽宽大于导程的 $1\sim1.2$ 倍）。螺纹部分长度：当 $z_1=1\sim2$ 时，$L\approx(13\sim16)m$；当 $z_1=4$ 时，$L\approx20m$（m 为模数）。L 最好是螺距的整数倍，以保证本身的平衡。若磨削蜗杆，考虑砂轮退刀时有振痕，螺纹部分应适当加长 $25\sim30mm$（$m<10mm$ 时）。

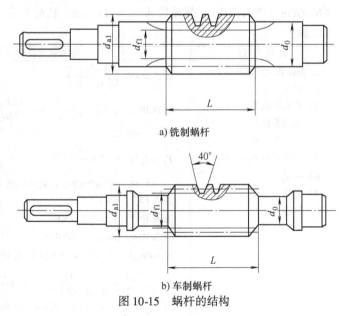

a）铣制蜗杆

b）车制蜗杆

图10-15 蜗杆的结构

10.6.2 蜗轮的结构

蜗轮的结构可分为整体式和组合式，如图10-16所示。为了节省贵金属，一般为组合式结构，齿圈用青铜，与轴联接的轮毂部分用铸铁或钢。

（1）整体式（图10-16a） 一般当蜗轮分度圆直径 $d_2 \leqslant 100mm$ 时采用，适用于铸铁蜗轮、铝合金蜗轮及小尺寸的青铜蜗轮。

(2) 组合式

1) 齿圈压配式 (图 10-16b)。青铜齿圈用过盈配合 (H7/s6；H7/r6) 压装在铸钢的轮心上, 并在接缝处装置 4~5 个螺钉, 以提高联接的可靠性, 适用于中等尺寸及工作温度变化较小的蜗轮。

2) 螺栓联接式 (图 10-16c)。用普通螺栓或铰制孔用螺栓联接齿圈和轮心, 后者更好, 适用于大尺寸蜗轮。

3) 拼铸式 (图 10-16d)。将青铜齿圈浇注在铸铁轮心上, 适用于中等尺寸、批量生产的蜗轮。

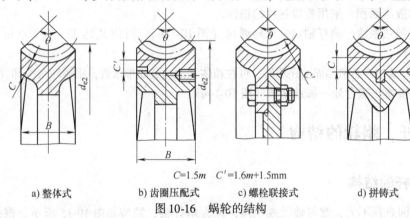

$C=1.5m$ $C'=1.6m+1.5\text{mm}$

a) 整体式　　b) 齿圈压配式　　c) 螺栓联接式　　d) 拼铸式

图 10-16　蜗轮的结构

例题 10-1　设计某运输机用的 ZA 型蜗杆减速器。蜗杆轴输入功率 $P_1 = 7\text{kW}$, 蜗杆转速 $n_1 = 1440\text{r/min}$ (单向传动), 蜗轮转速 $n_2 = 72\text{r/min}$, 载荷平稳, 寿命为 12000h。

解：

设计项目	设计依据及内容	设计结果
1. 按接触疲劳强度设计 1) 选 z_1、z_2 2) 蜗轮转矩 T_2 3) 载荷系数 K 4) 材料系数 Z_E 5) 许用接触应力 $[\sigma_H]$ 6) $m^2 d_1$ 7) 初选 m、d_1 8) 导程角 γ	$m^2 d_1 \geq KT_2 \left(\dfrac{3.25 Z_E}{[\sigma_H] z_2}\right)^2$ 查表 10-2, $z_1 = 2$, $z_2 = \dfrac{z_1 n_1}{n_2} = 2 \times \dfrac{1440\text{r/min}}{72\text{r/min}} = 40$ 初估 $\eta = 0.82$ $T_2 = T_1 i \eta = 9.55 \times \dfrac{10^6 P_1 i \eta}{n_1}$ $\quad = 9.55 \times 10^6 \times 7 \times 20 \times 0.82/1440\text{N·mm} = 761347\text{N·mm}$ 查表 10-7, $K = 1.1$ 查表 10-8, $Z_E = 155 \sqrt{\text{MPa}}$ 查表 10-9, $[\sigma_{0H2}] = 220\text{MPa}$ $N = 60 n_2 j L_h = 60 \times 72 \times 1 \times 12000 = 5.184 \times 10^7$ $Z_N = \sqrt[8]{\dfrac{10^7}{N}} = \sqrt[8]{\dfrac{10^7}{5.184 \times 10^7}} = 0.814$ $[\sigma_{H2}] = Z_N [\sigma_{0H2}] = 0.814 \times 220\text{MPa} = 179.1\text{MPa}$ $m^2 d_1 \geq KT_2 \left(\dfrac{3.25 Z_E}{[\sigma_H] z_2}\right)^2 = 1.1 \times 761347 \times \left(\dfrac{3.25 \times 155}{179.1 \times 40}\right)^2 \text{mm}^3$ $\quad \approx 4141 \text{mm}^3$ 查表 10-1, $m = 8\text{mm}$, $d_1 = 80\text{mm}$ $m^2 d_1 = 5120\text{mm}^3 > 4141 \text{mm}^3$ $\tan \gamma = \dfrac{m z_1}{d_1} = \dfrac{8\text{mm} \times 2}{80\text{mm}} = 0.2$ $\gamma = \arctan 0.2 = 11.30993° = 11°18'36''$	$z_1 = 2$, $z_2 = 40$ $\eta = 0.82$ $T_2 = 761347\text{N·mm}$ $K = 1.1$ $Z_E = 155 \sqrt{\text{MPa}}$ $[\sigma_{0H2}] = 220\text{MPa}$ $N = 5.184 \times 10^7$ $Z_N = 0.814$ $[\sigma_{H2}] = 179.1\text{MPa}$ $m^2 d_1 \approx 4141 \text{mm}^3$ $m = 8\text{mm}$ $d_1 = 80\text{mm}$ $m^2 d_1 = 5120\text{mm}^3$ $\gamma = 11°18'36''$

（续）

设 计 项 目	设 计 依 据 及 内 容	设 计 结 果
9）相对滑动速度 v_s 10）啮合效率 η_1 11）传动效率 η 12）检验 $m^2 d_1$	$v_s = \dfrac{\pi d_1 n_1}{60 \times 1000 \cos\gamma} = \dfrac{80 \times 1440 \pi}{60 \times 1000 \cos 11.30993°}$ m/s = 6.15 m/s 由 $v_s = 6.15$ m/s 查表 10-12 得 $\varphi_v = 1°16'$（取大值） $\eta_1 = \dfrac{\tan\gamma}{\tan(\gamma + \varphi_v)} = \dfrac{\tan 11°18'36''}{\tan(11°18'36'' + 1°16')} = 0.90$ 取轴承效率 $\eta_2 = 0.99$，搅油效率 $\eta_3 = 0.98$ $\eta = \eta_1 \eta_2 \eta_3 = 0.90 \times 0.99 \times 0.98 = 0.87$ $T_2 = T_1 i \eta = 9.55 \times 10^6 \times 7 \times 20 \times 0.87/1440$ N·mm $m^2 d_1 \geq KT_2 \left(\dfrac{3.25 Z_E}{[\sigma_H] z_2}\right)^2$ $= 1.1 \times 807800 \left(\dfrac{3.25 \times 155}{179.1 \times 40}\right)^2$ mm³ $= 4394$ mm³ < 5120 mm³ 原选参数满足齿面接触疲劳强度要求	$v_s = 6.15$ m/s 蜗杆上置 $\eta_1 = 0.90$ $\eta = 0.87$ $T_2 = 807800$ N·mm $m^2 d_1 = 4394$ mm³ < 5120 mm³
2. 弯曲强度验算 （一般不需要进行） 1）齿形系数 Y_F 2）螺旋角系数 Y_β 3）许用弯曲应力 $[\sigma_F]$ 4）弯曲应力 σ_F	$\sigma_{F2} = \dfrac{1.7 KT_2}{d_1 d_2 m} Y_{Fa2} Y_\beta \leq [\sigma_{F2}]$ $z_{v2} = \dfrac{z_2}{\cos^3\gamma} = \dfrac{40}{\cos^3 11.30993°} = 42.4$ 查图 10-13，$Y_{Fa2} = 2.5$ $Y_\beta = 1 - \dfrac{\gamma}{140°} = 1 - \dfrac{11.30993°}{140°} = 0.919$ 查表 10-11，$[\sigma_{0F2}] = 73$ MPa $Y_N = \sqrt[9]{\dfrac{10^6}{N}} = \sqrt[9]{\dfrac{10^6}{5.184 \times 10^7}} = 0.645$ $[\sigma_{F2}] = Y_N [\sigma_{0F2}] = 0.645 \times 73$ MPa $= 47.1$ MPa $\sigma_{F2} = \dfrac{1.7 KT_2}{d_1 d_2 m} Y_{Fa2} Y_\beta$ $= \dfrac{1.7 \times 1.1 \times 807800}{80 \times (8 \times 40) \times 8} \times 2.5 \times 0.919$ MPa $= 16.95$ MPa $< [\sigma_{F2}] = 47.1$ MPa	$z_{v2} = 42.4$ $Y_{Fa2} = 2.5$ $Y_\beta = 0.919$ $Y_N = 0.645$ $\sigma_{F2} = 16.95$ MPa < 47.1 MPa
3. 确定传动的主要尺寸 (1) 中心距 a (2) 蜗杆尺寸 1）蜗杆分度圆直径 d_1 2）蜗杆齿顶圆直径 d_{a1} 3）齿根圆直径 d_{f1} 4）导程角 γ 5）轴向齿距 p_{x1} 6）齿宽 b (3) 蜗轮尺寸（略）	$m = 8$ mm，$d_1 = 80$ mm，$z_1 = 2$，$z_2 = 40$ $a = \dfrac{(d_1 + m z_2)}{2} = \dfrac{(80 + 8 \times 40) \text{mm}}{2} = 200$ mm $d_{a1} = d_1 + 2 h_{a1} = (80 + 2 \times 8)$ mm $= 96$ mm $d_{f1} = d_1 - 2 h_{f1} = (80 - 2 \times 1.2 \times 8)$ mm $= 60.8$ mm $\gamma = 11°18'36''$ 右旋 $p_{x1} = \pi m = \pi 8$ mm $= 25.133$ mm $b \geq m(11 + 0.06 z_2) = 8$ mm $\times (11 + 0.06 \times 40)$ $= 107.2$ mm 取 $b = 120$ mm	$d_1 = 80$ mm $a = 200$ mm $d_{a1} = 96$ mm $d_{f1} = 60.8$ mm $\gamma = 11°18'36''$ 右旋 $p_{x1} = 25.133$ mm $b = 120$ mm

(续)

设 计 项 目	设 计 依 据 及 内 容	设 计 结 果
4. 热平衡计算 1）估算散热面积 A 2）验算油的工作温度 t_i	$A = 0.33 \left(\dfrac{a}{100}\right)^{1.75} = 0.33 \left(\dfrac{200}{100}\right)^{1.75} \text{m}^2 = 1.11 \text{m}^2$ 取 $t_0 = 20℃$，$K_s = 14 \text{W/m}^2 \cdot ℃$ $t_i = \dfrac{1000 P_1 (1-\eta)}{K_s A} + t_0$ $= \left(\dfrac{1000 \times 7 \times (1-0.87)}{14 \times 1.1} + 20\right)℃$ $= 78.6℃ < 80℃$，温度没有超过限度	$A = 1.11 \text{m}^2$ $t_i = 78.6℃$
5. 润滑方式	根据 $v_s = 6.15 \text{m/s}$，查表 10-14，采用浸油润滑，油的运动黏度 $v = 220 \times 10^{-6} \text{m}^2/\text{s}$	浸油润滑 $v = 220 \times 10^{-6} \text{m}^2/\text{s}$
6. 蜗杆、蜗轮的结构设计	蜗杆：车制，其零件图略 蜗轮：采用齿圈压配式结构，零件图略	

思 考 题

10-1 与齿轮传动相比，蜗杆传动的失效形式有何特点？为什么？蜗杆传动的设计准则是什么？

10-2 指出下列公式的错误并加以改正。

(1) $i = \dfrac{n_1}{n_2} = \dfrac{z_1}{z_2} = \dfrac{d_2}{d_1}$

(2) $a = \dfrac{m(z_1 + z_2)}{2}$

(3) $F_{t2} = \dfrac{2T_2}{d_2} = \dfrac{2iT_1}{d_2} = \dfrac{2T_1}{d_1} = F_{t1}$

10-3 何谓蜗杆传动的中间平面？何谓蜗杆传动的相对滑动速度？

10-4 蜗杆头数 z_1 和导程角 γ 对蜗杆传动的啮合效率有何影响？蜗杆传动的效率为什么比齿轮传动的效率低得多？

10-5 蜗杆传动的自锁条件是什么？为什么？

10-6 蜗杆传动的强度计算中，为什么只需计算蜗轮轮齿的强度？

10-7 蜗轮材料铸造锡青铜和铸造铝青铜的许用接触应力 $[\sigma_{H2}]$ 在意义上和取值上各有何不同？为什么？

10-8 蜗杆传动在什么工况条件下应进行热平衡计算？热平衡不满足要求时应采取什么措施？

10-9 分析图 10-17 所示蜗杆传动中蜗杆、蜗轮的转动方向或轮齿旋向及所受各力的方向。

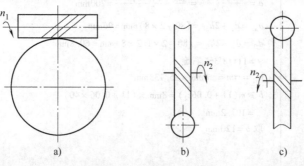

图 10-17 思考题 10-9 图

习 题

10-1 如图 10-18 所示蜗杆—斜齿轮传动中，为使轴Ⅱ上所受轴向力相互抵消一部分，试确定并在图上直接标明斜齿轮 3 轮齿的旋向、蜗杆的转向及蜗轮与斜齿轮 3 所受轴向力的方向。

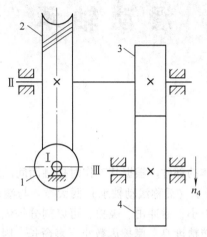

图 10-18 习题 10-1 图

10-2 已知一蜗杆减速器，$m=5\text{mm}$，$d_1=50\text{mm}$，$z_2=60$，蜗杆材料为 40Cr，高频感应淬火、表面磨光，蜗轮材料为 ZCuSn10Pb1，砂型铸造，蜗轮转速 $n_2=46\text{r/min}$，预计使用 15000h。试求该蜗杆减速器允许传递的最大转矩 T_2 和输入功率 P_1。

10-3 设计某运输机用的 ZA 蜗杆减速器。蜗杆轴输入功率 $P_1=7\text{kW}$，蜗杆转速 $n_1=1440\text{r/min}$（单向传动），蜗轮转速 $n_2=72\text{r/min}$，载荷平稳，寿命 12000h。

第 11 章

滑 动 轴 承

11.1 概述

轴承是支承轴或轴上回转体的部件。根据其工作时接触面间的摩擦性质，分为滑动摩擦轴承（简称滑动轴承）和滚动摩擦轴承（简称滚动轴承）两大类。与滚动轴承相比，滑动轴承具有承载能力大、工作平稳可靠、噪声小、耐冲击、吸振、可以剖分等优点。特别是流体膜轴承，可以在很高的转速下工作，并且旋转精度高、摩擦因数小、寿命长。因此，在高速、重载、高精度及有巨大冲击、振动的场合，滚动轴承不能胜任工作时，应采用滑动轴承。对结构上要求剖分、径向尺寸小及在水或腐蚀性介质中工作的场合，也应采用滑动轴承。此外，一些简单支承和不重要的场合，也常采用结构简单的滑动轴承。因此，滑动轴承是有着较广泛用途的机械部件。

滑动轴承按其所能承受的载荷方向的不同，可分为径向滑动轴承（承受径向载荷）、止推滑动轴承（承受轴向载荷）和径向止推滑动轴承（同时承受径向载荷和轴向载荷）。

滑动轴承按其滑动表面间摩擦状态的不同，可分为干摩擦轴承、不完全油膜轴承（处于边界摩擦和混合摩擦状态）和流体膜轴承（处于流体摩擦状态）。根据流体膜轴承中流体膜形成原理的不同，又可分为流体（液体、气体）动压轴承和流体静压轴承。本章着重介绍液体动压润滑径向滑动轴承。

滑动轴承设计包括下列一些内容：①决定轴承的结构形式；②选择轴瓦和轴承衬的材料；③决定轴承结构参数；④选择润滑剂和润滑方法；⑤计算轴承工作能力。

11.2 径向滑动轴承的主要类型

常用的径向滑动轴承有整体式和剖分式两大类。

11.2.1 整体式轴承

图 11-1 所示为一种常见的整体式径向滑动轴承。整体式径向滑动轴承主要由整体式轴承座与整体轴套组成，轴承座材料常为铸铁，轴套用减摩材料制成。轴承座顶部设有安装油杯的螺孔及输送润滑油的油孔，轴承座用螺栓与机座联接固定。有时轴承座孔可在机器的箱壁上直接做成，其结构更为简单。整体式滑动轴承结构简单、易于制造、成本低廉，但在装拆时轴或轴承需要沿轴向移动，使轴从轴承端部装入或拆下，因而装拆不便。此外，在轴套工作表面磨损后，轴套与轴颈之间的间隙（轴承间隙）过大时无法调整，所以这种轴承多用于低速、轻载、间歇性工作并具有相应的装拆条件的简单机器中，如手动机械、某些农业机械等。

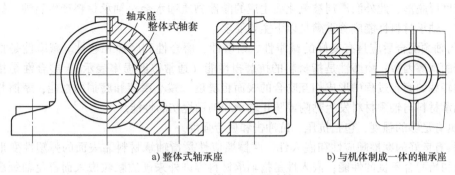

a) 整体式轴承座　　　　b) 与机体制成一体的轴承座

图 11-1　整体式径向滑动轴承

11.2.2　剖分式轴承

图 11-2 所示为剖分式径向滑动轴承，由轴承座、轴承盖、剖分轴瓦、轴承盖双头螺柱等组成。轴瓦是轴承直接和轴颈相接触的零件。为了节省贵金属或其他需要，常在轴瓦内表面上贴覆一层轴承衬。不重要的轴承也可以不装轴瓦。在轴瓦内壁不负担载荷的表面上开设油沟，润滑油通过油孔和油沟流进轴承间隙。剖分面最好与载荷方向近于垂直。多数轴承的剖分面是水平的，也有倾斜的。轴承盖和轴承座的剖分面常做成阶梯形，以便定位和防止工作时错动。轴承座、盖的剖分面间放有垫片，轴承磨损后，可用适当调整垫片厚度和修刮轴瓦内表面的方法来调整轴承间隙，从而延长轴瓦的使用寿命。轴承座、盖材料一般为铸铁，承受重载、冲击、振动时可用铸钢。部分式滑动轴承装拆方便，易于调整轴承间隙，应用很广泛。

轴承宽度与轴颈直径之比（B/d）称为宽径比。对于 $B/d > 1.5$ 的轴承，可以采用自动调心轴承（图 11-3），其特点：轴瓦外表面做成球面形状，与轴承盖及轴承座的球状内表面相配合，轴瓦可以自动调位以适应轴颈在轴弯曲时所产生的偏斜。

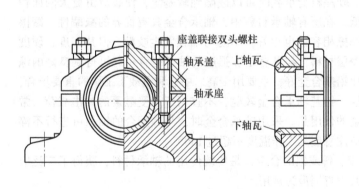

图 11-2　剖分式径向滑动轴承

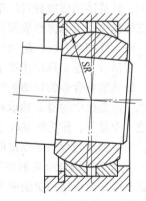

图 11-3　自动调心轴承

11.3　滑动轴承的材料和轴瓦结构

轴瓦是滑动轴承中的重要零件。轴瓦和轴承衬的材料统称为轴承材料。

11.3.1　轴承材料的要求

轴承的主要失效形式是磨损、咬粘（胶合）、工作表面刮伤，受变载荷时也会发生疲劳破坏或轴承减摩层脱落，此外润滑剂被氧化而生成的酸性物质和水会对轴承材料产生腐蚀。针对上述失效形式，轴承材料性能应着重满足以下主要要求。

1）与轴颈配合后应具有良好的减摩性、耐磨性、磨合性和摩擦相容性。减摩性是指材料副具有较低的摩擦因数；耐磨性是指材料的抗磨损性能（通常以磨损率表示）；磨合性是指轴承材料在短期轻载的磨合过程中形成相互吻合的表面粗糙度、减小摩擦和磨损的性能；摩擦相容性是指防止轴承材料与轴颈材料发生黏附或防止轴承和轴颈烧伤的性能。

2）具有足够的强度，包括抗压、抗冲击和疲劳强度。

3）具有良好的摩擦顺应性和嵌入性。摩擦顺应性是指轴承材料靠表面的弹塑性变形来补偿滑动表面初始配合不良的性能；嵌入性是指轴承材料容许外来硬质颗粒嵌入而避免轴颈表面刮伤或减轻磨粒磨损的性能。一般硬度低、弹性模量低、塑性好的材料具有良好的摩擦顺应性，其嵌入性也较好。

4）具有良好的其他性能，如工艺性好、导热性好、热膨胀系数小、耐蚀性。

5）价格低廉、便于供应。实际中全面具备上述所有性能的单一材料是不存在的。例如要求良好的摩擦顺应性和嵌入性与高的疲劳强度往往是矛盾的。由两种或多种材料以宏观或微观形式组合而成的复合材料能较好地满足上述的性能要求。因此，针对各种具体使用情况逐渐形成了多种轴承材料的组合，设计时应仔细分析、合理选择。

11.3.2 常用轴承材料

轴承材料分三大类：金属材料，如轴承合金、青铜、铝基合金、锌基合金、减摩铸铁等；多孔质金属材料（粉末冶金材料）；非金属材料，如塑料、橡胶、硬木等。现择要分述如下。

1. 金属材料

（1）轴承合金（又称巴氏合金或白合金） 锡（Sn）、铅（Pb）、锑（Sb）、铜（Cu）的合金统称为轴承合金。它以锡或铅做基体，悬浮锑锡（Sb-Sn）及铜锡（Cu-Sn）的硬晶粒。硬晶粒起耐磨作用，软基体则增加材料的塑性。硬晶粒受重载时可以嵌陷到软基里，使载荷由更大的面积承担。它的弹性模量和弹性极限都很低。在所有轴承材料中，轴承合金具有优异的减摩性、摩擦顺应性、嵌入性和磨合性，耐蚀性、摩擦相容性也很好，不易与轴颈发生咬粘。但其强度、硬度较低，价格昂贵，通常只用作轴承减摩层材料，与具有足够强度的轴承衬背一起可得到良好的综合性能。锡基轴承合金的热膨胀性质比铅基合金好，主要用于高、中速和重载下工作的重要场合，如汽轮机、内燃机中的滑动轴承减摩层。铅基轴承合金较脆，不宜用于承受显著的冲击载荷，常用于中速、中载下，作为锡基轴承合金的代用品。采用轴承合金时，与其配合的轴颈可进行不淬火处理。由于轴承合金的熔点较低，应注意使其工作温度不超过150℃。

（2）铜合金 铜合金是铜与锡、铅、锌或铝的合金，是传统使用的轴承材料，获得了广泛应用。铜合金可分为青铜和黄铜两类，其中青铜最为常用。

1）青铜的分类。①锡青铜。其减摩性、耐磨性较好，具有较高的疲劳强度，广泛用于重载及受变载的场合，常用来制作单层轴瓦、轴套或用作三金属轴瓦的中间层，其中锡磷青铜的减摩性最好。②铅青铜。其减摩性稍差于锡青铜，但具有较高的冲击韧性和较好的摩擦相容性，并且能在高温时从表层析出铅，形成一层表面薄膜，从而起到润滑作用，宜用于较高温度条件下，如高速内燃机中。③铝青铜。其强度、硬度高，但摩擦顺应性、嵌入性、摩擦相容性较差，因而与其相配的轴颈应具有较高的硬度和较低的表面粗糙度，并要求具有良好的润滑条件。铝青铜可用作锡青铜的代用品，在低速重载下工作。

2）黄铜的减摩性能低于青铜，但具有良好的铸造及加工工艺性，并且价格较低，可用作低速、中载下青铜的代用品。

(3) 铝基轴承合金　铝基轴承合金是较新的轴承材料。与轴承合金、铜合金相比，铝基轴承合金强度高、导热性好、耐腐蚀、寿命长、工艺性好，可采用铸造、冲压或轧制等方法制造，适于批量生产，可制成单金属轴套、轴瓦，也广泛用作汽车、拖拉机发动机中的轴承减摩层材料。应用时要求轴颈表面有较高的硬度、低的表面粗糙度和较大的配合间隙。

(4) 铸铁　普通灰铸铁或加有镍、铬、钛等合金成分的耐磨铸铁、球墨铸铁，都可以用作轴承材料。铸铁中的石墨可在轴瓦表面形成起润滑作用的石墨层，从而具有较好的减摩性和耐磨性。此外，石墨能吸附碳氢化合物，有助于提高边界润滑性能，故采用灰铸铁做轴承材料时，应加润滑油。由于铸铁性脆、磨合性差，而价格低廉，故常用作低速、轻载、无冲击的轴瓦材料。

常用金属轴承材料及性能见表11-1。

表 11-1　常用金属轴承材料及性能

轴承材料		最大许用值			最高工作温度/℃	轴颈硬度 HBW	性能比较					备注
		$[p]$ / MPa	$[v]$ / (m/s)	$[pv]$ / (MPa·m/s)			抗咬粘性	顺应性	嵌入性	耐蚀性	疲劳强度	
锡锑轴承合金	ZSnSb11Cu6 ZSnSb8Cu4	平稳载荷			150	1	1	1	1	1	5	用于高速、重载下工作的重要轴承，变载荷下易于疲劳，价贵
		25	80	20								
		冲击载荷										
		20	60	15								
铅锑轴承合金	ZPbSb16Sn16Cu2	15	12	10	150	150	1	1	1	3	5	用于中速、中等载荷的轴承，不宜受显著冲击，可作为锡锑轴承合金的代替品
	ZPbSb15Sn5Cu3Cd2	5	8	5								
锡青铜	ZCuSn10Pb1	15	10	15	280	300~400	3	5	1	1		用于中速、重载及受变载荷的轴承
	ZCuSn5Pb5Zn5	8	3	15								用于中速、中载的轴承
铅青铜	ZCuPb30	25	12	30	280	300	3	4	4	2		用于高速、重载轴承，能承受变载荷冲击

(续)

轴承材料		最大许用值			最高工作温度/℃	轴颈硬度HBW	性能比较					备注
		$[p]$/MPa	$[v]$/(m/s)	$[pv]$/(MPa·m/s)			抗咬粘性	顺应性	嵌入性	耐蚀性	疲劳强度	
铝青铜	ZCuAl10Fe3	15	4	12	280	300	5	5	5	5	2	最宜用于润滑充分的低速重载轴承
黄铜	ZCuZn16Si4	12	2	10	200	200	5	5	1	1		用于低速、中载轴承
	ZCuZn40Mn2	10	1	10	200	200	5	5	1	1		
铝基轴承合金	2%铝锡合金	28~35	14	—	140	300	4	3	1	2		用于高速、中载轴承，是较新的轴承材料，强度高、耐腐蚀、表面性能好，可用于增压强化柴油机轴承
三元电镀合金	铝—硅—镉镀层	14~35	—	—	170	200~300	1	2	2	2		镀铅锡青铜做中间层，再镀10~30μm三元减摩层，疲劳强度高，嵌入性好
银	镀层	28~35	—	—	180	300~400	2	3	1	1		镀银，上覆薄层铅，再镀铟。常用于飞机发动机、柴油机轴承
耐磨铸铁	HT300	0.1~6	0.75~3	0.3~4.5	150	<150	4	5	1	1		宜用于低速、轻载的不重要轴承，价廉
灰铸铁	HT150~HT250	1~4	0.5~2	—	—	—	4	5	1	1		

注：1. $[pv]$ 为不完全液体润滑下的许用值。
2. 性能比较：1~5 依次由佳到差。

2. 多孔质金属材料

多孔质金属材料用铜、铁、石墨、锡等粉末经压制、烧结而成，又称粉末冶金材料，具有多孔结构，内部空隙占总体积的15%~35%。采取措施使轴承所有细孔都充满润滑油的称为含油轴承，因此它具有自润滑性能。多孔质金属材料特别适用于加油不易或密封性结构内。由于其强度低、冲击韧性小，只宜用于无冲击的平稳载荷和中、低速的条件下。

常用的多孔质金属材料有铁基和铜基粉末冶金材料，近来又发展了铝基粉末冶金材料。在材料中加入适量的石墨、二硫化钼、聚四氟乙烯等固体润滑剂，缺油时仍有自润滑效果，可提高轴承工作的安全性。这类材料可用大量生产的加工方法制成尺寸比较准确的轴套，部分地替代滚动轴承和青铜轴套。

3. 非金属材料

用作轴承材料的非金属材料有塑料、硬木、橡胶、碳—石墨等，其中塑料用得最多，主要有酚醛树脂、尼龙、聚四氟乙烯等。

轴承塑料具有自润滑性能，也可用油或水润滑。轴承塑料可制成塑料轴承，也可镶嵌在金属轴瓦的滑动表面制成自润滑轴承使用。轴承塑料主要优点：摩擦因数较小；有足够的抗压强度和疲劳强度，可承受冲击载荷；耐磨性和磨合性好；塑性好，可以嵌藏外来杂质，防止损伤轴颈。但它的导热性差（只有青铜的几百分之一），线膨胀系数大（为金属的3~10倍），吸水、吸油后体积会膨胀，受载后有冷流性等，这些因素不利于轴承尺寸的稳定性。

橡胶材料柔软、具有弹性、内阻尼较大，能有效地减小振动、噪声和冲击，橡胶的变形可减轻轴的应力集中，并具有自调位作用。其缺点是导热性差，温度过高时易老化，耐蚀性、耐磨性变差。橡胶常镶在金属衬套内使用，工作时用水润滑，应注意避免与油类或有机溶剂接触。为防止与其配合的钢制轴颈被水润滑剂锈蚀，轴颈上应有铜套或表面镀铬。

碳—石墨具有良好的自润滑性能，高温稳定性好，常用于要求清洁工作的场合。

常用非金属和多孔质金属轴承材料性能见表11-2。

表11-2　常用非金属和多孔质金属轴承材料性能

轴承材料		最大许用值			最高工作温度 $t/℃$	备 注
		$[p]/$ MPa	$[v]/$ (m/s)	$[pv]/$ (MPa·m/s)		
非金属材料	酚醛树脂	41	13	0.18	120	由棉织物、石棉等填料经酚醛树脂黏结而成。抗咬合性好，强度、抗振性也极好，能耐酸碱，导热性差，重载时需用水或油充分润滑，易膨胀，轴承间隙宜取大些
	尼龙	14	3	0.11 (0.05m/s) 0.09 (0.5m/s) <0.09 (5m/s)	90	摩擦因数低，耐磨性好，无噪声。金属瓦上覆以尼龙薄层，能受中等载荷。加入石墨、二硫化钼等填料可提高其力学性能、刚性和耐磨性；加入耐热成分的尼龙可提高工作温度

(续)

轴承材料		最大许用值			最高工作温度 $t/℃$	备 注
		$[p]/$ MPa	$[v]/$ (m/s)	$[pv]/$ (MPa·m/s)		
非金属材料	聚碳酸酯	7	5	0.03（0.05m/s） 0.01（0.5m/s） <0.01（5m/s）	105	聚碳酸酯、醛缩醇、聚酰亚胺等都是较新的塑料，物理性能好，易于注射成型，比较经济。醛缩醇和聚碳酸酯稳定性好，填充石墨的聚酰亚胺温度可达280℃
	醛缩醇	14	3	0.1	100	
	聚酰亚胺	—	—	4（0.05m/s）	260	
	聚四氟乙烯	3	1.3	0.04（0.05m/s） 0.06（0.5m/s） <0.09（5m/s）	250	摩擦因数很低，自润滑性能好，能耐任何化学药品的侵蚀，适用温度范围宽（>280℃时，有少量有害气体放出），但成本高，承载能力低。用玻璃丝、石墨为填料，则承载能力和 $[pv]$ 值可大为提高
	PTFE织物	400	0.8	0.9	250	
	填充PTFE	17	5	0.5	250	
	碳—石墨	4	13	0.5（干） 5.25（润滑）	400	有自润滑性及高的导磁性和导电性，耐蚀性强，常用于水泵和风动设备中的轴套
	橡胶	0.34	5	0.53	65	橡胶能隔振、降低噪声、减小动载、补偿误差。导热性差，需加强冷却，温度高、易老化。常用于有水、泥浆等的工业设备中
多孔质金属材料	多孔铁 （Fe 95%，Cu 2%，石墨和其他 3%）	55（低速、间歇） 21（0.013m/s） 4.8（0.51～0.76m/s） 2.1（0.76～1m/s）	7.6	1.8	125	具有成本低、含油量多、耐磨性好、强度高等特点，应用很广
	多孔青铜	27（低速、间歇） 14（0.013m/s） 3.4（0.51～0.76m/s） 1.8（0.76～1m/s）	4	1.6	125	孔隙度大的多用于高速轻载轴承，孔隙度小的多用于摆动或往复运动的轴承。长期运转而不补充润滑剂的应降低 $[pv]$ 值。高温或连续工作的应定期补充润滑剂

11.3.3 轴瓦结构

轴瓦是滑动轴承中的重要零件，它的结构设计是否合理对轴承性能影响很大。有时为了节约贵金属材料或者由于结构上的需要，常在轴瓦的内表面上浇注或轧制一层轴承合金，称为轴承衬。轴瓦应具有一定的强度和刚度，在轴承中定位可靠，便于输入润滑剂，易散热，并便于装拆和调整。为此，轴瓦应在外形结构、定位、油槽开设和配合等方面采用不同的形式，以适应不同的工作要求。

1. 轴瓦的形式与构造

径向滑动轴承常用的轴瓦分整体式轴套和对开式轴瓦两种。

整体轴套（图11-4a、b）和卷制轴套（图11-4c）用于整体式轴承。除轴承合金外，其他金属材料、多孔质金属材料及轴承塑料、碳—石墨等非金属材料都可制成整体轴套。卷制轴套常用于双层或多层轴套的场合。

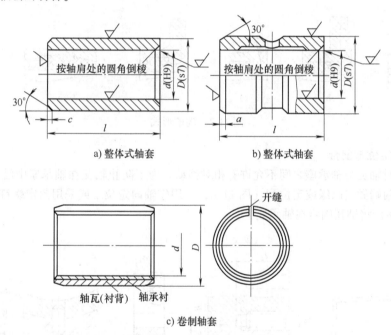

图 11-4　整体式轴套和卷制轴套

对开式轴瓦用于对开式轴承，分对开式厚壁轴瓦（图11-5）和对开式薄壁轴瓦（图11-6）两种。对开式轴瓦主要由上、下两半轴瓦组成，剖分面上开有轴向油槽，载荷由下轴瓦承受。轴瓦由单层材料或多层材料制成。双层轴瓦的轴承衬背具有一定的强度和刚度，减摩层具有较好的减摩、耐磨等性能。减摩层的厚度应随轴承直径的增大而增大，一般为十分之几毫米

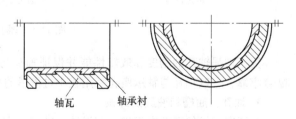

图 11-5　对开式厚壁轴瓦

到6mm。在双层轴瓦轴承衬表面上再镀上一层薄薄的钢、银等软金属，可制成三层轴瓦，其磨合性、顺应性、嵌入性等可得到进一步提高。此外，多层结构轴瓦可以显著节省价格较高的轴承合

金等减摩材料。

对开式厚壁轴瓦常用离心铸造法将轴承合金铸在轴瓦的内表面上，形成轴承衬。薄壁双层轴瓦（双金属轴瓦）能采用连续轧制的工艺进行大批量生产，质量稳定、成本较低。但薄壁轴瓦的刚性小，装配后的形状完全取决于轴承座的形状，因此需对轴承座进行较精密的加工。在轴瓦对开处，工作表面常要局部削薄（图11-6），以防止在轴承盖发生错动时出现对轴颈起刮压作用的锋缘。薄壁轴瓦在汽车发动机、柴油机中得到了广泛应用。

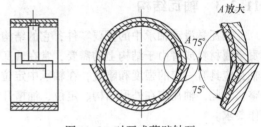

图11-6 对开式薄壁轴瓦

为使轴承减摩层与轴承衬背贴覆牢固，可在轴承衬背上制出各种形式的沟槽，如图11-7所示。

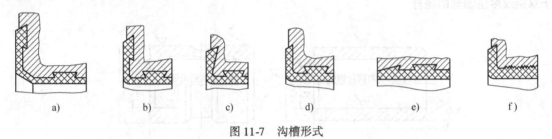

图11-7 沟槽形式

2. 轴瓦的定位与配合

轴承工作时轴瓦与轴承座之间不允许有相对移动。为了防止轴瓦在轴承座中沿轴向和周向移动，可将轴瓦两端做出凸缘或定位唇（图11-8a），用作轴向定位，或采用紧定螺钉（图11-8b）、销钉（图11-8c）将轴瓦固定在轴承座上。

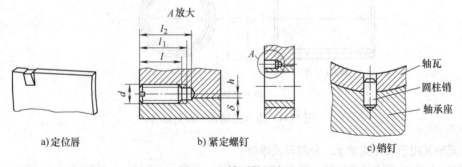

图11-8 轴瓦的固定

为了增强轴瓦的刚度和散热性能并保证轴瓦与轴承座的同轴度，轴瓦与轴承座应紧密配合、贴合牢靠，一般轴瓦与轴承座孔采用较小过盈量的配合，如 H7/s6、H7/r6 等。

3. 油孔、油槽和油腔的开设

为了向轴承的滑动表面供给润滑油，轴瓦上常开设有油孔、油槽和油腔。油孔用来供油，油槽用来输送和分布润滑油，油腔主要用作沿轴向均匀分布润滑油，并起贮油和稳定供油作用。

对于宽径比较小的轴承，只需开设一个油孔。对于宽径比大、可靠性要求较高的轴承，还需开设油槽或油腔。常见的油槽形式如图11-9所示。轴向油槽应较轴承宽度稍短，以免油从轴承端部大量流失。油腔一般开设于轴瓦的剖分处，其结构如图 11-10 所示。

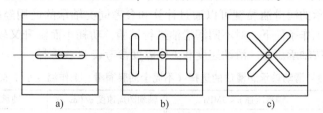

图 11-9　常见的油槽形式

　　油孔和油槽的位置及形状对轴承的工作能力和寿命影响很大。对液体动压滑动轴承，应将油孔和油槽开设在轴承的非承载区。若在承载油膜区内开设油孔和油槽，将会显著降低油膜的承载能力（图 11-11）。对于不完全油膜滑动轴承，应使油槽尽量延伸到轴承的最大压力区附近，以便供油充分。

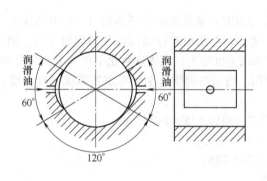

图 11-10　油腔结构

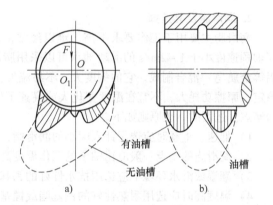

图 11-11　油槽对动压油膜压力（承载能力）的影响

11.4　滑动轴承的润滑

　　润滑的目的主要是减小摩擦功耗，降低磨损率，同时还可起冷却、防尘、防锈及吸振等作用。滑动轴承的润滑对其工作能力和使用寿命有着重大的影响，设计轴承时应重点考虑。

　　常用的润滑材料是润滑油和润滑脂。此外，有使用固体（如石墨、二硫化钼）或气体（如空气）作为润滑剂的。

　　滑动轴承常用润滑油作为润滑剂，轴颈圆周速度较低时可用润滑脂，速度特别高时可用气体润滑剂（如空气），工作温度特高或特低时可使用固体润滑剂（如石墨、二硫化钼等）。

1. 润滑油及其选择

　　选择润滑油主要考虑油的黏度和润滑性（油性），但润滑性尚无定量的理化指标，故通常只按黏度来选择。选择轴承用润滑油的黏度时，应考虑轴承压力、滑动速度、摩擦表面状况、润滑方式等条件。一般原则如下：

　　1) 在压力大或冲击、变载等工作条件下，应选用黏度较高的油。
　　2) 滑动速度高时，容易形成油膜，为了减小摩擦功耗，应采用黏度较低的油。
　　3) 加工粗糙或未经磨合的表面，应选用黏度较高的油。
　　4) 循环润滑、芯捻润滑或油垫润滑时，应选用黏度较低的油；飞溅润滑应选用高品质、能防止与空气接触而氧化变质或因激烈搅拌而乳化的油。

5) 低温工作的轴承应选用凝点低的油。

液体动压润滑轴承的润滑油黏度可以通过计算和参考同类轴承的使用经验初步确定。例如，可在同一机器和相同工作条件下，对不同润滑油进行试验，功耗小而温升又较低的润滑油，其黏度较为相宜。具体可按轴承压强、滑动速度和工作温度参考表11-3选择。

表11-3 滑动轴承润滑油的选择（不完全油膜润滑、工作温度小于60℃）

轴颈圆周速度 $v/(m/s)$	轴承压强 $p<3MPa$	轴颈圆周速度 $v/(m/s)$	轴承压强 $p=3\sim7.5MPa$
<0.1	L—AN68、L—AN100、L—AN150	<0.1	L—AN150
0.1~0.3	L—AN68、L—AN100	0.1~0.3	L—AN100、L—AN150
0.3~2.5	L—AN46、L—AN68	0.3~0.6	L—AN100
2.5~5.0	L—AN32、L—AN46	0.6~1.2	L—AN68、L—AN100
5.0~9.0	L—AN15、L—AN22、L—AN32	1.2~2.0	L—AN68
>9.0	L—AN7、L—AN10、L—AN15		

2. 润滑脂及其选择

润滑脂主要用于工作要求不高、难以经常供油的不完全油膜滑动轴承的润滑。一般情况下，当轴颈速度小于1~2m/s的滑动轴承可以采用脂润滑。润滑脂用矿物油与各种稠化剂（钙、钠、铝等金属皂）混合制成。它的稠度大，不易流失，承载力也较大，但物理和化学性质不如润滑油稳定，摩擦功耗大，不宜在温度变化大或高速下使用。选用润滑脂时主要考虑其稠度（针入度）和滴点。选用的一般原则如下。

1) 低速、重载时应选用针入度小的润滑脂，反之选用针入度大的润滑脂。
2) 润滑脂的滴点一般应比轴承的工作温度高20~30℃或更高。
3) 潮湿或淋水环境下应选用抗水性好的钙基脂或锂基脂。
4) 温度高时应选用耐热性好的钠基脂或锂基脂。

具体选用时可参考表11-4。采用脂润滑时，要根据轴承的工作条件和转速定期补充润滑脂。

表11-4 滑动轴承润滑脂的选择

压力 p/MPa	轴颈圆周速度 $v/(m/s)$	最高工作温度 t/℃	选用牌号
≤1.0	≤1	75	3号钙基脂
1.0~6.5	0.5~5	55	2号钙基脂
≥6.5	≤0.5	75	3号钙基脂
≤6.5	0.5~5	120	2号钠基脂
>6.5	≤0.5	110	1号钙—钠基脂
1.0~6.5	≤1	100	锂基脂
>6	0.5	60	2号压延基脂

注：1. 在潮湿环境，温度在75~120℃的条件下，应考虑用钙—钠基润滑脂。
2. 在潮湿环境，温度在75℃以下，没有3号钙基脂也可以用铝基脂。
3. 工作温度在110~120℃时可用锂基脂或钠基脂。
4. 集中润滑时，稠度要小些。

3. 固体润滑剂

选用石墨时应考虑环境对石墨摩擦性能的影响，空气中存在水分和蒸汽会进一步降低其摩擦因数，干燥、真空、宇航环境中其摩擦和磨损都将显著提高。石墨可成块镶嵌于摩擦副表面，也可作为填充材料掺于粉末冶金材料或聚合物中。二硫化钼是良好的润滑材料，其表面膜的承载能力优于石墨，但在有水蒸气的环境中吸潮后摩擦因数将提高，而在真空中却与在正常空气中相近，故适于在宇航设备中使用。二硫化钼可用机械方法擦涂于摩擦件表面，或将粉状二硫化钼掺和到树脂等黏结剂中，然后用喷涂等方法覆于工件表面，还可以采用直流溅射、高频溅射等方法制备二硫化钼表面膜。

4. 润滑方法和润滑装置

为了获得良好的润滑，除了正确选择润滑剂，同时要选择合适的润滑方法和润滑装置。

(1) 润滑油润滑 根据供油方式的不同，润滑油润滑可分为间断润滑和连续润滑。间断润滑只适用于低速轻载和不重要的轴承。需要可靠润滑的轴承应采用连续润滑。

(2) 人工加油润滑 在轴承上方设置油孔或油杯（图 11-12），用油壶或油枪定期向油孔或油杯供油。其结构最为简单，但不能调节供油量，只能起到间断润滑的作用，若加油不及时则容易造成磨损。

(3) 滴油润滑 依靠油的自重通过滴油油杯进行供油润滑。图 11-13 所示为针阀式滴油油杯，手柄放倒时（图 11-13b）针阀受弹簧推压向下而堵住底部阀座油孔。手柄直立时（图 11-13c）便提起针阀打开下端油孔，油杯中润滑油流进轴承，处于供油状态。调

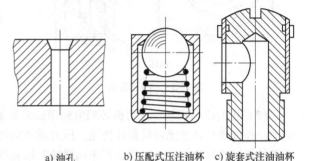

a) 油孔   b) 压配式压注油杯   c) 旋套式注油杯

图 11-12 油孔和油杯

节螺母可用来控制油的流量。定期提起针阀也可用作间断润滑。滴油润滑结构简单、使用方便，但供油量不易控制，如油杯中油面的高低、温度的变化、机器的振动等都会影响供油量。

(4) 油绳润滑 油绳润滑的润滑装置为油绳式油杯（图 11-14）。油绳的一端浸油中，利用毛细管作用将润滑油引到轴颈表面，结构简单，油绳能起到过滤作用，适用于多尘的场合。由于其供油量少且不易调节，因而主要应用于小型或轻载轴承，不适用于大型或高速轴承。

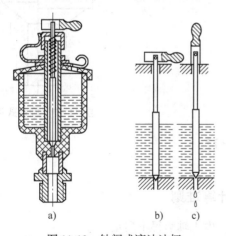

图 11-13 针阀式滴油油杯

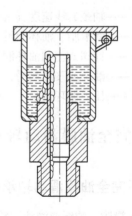

图 11-14 油绳式油杯

(5) 油环润滑 如图 11-15 所示，轴颈上套一油环，油环下部浸入油池内，靠轴颈摩擦力带动油环旋转，从而将润滑油带到轴颈表面。这种装置只适用于连续运转的水平轴轴承的润滑，并且轴的转速应在 50~3000r/min 的范围内。

(6) 飞溅润滑 飞溅润滑常用于闭式箱体内的轴承润滑（图 11-16）。它利用浸入油池中的齿轮、曲轴等旋转零件或附装在轴上的甩油盘，搅动润滑油并使其飞溅到箱壁上，再沿油沟进入轴

承。为控制搅油功率损失和避免因油的严重氧化而降低润滑性，浸油零件的圆周速度不宜超过12m/s（但圆周速度也不宜过低，否则会影响润滑效果），浸油也不宜过深。

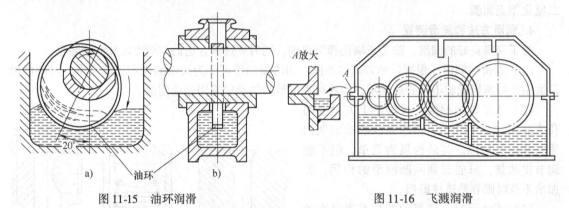

图 11-15 油环润滑　　　　　　　图 11-16 飞溅润滑

（7）压力循环润滑　压力循环润滑利用油泵供给充足的润滑油来润滑轴承，用过的油又流回油池，经过冷却和过滤后可循环使用。压力循环润滑方式的供油压力和流量都可调节，同时油可带走热量，冷却效果好，工作过程中润滑油的损耗极少，对环境的污染也较少，因而广泛应用于大型、重型、高速、精密和自动化的各种机械设备中。

（8）润滑脂润滑　润滑脂润滑一般为间断供应，常用旋盖式油杯（图 11-17）或黄油枪加脂，即定期旋转杯盖将杯内润滑脂压进轴承或用黄油枪通过压注油杯（图 11-12b）向轴承补充润滑脂。润滑脂润滑也可以集中供应，适用于多点润滑的场合，供脂可靠，但组成设备比较复杂。

滑动轴承的润滑方式可根据系数 k 选定

$$k = \sqrt{pv^3} \tag{11-1}$$

式中　$p = \dfrac{F}{dB}$——平均压力（MPa）；

　　　　v——轴颈的线速度（m/s）。

当 $k \leqslant 2$——润滑脂、油杯润滑；

　$k = 2 \sim 16$——针阀式注油油杯润滑；

　$k = 16 \sim 32$——油环或飞溅润滑；

　$k > 32$——压力循环润滑。

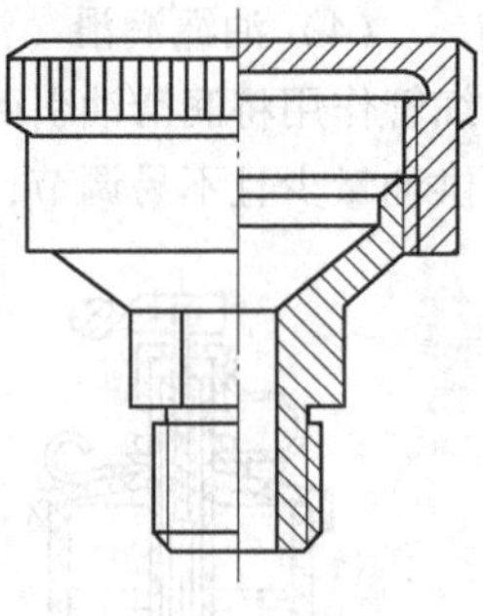

图 11-17 旋盖式油杯

11.5 不完全油膜滑动轴承的条件性计算

11.5.1 不完全油膜滑动轴承的失效形式和计算准则

因采用润滑脂、油绳或滴油润滑的径向滑动轴承，由于轴承得不到足够的润滑剂，故无法形成完全的承载油膜，工作状态为混合摩擦润滑。工程实际中对工作要求不高、速度较低、载荷不大、难以维护等条件下工作的轴承，往往设计成不完全油膜滑动轴承。在设计不完全油膜滑动轴承时，常用简单的条件性计算来确定轴承的尺寸。

不完全油膜滑动轴承工作时，轴颈与轴瓦表面间处于混合摩擦状态，其中有部分摩擦表面产生直接接触，因而主要的失效形式是磨粒磨损和胶合。因此，防止失效的关键是保证轴颈与轴瓦表面之间形成一层边界油膜，以避免轴瓦的过度磨粒磨损和轴承因温度升高而引起胶合破坏。目前对不完全油膜滑动轴承的设计计算主要是进行轴承压强 p、轴承压强与滑动速度的乘积 pv 值和轴承滑动速度 v 的验算，使其不超过轴承材料的许用值。此外，在设计液体动压滑动轴承时，由于其起动和停机阶段也处于混合摩擦状态，因而也需要对 p、pv、v 进行验算。

11.5.2 径向滑动轴承的设计计算

设计时，一般已知轴颈直径 d、轴的转速 n 及轴承径向载荷 F。其设计计算步骤如下。

1) 根据轴承使用要求和工作条件，确定轴承的结构形式，选择轴承材料。
2) 选定轴承宽径比 B/d（轴承宽度与轴颈直径之比），确定轴承宽度。一般取 $B/d \approx 0.7 \sim 1.3$。
3) 验算轴承的工作能力。

① 验算轴承的平均压强 p。为防止轴承过度磨损，应限制轴承的单位面积压力

$$p = \frac{F}{dB} \leq [p] \tag{11-2}$$

式中　B——轴承宽度（mm），根据宽径比确定；
　　　$[p]$——轴承材料的许用压强（MPa）。

对于低速（$v \leq 0.1$m/s）或间歇工作的轴承，当其工作时间不超过停歇时间时，仅需进行轴承平均压力的验算。

② 验算轴承的 pv 值。轴承工作时摩擦发热量大、温升过高时，易发生胶合破坏。对于速度较高的轴承，常需限制 pv 值。轴承的发热量与其单位面积上表征摩擦功耗的 fpv 成正比，f（摩擦因数）可认为是常数，故限制 pv 值也就是限制轴承的温升，即

$$pv = \frac{F}{dB} \frac{\pi dn}{60 \times 1000} = \frac{Fn}{19100B} \leq [pv] \tag{11-3}$$

式中　v——轴颈的圆周速度，即滑动速度（m/s）；
　　　$[pv]$——轴承材料 pv 许用值（MPa·m/s）。

③ 验算滑动速度 v。当平均压强 p 较小时，即使 p 与 pv 都在许用范围内，也可能由于滑动速度过高而加速磨损，因而要求

$$v = \frac{\pi dn}{60 \times 1000} \leq [v] \tag{11-4}$$

若 p、pv 和 v 的验算结果超出许用范围，可加大轴颈直径和轴承宽度，或选用较好的轴承材料，使其满足工作要求。

4) 选择轴承的配合。为了保证一定的旋转精度，必须根据不同的使用要求，合理地选择轴承的配合，一般可选参考表 11-5。

表 11-5　滑动轴承的常用配合及应用

精度等级	配合符号	应用举例
2	H7/g6	磨床与车床分度头主轴承
2	H7/f7	铣床、钻床及车床的轴承，汽车发动机曲轴的主轴承及连杆轴承，齿轮减速器及蜗杆减速器轴承
4	H9/f9	电动机、离心泵、风扇及惰轮轴的轴承，蒸汽机和内燃机曲轴的主轴承及连杆轴承
2	H7/e8	汽轮发电机轴、内燃机凸轮轴、高速转轴、刀架丝杠、机车多支点轴等的轴承
6	H11/b11 或 H11/d11	农业机械用的轴

例题 11-1 某不完全液体润滑径向液体滑动轴承,已知:轴颈直径 $d = 200\text{mm}$,轴承宽度 $B = 200\text{mm}$,轴颈转速 $n = 300\text{r/min}$,轴瓦材料为 ZCuAl10Fe3,试问它可以承受的最大径向载荷是多少?

解:轴瓦的材料为 ZCuAl10Fe3,查表 11-1 其许用应力 $[p] = 15\text{MPa}$,许用 $[pv] = 12\text{MPa}\cdot\text{m/s}$

1) 轴承的平均压力应满足式 (11-2),据此可得
$$F \leqslant [p]dB = 15 \times 200 \times 200 \text{N} = 6 \times 10^5 \text{N}$$

2) 轴承的 pv 应满足式 (11-3),据此可得
$$F \leqslant \frac{[pv] \times 19100 B}{n} = \frac{12 \times 19100 \times 200}{300} \text{N} = 1.528 \times 10^5 \text{N}$$

综合考虑 1) 和 2),可知最大径向载荷为 $1.528 \times 10^5 \text{N}$。

11.6 液体动压润滑的基本方程

用润滑油把摩擦表面完全分隔开时的摩擦,称为液体摩擦。因为两个表面并不直接接触,所以这种摩擦的性质决定于使用的润滑油黏度,而与两个摩擦表面的材料无关。

获得液体摩擦主要有两种方法:①在滑动表面间用足以平衡外载的压力输入润滑油,人为地使两个表面分离,或者说,用油压把轴颈顶起,用这种方法来实现液体摩擦的轴承称为液体静压轴承;②利用轴颈本身回转时的泵油作用,把油带入摩擦面间,建立压力油膜而把摩擦面分开,用这种方法来实现液体摩擦的轴承称为液体动压轴承。

液体动压径向滑动轴承工作时,在轴颈与轴承之间形成具有一定厚度、并能承受外载荷的动压油膜,将轴颈与轴承的接触表面完全隔开,从而实现液体摩擦润滑,因而其摩擦降低和磨损极小,并具有较大的承载范围,常用于高、中速、重载和回转精度要求较高的场合。静压轴承需要附加的设备,应用不如后者普遍。

11.6.1 雷诺润滑方程式

两刚体被润滑油隔开(图 11-18),板 B 倾斜一定角度而与板 A 组成一收敛的楔形空间,板 B 静止不动,板 A 以速度 v 沿 x 轴向左(楔形空间的收敛方向)运动,两板间充满润滑油。一维雷诺方程式的推导是建立在以下假设的基础上:①忽略压力对润滑油黏度的影响;②润滑油沿 z 向没有流动;③润滑油是层流流动;④油与工作表面吸附牢固,表面油分子随工作表面一同运动或静止;⑤不计油的惯性力和重力的影响;⑥润滑油不可压缩等。

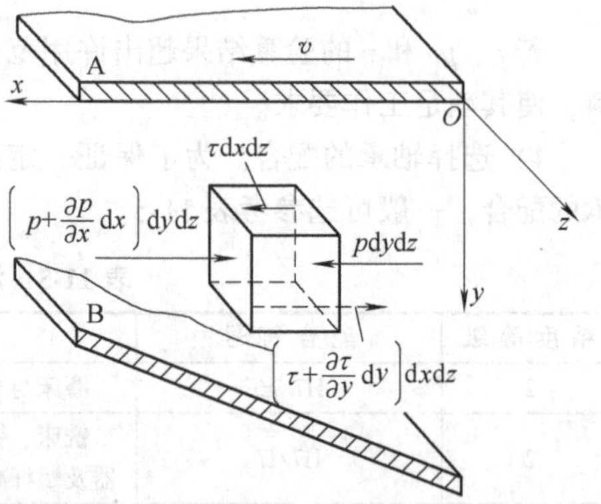

取微单元体进行分析,p 及 $p + \frac{\partial p}{\partial x}\text{d}x$ 是作用在微单元体右左两侧的压力,τ 及 $\tau + \frac{\partial \tau}{\partial y}\text{d}y$ 是作用在微单元体上下两面的切应力。根据 x 方向力系的平衡条件,得

图 11-18 两相对运动平板间油膜的动压分析

$$p\text{d}y\text{d}z + \tau\text{d}x\text{d}z - \left(p + \frac{\partial p}{\partial x}\text{d}x\right)\text{d}y\text{d}z - \left(\tau + \frac{\partial \tau}{\partial y}\text{d}y\right)\text{d}x\text{d}z = 0 \qquad (11\text{-}5)$$

整理后得

$$\frac{\partial p}{\partial x} = -\frac{\partial \tau}{\partial y} \tag{11-6}$$

将牛顿黏性流体定律 $\tau = -\eta \dfrac{\partial u}{\partial y}$ 代入上式整理后可得

$$\frac{\partial p}{\partial x} = \eta \frac{\partial^2 u}{\partial y^2} \tag{11-7}$$

将上式对 y 进行两次积分后得

$$u = \frac{1}{2\eta} \frac{\partial p}{\partial x} y^2 + C_1 y + C_2 \tag{11-8}$$

由图 11-18 可知，当 $y = 0$ 时 $u = v$（随移动件移动）；$y = h$（油膜厚度）时 $u = 0$（随静止件不动）。利用这两个边界条件可解出 C_1、C_2 为

$$C_1 = \frac{h}{2\eta} \frac{\partial p}{\partial x} - \frac{v}{h} \quad C_2 = v \tag{11-9}$$

代入式（11-8）后得两平板间油膜内各油层的速度分布方程

$$u = \frac{v}{h}(h - y) - \frac{(h-y)y}{2\eta} \frac{\partial p}{\partial y} \tag{11-10}$$

式中　η——润滑油的动力黏度（Pa·s）；

$\dfrac{\partial p}{\partial x}$——油膜内油压沿 x 方向变化率。

由式（11-10）可知，两平板间各油层的速度 u 由两部分组成：式中前一项的速度呈线性分布，如图 11-19 中虚、实斜直线所示，这是直接在板 A 的运动下由各油层间内摩擦力的剪切作用所引起的流动，称为剪切流；式中后一项的速度呈抛物线分布，如图 11-19a 中实线所示，这是由于油膜中压力沿 x 方向的变化所引起的流动，称为压力流。

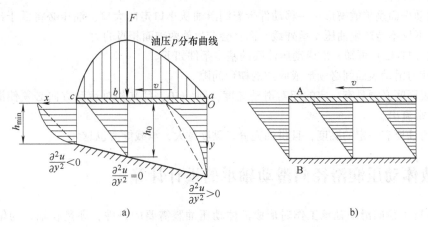

图 11-19　两相对运动平板间油膜中的速度分布和压力分布

再分析任何截面沿 x 方向的单位宽度流量

$$q_x = \int_0^h u \mathrm{d}y = \frac{v}{2} h - \frac{h^3}{12\eta} \frac{\partial p}{\partial x} \tag{11-11}$$

设油压最大处的间隙为 h_0，即 $\partial p/\partial x = 0$ 时，$h = h_0$

$$q_x = \frac{v}{2} h_0 \tag{11-12}$$

连续流动时流量不变，故式（11-11）=式（11-12）。由此可得

$$\frac{\partial p}{\partial x} = 6\eta v \frac{h - h_0}{h^3} \tag{11-13}$$

式（11-13）即为流体动压润滑的基本方程，称为一维雷诺方程。它描述了两平板间油膜压力沿 x 方向的变化与润滑油黏度 η、相对滑动速度 v 及油膜厚度 h 之间的关系（图11-19a）。再求出油膜压力的合力便可确定油膜的承载能力。若再考虑润滑油沿 z 向的流动，则

$$\frac{\partial}{\partial x}\left(\frac{h^3}{\eta}\frac{\partial p}{\partial x}\right) + \frac{\partial}{\partial z}\left(\frac{h^3}{\eta}\frac{\partial p}{\partial z}\right) = 6v\frac{\partial h}{\partial x} \tag{11-14}$$

式（11-14）称为二维雷诺动压润滑方程式，是计算液体动压轴承的基本公式。

11.6.2 油楔承载机理

由式（11-13）可以看到，油压的变化与润滑油的黏度、表面滑动速度和油膜厚度的变化有关。利用该式可求出油膜中各点的油膜压力 p（简称油压）。全部油膜压力之和即为油膜承载能力。在正常工况下，油膜承载力应与外载荷 F 相平衡。

如图11-19a所示，在截面 h_0 的右侧 ab 段，有 $h > h_0$，则由式（11-13）知 $\partial p/\partial x > 0$，说明油压 p 沿 x 方向逐渐增大；在 h_0 左侧 bc 段，有 $h < h_0$，则由式（11-13）知 $\partial p/\partial x < 0$，说明油压 p 沿 x 方向逐渐减小；在截面 $h = h_0$ 处，$\partial p/\partial x = 0$，说明此处油压有最大值 $p_{\max}$。油楔油压 p 沿 x 方向的分布规律如图11-19a所示，油楔内油压均大于入口和进口处的油压，因而能托起板 A，承受板 A 所受的外部载荷。

若将平板 A、B 平行放置（图11-19b），两平板间各截面处油膜厚度相等，由式（11-13）知各处 $\partial p/\partial x = 0$，即油膜压力 p 沿 x 方向无变化，各处油压与右端进口和左端出口处油压相等。这种情况下平板 A 承载后必将下沉，直至与板 B 接触。说明此时两平板间不能形成压力油膜，故板 A 不能承受外载荷。

若两滑动表面呈扩散楔形——移动件带着润滑油从小口走向大口，油压必将低于出口和入口处的压力，不仅不能产生油压支承外载，而且会产生使两表面相吸的力。

分析式（11-13）可知，形成动压油膜的基本条件如下。

1）两相对滑动表面间必须形成收敛的楔形间隙。
2）两表面间必须具有一定的相对滑动速度，即 $v \neq 0$，且其相对运动方向必须使润滑油从大端流进、小端流出。
3）润滑油要有一定的黏度，且供油充分。黏度越大，承载能力也越大。

11.7 液体动压润滑径向滑动轴承的设计计算

前面分析了径向滑动轴承工作时形成液体动压油膜需要的条件，即是在轴颈与轴承之间形成具有一定厚度、并能承受外载荷的动压油膜，将轴颈与轴承的滑动表面完全隔开，从而实现滑动轴承工作时液体动压润滑。在径向滑动轴承设计时由以下几方面入手以形成其液体动压润滑。

11.7.1 几何关系

图11-20中 R、r 分别为轴承孔和轴颈的半径，两者之差称为半径间隙，用 δ 表示，即

$$\delta = R - r \tag{11-15}$$

半径间隙与轴颈半径之比 ψ 称为相对间隙，即

$$\psi = \frac{\delta}{r} \tag{11-16}$$

轴颈中心 O' 偏离轴承孔中心 O 的距离 e 称为偏心距，轴颈的偏心程度用偏心率 χ 表示，即

$$\chi = \frac{e}{\delta} = \frac{e}{R-r} \tag{11-17}$$

偏心率 χ 越大，最小油膜厚度 h_{min} 越小，即

$$h_{min} = \delta - e = r\psi(1-\chi) \tag{11-18}$$

轴颈中心与轴承孔中心的连心线为 OO'，从 OO' 量起，任意 φ 角处的油膜厚度 h 为

$$h \approx R - r + e\cos\varphi = \delta(1 + \chi\cos\varphi) \tag{11-19}$$

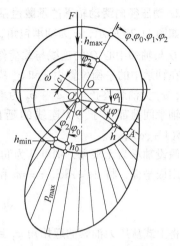

图 11-20　径向滑动轴承几何参数和油压分布

11.7.2　动压润滑状态的建立

1. 动压润滑状态建立的过程

因轴颈直径小于轴承孔直径，两者间存在一定间隙，静止时轴颈位于轴承孔的最低位置，轴颈与轴承直接相接触，如图 11-21a 所示，轴颈与轴承表面间自然形成一弯曲楔形。

当轴颈开始顺时针转动时，在摩擦力的作用下，轴颈沿轴承孔内壁向右滚动上爬，如图 11-21b 所示。由于轴颈转速不高，进入楔形空间的油量很少，不足以形成压力油膜将轴颈与轴承表面分开，两者间处于不完全油膜润滑状态。

随着轴颈转速的增大，带入楔形空间的油量逐渐增多，动压油膜逐渐形成，将轴颈与轴承表面逐渐分开，摩擦力也逐渐减小，轴颈将向左下方移动。当转速增大到一定数值后，足够多的润滑油进入楔形空间，形成能平衡外载荷的动压油膜，轴颈被动压油膜抬起，稳定地在轴承中心偏左的某一位置上转动，如图 11-21c 所示。此时轴颈与轴承间形成流体动压润滑。若外载荷、轴颈转速及润滑油黏度保持不变，轴颈将在这一位置稳定地转动。

在一定的载荷作用下，转速发生变化时，轴颈的工作位置将发生变化。研究结果表明，轴颈转速越高，轴颈中心将越被抬高而接近于轴承孔的中心，如图 11-21d 所示。轴颈中心随转速变化的运动轨迹接近于半圆。

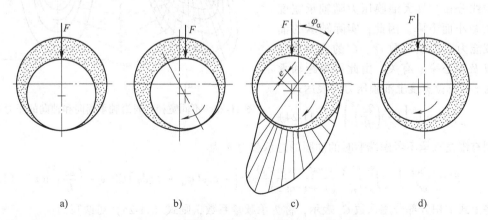

图 11-21　液体动压径向滑动轴承的工作过程

2. 动压径向滑动轴承的承载量系数

如图 11-20 所示，α 为轴承包角，是轴瓦连续包围轴颈所对应的角度；φ_α 为偏位角，是轴承中心 O 与轴颈中心 O' 的连线与载荷作用线之间的夹角，偏心距 e 不同，对应的偏位角 φ_α 也不同，轴颈在轴承中的平衡位置由 e 和 φ_α 决定。φ 为从 OO' 连线起至任意油膜处的油膜角，φ_1 为油膜起始角，φ_2 为油膜终止角。$\varphi_1+\varphi_2$ 为承载油膜角，它只占轴承包角的一部分。最小油膜厚度 $h_{\min}$ 和最大轴承间隙都位于 OO' 连线的延长线上。在 $\varphi=\varphi_0$ 处，油膜压力最大，这时，油膜厚度为 $h_0=\delta(1+\chi\cos\varphi_0)$。

假设轴承为无限宽，则可认为润滑油沿轴向没有流动。这时，可利用式（11-13）进行计算。为改用极坐标，将 $\mathrm{d}x=r\mathrm{d}\varphi$、$v=r\omega$ 和 h、h_0 代入，得一维雷诺方程的极坐标形式

$$\mathrm{d}p=6\eta\frac{\omega}{\psi^2}\frac{\chi(\cos\varphi-\cos\varphi_0)}{(1+\chi\cos\varphi)^3}\mathrm{d}\varphi \tag{11-20}$$

将上式从压力油膜的起始角 φ_1 到任意角 φ 进行积分，得到任意角 φ 处的油膜压力为

$$p_\varphi=6\eta\frac{\omega}{\psi^2}\int_{\varphi_1}^{\varphi}\frac{\chi(\cos\varphi-\cos\varphi_0)}{(1+\chi\cos\varphi)^3}\mathrm{d}\varphi \tag{11-21}$$

压力 p_φ 在外载荷方向上的分量为

$$p_{\varphi y}=p_\varphi\cos[180°-(\varphi_\alpha+\varphi)]=-p_\varphi\cos(\varphi_\alpha+\varphi) \tag{11-22}$$

将上式从压力油膜的起始角 φ_1 到 φ_2 的区间内积分，就可得到轴承单位宽度上的油膜承载能力

$$\begin{aligned}p_y &= \int_{\varphi_1}^{\varphi_2}p_{\varphi y}r\mathrm{d}\varphi=-\int_{\varphi_1}^{\varphi_2}p_\varphi\cos(\varphi_\alpha+\varphi)r\mathrm{d}\varphi \\ &= 6\frac{\eta\omega r}{\psi^2}\int_{\varphi_1}^{\varphi_2}\int_{\varphi_1}^{\varphi}\frac{\chi(\cos\varphi-\cos\varphi_0)}{(1+\chi\cos\varphi)^3}\mathrm{d}\varphi[-\cos(\varphi_\alpha+\varphi)]\mathrm{d}\varphi\end{aligned} \tag{11-23}$$

若轴承为无限宽，油膜压力沿轴线方向将按直线分布，轴承理论上的承载能力只需将 p_y 乘以轴承宽度 B 即可得到。但实际上轴承的宽度是有限的，润滑油会从轴承两侧端面流出，故必须考虑端泄的影响。如图 11-22 所示，这时油膜压力沿轴承宽度呈抛物线分布，最大油膜压力随轴承宽度尺寸的减小而下降。因此，实际轴承的油膜承载能力应乘以系数 C'，C' 的值与宽径比 B/d 及偏心率 χ 有关。由此可得距轴承宽度为 z 处单位宽度上油膜压力的表达式

$$p'_y=p_yC'\left[1-\left(\frac{2z}{B}\right)^2\right] \tag{11-24}$$

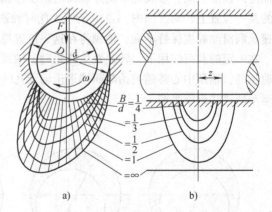

图 11-22 不同宽径比时沿轴承周向和轴向的压力分布

则有限宽轴承不考虑端泄时的油膜的总承载力 F 为

$$F=\frac{6\eta\omega r}{\psi^2}\int_{-\frac{B}{2}}^{\frac{B}{2}}\int_{\varphi_1}^{\varphi_2}\int_{\varphi_1}^{\varphi}\frac{\chi(\cos\varphi-\cos\varphi_0)}{(1+\chi\cos\varphi)^3}\mathrm{d}\varphi[-\cos(\varphi_\alpha+\varphi)\mathrm{d}\varphi]C'\left[1-\left(\frac{2z}{B}\right)^2\right]\mathrm{d}z \tag{11-25}$$

将上式中积分部分用系数 C_p 表示，称为承载量系数，则式（11-25）可改写为

$$F=\frac{\eta\omega Bd}{\psi^2}C_p \tag{11-26}$$

由上式可得

$$C_p = \frac{F\psi^2}{\eta\omega Bd} = \frac{F\psi^2}{2\eta v B} \tag{11-27}$$

式中 η——润滑油在轴承平均工作温度下的动力黏度（Pa·s）；
B——轴承宽度（m）；
v——轴颈圆周速度（m/s）；
F——轴承外载荷（N）；
C_p——承载量系数。

承载量系数 C_p 为一无量纲的量，其数值与轴承包角 α、偏心率 χ 和宽径比 B/d 有关。工程上常可从相关数表或线图查取。若轴承在非压力区内供油且包角 $\alpha = 180°$，则有限宽轴承的承载量系数 C_p 见表 11-6。

实际的承载能力比上式低，这是由于端泄不可避免。因此，在实际计算中，常采用二维雷诺动压润滑方程式的数值解提供的线图进行计算。应该指出，上述一维雷诺方程式是在相应假设条件下建立的，现代机械的工况往往越过了这些条件，应用时务必注意。此外，现代流体动力润滑设计已完全可以针对具体结构在计算机上采用专业软件用差分法、有限元法等方法取得数值解，读者需要时可参阅有关资料。

表 11-6 有限宽轴承的承载量系数 C_p（轴承包角 $\alpha = 180°$）

$\dfrac{B}{d}$	偏心率 χ												
	0.3	0.4	0.5	0.6	0.65	0.7	0.75	0.8	0.85	0.9	0.925	0.95	0.975	0.99
	承载量系数 C_p												
0.3	0.0522	0.0826	0.128	0.203	0.259	0.347	0.475	0.699	1.122	2.074	3.352	5.73	15.15	50.52
0.4	0.0893	0.141	0.216	0.339	0.431	0.573	0.776	1.079	1.775	3.195	5.055	8.393	21.00	65.26
0.5	0.133	0.209	0.317	0.493	0.622	0.819	1.098	1.572	2.428	4.261	6.615	10.706	25.62	75.86
0.6	0.182	0.283	0.427	0.655	0.819	1.070	1.418	2.001	3.036	5.214	7.956	12.64	29.17	83.21
0.7	0.234	0.361	0.538	0.816	1.014	1.312	1.720	2.399	3.580	6.029	9.072	14.14	31.88	88.9
0.8	0.287	0.439	0.647	0.972	1.199	1.538	1.965	2.754	4.053	6.721	9.992	15.37	33.99	92.89
0.9	0.339	0.515	0.754	1.118	1.371	1.745	2.248	3.067	4.459	7.294	10.753	16.37	35.66	96.35
1.0	0.391	0.589	0.853	1.253	1.528	1.929	2.469	3.372	4.808	7.772	11.38	17.18	37.00	98.95
1.1	0.440	0.658	0.947	1.377	1.669	2.097	2.664	3.580	5.106	8.186	11.91	17.86	38.12	101.15
1.2	0.487	0.723	1.033	1.489	1.796	2.247	2.838	3.787	5.364	8.533	12.35	18.43	39.04	102.9
1.3	0.529	0.784	1.111	1.59	1.912	2.379	2.990	3.968	5.586	8.831	12.73	18.91	39.81	104.42
1.5	0.610	0.891	1.248	1.763	2.099	2.600	3.242	4.266	5.947	9.304	13.34	19.68	41.07	106.84
2.0	0.763	1.091	1.483	2.07	2.446	2.981	3.671	4.778	6.565	10.091	14.34	20.97	43.11	110.79

3. 最小油膜厚度 $h_{\min}$

在流体动压润滑状态下，最小油膜厚度 $h_{\min}$ 是决定轴承工作性能好坏的一个重要参数。由式 (11-18) 可知，在其他条件不变时，$h_{\min}$ 越小偏心率 χ 越大。偏心率 χ 越大时承载量系数 C_p 越大，即轴承的承载能力越大。但是当最小油膜厚度 $h_{\min}$ 过小时，有可能使轴颈表面与轴承表面发生直接接触，从而破坏了液体摩擦状态。最小油膜厚度主要受到轴颈和轴承表面的表面粗糙度、轴的刚性、轴颈和轴承的几何形状误差等的限制。因此，为保证轴承工作于液体摩擦状态，必须使最小油膜厚度不小于许用油膜厚度，即

$$h_{\min} = \delta - e = r\psi(1-\chi) \geqslant [h] \tag{11-28}$$

$$[h] = S(Rz1 + Rz2) \tag{11-29}$$

式中 S——安全系数，用来考虑表面几何形状误差和轴颈挠曲变形对许用油膜厚度的影响，常取 $S \geqslant 2$；

$Rz1$、$Rz2$——轴颈和轴承孔表面微观不平度十点平均高度（μm）。

Rz 的大小与加工方法有关。表 11-7 给出了各种加工方法所能得到的表面粗糙度及微观不平度十点平均高度 Rz。对一般的轴承，可取 $Rz1$、$Rz2$ 的值分别为 $3.2\mu m$ 和 $6.3\mu m$ 或 $1.6\mu m$ 和 $3.2\mu m$；对重要的轴承，可取为 $0.8\mu m$ 和 $1.6\mu m$ 或 $0.2\mu m$ 和 $0.4\mu m$。

表 11-7 加工方法、表面粗糙度及微观不平度十点平均高度 Rz （单位：μm）

加工方法	精车或精镗，中等磨光，刮（1.5~3 个点/cm²）		铰、精磨、刮（3~5 个点/cm²）		金刚石刀头镗，镗磨		研磨、抛光、超精加工等		
表面粗糙度 Ra	3.2	1.6	0.8	0.4	0.25	0.1	0.05	0.025	0.012
Rz	10	6.3	3.2	1.6	0.8	0.4	0.2	0.1	0.05

4. 热平衡计算

轴承工作时，摩擦功将转化为热量。这些热量一部分被流动的润滑油带走，另一部分由于轴承座的温度上升将散逸到四周空气之中。在热平衡状态下，润滑油和轴承的温度不应超过许用值。

热平衡条件：单位时间内轴承所产生的摩擦热量等于同时间内流动的油所带走的热量及轴承散发的热量之和。对于非压力供油的向心轴承，即

$$fFv = c\rho q\Delta t + \pi B d a_s \Delta t \tag{11-30}$$

式中 f——轴承的摩擦因数，$f = \dfrac{\pi}{\psi}\dfrac{\eta\omega}{p} + 0.55\psi\xi$，$\xi$ 为随轴承宽径比而变化的系数，$B/d < 1$ 时 $\xi = (d/B)^{1.5}$，$B/d \geqslant 1$ 时 $\xi = 1$；

p——轴承的平均压强（Pa）；

η——润滑油的动力黏度（$Pa \cdot s$）；

F——轴承所受径向载荷（N）；

v——轴颈圆周速度（m/s）；

c——润滑油的比定压热容 $[J/(kg \cdot ℃)]$，为 $1680 \sim 2100 J/(kg \cdot ℃)$；

ρ——润滑油的密度（kg/m^3），为 $850 \sim 900 kg/m^3$；

q——轴承的润滑油的体积流量（m^3/s）；

Δt——润滑油的温升（℃），即润滑油由轴承间隙流出的温度 t_2 和流入间隙时的温度 t_1 之差，即 $\Delta t = t_2 - t_1$；

a_s——轴承的表面传热系数 $[W/(m^2 \cdot ℃)]$，依轴承结构、轴承尺寸、通风条件而定：轻型轴承或在不易散热环境中工作的轴承可取 $a_s = 50 W/(m^2 \cdot ℃)$，中型轴承及普通通风条件可取 $a_s = 80 W/(m^2 \cdot ℃)$，重型轴承、冷却条件良好可取 $a_s = 140 W/(m^2 \cdot ℃)$。

由式（11-30）解出达到热平衡时润滑油的温升

$$\Delta t = \dfrac{\dfrac{f}{\psi}p}{c\rho\dfrac{q}{\psi vBd} + \dfrac{\pi a_s}{\psi v}} \tag{11-31}$$

式中 $\dfrac{q}{\psi vBd}$ ——非压力供油条件下润滑油的流量系数，是一个无量纲的数，与轴承宽径比 B/d 及偏心率 χ 有关。图 11-23 给出了包角 $\alpha=180°$ 径向轴承的润滑油流量系数线图。

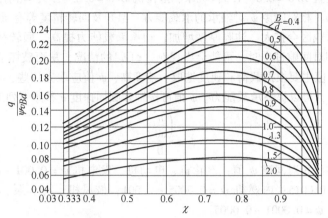

图 11-23　包角 $\alpha=180°$ 径向轴承的润滑油流量系数线图

设轴承平均温度 $t_m=\dfrac{t_1+t_2}{2}$，而温升 $\Delta t=t_2-t_1$，则有

$$t_m = t_1 + \dfrac{\Delta t}{2} \tag{11-32}$$

轴承平均温度一般不应超过 75℃。润滑油入口温度 t_1 常大于工作环境温度，依供油方法而定，通常取 $t_1=30\sim45℃$。由于轴承的发热量主要由流动的油带走，故散热项 $\dfrac{\pi a_s}{\psi v}$ 忽略不计误差也不大。对于压力循环润滑的轴承，常不计散热项。

此外还应根据润滑方式的不同，限制轴承最高允许温度 $t_{2\max}$，见表 11-8。表中 k 为压力供油润滑时油箱中的油量 Q_0 与每分钟轴承润滑油的体积流量 Q 之比。括号内数字为特殊工况下的许用值。

表 11-8　轴承最高允许温度

润滑方式	$t_{2\max}$	℃
	$k\leqslant 5$ 时	$k>5$ 时
压力供油润滑	100（115）	110（125）
非压力供油润滑	90（110）	—

5. 参数选择

轴承直径和轴颈直径的名义尺寸是相同的。轴颈直径一般由轴的尺寸和结构确定，除应满足强度和刚度外，还要满足润滑及散热等条件。此外，还需要选择轴承的宽径比 B/d、相对间隙 ψ 和压强 p 等参数。

（1）宽径比 B/d　轴承宽径比与轴承的承载能力及温升有关。减小宽径比可增大端泄流量、降低温升，有利于提高运转稳定性，还将减轻边缘接触现象，降低摩擦功耗、减小轴向尺寸。但轴承承载能力将随之降低。通常轴承宽径比 B/d 在 $0.3\sim1.5$ 的范围内。高速重载轴承温升较高且有边缘接触危险，宽径比宜取小值；为提高低速重载轴承整体刚性，宽径比宜取大值；高速轻载轴承如对轴承刚性无过高要求，宽径比可取小值，对支承刚性有较高要求的机床主轴轴承，宽径比宜取较大值；航空、汽车发动机中空间尺寸受到限制的轴承，宽径比可取小值。

一般机器中常用的轴承宽径比 B/d 的值：汽轮机、鼓风机 $B/d = 0.4 \sim 1.0$；电动机、发电机、离心泵、齿轮变速装置 $B/d = 0.6 \sim 1.5$；机床、拖拉机 $B/d = 0.8 \sim 1.2$；轧钢机 $B/d = 0.6 \sim 0.9$。

(2) 相对间隙 ψ　相对间隙 ψ 对轴承的承载能力、温升及回转精度等有重要影响。一般而言，相对间隙小，油膜承载区会扩大，油膜厚度增加，轴承承载能力提高，回转精度也会提高。但轴承温升也易增加。相对间隙过小时，可能会出现 $h_{\min} < [h]$ 的情况，从而破坏了液体摩擦状态。

一般情况下，ψ 值主要根据载荷和速度选取：速度高，ψ 值应取大一些，可以减少发热；载荷大，ψ 值应取小一些，可以提高承载能力。ψ 值可按轴颈圆周速度 v 参照下列经验公式计算

$$\psi \approx \frac{\left(\dfrac{n}{60}\right)^{4/9}}{10^{31/9}} \tag{11-33}$$

一般机器中常用的相对间隙 ψ 值：汽轮机、电动机、发电机 $\psi = 0.001 \sim 0.002$；轧钢机、铁路车辆 $\psi = 0.0002 \sim 0.0015$；内燃机 $\psi = 0.0005 \sim 0.001$；鼓风机、离心泵、齿轮变速装置 $\psi = 0.001 \sim 0.003$；机床 $\psi = 0.0001 \sim 0.0005$。

(3) 润滑油黏度 η　润滑油黏度 η 对轴承的承载能力、功耗和轴承温升等影响较大，是轴承设计中的一个重要参数。选用黏度大的润滑油可提高轴承的承载能力，但同时会减小流量，增大摩擦功耗和轴承温升，应加强冷却。否则温升过高会使润滑油的黏度减小，又会降低轴承的承载能力。通常载荷大、速度低的轴承应选用较大黏度的润滑油。

由于轴承工作时油膜各处的温度不同，通常用平均温度来表示，即润滑油黏度是指平均温度下的黏度，因而平均温度的计算是否准确将直接影响到轴承承载能力的确定。若平均温度过低，则油的黏度较大，算出的轴承承载能力偏高；反之，则算出的承载能力偏低。设计时，可先假定轴承平均温度（一般取 $t_m = 50 \sim 75℃$），初选黏度，进行初步设计计算，再通过热平衡计算来验算轴承入口油温度 t_i 是否在 $35 \sim 40℃$ 之间，如不满足，应重新选择油的黏度值再做计算。

对一般的轴承，可按轴颈转速 n 初估油在 $t = 40℃$ 时的动力黏度 η'，即

$$\eta' = \frac{\left(\dfrac{n}{60}\right)^{-1/3}}{10^{7/6}} \tag{11-34}$$

再由式 (4-8) 计算相应的运动黏度 ν'，再参照表 4-1 选定全损耗系统用油的牌号，然后选定平均油温 t_m，查图 4-9 重新确定 t_m 时的运动黏度 ν_m 和动力黏度 η_m，最后再验算油的入口温度。

因此，液体动压径向滑动轴承的工作能力准则包括：

1) 在具有足够承载能力的条件下，最小油膜厚度应满足：$h_{\min} \geq [h]$。
2) 在平均油温 $t_m \leq 75℃$ 时，油的入口温度应满足：$35℃ \leq t \leq 40℃$。

例题 11-2　设计一汽轮机转子用的液体动压径向滑动轴承，载荷垂直向下、工况稳定、采用对开轴承。已知载荷 $F = 60000\text{N}$，轴颈直径 $d = 200\text{mm}$，转速 $n = 1000\text{r/min}$，轴瓦包角 $180°$，非压力供油。

解：

设 计 项 目	设 计 依 据 及 内 容	设 计 结 果
1. 确定轴承宽度 B	根据推荐的取值范围，选择轴承宽径比 $\dfrac{B}{d} = 0.8$ 轴承宽度 $B = \left(\dfrac{B}{d}\right)d = 0.8 \times 200\text{mm}$	$B = 160\text{mm}$

第11章 滑动轴承

(续)

设 计 项 目	设 计 依 据 及 内 容	设 计 结 果
2. 选择轴瓦材料 1)计算轴承压强 p 2)计算轴颈圆周速度 v 3)计算 pv 值 4)选择轴瓦材料	$p = \dfrac{F}{dB} = \dfrac{60000}{200 \times 160}$ MPa $v = \dfrac{\pi dn}{60 \times 1000} = \dfrac{\pi \times 200 \times 1000}{60 \times 1000}$ m/s $pv = \dfrac{Fn}{19100B} = \dfrac{60000 \times 1000}{19100 \times 160}$ MPa·m/s 查表 11-1,选择铸造铜合金 ZCuPb10Sn10 为轴瓦材料,其许用值为 $[p] = 25$ MPa $[v] = 12$ m/s $[pv] = 30$ MPa·m/s 满足 $p < [p]$, $v < [v]$, $pv < [pv]$	$p = 1.875$ MPa $v = 10.47$ m/s $pv = 19.63$ MPa·m/s
3. 选择润滑油并确定黏度 1)初估润滑油动力黏度 2)确定润滑油密度 ρ 3)计算运动黏度 4)选择润滑油牌号 5)选定平均油温 t_m 6)确定运动黏度 ν 7)确定动力黏度 η	由式(11-34),$\eta' = \dfrac{\left(\dfrac{n}{60}\right)^{-1/3}}{10^{7/6}} = \dfrac{\left(\dfrac{1000}{60}\right)^{-1/3}}{10^{7/6}}$ Pa·s 取润滑油密度为 $\rho = 860$ kg/m³ 由式(4-8),$\nu' \approx \dfrac{\eta'}{\rho} = \dfrac{0.0267}{860}$ m²/s 查表 4-1,选择全损耗系统用油 L-AN32 选定平均油温 $t_m = 50$ ℃ 由图 4-9 查得 50℃时 $\nu = 21$ mm²·s $\eta = \rho\nu \times 10^{-6} = 860 \times 21 \times 10^{-6}$ Pa·s	$\eta' = 0.0267$ Pa·s $\rho = 860$ kg/m³ $\nu' = \dfrac{0.0267}{860}$ m²/s L-AN32 $t_m = 50$ ℃ $\nu = 21$ mm²·s $\eta = 0.018$ Pa·s
4. 验算最小油膜厚度 $h_{\min}$ 1)确定相对间隙 ψ 2)计算直径间隙 Δ 3)计算承载量系数 C_p 4)确定轴承偏心率 χ 5)计算最小油膜厚度 $h_{\min}$ 6)确定轴颈、轴承孔表面微观不平度十点平均高度 $Rz1$、$Rz2$ 7)确定许用油膜厚度 $[h]$ 8)验算最小油膜厚度 $h_{\min}$	由式(11-33),$\psi \approx \dfrac{\left(\dfrac{n}{60}\right)^{4/9}}{10^{31/9}} = \dfrac{\left(\dfrac{1000}{60}\right)^{4/9}}{10^{31/9}}$ $\Delta = \psi d = 0.00125 \times 200$ mm = 0.25 mm 由式(11-27),$C_p = \dfrac{F\psi^2}{2\eta vB} = \dfrac{60000 \times 0.00125^2}{2 \times 0.018 \times 10.47 \times 0.16}$ 根据 C_p 和 $\dfrac{B}{d}$ 的值查表 11-6,并采用插值法求得 $\chi = 0.702$ 由式(11-18),$h_{\min} = r\psi(1-\chi) = \dfrac{200}{2} \times 0.00125 \times (1-0.702)$ μm 按加工精度要求,轴颈表面经淬火后精磨,表面粗糙度值为 0.8 μm,轴瓦孔经精镗,表面粗糙度值为 1.6 μm,查表 11-7 得 $Rz1 = 3.2$ μm,$Rz2 = 6.3$ μm 取安全系数 $S = 2$,由式(11-29),$[h] = S(Rz1 + Rz2) = 2 \times (3.2 + 6.3)$ μm $h_{\min} > [h]$,满足轴承工作的可靠性要求	取 $\psi = 0.00125$ $\Delta = 0.25$ mm $C_p = 1.555$ $\chi = 0.702$ $h_{\min} = 37.25$ μm $Rz1 = 3.2$ μm $Rz2 = 6.3$ μm $[h] = 19$ μm 工作安全

(续)

设计项目	设计依据及内容	设计结果
5. 验算润滑油入口温度 t_i 1) 确定摩擦因数 f	$\xi = \left(\dfrac{d}{B}\right)^{1.5} = \left(\dfrac{200}{160}\right)^{1.5} = 1.398$ $f = \dfrac{\pi}{\psi}\dfrac{\eta\omega}{p} + 0.55\psi\xi$	$\xi = 1.398$ $f = 0.0349$
2) 确定润滑油流量系数 3) 计算润滑油温升 Δt	$= \dfrac{\pi \times 0.018 \times \left(\pi \times \dfrac{1000}{30}\right)}{0.00125 \times 1.875 \times 10^6} + 0.55 \times 0.00125 \times 1.398$ 由 $\dfrac{B}{d} = 0.8$、$\chi = 0.702$ 查图 11-23, 得 $\dfrac{q}{\psi vBd} = 0.171$ 取 $c = 1800 \text{J}/(\text{kg} \cdot \text{℃})$, $a_s = 80 \text{W}/(\text{m}^2 \cdot \text{℃})$ 由式 (11-31),	$\dfrac{q}{\psi vBd} = 0.171$
4) 计算润滑油入口温度 t_i 5) 验算润滑油入口温度	$\Delta t = \dfrac{\dfrac{f}{\psi}p}{c\rho\dfrac{q}{\psi vBd} + \dfrac{\pi a_s}{\psi v}}$ $= \dfrac{\dfrac{0.0349}{0.00125} \times 1.875 \times 10^6}{1800 \times 860 \times 0.171 + \dfrac{\pi \times 80}{0.00125 \times 10.47}}$ ℃ 由式 (11-32), $t_i = t_m - \dfrac{\Delta t}{2} = \left(50 - \dfrac{18.44}{2}\right)$℃ 要求 $t_i = 35 \sim 40$℃, 故上述入口温度基本合适	$\Delta t = 18.44$℃ $t_i = 40.78$℃ 入口温度合适
6. 计算润滑油流量 q	$q = 0.171\psi vBd = 0.171 \times 0.00125 \times 10.47 \times 0.16 \times 0.2 \text{m}^3/\text{s}$	$q = 7.161 \times 10^{-5}$ m³/s
7. 选择轴承配合	根据直径间隙 $\Delta = 0.25$mm, 按 GB/T 1801—2009 选配合为 F6/d7, 查得轴承孔尺寸公差为 $\phi 200^{+0.079}_{+0.050}$mm, 轴颈尺寸公差为 $\phi 200^{-0.170}_{-0.216}$mm	F6/d7 轴承孔 $200^{+0.079}_{+0.050}$mm 轴颈 $200^{-0.170}_{-0.216}$mm
8. 确定最大、最小间隙 1) 最大间隙 Δ_{max} 2) 最大间隙 Δ_{min}	$\Delta_{max} = 0.079\text{mm} - (-0.216)\text{mm} = 0.295\text{mm}$ $\Delta_{min} = 0.050\text{mm} - (-0.170)\text{mm} = 0.22\text{mm}$ 因 $\Delta = 0.25$mm 在 $\Delta_{max} \sim \Delta_{min}$ 之间, 故所选配合适用	$\Delta_{max} = 0.295$mm $\Delta_{min} = 0.22$mm 所选配合适用

注: 1. 实际设计时, 应根据 ψ 求出直径间隙 Δ, 进而可选择合适的轴承配合和轴颈、轴承孔的公差。这时, 会得到 Δ_{max}、ψ_{max} 和 Δ_{min}、ψ_{min}, 计算应分别按这两种状况进行。为了简便, 本题省略了这一步。

2. 要求对 t_i 严格控制的轴承 (如汽轮机轴承), 则应计算 $t_m = t_i + \dfrac{\Delta t}{2}$, 看是否与原假设相符。如不符, 应重新假设 t_m 再做计算, 直至假设与计算相符为止。

思 考 题

11-1 滑动轴承的主要特点是什么? 什么场合应采用滑动轴承?

11-2 滑动轴承的摩擦状态有哪几种? 各有什么特点?

11-3 简述滑动轴承的分类。什么是不完全油膜滑动轴承? 什么是液体摩擦滑动轴承?

11-4 试述滑动轴承的典型结构及特点。

11-5 为了减小磨损、延长寿命, 以径向滑动轴承为例说明滑动轴承结构设计应考虑的问题。

11-6 对滑动轴承材料性能的基本要求是什么? 常用的轴承材料有哪几类?

11-7 轴瓦的主要失效形式有哪些?

11-8 在滑动轴承上开设油孔和油槽时应注意哪些问题?

11-9 不完全油膜滑动轴承的失效形式和设计准则是什么?

11-10 不完全油膜滑动轴承计算中的 p、pv、v 各代表什么意义?

11-11 实现流体润滑的方法有哪些?它们的工作原理有何不同?各有何优缺点?

11-12 轴承热平衡计算时为什么要限制润滑油的入口温度 t_i?若不满足要求则应采取哪些措施?

11-13 设计液体动压滑动轴承时,若出现下列情况之一,应采取哪些改进措施?

1) $h_{min} < [h]$。

2) $p < [p]$、$v < [v]$ 或 $p \leq [p]$、$pv \leq [pv]$ 不满足。

3) 润滑油入口温度 t_i 偏低。

习　题

11-1 设计一蜗轮轴的不完全油膜径向滑动轴承。已知蜗轮轴转速 $n = 60 \text{r/min}$,轴颈直径 $d = 80\text{mm}$,径向载荷 $F_r = 7000\text{N}$,轴瓦材料为锡青铜,轴的材料为 45 钢。

11-2 有一不完全油膜径向滑动轴承,轴颈直径 $d = 60\text{mm}$,轴承宽度 $B = 60\text{mm}$,轴瓦材料为锡青铜 ZCuPb5Sn5Zn5 完成如下内容。

1) 验算轴承的工作能力。已知载荷 $F_r = 36000\text{N}$、转速 $n = 150\text{r/min}$。

2) 计算轴的允许转速 n。已知载荷 $F_r = 36000\text{N}$。

3) 计算轴承能承受的最大载荷 F_{max}。已知转速 $n = 900\text{r/min}$。

4) 确定轴所允许的最大转速 n_{max}。

11-3 设计一机床用的液体动压径向滑动轴承,对开式结构,载荷垂直向下、工况稳定,工作载荷 $F_r = 10000\text{N}$,轴颈直径 $d = 200\text{mm}$,转速 $n = 500\text{r/min}$。

第 12 章

滚 动 轴 承

12.1 概述

滚动轴承是依靠主要元件间的滚动接触来支承转动零件的,其功能是在保证轴承有足够寿命的条件下用以支承轴及轴上的零件,并与机座做相对旋转、摆动等运动,使转动副之间的摩擦尽量降低以获得较高的传动效率。

滚动轴承是标准件,由轴承厂大批量生产,在机械设计中只需根据工作条件熟悉标准,选用合适的滚动轴承类型和代号,并在综合考虑定位、配合、调整、装拆、润滑和密封等因素下进行组合结构设计即可。因滚动轴承的支承精度和传动效率高、互换性好、使用成本低,广泛应用于各类机电产品中。

12.1.1 滚动轴承的工作特点

与滑动轴承相比滚动轴承具有下列优点:①应用设计简单,产品已标准化,并由专业生产厂家进行大批量生产,具有优良的互换性和通用性;②起动摩擦力矩低、功率损耗小,滚动轴承效率(0.98~0.99)比混合润滑轴承高;③载荷、转速和工作温度的适应范围宽,工况条件的少量变化对轴承性能影响不大;④大多数类型的轴承能同时承受径向和轴向载荷,轴向尺寸较小;⑤易于润滑、维护及保养。

但是,滚动轴承也有下列缺点:①大多数滚动轴承径向尺寸较大;②在高速、重载荷条件下工作时寿命短;③振动及噪声较大。

12.1.2 滚动轴承的构造和常用材料

1. 滚动轴承的构造

滚动轴承一般由内圈、外圈、滚动体和保持架四部分组成,如图 12-1 所示。内圈用来和轴颈装配,外圈用来和轴承座装配。通常内圈随轴颈回转,外圈固定,但也可用于外圈回转而内圈不动,或者内、外圈同时回转的场合。当内、外圈相对转动时,滚动体即在内、外圈的滚道间滚动。保持架使滚动体分布均匀,减少滚动体的摩擦和磨损。

常用的滚动体如图 12-2 所示。轴承内、外圈上的滚道,有限制滚动体侧向位移的作用。滚动体均匀分布于内、外圈滚道之间,其形状、数量、大小的不同,对滚

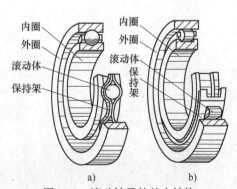

图 12-1 滚动轴承的基本结构

动轴承的承载能力和极限转速有很大影响。

当滚动体是圆柱滚子或滚针时，为了减小轴承的径向尺寸，可以没有内圈、外圈或保持架，这时的轴颈或轴承座就要起到内圈或外圈的作用了，因而工作表面应具备相应的硬度和表面粗糙度。此外，还有一些轴承，除了以上四种基本零件外，还增加有其他特殊零件，如在外圈上加止动环或密封盖等。

保持架的主要作用是均匀地隔开滚动体。如果没有保持架，则相邻滚动体转动时将会由于接触处产生较大的相对滑动速度而引起磨损。保持架有冲压的（图12-1a）和实体的（图12-1b）两种。冲压保持架一般用低碳钢板冲压制成，它与滚动体间有较大的间隙。实体保持架常用铜合金、铝合金或塑料经切削加工制成，有较好的定心作用。

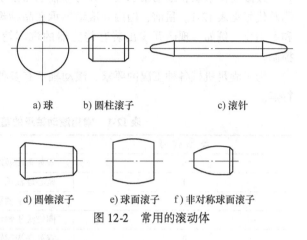

图 12-2 常用的滚动体

2. 常用材料

轴承滚动体与内、外圈的材料要求有高的硬度和接触疲劳强度，良好的耐磨性和冲击韧性。常用材料有 GCr15、GCr15SiMn、GCr6、GCr9 等，经热处理后硬度可达 61~65HRC。保持架一般用低碳钢板冲压而成，高速轴承多采用有色金属（如黄铜）或塑料保持架。

12.2 滚动轴承的类型和选择

12.2.1 滚动轴承的主要类型、性能与特点

根据轴承承受的载荷的方向不同，滚动轴承可以概括地分为向心轴承、推力轴承和向心推力轴承三大类，图 12-3 所示为不同类型的轴承的承载情况，主要承受径向载荷 F_r 的轴承称为向心轴承，其中有几种类型还可以承受不大的轴向载荷；只能承受轴向载荷 F_a 的轴承称为推力轴承，轴承中与轴颈紧套在一起的称为轴圈，与机座相连的称为座圈；能同时承受径向载荷和轴向载荷的轴承称为向心推力轴承。轴承实际所承受的径向载荷 F_r 与轴向载荷 F_a 的合力与半径方向的夹角 β，则称为载荷角。

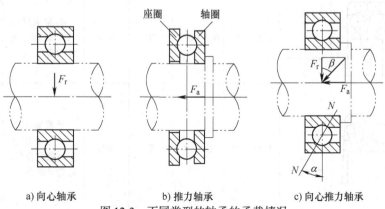

图 12-3 不同类型的轴承的承载情况

按滚动体形状,滚动轴承又可分为球轴承与滚子轴承两大类。常用滚动轴承的基本类型、名称及代号见表12-1。目前,国内外滚动轴承在品种规格方面越来越趋向轻型化、微型化、部件化和专用化。例如,现已开发出装有传感器的汽车轮毂轴承单元,从而可对轴承工况进行监测与控制。

为了满足机械各种工况的要求,滚动轴承有多种类型,表12-2给出了常用滚动轴承的类型和特点。

表12-1　常用滚动轴承的基本类型、名称及代号

类 型 代 号	轴承类型
0	双列角接触球轴承
1	调心球轴承
2	调心滚子轴承和推力调心滚子轴承
3	圆锥滚子轴承
4	双列深沟球轴承
5	推力球轴承
6	深沟球轴承
7	角接触球轴承
8	推力圆柱滚子轴承
N	圆柱滚子轴承,双列或多列用NN表示
U	外球面球轴承
QJ	四点接触球轴承

表12-2　常用滚动轴承的类型和特点

类型及代号	结构简图	载荷方向	允许偏位角	基本额定动载荷比①	极限转速比②	轴向承载能力	性能和特点	适用场合及举例
双列角接触球轴承 0	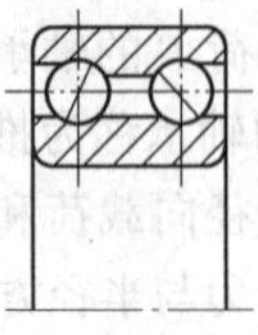		2′~10′	—	高	较大	可同时承受径向和轴向载荷,也可承受纯轴向载荷(双向),承载能力大	适用于刚性大、跨距大的轴(固定支承),常用于蜗杆减速器、离心机等
调心球轴承 1	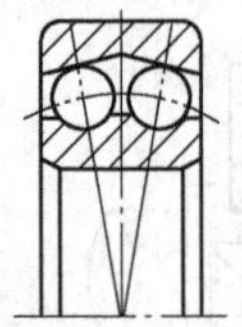		1.5°~3°	0.6~0.9	中	少量	不能承受纯轴向载荷,能自动调心	适用于多支点传动轴、刚性小的轴及难以对中的轴
调心滚子轴承 2	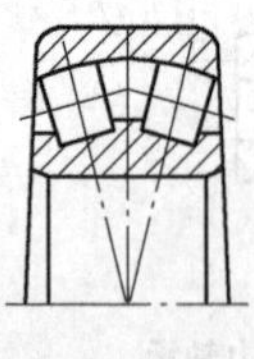	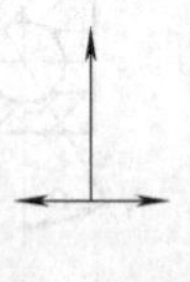	1.5°~3°	1.8~4	低	少量	承载能力最大,但不能承受纯轴向载荷,能自动调心	常用于其他种类轴承不能胜任的重负荷情况,如轧钢机、大功率减速器、破碎机、起重机走轮等

(续)

类型及代号	结构简图	载荷方向	允许偏位角	基本额定动载荷比①	极限转速比②	轴向承载能力	性能和特点	适用场合及举例
推力滚子轴承 2			2°~3°	1~1.6	中	大	比推力轴承有更大轴向承载能力，且能承受少量径向载荷，极限转速高于5类轴承，能自动调心，价格高	适用于重载荷和要求调心性能好的场合，如大型立式水轮机主轴等
圆锥滚子轴承 3 31300 ($\alpha = 28°48'39''$)、其他 ($\alpha = 10°~18°$)			2'	1.1~2.1、1.5~2.5	中、中	很大、很大	内、外圈可分离，游隙可调，摩擦因数大，常成对使用。31300型不宜承受纯径向载荷，其他型号不宜承受纯轴向载荷	适用于刚性较大的轴，应用很广，如减速器、车轮轴、轧钢机、起重机、机床主轴等
双列深沟球轴承 4			2'~10'	1.5~2	高	少量	当量摩擦因数小，高转速时可用来承受不大的纯轴向载荷	适用于刚性较大的轴，常用于中等功率电动机、减速器、运输机的托辊、滑轮等
推力球轴承 5			不允许	1	低	大	轴线必须与轴承座底面垂直，不适用于高转速	常用于起重机吊钩、蜗杆轴、锥齿轮轴、机床主轴等
双向推力轴承 5								
深沟球轴承 6			2'~10'	1	高	少量	当量摩擦因数最小，高转速时可用来承受不大的纯轴向载荷	适用于刚性较大的轴，常用于小功率电动机、减速器、运输机的托辊、滑轮等

(续)

类型及代号	结构简图	载荷方向	允许偏位角	基本额定动载荷比[1]	极限转速比[2]	轴向承载能力	性能和特点	适用场合及举例
角接触球轴承 70000C ($\alpha=15°$) 70000AC ($\alpha=25°$) 70000B ($\alpha=40°$)			$2'\sim10'$	$1\sim1.4$ $1\sim1.3$ $1\sim1.2$	高	一般较大更大	可同时承受径向载荷和轴向载荷，也可承受纯轴向载荷	适用于刚性较大跨距较大的轴及须在工作中调整游隙时，常用于蜗杆减速器、离心机、电钻、穿孔机等
外圈无挡边圆柱滚子轴承 N			$2'\sim4'$	$1.5\sim3$	高	0	内、外圈可分离，滚子用内圈凸缘定向，内、外圈允许少量的轴向移动	适用于刚性很大，对中良好的轴，常用于大功率电动机、机床主轴、人字齿轮减速器等
滚针轴承 NA			不允许	—	低	0	径向尺寸最小，径向承载能力很大，摩擦因数较大，旋转精度低	适用于径向载荷很大而径向尺寸受限制的地方，如万向联轴器、活塞销、连杆销等

[1] 基本额定动载荷比：同一尺寸系列各种类型和结构形式的轴承的额定动载荷与深沟球轴承（推力轴承则与推力球轴承）的额定动载荷之比。

[2] 极限转速比：同一尺寸系列/P0级精度的各种类型和结构形式的轴承脂润滑时的极限转速与深沟球轴承脂润滑时的极限转速的大略比较。各种类型轴承极限转速之间采用下列比例关系：高，等于深沟球轴承极限转速的90%～100%；中，等于深沟球轴承极限转速的60%～90%；低，等于深沟球轴承极限转速的60%以下。

12.2.2 滚动轴承的三个重要结构特性

1. 滚动轴承的游隙

滚动轴承的内、外圈与滚动体之间存在一定的间隙，如图12-4所示，因此，内、外圈可以有相对位移，最大位移量称为轴承游隙。当轴承的一个座圈固定时，则另一座圈沿径向的最大移动量称为径向游隙Δr，沿轴向的最大移动量称为轴向游隙Δa。游隙的大小对轴承的寿命、温升和噪声都有很大影响。轴承标准中将径向游隙分为基本游隙组和辅助游隙组，应优先选用基本游隙组。轴向游隙可由径向游隙按一定的关系换算得到。对内、外圈可分离的轴承（如圆锥滚子轴承），其游隙须由安装确定。

2. 滚动轴承的公称接触角

滚动体与外圈接触处的法线$n—n$与轴承径向平面（垂直于轴承轴线的平面）的夹角α，称为滚动轴承的公称接触角（简称接触

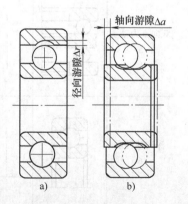

图12-4 滚动轴承的游隙

角)。公称接触角 α 的大小反映了轴承承受轴向载荷的能力的大小。公称接触角越大的轴承，承受轴向载荷的能力越大。各类轴承的公称接触角见表12-3。

表 12-3 各类轴承的公称接触角

类型	向心轴承		推力轴承	
	径向接触轴承	角接触向心轴承	角接触推力轴承	轴接触轴承
公称接触角 α	$\alpha = 0°$	$0° < \alpha \leq 45°$	$45° < \alpha < 90°$	$\alpha = 90°$
图例				

3. 角偏位和偏位角

如图 12-5 所示，滚动轴承内、外圈中心线间的相对倾斜称为角偏位，而轴承两中心线间允许的最大倾斜量（即图中锐角 θ）则称为偏位角。偏位角的大小反映了轴承对安装精度的不同要求。偏位角较大的轴承（如 1 类轴承），其自动调心功能较强，称为调心轴承。

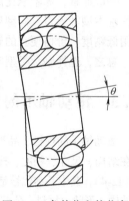

图 12-5 角偏位和偏位角

12.2.3 滚动轴承的类型选择

选用轴承时，首先选择轴承类型。如前所述，常用的标准轴承的基本特点已在表 12-2 中说明，下面再归纳出正确选择轴承类型时所应考虑的主要因素。

1. 载荷的大小、方向和性质

（1）按载荷的大小、性质选择　在外廓尺寸相同的条件下，滚子轴承比球轴承承载能力大，适用于载荷较大或有冲击的场合。球轴承适用于载荷较小、振动和冲击较小的场合。

（2）按载荷方向选择　当承受纯径向载荷时，通常选用径向接触轴承或深沟球轴承；当承受纯轴向载荷时，通常选用推力轴承；当承受较大径向载荷和一定轴向载荷时，可选用角接触向心轴承；当承受较大轴向载荷和一定径向载荷时，可选用角接触推力轴承，或者将向心轴承和推力轴承进行组合，分别承受径向和轴向载荷。

2. 轴承的转速

一般情况下工作转速的高低并不影响轴承的类型选择，只有在转速较高时，才会有比较显著的影响。因此，轴承标准中对各种类型、各种规格尺寸的轴承都规定了极限转速 $n_{\lim}$ 值。

根据工作转速选择轴承类型时，可参考以下几点：①球轴承比滚子轴承具有较高的极限转速和旋转精度，高速时应优先选用球轴承；②为减小离心力，高速时宜选用同一直径系列中外径较小的轴承。当用一个外径较小的轴承承载能力不能满足要求时，可再装一个相同的轴承，或者考虑采用宽系列的轴承。外径较大的轴承宜用于低速重载场合；③推力轴承的极限转速都很低，当工作转速高、轴向载荷不十分大时，可采用角接触球轴承或深沟球轴承替代推力轴承；④保持架的材料和结构对轴承转速影响很大。实体保持架比冲压保持架允许更高的转速。

3. 轴承的调心性能

当轴的中心线与轴承座中心线不重合而有角度误差时，或因轴受力而弯曲或倾斜时，会造成轴承的内、外圈轴线发生偏斜。这时，应采用有一定调心性能的调心轴承或带座外球面球轴承（图12-6）。这类轴承在轴与轴承座孔的轴线有不大的相对偏斜时仍能正常工作。

圆柱滚子轴承和滚针轴承对轴承的偏斜最为敏感，这类轴承在偏斜状态下的承载能力可能低于球轴承。因此在轴的刚度和轴承座孔的支承刚度较低时，应尽量避免使用这类轴承。

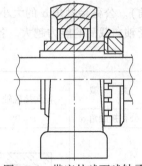

图 12-6 带座外球面球轴承

4. 轴承的安装和拆卸

便于装拆也是选择轴承类型时应考虑的一个因素。在轴承座为非剖分式而必须沿轴向安装和拆卸轴承部件时，应优先选用内、外圈可分离的轴承（N0000、NA0000、30000等）。轴承在长轴上安装时，为便于装拆，可选用内圈孔呈1∶12锥度的轴承。

5. 经济性

一般而言，球轴承比滚子轴承便宜；派生型轴承（如带止动槽、密封圈或防尘盖的轴承等）比其基本型轴承贵；同型号轴承的精度高一级，价格大增。故在满足使用功能的前提下，应尽量选用低精度、价格便宜的轴承。

总之，选择轴承类型时，要全面衡量各方面的要求，拟订多种方案，通过比较选出最佳方案。

12.3 滚动轴承的代号

滚动轴承的规格、品种繁多，为了便于组织生产和选用，国家标准规定用统一的代号来表示轴承在结构、尺寸、精度、技术性能等方面的特点和差异。根据GB/T 272—1993，滚动轴承代号的构成（表12-4），其中基本代号是轴承代号的基础，前置代号和后置代号都是对轴承代号的补充，只有在对轴承结构、形状、材料、公差等级、技术要求等有特殊要求时才使用，一般情况下可部分或全部省略。

表 12-4 滚动轴承代号的构成

前置代号	基本代号				后置代号						
	5	4	3	2	1	2	3	4	5	6	7	8
		尺寸系列代号										
轴承分部件代号	类型代号	宽度系列代号	直径系列代号	内径代号		内部结构代号	密封与防尘结构代号	保持架及其材料代号	特殊轴承材料代号	公差等级代号	游隙代号	多轴承配置代号	其他代号

1. 基本代号

基本代号表示轴承的基本类型、结构和尺寸，用来表明轴承的内径、直径系列、宽度系列和类型，现分述如下。

（1）类型代号　用数字或字母表示（表12-1）。

（2）尺寸系列代号　轴承的宽度系列（或高度系列）代号和直径系列代号组合代号（表12-5），宽（高）度系列在前，直径系列在后，宽度系列代号为"0"时可省略（调心滚子轴承和圆锥滚子轴承不可省略)。宽度系列是指结构、内径和直径系列都相同的轴承在宽度方面的变化系列；高度系列是指内径相同的轴向接触轴承在高度方面的变化系列；直径系列是指内径相同的同类型轴承在外径和宽度方面的变化系列。图 12-7 所示为轴承在直径系列的尺寸对比。

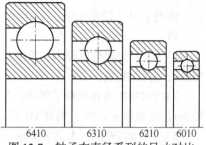

图 12-7 轴承在直径系列的尺寸对比

(3) 内径代号　轴承内径用基本代号右起第 1、2 位数字表示。对常用内径 $d = 20 \sim 480$mm 的轴承，内径一般为 5 的倍数，这两位数字表示轴承内径尺寸被 5 除得的商数，如 04 表示 $d = 20$mm 的轴承，12 表示 $d = 60$mm 等。对于内径为 10mm、12mm、15mm 和 17mm 的轴承，内径代号依次为 00、01、02 和 03。

2. 后置代号

后置代号是用字母和数字等表示轴承的结构、公差及材料的特殊要求等。后置代号的内容很多，下面介绍几个常用的代号。

(1) 内部结构代号　表示同一类型轴承的不同内部结构，用字母紧跟着基本代号表示。例如，接触角为 15°、25°和 40°的角接触球轴承分别用 C、AC 和 B 表示内部结构的不同。

(2) 公差等级代号　轴承的公差等级分为 2 级、4 级、5 级、6x 级、6 级和 0 级共 6 个级别，依次由高级到低级，其代号分别为 /P2、/P4、/P5、/P6x、/P6 和 /P0。公差等级中，6x 级仅适用于圆锥滚子轴承；0 级为普通级，在轴承代号中不标注。

(3) 游隙代号　常用的轴承径向游隙系列分为 1 组、2 组、0 组、3 组、4 组和 5 组共 6 个组别，径向游隙依次由小到大。0 组游隙是常用的游隙组别，在轴承代号中不标注，其余的游隙组别在轴承代号中分别用 /C1、/C2、/C3、/C4、/C5 表示。

(4) 多轴承配置代号　成对安装的轴承有三种配置形式，分别用三种代号表示：/DB 表示背对背安装；/DF 表示面对面安装；/DT 表示串联安装。成对配置安装形式及代号如图 12-8 所示。

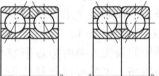

a) 背对背 (/DB)　b) 面对面 (/DF)　c) 串联 (/DT)

图 12-8 成对轴承配置安装形式及代号

3. 前置代号

前置代号用于表示轴承的分部件，用字母表示。例如用 L 表示可分离轴承的可分离套圈；用 K 表示轴承的滚动体与保持架组件等。

实际应用的滚动轴承类型是很多的，相应的轴承代号也是比较复杂的。以上介绍的代号是轴承代号中最基本、最常用的部分，熟悉了这部分代号，就可以识别和查选常用的轴承。

表 12-5　向心轴承和推力轴承的常用尺寸系列代号

直径系列代号		向心轴承			推力轴承	
		宽度系列代号			高度系列代号	
		(0)	1	2	1	2
		窄	正常	宽	正常	
		尺寸系列代号				
0	特轻	(0) 0	10	0	0	—
1		(0) 1	8	1	8	
2	轻	(0) 2	12	2	2	22
3	中	(0) 3	13	3	3	23
4	重	(0) 4	—	24	14	24

例题12-1 说明6208、71210B、30208/P6x轴承代号的含义,如图12-9所示。

解:

1) 6208为深沟球轴承,尺寸系列(0)2(宽度系列0,直径系列2),内径$d=8\times5\text{mm}=40\text{mm}$,精度P0级。

2) 71210B为角接触球轴承,尺寸系列12(宽度系列1,直径系列2),内径$d=10\times5\text{mm}=50\text{mm}$,接触角$\alpha=40°$,精度P0级。

3) 30208/P6x:3表示圆锥滚子轴承;02为尺寸系列,其中0为宽度系列代号,2为直径系列代号;08表示轴承内径$d=8\times5\text{mm}=40\text{mm}$;/P6x表示公差等级6x级。

12.4 滚动轴承的工作情况分析

12.4.1 受力分析

1. 滚动轴承工作时轴承元件的受载情形

滚动轴承只受轴向载荷作用时,可认为各滚动体受载均匀,但在承受径向载荷时,情况就有所不同。当向心轴承工作的某一瞬间,滚动体处于图12-9所示的位置时,径向载荷F_r通过轴颈作用于内圈,位于上半圈的滚动体不受力,而由下半圈的滚动体将此载荷传到外圈上。如果假定内、外圈的几何形状并不改变,则由于它们与滚动体接触处共同产生局部接触变形,内圈将下沉一个距离δ_0,也即在载荷F_r作用线上的接触变形量为δ_0。按变形协调关系,不在载荷F_r作用线上的其他各点的径向变形量为$\delta_i=\delta_0\cos(i\gamma)$,$i=1,2,\cdots$。也就是说,真实的变形量的分布是中间最大,向两边逐渐减小,如图12-9所示。可以进一步判断,接触载荷也是处于F_r作用线上的接触点处最大,向两边逐渐减小。各滚动体从开始受力到受力终止所对应的区域称为承载区。

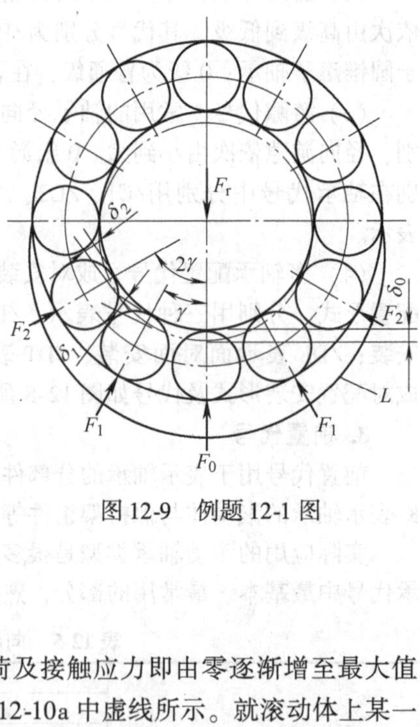

由于轴承内存在游隙,故实际承载区的范围将小于180°。如果轴承在承受径向载荷的同时再作用一定的轴向载荷,则可以使承载区扩大。

图12-9 例题12-1图

2. 轴承工作时轴承元件的应力分析

轴承工作时,由于内、外圈相对转动,滚动体与套圈的接触位置是时刻变化的。当滚动体进入承载区后,所受载荷及接触应力即零逐渐增至最大值(在F_r作用线正下方),然后再逐渐减至零,其变化趋势如图12-10a中虚线所示。就滚动体上某一点而言,由于滚动体相对内、外圈滚动,每自转一周,分别与内、外圈接触一次,故它的载荷和应力按周期性不稳定脉动循环变化,如图12-10a中实线所示。

对于固定的套圈(图12-9中为外圈),处于承载区的各接触点,按其所在位置的不同,承受的载荷和接触应力是不相同的。对于套圈滚道上的每一个具体点,每当滚动体滚过该点的一瞬间,便承受一次载荷,再一次滚过另一个滚动体时,接触载荷和应力是不变的。这说明固定套圈在承载区内的某一点上承受稳定脉动循环载荷,如图12-10b所示。

转动套圈上各点的受载情况,类似于滚动体的受载情况。就其滚道上某一点而言,处于非承载区时，载荷及应力为零。进入承载区后，每与滚动体接触一次就受载一次，且在承载区的不同位置，其接触载荷和应力也不一样，如图 12-10a 中实线所示，在 F_r 作用线正下方，载荷和应力最大。

总之，滚动轴承中各承载元件所受载荷和接触应力是周期性变化的。

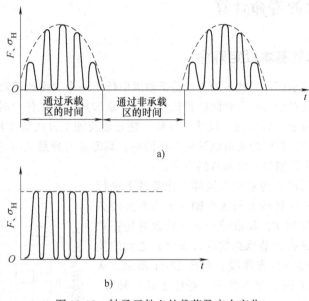

图 12-10 轴承元件上的载荷及应力变化

12.4.2 失效形式和计算准则

1. 失效形式

（1）疲劳点蚀 轴承在安装、润滑、维护良好的条件下工作时，由于各承载元件承受周期性变应力的作用，各接触表面的材料将会产生局部脱落，这就是疲劳点蚀，它是滚动轴承主要的失效形式。轴承发生疲劳点蚀破坏后，通常在运转时会出现比较强烈的振动、噪声和发热现象，轴承的旋转精度将逐渐下降，直至机器丧失正常的工作能力。

（2）磨损 由于润滑不充分、密封不好或润滑油不清洁，以及工作环境多尘，一些金属屑或磨粒性灰尘进入轴承的工作部位，轴承将会发生严重的磨损，导致轴承内、外圈与滚动体间间隙增大、振动加剧及旋转精度降低而报废。

（3）塑性变形 在过大的静载荷或冲击载荷作用下，轴承承载元件间的接触应力超过了元件材料的屈服强度，接触部位发生塑性变形，形成凹坑，使轴承摩擦阻力矩增大，旋转精度下降，且出现振动和噪声。这种失效多发生在低速重载或做往复摆动的轴承中。

除上述失效形式外，轴承还可能发生其他形式的失效。例如装配不当而使轴承卡死、胀破内圈、挤碎滚动体和保持架；过热和过载时接触部位胶合撕裂；腐蚀性介质进入引起的锈蚀等。在正常使用和维护的情况下，这些失效是可以避免的。

2. 计算准则

针对上述失效形式，应对滚动轴承进行寿命和强度计算，以保证其可靠地工作。计算准则如下。

1）一般转速（$n > 10 \text{r/min}$）轴承的主要失效形式为疲劳点蚀，应进行疲劳寿命计算。

2)极慢转速（$n \leqslant 10 \text{r/min}$）或低速摆动的轴承，主要是表面塑性变形失效，应按静强度计算。

3)高速轴承的主要失效形式为由发热引起的磨损、烧伤，故不仅要进行疲劳寿命计算，还要校验其极限转速。

12.5 滚动轴承的寿命计算

12.5.1 滚动轴承的基本额定寿命

对于一个具体的轴承而言，轴承的寿命是指轴承中任何一个套圈或滚动体材料首次出现疲劳扩展之前，一个套圈相对于另一个套圈的转数或者在一定转速下的工作小时数。大量试验结果表明，一批型号相同的轴承（即结构、尺寸、材料、热处理及加工方法等都相同的轴承），即使在完全相同的条件下工作，它们的寿命也是极不相同的，其寿命差异最大可达几十倍。因此，不能以一个轴承的寿命代表同型号一批轴承的寿命。

用一批同类型和同尺寸的轴承在同样工作条件下进行疲劳试验，得到轴承实际转数 L 与这批轴承中不发生疲劳破坏的百分率（即可靠度 R，其值等于某一转数时能正常工作的轴承数占投入试验的轴承总数的百分比）之间的关系曲线（滚动轴承的寿命分布曲线）如图 12-11 所示。从图中可以看出，在一定的运转条件下，对应于某一转数，一批轴承中只有一定百分比的轴承能正常工作到该转数；转数增加，轴承的损坏率将增加，而能正常工作到该转数的轴承所占的百分比则相应地减少。

对于一般机械中所用的滚动轴承，通常用基本额定寿命来表示其寿命。基本额定寿命是指一组在同一条件下运转的、近于相同的滚动轴承，10% 的轴承发生点蚀破坏而 90% 的轴承未发生点蚀破坏前的转数或在一定转速下的工作小时数，以 L_{10}（单位为 10^6r）或 L_h（单位为 h）表示。

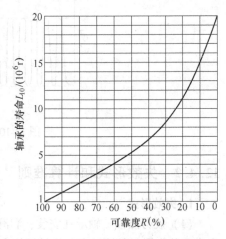

图 12-11 滚动轴承的寿命分布曲线

按基本额定寿命选用的一批同型号轴承，可能有 10% 的轴承发生提前破坏，有 90% 的轴承寿命超过其额定寿命，其中有些轴承甚至能再工作一两个或更多的额定寿命周期。对于一个具体的轴承而言，它的基本额定寿命可以理解为：能顺利地在额定寿命周期内正常工作的概率为 90%，而在额定寿命期到达前就发生点蚀破坏的概率为 10%。

表 12-6 预期计算寿命 L_h' 推荐值

机 器 类 型	预期计算寿命 L_h'/h
不经常使用的仪器或设备，如闸门开闭装置等	300 ~ 3000
短期或间断使用的机械，中断使用不致引起严重后果，如手动机械等	3000 ~ 8000
间断使用的机械，中断使用后果严重，如发动机辅助设备、流水作业线自动传送装置、升降机、车间吊车、不常使用的机床等	8000 ~ 12000
每日 8h 工作的机械（利用率不高），如一般的齿轮传动、某些固定电动机等	12000 ~ 20000
每日 8h 工作的机械（利用率较高），如金属切削机床、连续使用的起重机、木材加工机械、印刷机械等	20000 ~ 30000

(续)

机器类型	预期计算寿命 L'_h/h
24h连续工作的机械,如矿山升降机、纺织机械、泵、电动机等	40000~60000
24h连续工作的机械,中断使用后果严重,如纤维生产或造纸设备、发电站主发电机、矿井水泵、船舶螺旋桨轴等	100000~200000

在做轴承的寿命计算时,必须先根据机器的类型、使用条件及对可靠性的要求,确定一个恰当的预期计算寿命(即设计机器时所要求的轴承寿命,通常可参照机器的大修期限取定)。表12-6中给出了根据对机器的使用经验推荐的预期计算寿命值,可供参考采用。

12.5.2 滚动轴承的基本额定动载荷

轴承的寿命与所受载荷的大小有关,工作载荷越大,引起的接触应力也就越大,因而在发生点蚀破坏前所能经受的应力变化次数也就越少,也即轴承的寿命越短。所谓轴承的基本额定动载荷,就是使轴承的基本额定寿命恰好为 10^6 r(转)时,轴承所能承受的载荷值,用字母 C 代表。这个基本额定动载荷,对向心轴承,指的是纯径向载荷,并称为径向基本额定动载荷,常用 C_r 表示;对推力轴承,指的是纯轴向载荷,并称为轴向基本额定动载荷,常用 C_a 表示;对角接触球轴承或圆锥滚子轴承,指的是使套圈间产生纯径向位移的载荷的径向分量。

不同型号的轴承有不同的基本额定动载荷值,它表征了不同型号轴承的承载特性。在轴承样本中对每个型号的轴承都给出了它的基本额定动载荷值,需要时可从轴承样本中查取。轴承的基本额定动载荷值是在大量的试验研究的基础上,通过理论分析而得出来的。

12.5.3 滚动轴承的当量动载荷

滚动轴承的基本额定动载荷是在一定的运转条件下确定的,如载荷条件:向心轴承仅承受纯径向载荷 F_r;推力轴承仅承受纯轴向载荷 F_a。实际上,轴承在许多应用场合,常常同时承受径向载荷 F_r 和轴向载荷 F_a。因此,在进行轴承寿命计算时,必须把实际载荷转换为与确定基本额定动载荷的载荷条件相一致的当量动载荷,用字母 P 表示。这个当量动载荷,对于以承受径向载荷为主的轴承,称为径向当量动载荷,常用 P_r 表示;对于以承受轴向载荷为主的轴承,称为轴向当量动载荷,常用 P_a 表示。当量动载荷 P(P_r 或 P_a)是一个假想的载荷,在它的作用下,滚动轴承具有与实际载荷作用时相同的寿命。当量动载荷 P 的计算方法如下

$$P = XF_r + YF_a \tag{12-1}$$

1) 对只能承受径向载荷 F_r 的径向接触轴承(如 N、NA 类轴承)

$$P = F_r \tag{12-2}$$

2) 对只能承受轴向载荷 F_a 的推力轴承(如 5 类轴承)

$$P = F_a \tag{12-3}$$

3) 对既能承受径向载荷 F_r,又能承受轴向载荷 F_a 的角接触向心轴承

$$P = P_r = XF_r + YF_a \tag{12-4}$$

4) 对既能承受轴向载荷 F_a,又能承受径向载荷 F_r 的角接触推力轴承

$$P = P_a = XF_r + YF_a \tag{12-5}$$

式中 X、Y——径向载荷系数和轴向载荷系数。其中,式(12-4)中的 X、Y 见表12-7,式(12-5)中的 X、Y 查有关手册。

表 12-7 径向载荷系数 X 和轴向载荷系数 Y

轴承类型		$\dfrac{F_a}{C_{0r}}$ [1]	e	单列轴承				双列轴承			
				\multicolumn{2}{c}{$\dfrac{F_a}{F_r} \leq e$}	\multicolumn{2}{c}{$\dfrac{F_a}{F_r} > e$}	\multicolumn{2}{c}{$\dfrac{F_a}{F_r} \leq e$}	\multicolumn{2}{c}{$\dfrac{F_a}{F_r} > e$}
				X	Y	X	Y	X	Y	X	Y
深沟球轴承		0.014	0.19				2.30				2.3
		0.028	0.22				1.99				1.99
		0.056	0.26				1.71				1.71
		0.084	0.28				1.55				1.55
		0.11	0.30				1.45				1.45
		0.17	0.34				1.31				1.31
		0.28	0.38	1	0	0.56	1.15	1	0	0.56	1.15
		0.42	0.42				1.04				1.04
		0.56	0.44				1.00				1
角接触球轴承	$\alpha = 15°$	0.015	0.38				1.47		1.65		2.39
		0.029	0.4				1.40		1.57		2.28
		0.058	0.43				1.30		1.46		2.11
		0.087	0.46				1.23		1.38		2
		0.12	0.47				1.19		1.34		1.93
		0.17	0.50				1.12		1.26		1.82
		0.29	0.55	1	0	0.44	1.02	1	1.14	0.72	1.66
		0.44	0.56				1.00		1.12		1.63
		0.58	0.56				1.00		1.12		1.63
	$\alpha = 25°$	—	0.68	1	0	0.41	0.87	1	0.92	0.67	1.41
	$\alpha = 40°$	—	1.14	1	0	0.35	0.57	1	0.55	0.57	0.93
双列角接触球轴承（$\alpha = 30°$）		—	0.8	—	—	—	—	1	0.78	0.63	1.24
四点接触球轴承（$\alpha = 35°$）			0.95	1	0.66	0.6	1.07	—	—	—	—
圆锥滚子轴承		—	$1.5\tan\alpha$ [2]	1	0	0.4	$0.4\cot\alpha$	1	$0.45\cot\alpha$	0.67	$0.67\cot\alpha$
调心球轴承		—	$1.5\tan\alpha$	—	—	—	—	1	$0.42\cot\alpha$	0.65	$0.65\cot\alpha$
推力调心滚子轴承		—	—	—	—	1.2	1				

[1] 相对轴向载荷 F_a/C_{0r} 中的 C_{0r} 为轴承的径向基本额定静载荷，由轴承手册查取。与 F_a/C_{0r} 中间值相对应的 e、Y 值可用线性内插法求得。
[2] 由接触角 α 确定的各项 e、Y 值，也可根据轴承型号从轴承手册中直接查得。

表 12-7 中 e 为判别系数，是计算当量动载荷时判别是否计入轴向载荷影响的界限值。当 $F_a/F_r > e$ 时，表示轴向载荷影响较大，计算当量动载荷时，必须考虑 F_a 的作用。当 $F_a/F_r \leq e$ 时，表示轴向载荷影响小，计算当量动载荷时，在一些轴承中可以忽略 F_a 的影响。

12.5.4 寿命计算公式

轴承的寿命与所受载荷的大小有关，工作载荷越大，接触应力也就越大，承载元件所能经受的应力变化次数也就越少，轴承的寿命就越短。图 12-12 所示为轴承载荷与寿命关系曲线（即载荷—寿命曲线），该载荷曲线满足关系式

$$P^\varepsilon L_{10} = 常数 \tag{12-6}$$

式中 P——轴承所受的当量动载荷（N）；

ε——轴承的寿命指数，球轴承 $\varepsilon = 3$，滚子轴承 $\varepsilon = \dfrac{10}{3}$；

L_{10}——轴承的基本额定寿命（10^6 r）。

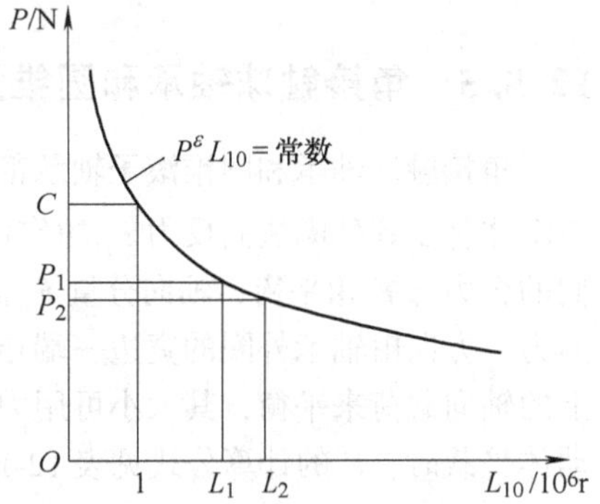

由图 12-12 可见，当 $L_{10} = 1$ 时 $P = C$。所以有 $P^\varepsilon L_{10} = C^\varepsilon \times 1$。同时考虑温度及载荷特性对轴承寿命的影响，可推得

$$L_{10} = \left(\frac{C}{P}\right)^\varepsilon \tag{12-7}$$

工程实际中轴承寿命常用在某一转速 n（单位为 r/min）下工作的总的小时数表示，则轴承的寿命 L_h（h）公式可改写为

$$L_h = \frac{10^6}{60n}\left(\frac{C}{P}\right)^\varepsilon \tag{12-8}$$

图 12-12 轴承载荷与寿命关系曲线

当轴承在高于 120℃ 的温度下工作时，应该采用经过较高温度回火处理的高温轴承。由于在轴承样本中列出的基本额定动载荷值是对一般轴承而言的，因此，如果要将该数值用于高温轴承，须乘以温度系数 f_t。当轴承受冲击、振动、变形等引起的附加载荷作用时，轴承实际受到的载荷比名义载荷大得多，并且难以精确确定，为了计及这些影响，可对当量动载荷乘上一个根据经验而定的载荷系数 f_p。故实际计算时，轴承的寿命计算公式为

$$L_{10h} = \frac{10^6}{60n}\left(\frac{f_t C}{f_p P}\right)^\varepsilon = \frac{16670}{n}\left(\frac{f_t C}{f_p P}\right)^\varepsilon \tag{12-9}$$

式中含有 C、P、n 和 L_{10h} 共四个参数，当已知其中的三个时，即可建立另一个参数的计算关系或校核关系。

若已知轴承的预期使用寿命 L'_{10h}，则寿命校核关系为 $L_{10h} \geq L'_{10h}$。

若已知轴承的当量动载荷 P、转速 n 和预期使用寿命 L'_{10h}，可由上式求得计算额定动载荷 C' 为

$$C' = \frac{f_p P}{f_t}\left(\frac{60n}{10^6}L'_{10h}\right)^{1/\varepsilon} \tag{12-10}$$

则额定动载荷校核关系为

$$C \geq C' \tag{12-11}$$

若已知轴承的基本额定动载荷 C、当量动载荷 P 和预期使用寿命，得转速校核关系为

$$n < n' = \frac{10^6}{60 L'_{10h}}\left(\frac{f_t C}{f_p P}\right)^\varepsilon = \frac{16670}{60 L'_{10h}}\left(\frac{f_t C}{f_p P}\right)^\varepsilon \tag{12-12}$$

式中 n'——轴承的计算转速（r/min）；

f_t——温度系数，见表 12-8；

f_p——载荷系数，见表 12-9。

表 12-8 温度系数

轴承工作温度/℃	≤120	125	150	175	200	225	250	275	300
温度系数 f_t	1.0	0.95	0.9	0.85	0.80	0.75	0.70	0.6	0.5

表 12-9　载荷系数

载荷性质	f_p	举例
无冲击或轻微冲击	1.0~1.2	电动机、汽轮机、通风机、水泵等
中等冲击或中等惯性力	1.2~1.8	车辆、动力机械、起重机、造纸机、冶金机械、选矿机、卷扬机、机床等
强大冲击	1.8~3.0	破碎机、轧钢机、钻探机、振动筛等

12.5.5　角接触球轴承和圆锥滚子轴承的径向载荷和轴向载荷计算

角接触球轴承和圆锥滚子轴承都有一个接触角，当内圈承受径向载荷 F_r 作用时，承载区内各滚动体将受到外圈法向反力 F_{ni} 的作用，如图 12-13 所示。F_{ni} 的径向分量 F_{ri} 都指向轴承的中心，它们的合力与 F_r 相平衡；轴向分量 F_{si} 都与轴承的轴线相平行，合力记为 F_s，称为轴承内部的派生轴向力，方向由轴承外圈的宽边一端指向窄边一端，有迫使轴承内圈与外圈脱开的趋势。F_s 要由轴上的轴向载荷来平衡，其大小可用力学方法由径向载荷 F_r 计算得到。当轴承在 F_r 作用下有半圈滚动体受载时，F_s 的计算公式见表 12-10。

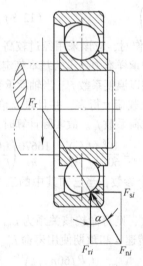

图 12-13　径向载荷产生的派生轴向力

表 12-10　角接触球轴承和圆锥滚子轴承的派生轴向力的计算公式

轴承类型	角接触球轴承			圆锥滚子轴承
	7000C	7000AC	7000B	
派生轴向力 F_s/N	eF_r①	$0.68F_r$	$1.14F_r$	$\dfrac{F_r}{(2Y)}$②

① e 值查表 12-7。
② Y 值对应表 12-7 中 $\dfrac{F_a}{F_r} > e$ 时的值。

由于角接触球轴承和圆锥滚子轴承在受到径向载荷后会产生派生轴向力，所以，为了保证轴承的正常工作，这两类轴承一般成对使用。图 12-14 所示为角接触球轴承安装方式及受力分析，图 12-14a 中两端轴承外圈窄边相对，称为正装或面对面安装。它使两支反力作用点 O_1、O_2 相互靠近，支承跨距缩短。图 12-14b 中两端轴承外圈宽边相对，称为反装或背对背安装。这种安装方式使两支反力作用点（又称压力中心）O_1、O_2 相互远离，支承跨距加大。精确计算时，两支反力作用点 O_1、O_2 距其轴承端面的距离可从轴承样本或有关标准中查得。一般计算中当跨距较大时，为简化计算可取轴承宽度的中点为两支反力作用点。

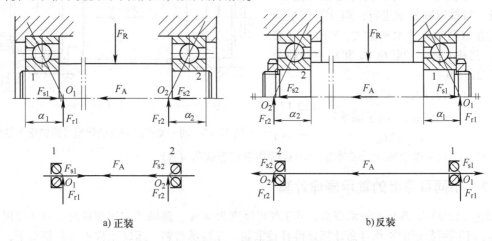

图 12-14 角接触球轴承安装方式及受力分析

根据径向平衡条件，当已知作用在轴上的径向力 F_R 的大小和方位时，很容易求得轴承所承受的径向载荷 F_r。

计算成对安装的角接触球轴承和圆锥滚子轴承每一端轴承所承受的轴向载荷时，不能只考虑作用于轴上的轴向外载荷，还应考虑两端轴承上因径向载荷而产生的派生轴向力的影响。

设图 12-14 中轴与轴承受到的外界载荷分别为 F_R 和 F_A，分析计算过程如下。

1）以轴及与其配合的轴承内圈为分离体，作受力简图，判别两端轴承的派生轴向力 F_s 的方向，并给轴承编号：将 F_s 的方向与 F_A 方向一致的轴承标为 2，另一端轴承标为 1。

2）由 F_R 计算径向载荷 F_{r1} 和 F_{r2}，再由 F_{r1}、F_{r2} 计算派生轴力 F_{s1} 和 F_{s2}。

3）计算轴承的轴向载荷 F_{a1} 和 F_{a2}。

① 若 $F_A + F_{s2} \geqslant F_{s1}$，轴有向左窜动的趋势，轴承 1 被"压紧"，轴承 2 被"放松"。轴承 1 上轴承座或端盖必然产生阻止分离体向左移动的平衡力 F'_{s1}，即 $F'_{s1} + F_{s1} = F_{s2} + F_A$，由此推得作用在轴承 1 上的轴向力

$$F_{a1} = F_{s1} + F'_{s1} = F_A + F_{s2} \tag{12-13}$$

同时轴承 2 要保证正常工作，它所受的轴向载荷必须等于其派生轴向力，故有

$$F_{a2} = F_{s2} \tag{12-14}$$

② 若 $F_A + F_{s2} < F_{s1}$，轴有向右窜动的趋势，轴承 1 被"放松"，轴承 2 被"压紧"。同理可推得

$$F_{a2} = F_{s2} + F'_{s2} = F_{s1} - F_A \tag{12-15}$$

$$F_{a1} = F_{s1} \tag{12-16}$$

综上所述，计算轴向载荷的关键是判断哪个为压紧端轴承，哪个为放松端轴承。放松端轴承的轴向载荷等于其派生轴向力；压紧端轴承的轴向载荷等于外部轴向载荷与放松端轴承派生轴向力的代数和。

12.5.6 同一支点成对安装同型号圆锥滚子轴承的计算特点

两个同型号的角接触球轴承或圆锥滚子轴承，作为一个支承整体对称安装在同一支点上时，

可以承受较大的径向、轴向联合载荷。如图 12-15 所示，轴系处于三支点静不定状态，一般情况下可近似认为轴右端支反力作用点位于两轴承的中点，内部轴向力相互抵消。寿命计算可按双列轴承进行，则计算当量动载荷时按双列轴承选取系数 X、Y 的值（表12-7），其基本额定动载荷 C_Σ 和额定静载荷 $C_{0\Sigma}$ 按下式计算

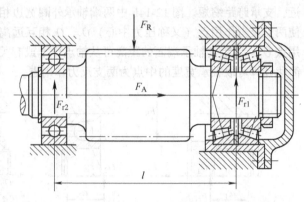

$$\left.\begin{array}{l} C_\Sigma = 1.62 C_r \quad 球轴承 \\ C_\Sigma = 1.71 C_r \quad 滚子轴承 \end{array}\right\} \quad (12\text{-}17)$$

$$C_{0\Sigma} = 2 C_0 \quad (12\text{-}18)$$

图 12-15　同一支点成对安装同型号圆锥滚子轴承

式中　C_r、C_0——单个轴承的基本额定动载荷和额定静载荷（N）。

12.5.7　不同可靠度的轴承寿命计算

按式（12-9）计算出的轴承寿命，其工作可靠度为 90%。随轴承应用领域的不同和使用要求的提高，不同可靠度的轴承寿命计算显得日益重要。在轴承材料、运转条件不变的情况下，不同可靠度的寿命计算公式为

$$L_{Rh} = a_1 L_{10h} \quad (12\text{-}19)$$

式中　L_{10h}——可靠度为 90% 的轴承寿命，即基本额定寿命（10^6 r），按式（12-9）计算；
　　　a_1——寿命修正因数，见表 12-11；
　　　L_{Rh}——修正的额定寿命（10^6 r）。

可靠度 R 为 100% 的轴承寿命（即最小寿命）可近似取为 $L_{Rmin} \approx 0.05 L_{10h}$。

表 12-11　寿命修正因数 a_1

可靠度 R（%）	90	95	96	97	98	99
a_1	1	0.62	0.53	0.44	0.33	0.21

例题 12-2　有一 6211 型轴承，所受径向负荷 $F_r = 6000\text{N}$，轴向负荷 $F_a = 3000\text{N}$，轴承转速 $n = 1000\text{r/min}$，有轻微冲击，常温下工作，试求其寿命。

解：查手册得 6211 型轴承的基本额定动载荷 $C_r = 43.2\text{kN}$，基本额定静载荷 $C_{0r} = 29.2\text{kN}$。

1. 计算 F_a/C_{0r} 并确定 e 值

$$\frac{F_a}{C_{0r}} = \frac{3000\text{N}}{29200\text{N}} = 0.1027$$

查表 12-7 得 $e = 0.3$。

2. 计算当量动载荷 P

$$\frac{F_a}{F_r} = \frac{3000\text{N}}{6000\text{N}} = 0.5 > e$$

查表 12-7 得 $X = 0.56$、$Y = 1.45$，则

$$P = XF_r + YF_a = 0.56 \times 6000\text{N} + 1.45 \times 3000\text{N} = 7710\text{N}$$

3. 求轴承寿命

因为载荷有轻微冲击，根据表 12-8、表 12-9，取 $f_t = 1$、$f_p = 1.1$，由式（12-9）求得两个轴承的寿命为

$$L_{10h} = \frac{10^6}{60n}\left(\frac{f_t C}{f_p P}\right)^\varepsilon = \frac{10^6}{60 \times 1000}\left(\frac{1 \times 43200}{1.1 \times 7710}\right)^3 \text{h} = 2202.8\text{h}$$

例题 12-3 如图 12-16 所示，一工程机械传动装置中的锥齿轮轴采用一对圆锥滚子轴承反装支承（装配结构可参考图 12-23d）。已知：轴承参数为 $C_r = 46.8\text{kN}$，$\tan\alpha = 0.2$；载荷有轻微冲击，大小为 $F_{r1} = 5400\text{N}$，$F_{r2} = 3600\text{N}$，$F_A = 900\text{N}$，方向如图示；轴转速 $n = 1500\text{r/min}$，轴承预期使用寿命 $L'_{10h} = 8000\text{h}$。试校核该对轴承的寿命是否满足要求。

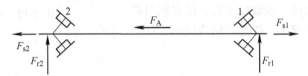

图 12-16　例题 12-3 图

解：

1. 求轴承的轴向动载荷系数和判别系数

对于圆锥滚子轴承，由表 12-7 得：$Y = 0.4\cot\alpha = 0.4/\tan\alpha = 0.4/0.2 = 2$，$e = 1.5\tan\alpha = 1.5 \times 0.2 = 0.3$。

2. 求两轴承的轴向力

由表 12-10 得圆锥滚子轴承的派生轴向力为

$$F_{s1} = \frac{F_{r1}}{2Y} = \frac{5400\text{N}}{2 \times 2} = 1350\text{N}（向右）\quad F_{s2} = \frac{F_{r2}}{2Y} = \frac{3600\text{N}}{2 \times 2} = 900\text{N}（向左）$$

因为

$$F_{s2} + F_A = 900\text{N} + 900\text{N} = 1800\text{N} > F_{s1}$$

所以轴有向左移动的趋势，根据反装支承结构，可判断出右端轴承 1 被"压紧"，左端轴承 2 被"放松"。因此

$$F_{a1} = F_{s2} + F_A = 1800\text{N} \quad F_{a2} = F_{s2} = 900\text{N}$$

3. 求当量动载荷

因为

$$\frac{F_{a1}}{F_{r1}} = \frac{1800\text{N}}{5400\text{N}} = 0.33 > e \quad \frac{F_{a2}}{F_{r2}} = \frac{900\text{N}}{3600\text{N}} = 0.25 < e$$

由表 12-7 查得：$X_1 = 0.4$，$Y_1 = 0.4\cot\alpha = 2$；$X_2 = 1$，$Y_2 = 0$。

由式（12-1）得两轴承的当量动载荷为

$$P_1 = X_1 F_{r1} + Y_1 F_{a1} = 0.4 \times 5400 + 2 \times 1800\text{N} = 5760\text{N}$$
$$P_2 = X_2 F_{r2} + Y_2 F_{a2} = 1 \times 3600\text{N} + 0 \times 900\text{N} = 3600\text{N}$$

4. 求轴承寿命

因为载荷有轻微冲击，根据表 12-8、表 12-9，取 $f_t = 1$、$f_p = 1.1$；$P_1 > P_2$，$P = P_1$；由式（12-9）求得两个轴承的寿命为

$$L_{10h} = \frac{10^6}{60n}\left(\frac{f_t C}{f_p P}\right)^\varepsilon = \frac{10^6}{60 \times 1500}\left(\frac{1 \times 46800}{1.1 \times 5760}\right)^{10/3}\text{h} = 8720\text{h} > L'_{10h}$$

因此，两个轴承的寿命均满足预期使用要求。

由于 $P_1 > P_2$，所以两个轴承的寿命由轴承 1 的载荷决定，故可只计算轴承 1 的寿命，并由其判断是否满足使用寿命的要求。

例题 12-4 如图 12-17 所示，某轴轴颈直径 $d = 35\text{mm}$，转速 $n = 480\text{r/min}$，两支承上的径向载荷 $F_{r1} = 1500\text{N}$，$F_{r2} = 1000\text{N}$，轴向外载荷 $F_A = 600\text{N}$，方向如图。载荷有轻微振动，轴承工作温度 $t < 100℃$，要求轴承寿命 $L'_h = 10000\text{h}$。试选择轴承型号。

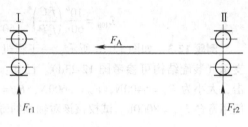

图 12-17　例题 12-4 图

1. 选择轴承类型

轴承工作转速不太高，承载也不大，虽有轴向载荷，而相对于径向载荷较小，故选用结构简单、价格较低的深沟球轴承。

2. 求当量动载荷

由于轴承型号未定，C、C_{0r}、F_a/C_{0r}、e、X、Y 等值都无法确定，必须试算。通常先试选轴承型号。

按 $d = 35\text{mm}$ 试选 6307 型轴承，查设计手册，$C = 25800\text{N}$，$C_{0r} = 17800\text{N}$。轴承 1 的径向载荷比轴承 2 大，两轴承用双固定式结构，轴向力 F_A 全部由轴承 1 承受，即 $F_{a1} = F_A$，故只计算轴承 1 即可。

$F_a/C_{0r} = 600\text{N}/17800\text{N} = 0.0337$，由表 12-7 可知介于 $0.028 \sim 0.056$ 之间，对应的 $e = 0.22 \sim 0.26$。因 $F_{a1}/F_{r1} = 600\text{N}/1500\text{N} = 0.4 > e$，则 $X = 0.56$，Y 介于 $1.77 \sim 1.99$ 之间，由线性插值可得

$$Y = 1.99 + \frac{(1.71 - 1.99) \times (0.0337 - 0.028)}{0.056 - 0.028} = 1.933$$

$$P_1 = XF_r + YF_a = 0.56 \times 1500\text{N} + 1.933 \times 600\text{N} = 1239.8\text{N}$$

3. 求轴承应具有的径向额定动载荷，选择轴承型号

轴承工作温度 $t < 100℃$，查表 12-8 得 $f_t = 1$；载荷有轻微振动，查表 12-9 得 $f_p = 1.2$。则

$$C' = \frac{f_p P}{f_t} \sqrt[\varepsilon]{\frac{60nL'_h}{10^6}}$$

$$C' = \frac{1.2 \times 1239.8}{1} \sqrt[3]{\frac{60 \times 480 \times 10000}{10^6}}\text{N} = 9824.95\text{N} < C$$

它比所选轴承的径向额定动载荷（$C = 25800\text{N}$）小得多，显然过于保守，故改选 6207 型轴承重复上述计算。

选 6207 型轴承，$C = 19800\text{N}$，$C_{0r} = 13500\text{N}$，$F_{a1}/C_{0r} = 600\text{N}/13500\text{N} = 0.044$，同样由表 12-7 可知介于 $0.028 \sim 0.056$ 之间，对应的 $e = 0.22 \sim 0.26$。$F_{a1}/F_{r1} = 600\text{N}/1500\text{N} = 0.4 > e$，则 $X = 0.56$，插值得 $Y = 1.83$。

$$P_1 = XF_r + YF_a = 0.56 \times 1500\text{N} + 1.83 \times 600\text{N} = 1938\text{N}$$

$$C' = \frac{f_p P}{f_t} \sqrt[\varepsilon]{\frac{60nL'_h}{10^6}}$$

$$C' = \frac{1.2 \times 1938}{1} \sqrt[3]{\frac{60 \times 480 \times 10000}{10^6}}\text{N} = 15357.92\text{N} < C$$

计算所得 C' 值比 6207 型轴承的 C 值小，故选用 6207 型轴承。

12.6　滚动轴承的静强度计算

为限制滚动轴承在静载荷下产生过大的接触应力和塑性变形，需进行静强度计算。

第12章 滚动轴承

1. 额定静载荷

额定静载荷表征轴承在静止或缓慢旋转（转速 $n \leqslant 10\text{r/min}$）时的承载能力。轴承受载后，使受载最大的滚动体与滚道接触中心处的接触应力达到一定值（调心球轴承为 4600MPa，其他球轴承为 4200MPa，滚子轴承为 4000MPa），这个载荷称为额定静载荷，用 C_0 表示。对于径向接触和轴向接触轴承，C_0 分别是径向载荷和中心轴向载荷；对于向心角接触轴承，C_0 是载荷的径向分量。常用轴承的额定静载荷 C_0 可由轴承样本或设计手册查取。

2. 当量静载荷

当轴承同时承受径向载荷和轴向载荷时，应将实际载荷转化成假想的当量静载荷，在该载荷作用下，滚动体与滚道上接触应力与实际载荷作用相同。

当量静载荷 P_0 与实际载荷的关系是

$$P_0 = X_0 F_r + Y_0 F_a \tag{12-20}$$

式中　X_0——径向静载荷系数；
　　　Y_0——轴向静载荷系数，见表 12-12。

3. 静强度条件

按静强度选择轴承时，应满足下列条件

$$C_0 \geqslant S_0 P_0 \tag{12-21}$$

式中　S_0——静强度安全系数，见表 12-13；
　　　P_0——当量静载荷（N）。

表 12-12　径向和轴向静载荷系数 X_0、Y_0

轴承类型	代　号	单列轴承		双列轴承（或成对使用）	
		X_0	Y_0	X_0	Y_0
深沟球轴承	60000	0.6	0.5	0.6	0.5
角接触球轴承	7000C	0.5	0.46	1	0.92
	7000AC	0.5	0.38	1	0.76
	7000B	0.5	0.26	2	0.52
圆锥滚子轴承	30000	0.5	$0.22\cot\alpha$①	1	$0.44\cot\alpha$①
圆柱滚子轴承	N0000 NU000	1	0	1	0
调心球轴承	10000	—	—	1	$0.44\cot\alpha$①
调心滚子轴承	20000C	—	—	1	$0.44\cot\alpha$①
滚针轴承	NA0000	1	0	1	0
推力球轴承	50000	0	1	0	1

① 具体数值按轴承型号由设计手册查取。

表 12-13　静强度安全系数 S_0

工作条件			S_0	
旋转轴承	对旋转精度及平稳性要求高，或受冲击载荷		1.5~2	2.5~4
	正常使用		0.5~2	1~3.5
	对旋转精度及平稳性要求较低，没有冲击载荷		0.5~2	1~3
静止或摆动轴承	水坝闸门装置、附加载荷小的大型起重机吊钩		≥1	
	吊桥、附加载荷大的小型重机吊钩		≥1.5~1.6	

12.7 滚动轴承的极限转速校核计算

轴承性能参数表中所列极限转速仅适用于 $P \leqslant 0.1C$、润滑与冷却条件正常、向心轴承仅受径向载荷、推力轴承仅受轴向载荷条件下的 0 级公差轴承。当轴承载荷 $P > 0.1C$ 时，接触应力将增大；轴承受联合载荷时，受载滚动体将增加，轴承元件接触表面间的摩擦增大，润滑状态变差。为综合考虑轴承实际工况与极限转速对应工况的差异，需对极限转速值进行修正。修正后的轴承实际许用最高转速为

$$n_{\max} = f_1 f_2 n_{\lim} \tag{12-22}$$

式中　f_1——载荷系数，如图 12-18 所示；

　　　f_2——载荷分布系数，如图 12-19 所示。

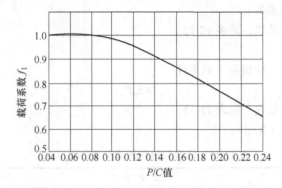

图 12-18　载荷系数 f_1

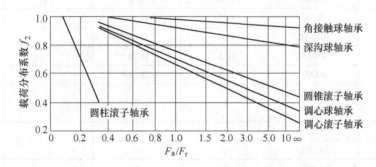

图 12-19　载荷分布系数 f_2

如果轴承的许用转速不能满足使用要求，可采取有关改进措施。例如改变润滑方法（采用喷油或油雾润滑）改善冷却条件，提高轴承精度，适当增大轴承游隙，改用特殊轴承材料和特殊结构保持架等，都能有效地提高轴承的极限转速。

12.8　滚动轴承的组合结构设计

轴承不是单一的个体，它是用来支承轴的，而轴又要带动轴上零件工作。所以轴承的设计一定包含合理设计轴承的组合，才能保证轴承的正常工作和有效发挥其支承与承载的作用。

（1）组合设计内容　主要是正确解决轴承的支承配置、轴向固定与调节以及轴承与相关零件

的配合、预紧、润滑与密封、安装与拆卸、提高系统刚度等问题。

(2) 组合设计要求　可靠、运转灵活、保证精度、调整方便。

12.8.1　滚动轴承的定位和紧固

轴承的轴向定位与紧固是指轴承的内圈与轴颈、外圈与座孔间的轴向定位与紧固。轴承轴向定位与紧固的方法很多，应根据轴承所受载荷的大小、方向、性质，转速的高低，轴承的类型及轴承在轴上的位置等因素，选择合适的轴向定位与紧固方法。单个支点处的轴承，其内圈在轴上和轴承外圈在轴承座孔内轴向定位与紧固的方法分别见表 12-14、表 12-15。

表 12-14　轴承内圈轴向定位与紧固的方法

名　称	图　例	说　明
轴肩定位		轴承内圈由轴肩实现轴向定位，是最常见的形式
弹簧挡圈与轴肩紧固		轴承内圈由轴用弹簧挡圈与轴肩实现轴向紧固，可承受不大的轴向载荷，结构尺寸小，主要用于深沟球轴承
轴端挡圈与轴肩紧固		轴承内圈由轴端挡圈与轴肩实现轴向紧固，可在高转速下承受较大的轴向力，多用于轴端切制螺纹有困难的场合
锁紧螺母与轴肩紧固		轴承内圈由锁紧螺母与轴肩实现轴向紧固，止动垫圈具有防松的作用，安全、可靠，适用于高速、重载
紧定锥套紧固		依靠紧定锥套的径向收缩夹紧实现轴承内圈的轴向紧固，用于轴向力不大、转速不高、内圈为圆锥孔的轴承在光轴上的紧固

表 12-15 轴承外圈轴向定位与紧固的方法

名称	图例	说明
弹簧挡圈与凸肩紧固		轴承外圈由弹性挡圈与座孔内凸肩实现轴向紧固，结构简单、装拆方便、轴向尺寸小，适用于转速不高、轴向力不大的场合
止动卡环紧固		轴承外圈由止动卡环实现轴向紧固，用于带有止动槽的深沟球轴承，适用于轴承座孔内不便设置凸肩且轴承座为剖分式结构的场合
轴承端盖定位与紧固		轴承外圈由轴承端盖实现轴向定位与紧固，用于高速及很大轴向力时的各类角接触向心轴承和角接触推力轴承
螺纹环定位与紧固		轴承外圈由螺纹环实现轴向定位与紧固，用于转速高、轴向载荷大且不便使用轴承端盖紧固的场合

12.8.2 滚动轴承的组合结构

通常一根轴需要两个支点，每个支点由一个或两个轴承组成。滚动轴承的支承结构设计应考虑轴在机器中的正确位置，防止轴向窜动及轴受热伸长后不致将轴卡死等因素。径向接触轴承和角接触轴承的支承结构有三种基本形式。

1. 两端单向固定

常温下工作的短轴（支承跨距小于 400mm），常采用深沟球轴承或反向安装的角接触球轴承、圆锥滚子轴承作为两端支承，每一端轴承单向固定，各承受一个方向的轴向力。两端单向固定也是工程中轴承最常用的轴向固定形式。

图 12-20 所示为两端单向固定，适用于受纯径向载荷或径向载荷与较小轴向载荷联合作用下的轴。为允许轴工作时有少量热膨胀，轴承安装时应留有 0.25 ~

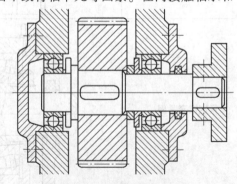

图 12-20 两端单向固定

0.4mm 的轴向间隙（间隙很小，结构图上不必画出），通过调整端盖端面与支承座之间的垫片厚度或调整螺钉来调节间隙的大小。由于轴向间隙的存在，这种支承不能做精确轴向的定位。

2. 一端双向固定、一端游动

当轴较长或工作温度较高时，轴的热膨胀收缩量较大，宜采用一端双向固定、一端游动的支点结构。固定端由单个轴承或轴承组承受双向轴向力，而游动端则保证轴伸缩时能自由游动。作为双向固定支承的轴承，因要承受双向轴向力，故内、外圈在轴向都要固定。如图 12-21a 所示，轴的两端各用一个深沟球轴承支承，左端轴承的内、外圈都为双向固定，而右端轴承的外圈在座孔内没有轴向固定，内圈用弹性挡圈限定其在轴上的位置。工作时轴上的双向轴向载荷由左端轴承承受，轴受热伸长时，右端轴承可以在座孔内自由游动。支承跨距较大（$L>350\text{mm}$）或工作温度较高（$t>70\text{℃}$）的轴，游动端轴承采用圆柱滚子轴承更为合适，如图 12-21b 所示，内、外圈

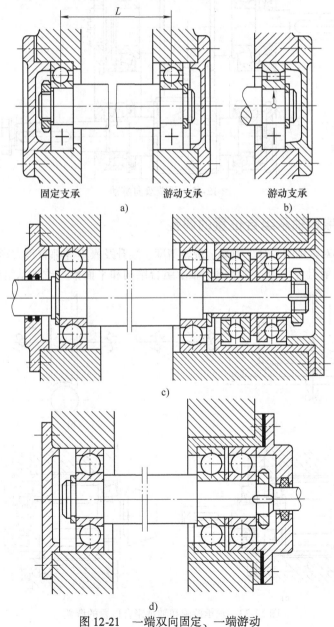

图 12-21 一端双向固定、一端游动

均做双向固定,但相互间可做相对轴向移动。当轴向载荷较大时,固定端可用深沟球轴承或径向接触轴承与推力轴承的组合结构(图12-21c)。固定端也可以用两个角接触球轴承(或圆锥滚子轴承)"背对背"或"面对面"组合在一起的结构,如图12-21d所示。

3. 两端游动

要求能左右双向游动的轴,可采用两端游动的轴系结构。对于人字齿轮传动的轴,为了使轮齿受力均匀或防止齿轮卡死,采用允许轴系左右少量轴向游动的结构,故两端都选用圆柱滚子轴承。如图12-22所示人字齿轮传动中,大齿轮所在轴采用两端固定支承结构,小齿轮轴采用两端游动支承结构,靠人字齿传动的啮合作用,控制小齿轮轴的轴向位置,使传动顺利进行。

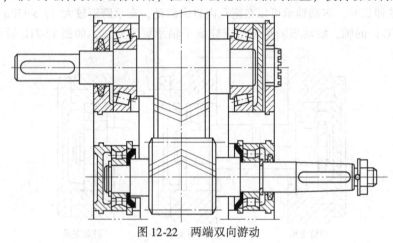

图 12-22 两端双向游动

12.8.3 轴承游隙和轴承组合位置的调整

轴承游隙的大小对轴承的寿命、效率、旋转精度、温升及噪声等都有很大影响。需要调整游隙的主要有角接触球轴承组合结构、圆锥滚子轴承组合结构和平面推力球轴承组合结构。图12-23c、

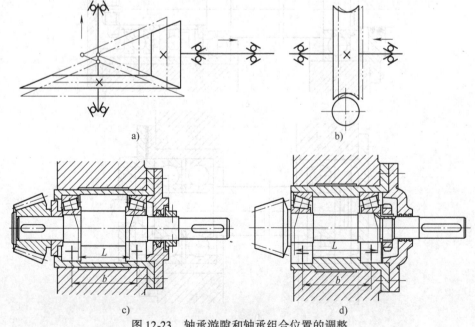

图 12-23 轴承游隙和轴承组合位置的调整

图 12-21c 右支点和图 12-21d 右支点所示结构中，轴承的游隙和预紧是靠轴承端盖与套杯间的垫片来调整的，简单方便。

为使锥齿轮传动中的分度圆锥锥顶重合或使蜗杆传动能于中间平面位置正确啮合，必须对其支承轴系进行轴向位置调整，即进行轴承组合位置调整（图 12-23a、b）。如图 12-23c、d 所示，整个支承轴系放在一个套杯中，套杯的轴向位置（即整个轴系的轴向位置）可通过改变套杯与机座端面间垫片的厚度来调节，从而使传动件处于最佳的啮合位置。

12.8.4 滚动轴承的预紧

为了提高轴承的旋转精度，增加轴承装置的刚性，减小机器工作时轴的振动，常采用预紧的滚动轴承。例如机床的主轴轴承，常用预紧来提高其旋转精度与轴向刚度。所谓轴承的预紧，就是在安装轴承时用某种方法在轴承中产生并保持一定的轴向力，以消除轴承的轴向游隙，并在滚动体与内、外圈滚道接触处产生弹性预变形，以提高轴承的旋转精度和支承刚度。预紧后的轴承受到工作载荷时，其内、外圈的径向及轴向相对移动量要比未预紧的轴承大大地减少。常用的预紧方法有以下几种。

1) 在两轴承的内圈或外圈之间放置垫片（图 12-24a）或者磨薄一对轴承的内圈或外圈（图 12-24b）来预紧。预紧力的大小由垫片的厚度或轴承内、外圈的磨削量来控制。

2) 在一对轴承的内、外圈间装入长度不等的套筒进行预紧（图 12-24c）。预紧力的大小决定于两套筒的长度差。

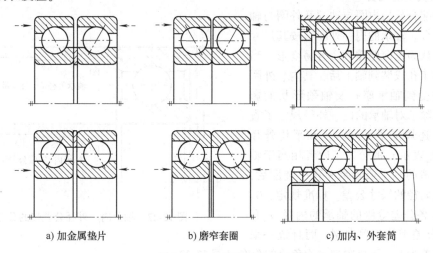

a) 加金属垫片　　　b) 磨窄套圈　　　c) 加内、外套筒

图 12-24　轴承预紧方法

3) 弹簧预紧（图 12-25）。预紧力稳定。

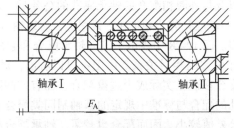

图 12-25　角接触轴承的弹簧预紧

12.8.5 滚动轴承支座的刚性和同轴度

轴或轴承座的变形都会使轴承内滚动体受力不均匀及运动受阻，影响轴承的旋转精度，降低轴承的寿命。因此，安装轴承的外壳或轴承座也应有足够的刚度。例如孔壁要有适当的厚度，壁板上轴承座的悬臂应尽可能地缩短，并用加强筋来提高支座的刚性（图12-26）。对轻合金或非金属外壳，应加钢或铸铁制的套杯。

支承同一根轴上两个轴承的轴承座孔，其孔径应尽可能相同，以便加工时一次将其镗出，保证两孔的同轴度。如果一根轴上装有不同尺寸的轴承，可用组合镗刀一次镗出两个尺寸不同的座孔，用钢制套杯结构（图12-21c）来安装外径较小的轴承。当两个座孔分别位于不同机壳上时，应将两个机壳先进行接合面加工再连接成一个整体，最后镗孔。

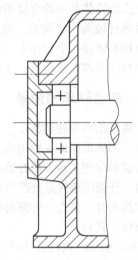

图12-26 用加强肋提高支承的刚性

12.8.6 滚动轴承的配合和装拆

1. 滚动轴承的配合

轴承的配合是指内圈与轴颈及外圈与轴承座孔的配合。轴承的内、外圈，按其尺寸比例一般可认为是薄壁零件，容易变形。当它装入轴承座孔或装到轴上后，其内、外圈的圆度，将受到轴承座孔及轴颈形状的影响。因此，除了对轴承的内、外径规定了直径公差外，还规定了平均内径和平均外径（用 d_m 或 D_m 表示）的公差，后者相当于轴承在正确制造的轴上或轴承座孔中装配后，它的外径或内径的尺寸公差。标准规定，0、6、5、4、2 各公差等级的轴承的内径 d_m 和外径 D_m 的公差带均为单向制，而且统一采用上极限偏差为零，下极限偏差为负值的分布（图12-27）。

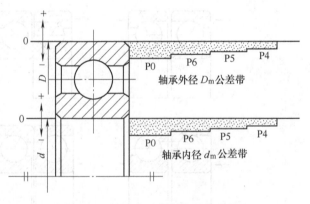

图12-27 轴承内、外径公差带的分布

滚动轴承是标准件，为使轴承便于互换和大量生产，轴承内孔与轴的配合采用基孔制，即以轴承内孔的尺寸为基准；轴承外径与轴承座孔的配合采用基轴制，即以轴承的外径尺寸为基准。与内圈相配合的轴的公差带以及与外圈相配合的轴承座孔的公差带，均按相关国家标准选取。由于 d_m 的公差带在零线之下，而基准孔的公差带在零线之上，所以轴承内圈与轴的配合比标准中规定的基孔制同类配合要紧得多。图12-28 中表示了滚动轴承配合和它的基准面（内圈内径，外圈外径）偏差与轴颈或座孔尺寸偏差的相对关系。由图中可以看出，对轴承内孔与轴的配合而言，圆柱公差标准中的许多过渡配合在这里实际成为过盈配合，而有的间隙配合，在这里实际变为过渡配合。轴承外圈与轴承座孔的配合与标准中规定的基轴制同类配合相比较，配合性质的类别基本一致，但由于轴承外径的公差值较小，因而配合也较紧。轴承配合种类的选取，应根据轴承的类型和尺寸、载荷的大小和方向及载荷的性质等来决定。正确选择轴承配合应保证轴承正常运转，防止内圈与轴、外圈与轴承座孔在工作时发生相对转动。一般地说，当工作载荷的方向不变时，转动圈应比不动圈的配合更紧一些，因为转动圈承受旋转的载荷，而不动圈承受局部的载荷。当转速越高、载荷越大和振动越强烈时，则应选用越紧的配合。当轴承安装于薄壁外壳或空心轴上时，也应采用较紧的配合。但是过紧的配合是不利的，这时可能因内圈的弹性膨胀和外圈的收缩而使轴承内部的游隙减小甚至完全消失，也可能由于相配合的轴和座孔表面形状不规则或刚性不均匀而导致轴承内、外圈不规则变形，这些都将破坏轴承的正常工作。过紧的配合还会使装拆困难，尤其对于重型机械。

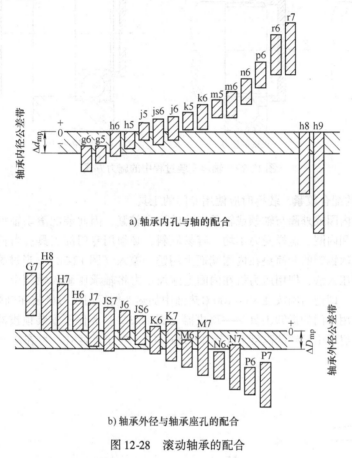

图 12-28　滚动轴承的配合

对开式的轴承座与轴承外圈的配合，宜采用较松的配合。当要求轴承的外圈在运转中能沿轴向游动时，该外圈与外壳孔的配合也应较松，但不应让外圈在轴承座孔内可以转动。过松的配合对提高轴承的旋转精度、减少振动是不利的。

如果机器工作时有较大的温度变化，那么，工作温度将使配合性质发生变化。轴承运转时，对于一般工作机械来说，套圈的温度常高于其相邻零件的温度。这时，轴承内圈可能因热膨胀而与轴松动，外圈可能因热膨胀而与外壳孔胀紧，从而可能使原来需要外圈有轴向游动性能的支承丧失游动性。所以，在选择配合时必须仔细考虑轴承装置各部分的温差和其热传导的方向。

以上介绍了选择轴承配合的一般原则，具体选择时可结合机器的类型和工况，参照同类机器的使用经验进行。各类机器所使用的轴承配合以及各类配合的配合公差、配合表面粗糙度和几何公差等资料可查阅有关设计手册。

2. 滚动轴承的装拆

装拆滚动轴承时，要特别注意以下两点。

1) 不允许通过滚动体来传力，以免使滚道或滚动体损伤，如图 12-29 所示。

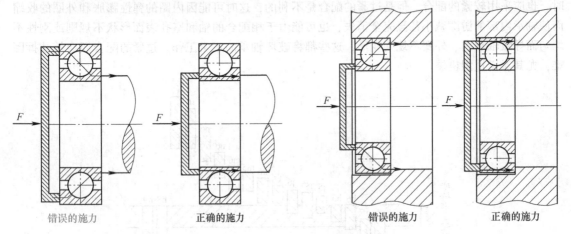

图 12-29　轴承安装过程中的施力方式

2) 由于轴承的配合较紧，装拆时应使用专门的工具。

由于滚动轴承内圈或外圈与轴颈或轴承座孔的配合较紧，因此装配滚动轴承时，不可用锤子直接敲打轴承外圈和内圈，这样受力不均、容易倾斜，必须用专门的工具。当轴承内圈与轴过盈较小时，可用铜或软钢制的套筒垫在内圈端面上用锤子敲入（图 12-30）。当过盈较大时，对于尺寸较小的轴承可用压入法，即用压力机在内圈上施加压力将轴承压套入轴颈中，大型轴承或较紧的轴承可用热胀法，即把内圈放在 80～100℃ 热油中加热，然后用压力机装在轴颈上（图 12-31）。拆卸轴承一般也要用专门的拆卸工具——顶拔器（图 12-32）。为便于安装顶拔器，应使轴承内圈比轴肩、外圈比凸肩露出足够的高度 h（图 12-33a、b）。对于不通孔，可在端部开设专用拆卸螺孔（图 12-33c）。

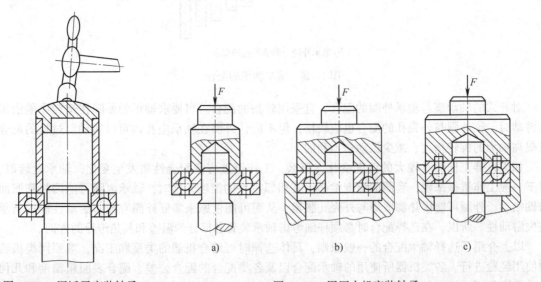

图 12-30　用锤子安装轴承　　　　图 12-31　用压力机安装轴承

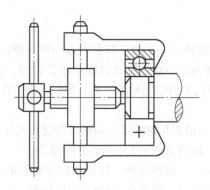

图 12-32 用顶拔器拆卸轴承

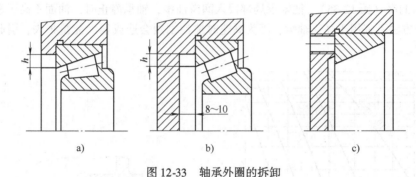

图 12-33 轴承外圈的拆卸

12.9 滚动轴承的润滑和密封

12.9.1 滚动轴承的润滑

润滑对于滚动轴承具有重要意义。轴承中的润滑剂不仅可以降低摩擦阻力，还具有散热、减小接触应力、吸收振动、防止锈蚀等作用。滚动轴承常用的润滑方式有油润滑和脂润滑。特殊条件下也可以采用固体润滑剂（如二硫化钼、石墨和聚四氟乙烯等）。润滑方式与轴承速度有关，一般根据轴承的 dn 值（d 为滚动轴承内径，单位为 mm；n 为轴承转速，单位为 r/min）做出选择。适用于脂润滑和油润滑的 dn 值界限见表 12-16。

表 12-16 适用于脂润滑和油润滑的 dn 值界限　　（单位：10^4 mm·r/min）

轴承类型	脂润滑	油润滑			
		油浴	滴油	循环油（喷油）	油雾
深沟球轴承	16	25	40	60	>60
调心球轴承	16	25	40	—	—
角接触球轴承	16	25	40	60	>60
圆柱滚子轴承	12	25	40	60	>60
圆锥滚子轴承	10	16	23	30	—
调心滚子轴承	8	12	—	25	—
推力球轴承	4	6	12	15	—

1. 脂润滑

脂润滑一般用于 dn 值较小的轴承中。由于润滑脂是一种黏稠的胶凝状材料，故油膜强度高、承载能力大、不易流失、便于密封，一次加脂可以维持较长时间。润滑脂的填充量一般不超过轴承内部空间容积的 1/3，润滑脂过多会引起轴承发热，影响正常工作。

2. 油润滑

轴承的 dn 值超过一定界限，应采用油润滑。油润滑的优点是摩擦阻力小、润滑充分，且具有散热、冷却和清洗滚道的作用，缺点是对密封和供油的要求高。

润滑油的主要性能指标是黏度。转速越高，宜选用黏度较低的润滑油；载荷越大，宜选用黏度较高的润滑油。具体选用润滑油时，可根据工作温度和 dn 值，由图 12-34 先确定油的黏度，然后根据黏度值从润滑油产品目录中选出相应的润滑油牌号。常用的油润滑方法有：

（1）油浴润滑（图 12-35） 把轴承局部浸入润滑油中，轴承静止时，油面不高于最低滚动体的中心。这个方法不宜用于高速轴承，因为高速时搅油剧烈会造成很大能量损失，引起油液和轴承的严重过热。

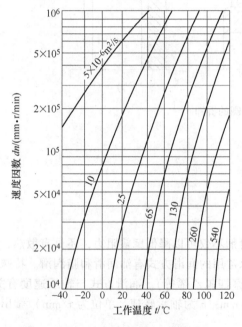

图 12-34　润滑油黏度选择

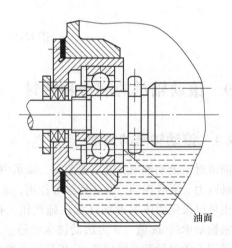

图 12-35　油浴润滑

（2）飞溅润滑　这是闭式齿轮传动中轴承润滑常用的方法。它利用转动齿轮把润滑油飞溅到齿轮箱的内壁上，然后通过适当的沟槽把油引入轴承中。

（3）喷油润滑　适用于转速高、载荷大、要求润滑可靠的轴承。它是用油泵将润滑油加压，通过油管或机座中特制油路，经油嘴把油喷到轴承内圈与保持架的间隙中。

（4）滴油润滑　适用于需要定量供应润滑油的轴承部件。滴油量应适当控制，过多的油量将引起轴承温度的增高。为了使滴油通畅，常使用黏度小的润滑油。

（5）油雾润滑　当轴承滚动体的线速度很高时，采用油雾润滑，以避免其他润滑方法中供油过多，油的内摩擦增大而增高轴承的工作温度。润滑油在油雾发生器中变成油雾，其温度较液体润滑油的温度低，可冷却轴承。

12.9.2 滚动轴承的密封

为了充分发挥轴承工作时的性能，润滑剂不允许很快流失，且外界灰尘、水分及其他杂物也不允许进入轴承，故应对轴承设置可靠的密封装置。密封装置可分为接触式和非接触式两类。

1. 非接触式密封

接触式密封必然在接触处产生摩擦，非接触式密封则可以避免此类缺点，故非接触式密封常用于速度较高的场合。

（1）间隙式密封（图12-36a） 在轴与端盖间设置很小的径向间隙（0.1~0.3mm）而获得密封。间隙越小，密封效果越好。若同时在端盖上制出几个环形槽（图12-36b），并填充润滑脂，可提高密封效果。这种密封结构适用于干燥清洁环境、脂润滑轴承。

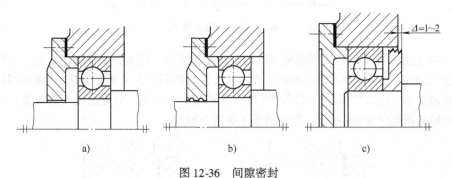

图 12-36 间隙密封

图12-36c所示为利用挡油环和轴承之间的间隙实现密封的装置。工作时挡油环随油一起转动，利用离心力甩去油和杂质。挡油环应凸出轴承座端面 $\Delta = 1 \sim 2$mm。该结构常用于机箱内密封，如齿轮减速器内齿轮用油润滑、而轴承用脂润滑的场合。

（2）迷宫式密封（图12-37） 利用端盖和轴套间形成的曲折间隙获得密封。有径向迷宫式（图12-37a）和轴向迷宫式（图12-37b）两种。径向间隙取0.1~0.2mm，轴向间隙取1.5~2mm。应在间隙中填充润滑脂以提高密封效果。这种结构密封可靠，适用于比较脏的环境。

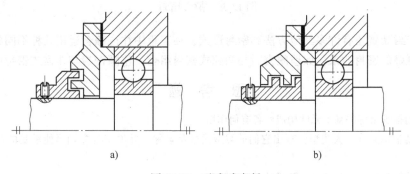

图 12-37 迷宫式密封

2. 接触式密封

通过轴承盖内部放置的密封件与转动轴表面直接接触而起密封作用。密封件主要用毛毡、橡胶圈、皮碗等软性材料，也有用减摩性好的硬质材料如石墨、青铜、耐磨铸铁等。轴与密封件接触部位需磨光，以增强防泄漏能力和延长密封件的寿命。

（1）毡圈式密封（图12-38） 将矩形截面的毡圈安装在端盖的梯形槽内，利用轴与毡圈的接触压力形成密封，压力不能调整。一般适用于接触处的圆周速度 $v \leqslant 5\text{m/s}$ 的脂润滑轴承。

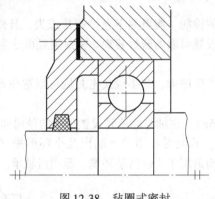

图 12-38　毡圈式密封

（2）唇形密封（图 12-39）　唇形密封圈用耐油橡胶制成，用弹簧圈紧箍在轴上，以保持一定的压力。图 12-39a、b 为两种不同的安装方式，前者密封圈唇口面向轴承，防止油的泄漏效果好，后者唇口背向轴承，防尘效果好。若同时用两个密封圈反向安装，则可达到双重效果。该密封可用于接触处轴的圆周速度 $v \leqslant 7\text{m/s}$、脂润滑或油润滑的轴承。

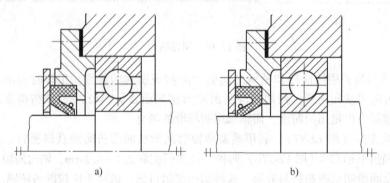

图 12-39　唇形密封

轴承的密封装置还有许多其他方法和密封形式，在工程中往往综合运用几种不同的密封形式，以期望达到更好的密封效果，如毡圈密封与间隙式密封组合、毡圈密封与迷宫式密封组合等。

思 考 题

12-1　滚动轴承由哪些基本元件构成？各有何作用？

12-2　滚动轴承共分几大类型？写出它们的类型代号及名称，并说明各类轴承能承受的载荷（径向或轴向）。

12-3　滚动轴承为什么要预紧？预紧的方法有哪些？

12-4　为什么 30000 型和 70000 型轴承常成对使用？成对使用时，什么称为正装及反装？什么称为"面对面"及"背靠背"安装？试比较正装与反装的特点。

12-5　滚动轴承的寿命与基本额定寿命有何区别？按公式 $L = (C/P)^{\varepsilon}$ 计算出的 L 是什么含义？

12-6　什么称为滚动轴承的当量动载荷？它有何作用？如何计算当量动载荷？

12-7　对于同一型号的滚动轴承，在某一工况条件下的基本额定寿命为 L。若其他条件不变，仅将轴承所受的当量动载荷增加一倍，轴承的基本额定寿命将为多少？

12-8 滚动轴承常见的失效形式有哪些？公式 $L=(C/P)^\varepsilon$ 是针对哪种失效形式建立起来的？

12-9 滚动轴承基本额定动载荷 C 的含义是什么？当滚动轴承上作用的当量动载荷不超过 C 值时，轴承是否就不会发生点蚀破坏？为什么？

12-10 在所学过的滚动轴承中，哪几类滚动轴承是内、外圈可分离的？

12-11 什么类型的滚动轴承在安装时要调整轴承游隙？常用哪些方法调整轴承游隙？

12-12 滚动轴承支承的轴系，其轴向固定的典型结构形式有三类：①两支点各单向固定；②一支点双向固定，另一支点游动；③两支点游动。试问这三种类型各适用于什么场合？

12-13 一高速旋转、传递较大功率且支承跨距较大的蜗杆轴，采用一对正装的圆锥滚子轴承作为支承是否合适？为什么？

12-14 滚动轴承的回转套圈和不回转套圈与轴或机座装配时所用的配合性质有何不同？常选用什么配合？其配合的松紧程度与标准中相同配合有何不同？

12-15 在锥齿轮传动中，小锥齿轮的轴常支承在套杯里，采用这种结构形式有何优点？

12-16 滚动轴承常用的润滑方式有哪些？具体选用时应如何考虑？

12-17 接触式密封有哪几种常用的结构形式？分别适用于什么速度范围？

12-18 在唇形密封圈密封结构中，密封唇的方向与密封要求有何关系？

习 题

12-1 如图 12-40 所示，轴上装有一斜齿圆柱齿轮，轴支承在一对正装的 7209AC 轴承上。齿轮轮齿上受到圆周力 $F_t=8100\text{N}$，径向力 $F_r=3052\text{N}$，轴向力 $F_a=2170\text{N}$，转速 $n=300\text{r/min}$，载荷系数 $f_p=1.2$。试计算两个轴承的基本额定寿命（以小时计）。想一想：若两轴承反装，轴承的基本额定寿命将有何变化？

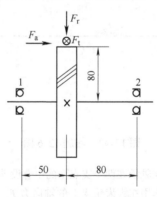

图 12-40 习题 12-1 图

12-2 一根装有小锥齿轮的轴拟用图 12-41 所示的支承方案，两支点均选用轻系列的圆锥滚子轴承。锥齿轮传递的功率 $P=4.5\text{kW}$（平稳），转速 $n=500\text{r/min}$，分度圆直径 $d=100\text{mm}$，分锥角 $\delta=16°$，轴颈直径可在 $28\sim38\text{mm}$ 内选择。其他尺寸如图所示。若希望轴承的基本额定寿命能超过 60000h，试选择合适的轴承型号。

12-3 一农用水泵轴用深沟球轴承支承，轴颈直径 $d=35\text{mm}$，转速 $n=2900\text{r/min}$，径向负荷 $F_r=1770\text{N}$，轴向负荷 $F_a=720\text{N}$，要求预期寿命 6000h，试选择轴承的型号。

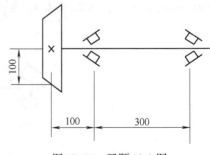

图 12-41 习题 12-2 图

12-4 某水泵选用深沟球轴承 6307，所受径向载荷 $F_r=2300\text{N}$，轴向载荷 $F_a=540\text{N}$，该轴承的基本径向额定动载荷 $C_r=26200\text{N}$，基本径向额定静载荷 $C_{0r}=17900\text{N}$，

载荷系数 $f_p = 1.1$，请计算该轴承所受的当量动载荷 P 值。

12-5 图 12-42 所示为在轴两端各装一个圆锥滚子轴承的简图，其受力情况已在图中标出，且 $F_a = 1000\text{N}$，$F_{r1} = 2000\text{N}$，$F_{r2} = 3000\text{N}$。已知该型号轴承的内部轴向力 $F_s = F_r/(2Y)$；F_r 为轴承所受径向载荷，$Y = 1.6$（所需参数给出如下：当 $F_a/F_r \leq 0.34$ 时，$X = 1$，$Y = 0$；$F_a/F_r > 0.34$ 时，$X = 0.4$，$Y = 1.6$）。试确定：

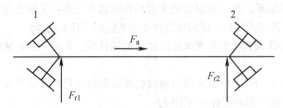

图 12-42 习题 12-5 图

1）两轴承的内部轴向力 F_{s1}、F_{s2}，并在图上标示其方向。
2）两轴承上所受的轴向力 F_{a1}、F_{a2}。
3）设载荷系数 $f_p = 1$，求两轴承的当量载荷 P_1、P_2。

12-6 某传动装置，根据工作条件决定采用一对角接触球轴承（图 12-43），暂定轴承型号为 7307AC。已知：轴承载荷 $F_{r1} = 1000\text{N}$，$F_{r2} = 2060\text{N}$，$F_a = 880\text{N}$，转速 $n = 5000\text{r/min}$，取载荷系数 $f_p = 1.5$，预期寿命 $L'_h = 15000\text{h}$。试问所选轴承型号是否合适？

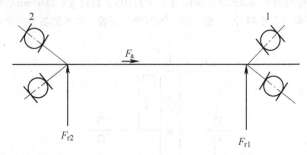

图 12-43 习题 12-6 图

12-7 图 12-44 所示为一对角接触球轴承在两个支点上的组合设计。试确定危险轴承的寿命为多少小时。已知：$F_{r1} = 2500\text{N}$，$F_{r2} = 1250\text{N}$，作用在锥齿轮 4 上的轴向力 $F_{a4} = 500\text{N}$，作用在斜齿轮 3 上的轴向力 $F_{a3} = 1005\text{N}$，要求两轴向力相抵消一部分，自己确定其方向并画在图上（轴承额定动载荷 $C = 31900\text{N}$，$n = 1000\text{r/min}$，$f_t = 1$，$f_p = 1.2$，$e = 0.4$，当 $\dfrac{F_a}{F_r} \leq e$，$X = 1$，$Y = 0$；派生轴向力 $F_s = 0.4F_r$，$\dfrac{F_a}{F_r} > e$，$X = 0.4$，$Y = 1.6$）。

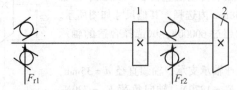

图 12-44 习题 12-7 图

第13章 轴

13.1 概述

轴是机器中的重要零件之一,用来支承旋转的机械零件,如齿轮、蜗轮、带轮等,并传递运动和动力。机器的工作能力和工作质量在很大程度上与轴有关,轴一般都是非标准件,轴要用滑动轴承或滚动轴承来支承。常见的轴有直轴和曲轴,曲轴主要用于做往复运动的机械中。本章只讨论直轴。

13.1.1 轴的分类

根据轴的承载情况可分为转轴、心轴和传动轴三类,见表13-1。

表13-1 轴的分类

转轴	心轴		传动轴
	轴转动	轴不转	
轴同时承受扭矩和弯矩	轴只受弯矩、不受扭矩	转动的心轴受变应力,不转的心轴受静应力	轴主要受扭矩,不受弯矩或弯矩很小

根据轴线形状的不同,轴可分为直轴(图13-1)、曲轴(图13-2)和挠性钢丝软轴(简称挠性轴,图13-3)。曲轴主要用于做往复运动的机械中。挠性轴由几层紧贴在一起的钢丝层构成

(图13-3a),可以把转矩和旋转运动灵活地传到任何位置(图13-3b),它能用于受连续振动的场合,具有缓和冲击的作用。直轴应用最为广泛,根据外形又可分为直径无变化的光轴(图13-1a)和直径有变化的阶梯轴(图13-1b)。光轴形状简单、加工方便,但轴上零件不易定位和装配;阶梯轴与光轴正好相反。直轴通常都制成实心的,但有时由于结构上的需要或为了提高轴的刚度、减小轴的质量,则将其制成空心的(图13-1c)。

a) 光轴

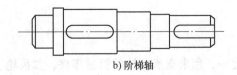

b) 阶梯轴

c) 空心轴

图 13-1 直轴

图 13-2 曲轴

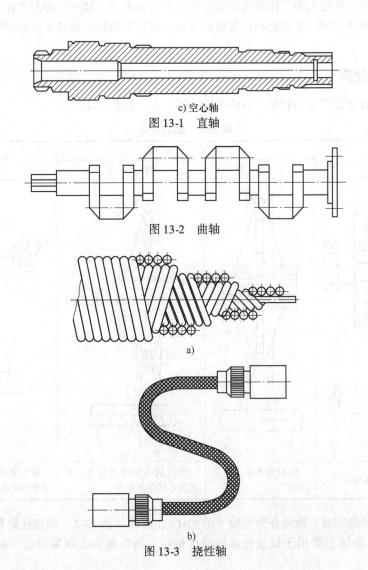

a)

b)

图 13-3 挠性轴

13.1.2 轴的材料

轴的材料主要是碳素钢和合金钢。碳素钢比合金钢价廉,对应力集中的敏感性较小,所以应用较为广泛。常用的碳素钢有30、35、40、45、50钢,最常用的是45钢。为保证其力学性能,应进行调质或正火处理。不重要的或受力较小的轴及一般传动轴可以使用Q235。

合金钢具有较高的机械强度,淬透性也较好,可以在传递大功率并要求减少质量和提高轴颈耐磨性时采用。常用的合金钢有12CrNi2、12CrNi3、20Cr、40Cr等。

轴的材料也可采用合金铸铁或球墨铸铁。轴的毛坯是铸造成形的,所以易于得到更合理的形状。这些材料吸振性较高,可用热处理方法获得所需的耐磨性,对应力集中敏感性也较低。因铸造品质不易控制,故可靠性不如钢制轴。

轴的常用材料及其主要力学性能见表13-2。

表13-2 轴的常用材料及其主要力学性能

材料牌号	热处理	毛坯直径/mm	硬度/HBW	强度极限 σ_b/MPa	屈服极限 σ_s/MPa	弯曲疲劳极限 σ_{-1}/MPa	剪切疲劳极限 τ_{-1}/MPa	许用弯曲应力 $[\sigma_{-1B}]$/MPa	备注
Q235A	热轧或锻后空冷	≤100		400~420	225	170	105	40	用于不重要及受载荷不大的轴
		>100~250		375~390	215				
45	正火回火	≤10	170~217	590	295	225	140	55	应用最广泛
		>100~300	162~217	570	285	245	135		
	调质	≤200	217~255	640	355	275	155	60	
40Cr	调质	≤100	241~286	735	540	355	200	70	用于载荷较大,而无很大冲击的重要轴
		>100~300		685	490	355	185		
40CrNi	调质	≤100	270~300	900	735	430	260	75	用于很重要的轴
		>100~300	240~270	785	570	370	210		
38CrMoAlA	调质	≤60	293~321	930	785	440	280	75	用于要求高耐磨性、高强度且热处理(渗氮)变形很小的轴
		>60~100	277~302	835	685	410	270		
		>100~160	241~277	785	590	375	220		
20Cr	渗碳淬火回火	≤60	渗碳56~62HRC	640	390	305	160	60	用于要求强度及韧性均较高的轴
30Cr13	调质	≤100	≥241	835	635	395	230	75	用于腐蚀条件下的轴
QT600-3			190~270	600	370	215	185		用于制造复杂外形的轴
QT800-2			245~335	800	480	290	250		

13.1.3 轴的毛坯

尺寸较小的轴可以用圆钢车制，尺寸较大的轴则应用锻造毛坯。铸造毛坯应用很少。为了减少质量或结构需要，有一些机器的轴（如水轮机轴和航空发动机主轴等）常采用空心的截面。因为传递转矩主要靠轴的近外表面材料，所以空心轴比实心轴在材料方面更经济。当外直径 d 相同时，空心轴的内直径若取为 $d_0 = 0.625d$，则它的强度比实心轴削弱约18%，而质量却可减少39%。但空心轴的制造比较费工，所以必须从经济和技术指标进行全面分析才能决定是否有利。有时为了节约贵重的合金钢或优质钢，或是为了解决大件锻造的困难，也可用焊接的毛坯。

13.1.4 轴的组成

轴主要由轴颈、轴头、轴身三部分组成（图13-4）：轴上被支承部分称为轴颈，安装轮毂部分称为轴头，连接轴颈和轴头的部分称为轴身。轴颈和轴头的直径应该按规范取圆整尺寸，特别是转轴的组成，装滚动轴承的轴颈必须按轴承的内直径选取。

轴颈的结构随轴承的类型及其安装位置而有所不同，可参看本章及滑动轴承和滚动轴承两章中有关的图。

轴颈、轴头与其相联接零件的配合要根据工作条件合理地提出，同时还要规定这些部分的表面粗糙度，这些技术条件对轴的运转性能关系很大。为使运转平稳，必要时还应对轴颈和轴头提出平行度和同轴度等要求。对于滑动轴承的轴颈，有时还须提出表面热处理的条件等。

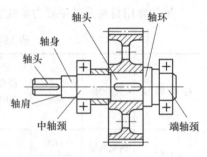

图 13-4 轴的组成

从节省材料、减少质量的观点来看，轴的各横截面最好是等强度的（图13-5）；轴的形状却是越简单越好。简单的轴制造时省工，热处理不易变形，并有可能减少应力集中。当确定轴的外形时，在保证装配精度的前提下，既要考虑节约材料，又要考虑便于加工和装配。因此，实际的轴多做成阶梯形（阶梯轴），只有一些简单的心轴和一些有特殊要求的转轴，才做成具有同一公称直径的等直径轴。

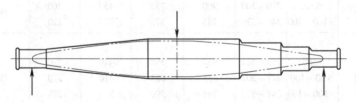

图 13-5 轴的等强度外形和实际外形

13.1.5 轴设计过程中的主要问题

在一般情况下，轴的工作能力取决于它的强度和刚度，对于机床主轴，后者尤为重要。高速转轴则还决定于它的振动稳定性。在设计轴时，除应按工作能力准则进行设计计算或校核计算外，在结构设计上还须满足其他一系列要求，例如：①多数轴上零件不允许在轴上做轴向移动，需要用轴向固定的方法使它们在轴上有确定的位置；②传递转矩时，轴上零件还应做周向固定；③对轴与其他零件（如滑动轴承、移动齿轮）间有相对滑动的表面应有耐磨性的要求；④轴的加工、热处理、装配、检验、维修等都应有良好的工艺性；⑤对重型轴还须考虑毛坯制造、探伤、起重等问题。

13.2 轴的结构设计

轴的结构设计包括定出轴的合理外形和全部结构尺寸。轴的结构主要取决于以下因素：①轴在机器中的安装位置及形式；②轴上安装的零件的类型、尺寸、数量以及和轴连接的方法；③载荷的性质、大小、方向及分布情况；④轴的加工工艺等。

由于影响轴的结构的因素较多，且其结构形式又要随着具体情况的不同而异，所以轴没有标准的结构形式。设计时，必须针对不同情况进行具体的分析。但是，不论何种具体条件，轴的结构都应满足：①轴和装在轴上的零件要有准确的工作位置；②轴上的零件应便于装拆和调整；③轴应具有良好的制造工艺性等。

下面讨论轴的结构设计中的几个主要问题。

13.2.1 拟订轴上零件的装配方案

拟订轴上零件的装配方案是进行轴的结构设计的前提，它决定着轴的基本形式。所谓装配方案，就是预定出轴上主要零件的装配方向、顺序和相互关系。为了方便轴上零件的装拆，常将轴做成阶梯形。如图13-6中的装配方案：依次将齿轮、套筒、左端滚动轴承、轴承端盖和带轮从轴的左端安装，另一滚动轴承从右端安装。这样就对各轴段的粗细顺序做了初步安排。拟订装配方案时，一般应考虑几个方案，进行分析、比较与选择。

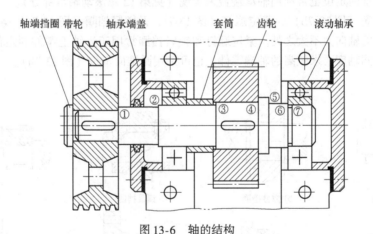

图 13-6 轴的结构

13.2.2 零件的轴向和周向定位

为了防止轴上零件受力时发生沿轴向或周向的相对运动，轴上零件除了有游动或空转要求的之外，都必须进行必要的轴向和周向定位，以保证其正确的工作位置。

1. 轴上零件的轴向定位

轴上零件的轴向定位是以轴肩、套筒、圆螺母、轴端挡圈和轴承端盖等来保证的。

（1）轴肩定位 分为定位轴肩和非定位轴肩两类，利用轴肩定位是最方便、可靠的方法之一，但采用轴肩就必然会使轴的直径加大，而且轴肩处将因截面突变而引起应力集中。另外，轴肩过多时也不利于加工。因此，轴肩定位多用于轴向力较大的场合。定位轴肩的高度 h 一般取为 $h = (0.07 \sim 0.1)d$，d 为与零件相配处的轴径尺寸。滚动轴承的定位轴肩高度必须低于轴承内圈端面的高度，以便拆卸轴承，轴肩的高度可查手册中轴承的安装尺寸。为了使零件能靠紧轴肩而得到准确、可靠的定位，轴肩处的过渡圆角半径 r 必须小于与其相配的零件毂孔端部的圆角半径 R 或倒角尺寸 C。零件倒角 C 与圆角半径 R 的推荐值见表13-3。非定位轴肩是为了加工和装配方便而设置的，其高度没有严格的规定，一般取为 1~2mm（图13-7a、d、e）。

表13-3 零件倒角 C 与圆角半径 R 的推荐值　　　　　（单位：mm）

直径 d	6~10	10~18	18~30	30~50		50~80	80~120	120~180
C 或 R	0.5	0.6	0.8	1.0	1.2	1.6	2.0	2.5	3.0

（2）套筒定位　结构简单、定位可靠，轴上不需开槽、钻孔和切制螺纹，因而不影响轴的疲劳强度，一般用于轴上两个零件之间的定位。如两零件的间距较大时，不宜采用套筒定位，以免增大套筒的质量及材料用量。因套筒与轴的配合较松，如轴的转速较高时，也不宜采用套筒定位（图13-7d）。

（3）圆螺母定位　该定位可承受大的轴向力，但轴上螺纹处有较大的应力集中，会降低轴的疲劳强度，故一般用于固定轴端的零件，有双圆螺母和圆螺母与止动垫片两种形式。当轴上两零件间距离较大、不宜使用套筒定位时，也常采用圆螺母定位（图13-7a、e）。

（4）轴端挡圈定位　适用于固定轴端零件，可以承受较大的轴向力（图13-7g）。

（5）轴承端盖定位　用螺钉或榫槽与箱体联接而使滚动轴承的外圈得到轴向定位。在一般情况下，整个轴的轴向定位也常利用轴承端盖来实现（见第12章滚动轴承部分）。

利用弹性挡圈（图13-7b）、紧定螺钉（图13-7f）及锁紧挡圈（图13-7c）等进行轴向定位，只适用于零件上的轴向力不大之处。紧定螺钉和锁紧挡圈常用于光轴上零件的定位。此外，对于承受冲击载荷和同轴度要求较高的轴端零件，也可采用圆锥面定位（图13-7h）。

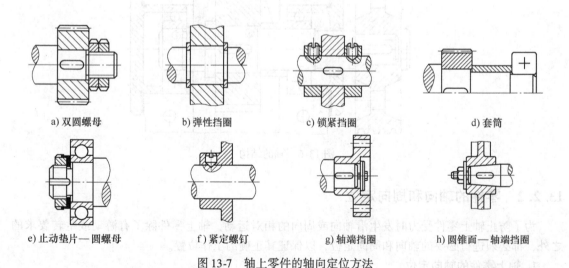

a) 双圆螺母　　b) 弹性挡圈　　c) 锁紧挡圈　　d) 套筒

e) 止动垫片—圆螺母　　f) 紧定螺钉　　g) 轴端挡圈　　h) 圆锥面—轴端挡圈

图13-7　轴上零件的轴向定位方法

2. 轴上零件的周向定位

周向定位的目的是限制轴上零件与轴发生相对转动。常用的周向定位零件有键、花键、销、紧定螺钉及过盈配合等（图13-8），其中紧定螺钉只用在传力不大之处。

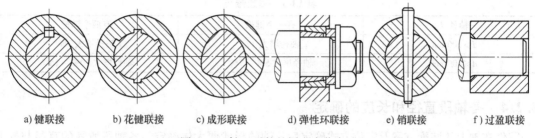

图 13-8 轴上零件的周向定位方法

13.2.3 轴最小直径的估算

转轴受弯扭组合作用,在轴的结构设计前,其长度、跨距、支反力及其作用点的位置等都未知,尚无法确定轴上弯矩的大小和分布情况,因此也无法按弯扭组合强度来确定转轴上各轴段的直径。为此应先按扭转强度条件估算转轴上仅受扭矩作用的轴段的直径——轴的最小直径 $d_{0\min}$,然后才能通过结构设计确定各轴段的直径。

对于传递转矩的圆截面轴,其强度条件为

$$\tau_T = \frac{T}{W_T} = \frac{9.55 \times 10^6 P}{0.2 d^3 n} \leq [\tau_T] \tag{13-1}$$

式中 τ_T——转矩 T (N·mm) 在轴上产生的扭转剪切应力 (MPa);

$[\tau_T]$——材料的许用扭转剪切应力 (MPa);

W_T——抗扭截面系数 (mm³),对圆截面轴 $W_T = \frac{\pi d^3}{16} \approx 0.2 d^3$;

P——轴所传递的功率 (kW);

n——轴的转速 (r/min);

d——轴的直径 (mm)。

对于既传递转矩又承受弯矩的轴,也可用上式初步估算轴的直径;但必须把轴的许用扭转剪切应力 $[\tau_T]$ (表 13-4) 适当降低,以补偿弯矩对轴的影响。将降低后的许用应力代入式 (13-1),并改写为设计公式

$$d \geq \sqrt[3]{\frac{9.55 \times 10^6}{0.2[\tau_T]}} \sqrt[3]{\frac{P}{n}} \geq C \sqrt[3]{\frac{P}{n}} \tag{13-2}$$

式中 C——由轴的材料和承载情况确定的常数 (表 13-4)。

应用上式求出的 d 值作为轴最细处的直径。

表 13-4 常用材料的 $[\tau_T]$ 值和 C 值

轴 的 材 料	Q235、20	35	45	40Cr、35SiMn
$[\tau_T]$/MPa	12~20	20~30	30~40	40~52
C	135~160	118~135	107~118	98~107

注:当作用在轴上的弯矩比转矩小或只传递转矩时,C 取最小值,否则取最大值。

此外,也可采用经验公式来估算轴的直径。例如在一般减速器中,高速输入轴的直径可按与其相连的电动机轴的直径 D 估算,$d = (0.8 \sim 1.2)D$;各级低速轴的轴径可按同级齿轮中心距 a 估算,$d = (0.3 \sim 0.4)a$。

为了计及键槽对轴的削弱,可按表 13-5 方式修正轴径。

表 13-5　轴径修正

轴径 d	有一个键槽	有两个键槽
$d > 100\text{mm}$	轴径增大 3%	轴径增大 7%
$d \leqslant 100\text{mm}$	轴径增大 5%~7%	轴径增大 10%~15%

13.2.4　各轴段直径和长度的确定

零件在轴上的装配方案及定位方式确定后,轴的形状便大体确定。各轴段所需的直径与轴上的载荷大小有关。初步确定轴的直径时,通常还不知道支反力的作用点,不能决定弯矩的大小和分布情况,因而还不能按轴所受的具体载荷及其引起的应力来确定轴的直径。但在进行轴的结构设计前,通常已能求得轴所受的转矩。因此,可按轴所受的转矩初步估算轴所需的直径。将初步求出的直径作为承受转矩的轴段的最小直径 $d_{\min}$,然后再按轴上零件的装配方案和定位要求,从 $d_{\min}$ 处逐一确定各段的直径。在实际设计中,轴的直径也可凭设计者的经验确定,或参考同类机器、用类比的方法确定。

1. 各轴段的直径

阶梯轴各轴段直径的变化应遵循下列原则：①配合性质不同的表面（包括配合表面与非配合表面）,直径应有所不同；②加工精度、表面粗糙度不同的表面,一般直径也应有所不同；③应便于轴上零件的装拆。通常从初步估算的轴端最小直径 $d_{0\min}$ 开始,考虑轴上配合零部件的标准尺寸、结构特点和定位、固定、装拆、受力情况等对轴结构的要求,依次确定各轴段（包括轴肩、轴环等）的直径。具体操作时还应注意以下几方面问题。

1）与轴承配合的轴颈,其直径必须符合滚动轴承内径的标准系列。

2）轴上螺纹部分必须符合螺纹标准。

3）轴肩（或轴环）定位是轴上零部件最方便、可靠的定位方法。轴肩分定位轴肩（图 13-6 中的轴肩①、④）和非定位轴肩（图 13-6 中的轴肩②、⑤）两类。定位轴肩通常用于轴向力较大的场合,其高度 $h = (0.07 \sim 0.1)d$,其中 d 为轴颈尺寸,并应满足 $h \geqslant h_{\min}$,$h_{\min}$ 查表 13-6。滚动轴承定位轴肩（图 13-6 中的轴肩⑥）的高度必须低于轴承内圈的高度,以便拆卸轴承,具体尺寸可查轴承标准或手册。非定位轴肩是为加工和装配方便而设置的,其高度没有严格的规定,一般取 1~2mm。

表 13-6　定位轴肩或轴环的最小高度 $h_{\min}$、圆角半径 r、零件孔端圆角半径 R 或 C

（单位：mm）

直径 d	>10~18	>18~30	>30~50	>50~80	>80~100
$h_{\min}$	2	2.5	3.5	4.5	5.5
r	0.8	1.0	1.6	2.0	2.5
R 或 C	1.6	2.0	3.0	4.0	5.0

4）与轴上传动零件配合的轴头直径,应尽可能圆整成标准直径尺寸系列（表 13-7）或以 0mm、2mm、5mm、8mm 结尾的尺寸。

表 13-7　与轴上传动零件配合的轴头直径的标准直径尺寸系列　（单位：mm）

10	12	14	16	18	20	22	24	25	26	28
30	32	34	36	38	40	42	45	48	50	53
56	60	63	67	71	75	80	85	90	95	100

5) 非配合的轴身直径，可不取标准值，但一般应取成整数。

2. 各轴段的长度

各轴段的长度取决于轴上零件的宽度和零件固定的可靠性，设计时应注意以下几点。

1) 轴颈的长度通常与轴承的宽度相同，滚动轴承的宽度查相关手册。

2) 轴头的长度取决于与其相配合的传动零件轮毂的宽度，若该零件需轴向固定，则应使轴头长度较零件轮毂宽度小 2~3mm，以便将零件沿轴向夹紧，保证其固定的可靠性。

3) 轴身长度的确定应考虑轴上各零件之间的相互位置关系和装拆工艺要求，各零件间的间距可查《机械设计手册》。

4) 轴环宽度一般取 $b=(0.1 \sim 0.15)d$ 或 $b \approx 1.4h$，并圆整为整数。

13.2.5 结构工艺性要求

轴的形状，从满足强度和节省材料考虑，最好是等强度的抛物线回转体。但这种形状的轴既不便于加工，也不便于轴上零件的固定，从加工考虑，最好是直径不变的光轴，但光轴不利于轴上零件的装拆和定位。由于阶梯轴接近于等强度，而且便于加工以及轴上零件的定位和装拆，所以实际上轴的形状多呈阶梯形。为了能选用合适的圆钢和减少切削加工量，阶梯轴各轴段的直径不宜相差太大，一般取 5~10mm。

为了使轴上零件与轴肩端面紧密贴合，应保证轴的圆角半径 r、轮毂孔的倒角高度 C（或圆角半径 R）、轴肩高度 h 之间有下列关系：$r<C<h$ 和 $r<R<h$（图 13-9）。与滚动轴承相配的轴肩尺寸应符合国家标准规定。

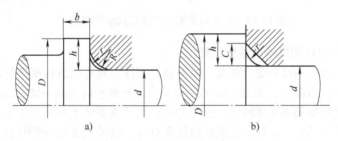

图 13-9 轴间的圆角和倒角

在采用套筒、螺母、轴端挡圈做轴向固定时，应把装零件的轴段长度做得比零件轮毂短 2~3mm，以确保套筒、螺母或轴端挡圈能靠紧零件端面。

为了便于切削加工，一根轴上的圆角应尽可能取相同的半径，退刀槽取相同的宽度，倒角尺寸相同；一根轴上各键槽应开在轴的同一素线上，若开有键槽的轴段直径相差不大时，尽可能采用相同宽度的键槽（图13-10），以减少换刀的次数；需要磨削的轴段，应留有砂轮越程槽（图13-11a），以便磨削时砂轮可以磨到轴肩的端部；需切削螺纹的轴段，应留有退刀槽，以保证螺牙均能达到预期的牙高（图13-11b）。为了便于加工和检验，轴的直径应取圆整值；与滚动轴承相配合的轴颈直径应符合滚动轴承内径标准；有螺纹的轴段直径应符合螺纹标准直径。

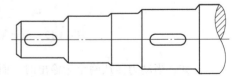

图 13-10 键槽应在同一素线上

为了便于装配，轴端应加工出倒角（一般为45°），以免装配时把轴上零件的孔壁擦伤（图13-11c）；过盈配合零件装入端常加工出导向锥面（图13-11d），以使零件能较顺利地压入。

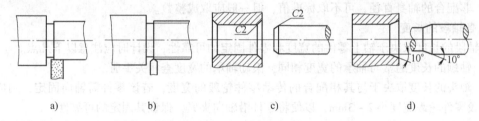

图 13-11 越程槽、退刀槽、倒角和导向锥面

13.2.6 提高轴的强度、刚度和减轻重量的措施

1. 合理布置轴上零件以减小轴的载荷

为了减小轴所承受的弯矩，传动件应尽量靠近轴承，并尽可能不采用悬臂的支承形式，力求缩短支承跨距及悬臂长度等。图 13-12 中图 13-12a、c 方案分别较图 13-12b、d 方案优。

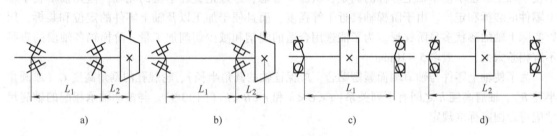

图 13-12 合理布置轴上零件以减小轴的载荷

2. 改进轴上零件的结构以减小轴的载荷

结构设计时，还可以用改善受力情况、改变轴上零件位置等措施以提高轴的强度。例如：在起重机卷筒的两种不同方案中，图 13-13a 的结构是大齿轮和卷筒连成一体，转矩经大齿轮直接传给卷筒，卷筒轴只受弯矩而不传递转矩；而图 13-13b 的方案是大齿轮将转矩通过轴传到卷筒，因而卷筒轴既受弯矩又受转矩。这样，起重同样载荷 Q 时，轴的直径可小于图 13-13b 的结构。

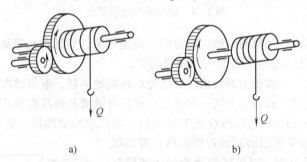

图 13-13 改进轴上零件的结构以减小轴的载荷（一）

再如，当动力需从两个轮输出时，而将输入轮放在一侧时（图 13-14a），轴的最大转矩为 $T_1 + T_2$；为了减小轴上的载荷，应尽量将输入轮置在中间（图 13-14b），当输入转矩为 $T_1 + T_2$ 而 $T_1 > T_2$ 时，轴的最大转矩为 T_1。

又如，在车轮轴中，如把轴毂配合面分为两段（图 13-15b），可以减小轴的弯矩，从而提高其强度和刚度；把转动的心轴（图 13-15a）改成不转动的心轴（图 13-15b），可使轴不承受交变应力。

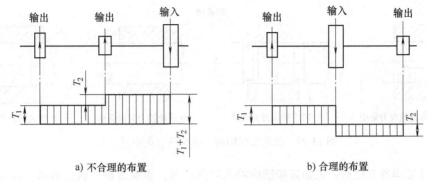

a) 不合理的布置　　　　　　　　b) 合理的布置

图 13-14　改进轴上零件的结构以减小轴的载荷（二）

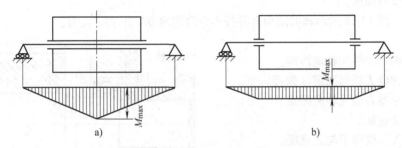

图 13-15　改进轴上零件的结构以减小轴的载荷（三）

3. 改进轴的结构、减少应力集中

在零件截面尺寸发生变化处会产生应力集中现象，从而削弱材料的强度。因此，进行结构设计时，应尽量减小应力集中，特别是合金材料对应力集中比较敏感，应当特别注意。在阶梯轴的截面尺寸变化处应采用圆角过渡，且圆角半径不宜过小。另外，设计时尽量不要在轴上开横孔、切口或凹槽，必须开横孔须将边倒圆。在重要轴的结构中，可采用卸载槽 B（图 13-16a）、过渡肩环（图 13-16b）或凹切圆角（图 13-16c）增大轴肩圆角半径，以减小局部应力。在轮毂上做出卸载槽 B（图 13-16d），也能减小过盈配合处的局部应力。

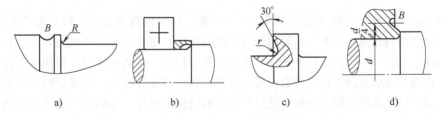

图 13-16　改进轴的结构、减小应力集中（一）

当轴上零件与轴为过盈配合时，也可采用各种结构（图 13-17），以减轻轴在零件配合处的应力集中。

4. 改进轴的表面质量、提高轴的疲劳强度

轴的表面粗糙度和表面强化处理方法也会对轴的疲劳强度产生影响。轴的表面越粗糙，疲劳强度也越低。因此，应合理减小轴的表面及圆角处的表面粗糙度值。当采用对应力集中甚为敏感的高强度材料制作轴时，表面质量尤应予以注意。

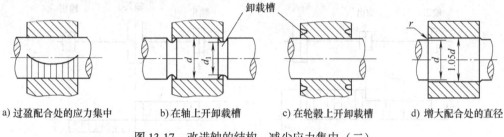

a) 过盈配合处的应力集中　　b) 在轴上开卸载槽　　c) 在轮毂上开卸载槽　　d) 增大配合处的直径

图 13-17　改进轴的结构、减少应力集中（二）

表面强化处理的方法有：表面高频感应淬火等热处理、表面渗碳、碳氮共渗、渗氮等化学热处理、碾压、喷丸等强化处理。通过碾压、喷丸进行表面强化处理时，可使轴的表面产生压应力，从而提高轴的疲劳强度。

例题 13-1　图 13-18 所示轴的结构有哪些不合理的地方？用文字说明。

解：
①——联轴器左端无轴端挡圈。
②——联轴器无周向固定（缺键）。
③——联轴器右端无轴向固定。
④——套筒过高。
⑤——轴头长度等于轮毂宽度。
⑥——齿轮无周向固定（缺键）。
⑦——定位轴肩过高。
⑧——缺调整垫片。

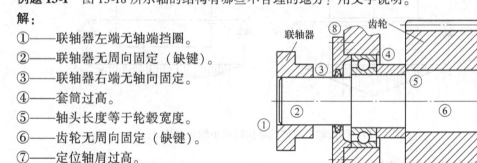

图 13-18　例题 13-1 图

13.3　轴的计算

轴通常都是在初步完成结构设计后进行校核计算，计算准则是满足轴的强度和刚度要求。

13.3.1　轴的强度计算

轴的强度计算主要有三种方法：许用切应力计算、许用弯曲应力计算和安全系数校核计算。许用切应力计算即扭转强度计算，主要用于传动轴的强度计算和初步估算轴的最小直径，计算公式见式（13-1）、式（13-2）。当轴上同时承受很小的弯矩时，可通过降低许用扭转切应力计及弯矩的影响。许用弯曲应力计算包括弯曲强度计算和弯扭合成强度计算，前者适用于只受弯矩的心轴的强度计算，后者适用于既受弯矩又受扭矩的转轴的强度计算。心轴也可看成是转轴在扭转切应力为零时的一种特例。安全系数校核计算包括轴的疲劳强度安全系数校核计算和静强度安全系数校核计算。

以下介绍转轴的弯扭合成强度计算和安全系数校核计算。

轴所受的载荷是从轴上零件传来的。计算时，常将轴上的分布载荷简化为集中力，其作用点取为载荷分布段的中点。作用在轴上的扭矩，一般从传动件轮毂宽度的中点算起。通常把轴当作置于铰链支座上的梁，支反力的作用点与轴承的类型及布置方式有关。不同类型轴承及其不同的布置方式，其支反力作用点的位置可参考图 13-19 确定。图中，a 值可查滚动轴承样本或手册，e 值可根据滑动轴承的宽径比确定。$B/d \leq 1$ 时，$e = 0.5B$；$B/d > 1$ 时，$e = 0.5d$，但不小于 $(0.25 \sim 0.35)B$；调心轴承，$e = 0.5B$。

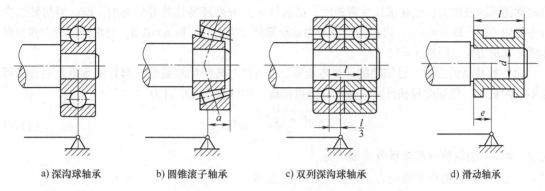

a) 深沟球轴承　　b) 圆锥滚子轴承　　c) 双列深沟球轴承　　d) 滑动轴承

图 13-19　轴承的支点简化及支反力作用点

在作计算简图时，应先求出轴上受力零件的载荷，并将其分解为水平分力和垂直分力，然后求出各支承处的水平反力和垂直反力。

1. 轴上求受力零件的载荷

作图前，首先要根据轴上受载零件具体的类型和特点，按照相应的理论求出作用在轴上的力的大小和方向（若为空间力系，应分解为圆周力、径向力和轴向力），然后画出受力图，如图 13-20a 所示。

2. 求支反力

如图 13-20b、d 所示，将轴上所受载荷分解为水平分力和垂直分力，然后分别求出各支承处的水平反力 F_{NH} 和垂直反力 F_{NV}。轴向力、轴向反力可表示在适当的面上，如图 13-20d 所示将其表示在垂直面上。

3. 作弯矩图、扭矩图、计算弯矩图

（1）作弯矩图　根据上述简图，分别按水平面和垂直面计算各力产生的弯矩，并按计算结果分别作出水平面上的弯矩 M_H 图和垂直面上的弯矩 M_V 图，然后按下式计算总弯矩并作出总弯矩 M 图

$$M = \sqrt{M_H^2 + M_V^2} \qquad (13\text{-}3)$$

总弯矩 M 图如图 13-20f 所示。

（2）作扭矩图　扭矩图如图 13-20g 所示。

（3）计算弯矩图　根据已作出的总弯矩图和扭矩图，求出计算弯矩 M_{ca}，并作出 M_{ca} 图，M_{ca} 的计算公式为

$$M_{ca} = \sqrt{M_1^2 + (\alpha T)^2} \qquad (13\text{-}4)$$

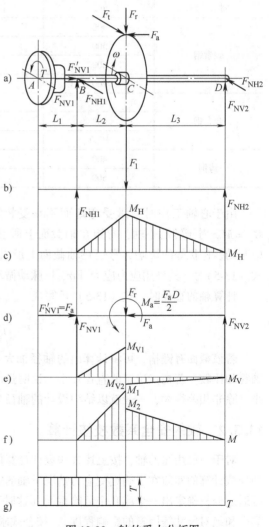

图 13-20　轴的受力分析图

式中 α——考虑扭转和弯矩的加载情况及产生应力的循环特征差异的系数。

因通常由弯矩所产生的弯曲应力是对称循环的变应力，而扭转所产生的扭转切应力则常常不是对称循环的变应力，故在求计算弯矩时，必须计入这种循环特性差异的影响。即：当扭转切应力为静应力时，取 $\alpha \approx 0.3$；当扭转切应力为脉动循环变应力时，取 $\alpha \approx 0.6$；当扭转切应力亦为对称循环变应力时，则取 $\alpha = 1$。

（4）校核轴的强度　已知轴的计算弯矩后，即可针对某些危险截面（即计算弯矩大而直径可能不足的截面）做强度校核计算。按第三强度理论，则计算弯曲应力为

$$\sigma_{ca} = \frac{\sqrt{M^2 + (\alpha T)^2}}{W} \leq [\sigma_{-1B}] \tag{13-5}$$

式中　W——轴的抗弯截面系数（mm^3）；

$[\sigma_{-1B}]$——轴的许用弯曲应力，其值按表 13-8 选用。

表 13-8　轴的许用弯曲应力　　　　　　　　　　（单位：MPa）

材　料	σ_B	$[\sigma_{+1B}]$	$[\sigma_{0B}]$	$[\sigma_{-1B}]$
碳素钢	400	130	70	40
	500	170	75	45
	600	200	95	55
	700	230	110	65
合金钢	800	270	130	75
	900	300	140	80
	1000	330	150	90
铸钢	400	100	50	30
	500	120	70	40

由于心轴工作时只承受弯矩而不承受扭矩，所以在应用式（13-5）时，应取 $T=0$，亦即 $M_{ca}=M$。对于转动心轴，弯矩在轴截面上所引起的应力是对称循环变应力；对于固定心轴，考虑起动、停机等的影响，弯矩在轴截面上所引起的应力可视为脉动循环变应力。所以，在应用式（13-5）时，其许用应力应为 $[\sigma_{0B}]$ 脉动循环变应力时的许用弯曲应力，$[\sigma_{0B}] \approx 1.7 [\sigma_{-1B}]$。

计算轴的直径时，式（13-5）可写成

$$d \geq \sqrt[3]{\frac{M_{ca}}{0.1[\sigma_{-1B}]}} \tag{13-6}$$

若该截面有键槽，可将计算出的轴径加大 4%。计算出的轴径还应与结构设计中初步确定的轴径相比较。若初步确定的直径较小，说明强度不够，结构设计要进行修改；若计算出的轴径较小，除非相差很大，一般就以结构设计的轴径为准。

13.3.2　轴的安全系数校核计算

对于一般用途的轴，按上述方法设计计算即可。对于重要的轴，尚须进一步的强度校核。这种校核计算的实质在于确定变应力情况下轴的安全程度。在已知轴的外形、尺寸及载荷的基础上，可通过分析确定出一个或几个危险截面（这时不仅要考虑计算弯曲应力的大小，而且要考虑应力集中和绝对尺寸等因素的影响程度），按公式求出计算安全系数 S_{ca}，并应使其稍大于或至少等于设计安全系数 S，即

$$S_{ca} = \frac{S_\sigma S_\tau}{\sqrt{S_\sigma^2 + S_\tau^2}} \geq S \tag{13-7}$$

仅有法向应力时，应满足

$$S_\sigma = \frac{\sigma_{-1}}{K_\sigma \sigma_a + \varphi_\sigma \sigma_m} \geq S \tag{13-8}$$

式中，K_σ、K_τ 为弯曲和扭转疲劳极限的综合影响系数，K_σ、K_τ 由式（3-10）确定；

仅有扭转切应力时，应满足

$$S_\tau = \frac{\tau_{-1}}{K_\tau \tau_a + \varphi_\tau \tau_m} \geq S \tag{13-9}$$

式中，σ_{-1}、τ_{-1} 为材料在对称循环交变应力状态下的弯曲和扭转疲劳强度（MPa），查表13-2；

等效系数 φ_σ、φ_τ 为取值见式（3-16）说明。

设计安全系数 S 可按下述情况选取：

1) $S = 1.3 \sim 1.5$，用于材料均匀，载荷与应力计算精确时。
2) $S = 1.5 \sim 1.8$，用于材料不够均匀，计算精确度较低时。
3) $S = 1.8 \sim 2.5$，用于材料均匀性及计算精确度很低，或轴的直径 $d > 200\,\mathrm{mm}$ 时。

13.3.3　轴的静强度校核计算

静强度校核的目的在于评定轴对塑性变形的抵抗能力。这对那些瞬时过载很大，或应力循环的不对称性较为严重的轴是很有必要的。轴的静强度是根据轴上作用的最大瞬时载荷来校核的。

静强度校核时的强度条件

$$S_{Sca} = \frac{S_{S\sigma} S_{S\tau}}{\sqrt{S_{S\sigma}^2 + S_{S\tau}^2}} \geq S_S \tag{13-10}$$

式中　S_{Sca}——危险截面静强度的计算安全系数；

　　　S_S——按屈服强度的设计安全系数；

　　　$S_{S\sigma}$——只考虑安全弯曲时的安全系数；

　　　$S_{S\tau}$——只考虑安全扭转时的安全系数。

$S_S = 1.2 \sim 1.4$，用于高塑性材料（$\sigma_s/\sigma_b \leq 0.6$）制成的钢轴。

$S_S = 1.4 \sim 1.8$，用于中等塑性材料（$\sigma_s/\sigma_b = 0.6 \sim 0.8$）制成的钢轴。

$S_S = 1.8 \sim 2$，用于低塑性材料制成的钢轴。

$S_S = 2 \sim 3$，用于铸造轴。

$$S_{S\sigma} = \frac{\sigma_s}{\left(\dfrac{M_{max}}{W} + \dfrac{F_{a\,max}}{A}\right)} \tag{13-11}$$

$$S_{S\tau} = \frac{\tau_T W_T}{T_{max}} \tag{13-12}$$

式中　σ_s、τ_T——材料的抗弯和抗扭屈服极限，（MPa），$\tau_T = (0.5 \sim 0.6)\sigma_s$；

　　M_{max}、T_{max}——轴的危险截面上所受的最大弯矩和最大扭矩（N·mm）；

　　　$F_{a\,max}$——轴的危险截面上所受的最大轴向力（N）；

　　　A——轴的危险截面的面积（mm^2）；

　　　W、W_T——危险截面的抗弯和抗扭截面系数（mm^3）。

13.3.4 轴的刚度计算

轴受弯矩作用会产生弯曲变形（图13-21），受扭矩作用会产生扭转变形（图13-22）。如果轴的刚度不够，就会影响轴的正常工作。例如，电动机转子轴的挠度过大，会改变转子与定子的间隙而影响电动机的性能。又如机床主轴的刚度不够，将会影响加工精度。

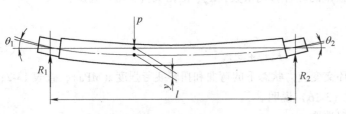

图13-21 轴的弯曲变形

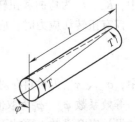

图13-22 轴的扭转变形

因此，为了使轴不致因刚度不够而失效，设计时必须根据轴的工作条件限制其变形量，即

$$\left. \begin{array}{l} \text{挠度} \quad y \leqslant [y] \\ \text{偏转角} \quad \theta \leqslant [\theta] \\ \text{扭转角} \quad \varphi \leqslant [\varphi] \end{array} \right\} \tag{13-13}$$

式中 $[y]$、$[\theta]$、$[\varphi]$——许用挠度（mm）、许用偏转角（rad）和许用扭转角（°），其值见表13-9。

表13-9 轴的许用挠度 $[y]$、许用偏转角 $[\theta]$ 和许用扭转角 $[\varphi]$

变形种类	适用场合	许用值	变形种类	适用场合	许用值
挠度 y/mm	一般用途的轴	$(0.0003 \sim 0.0005)l$	偏转角 θ/rad	滑动轴承	<0.001
	刚度要求较高的轴	<0.0002l		深沟球轴承	<0.05
	感应电动机轴	<0.1Δ		调心球轴承	<0.05
	安装齿轮的轴	$(0.05 \sim 0.1)m_n$		圆柱滚子轴承	<0.0025
	安装蜗轮的轴	$(0.02 \sim 0.05)m_t$		圆锥滚子轴承	<0.0016
	l—支承间跨距 Δ—电动机定子与转子间的空隙 m_n—齿轮法向模数 m_t—蜗轮端面模数			安装齿轮处的截面	<0.001~0.002
			每米长的扭转角 φ/(°/m)	一般传动	0.5~1
				较精密的传动	0.25~0.5
				重要传动	<0.25

1. 弯曲变形的计算

计算轴在弯矩作用下所产生的挠度 y 和偏转角 θ 的方法很多。在材料力学课程中已介绍过两种：①按挠曲线的近似微分方程式积分求解；②变形能法。对于等直径轴，用前一种方法较简便，对于阶梯轴，用后一种方法较适宜。

2. 扭转变形的计算

等直径的轴受转矩 T 作用时，其扭转角 φ（rad）可按材料力学中的扭转变形公式求出，即

$$\varphi = \frac{Tl}{GI_p} \tag{13-14}$$

式中 T——转矩（N·mm）；

l——轴受转矩作用的长度（mm）；

G——材料的切变模量（MPa）；
I_p——轴圆截面的极惯性矩（mm⁴）。

$$I_p = \frac{\pi d^4}{32} \tag{13-15}$$

对阶梯轴，其扭转角 φ（rad）的计算式为

$$\varphi = \frac{1}{G} \sum_{i=1}^{n} \frac{T_i l_i}{I_{pi}} \tag{13-16}$$

式中 T_i、l_i、I_{pi}——阶梯轴第 i 段上所传递的转矩、长度和极惯性矩，单位同式（13-14）。

13.3.5 轴的振动稳定性计算概念

受周期性载荷作用的轴，如果载荷的频率与轴的自振频率相同或接近，就要发生共振。发生共振时的转速，称临界转速。如果轴的转速与临界转速接近或成整数倍关系时，轴的变形将迅速增大，以致使轴或轴上零件甚至整个机械受到破坏。

大多数机械中的轴，虽然不受周期性的载荷作用，但轴上零件由于材质不均，制造、安装误差等使回转零件重心偏移，回转时会产生离心力，使轴受到周期性载荷作用。因此，对于高转速的轴和受周期性外载荷的轴，都必须进行振动稳定性计算。所谓轴的振动稳定性计算，就是计算其临界转速，并使轴的工作转速远离临界转速，避免共振。

轴的临界转速可以有多个，最低的一个称为一阶临界转速 n_{c1}，其余为二阶临界转速 n_{c2}、三阶临界转速 n_{c3}……，在一阶临界转速下，振动剧烈、最为危险，所以通常主要计算一阶临界转速。工作转速低于一阶临界转速的轴称为"刚性轴"，工作转速超过一阶临界转速的轴称为"挠性轴"。对于刚性轴，通常应使工作转速 $n \leq (0.75 \sim 0.8) n_{c1}$；对于挠性轴，应使 $1.4 n_{c1} \leq n \leq 0.7 n_{c2}$。

13.4 轴的设计实例

例题 13-2 将某一锥—圆柱齿轮减速器作为减速装置（图 13-23），试设计该减速器的输出轴。输入轴与电动机相连，输出轴通过弹性柱销联轴器与工作机相连，输出轴为单向旋转（从装有联轴器的一端看为顺时针方向）。已知电动机功率 $P = 7.5\text{kW}$，转速 $n_1 = 970\text{r/min}$，齿轮机构的参数如下：

级 别	z_1	z_2	m/mm	β	α_n	h_a^*/mm	齿 宽
高速级	20	70	3.5		20°	1	大锥齿轮轮毂长 $L = 40\text{mm}$
低速级	23	95	4	8°6′34″	20°	1	$b_1 = 85\text{mm}$，$b_2 = 80\text{mm}$
输入参数	电动机功率 $P = 7.5\text{kW}$，转速 $n_1 = 970\text{r/min}$，单向传动						

解：

设计项目	设计依据及内容	设计结果
1. 确定输出轴的运动和动力参数		
（1）确定电动机的额定功率 P 和满载转速 n_1	由已知条件得	$P = 7.5\text{kW}$ $n_1 = 970\text{r/min}$
（2）确定相关件效率		
1）弹性柱销联轴器效率 η_1		$\eta_1 = 0.995$

(续)

设计项目	设计依据及内容	设计结果
2) 锥齿轮啮合效率 η_2	8 级精度	$\eta_2 = 0.96$
3) 圆柱齿轮啮合效率 η_3	8 级精度	$\eta_3 = 0.97$
4) 一对滚动轴承的效率 η_4	3 根轴均同时承受径向力和轴向力，转速不高，全部采用圆锥滚子轴承	$\eta_4 = 0.98$
5) 电动机—输出轴总效率 η	$\eta = \eta_1 \eta_2 \eta_3 \eta_4^2 = 0.995 \times 0.96 \times 0.97 \times 0.98^2$	$\eta = 0.89$
(3) 输出轴的输入功率 P_3	$P_3 = P\eta = 7.5 \times 0.89 \text{kW}$	$P_3 = 6.68 \text{kW}$
(4) 输出轴的转速 n_3	$n_3 = \dfrac{n}{i} = \dfrac{970 \times 20 \times 23}{(70 \times 95)}\text{r/min}$	$n_3 = 67.10\text{r/min}$
(5) 输出轴 Ⅰ—Ⅲ 轴段上转矩 T_3	$T_3 = 9.55 \times 10^6 \dfrac{P_3 \eta_4}{n_3} = 9.55 \times 10^6 \times 6.68 \times \dfrac{0.98}{67.10}\text{N}\cdot\text{mm}$	$T_3 = 932000\text{N}\cdot\text{mm}$
2. 轴的结构设计		
(1) 确定轴上零件的装配方案	如图 13-24 所示，齿轮可分别从轴的左右两端安装，但从右端安装（图 13-24b）比从左端安装（图 13-24a）多一个轴向定位的长套筒，导致零件增多，质量加大，故选择图 13-24a 所示方案。如图 13-24a 所示，为方便表述，记轴的左端面为 Ⅰ，并从左向右每个截面变化处依次标记为 Ⅱ、Ⅲ、…，对应每轴段的直径和长度则分别记为 d_{12}、d_{23}、…和 L_{12}、L_{23}、…	选择图 13-24a 所示方案
(2) 确定轴的最小直径 $d_{\min}$	Ⅰ—Ⅲ 轴段仅受转矩作用，直径最小	
1) 估算轴的最小直径 $d_{0\min}$	45 钢调质处理，查表 13-4 确定轴的 C 值 $d_{0\min} = C \sqrt[3]{\dfrac{P_3}{n_3}} = 112 \sqrt[3]{\dfrac{6.68}{67.10}}\text{mm} = 51.91\text{mm}$ 单键槽轴径应增大 5%~7%，即增大至 54.51~55.54mm	取 $C = 112$，取 $d_{0\min} = 55\text{mm}$
2) 选择输出轴联轴器型号		
① 联轴器的计算转矩 T_{ca}	查表 14-1，确定工况系数 K $T_{ca} = KT_3 = 1.3 \times 932000\text{N}\cdot\text{mm} \approx 1212000\text{N}\cdot\text{mm}$	取 $K = 1.3$，$T_{ca} = 1212000\text{N}\cdot\text{mm}$
② 输出轴上联轴器型号	选择弹性柱销联轴器，按 $[T] \geq T_{ca} = 1212000\text{N}\cdot\text{mm}$、$[n] \geq 67.1\text{r/min}$，查标准 GB/T 5014—2017	选用 LX4 型弹性柱销联轴器，$[T] = 2500000\text{N}\cdot\text{mm}$，$[n] = 3850\text{r/min}$
③ 半联轴器长度 L		$L = 112\text{mm}$
④ 与轴配合毂孔长度 L_1		$L_1 = 84\text{mm}$
⑤ 半联轴器的孔径 d_2		$d_2 = 55\text{mm}$
3) 确定轴的最小直径 $d_{\min}$	应满足 $d_{\min} = d_{12} = d_2 \geq d_{0\min}$	取 $d_{\min} = 55\text{mm}$
(3) 确定各轴段的尺寸		
1) Ⅰ—Ⅱ 段轴头的长度 L_{12}	为保证半联轴器轴向定位的可靠性，L_{12} 应略小于 L_1	取 $L_{12} = 82\text{mm}$
2) Ⅱ—Ⅲ 段轴身的直径 d_{23}	Ⅱ 处轴肩高 $h = (0.07 \sim 0.1)d = 3.85 \sim 5.5\text{mm}$，因该轴肩几乎不承受轴向力，故取 $h = 3.5\text{mm}$，则 $d_{23} = d_{12} + 2h = (55 + 2 \times 3.5)\text{mm} = 62\text{mm}$	$d_{23} = 62\text{mm}$

（续）

设计项目	设计依据及内容	设计结果
3）确定 d_{34}、d_{78}，选择滚动轴承型号	取 $d_{34}=d_{78}=65\text{mm}>d_{23}$，查轴承样本，选用型号为 30313 的圆锥滚子轴承，其内径 $d=65\text{mm}$，外径 $D=140\text{mm}$，宽度 $B=33\text{mm}$	$d_{34}=d_{78}=65\text{mm}$ 选 30313 圆锥滚子轴承
4）Ⅳ—Ⅴ段轴头的直径 d_{45}	为方便安装，d_{45} 应略大于 d_{34}	取 $d_{45}=70\text{mm}$
5）Ⅳ—Ⅴ段轴头的长度 L_{45}	为使套筒端面可靠地压紧齿轮，L_{45} 应略小于齿轮轮毂的宽度 $b_2=80\text{mm}$	取 $L_{45}=76\text{mm}$
6）Ⅴ—Ⅵ段轴环的直径 d_{56}	齿轮的定位轴肩高度 $h=(0.07\sim0.1)d=4.9\sim7\text{mm}$，取 $h=6\text{mm}$	$d_{56}=82\text{mm}$
7）Ⅴ—Ⅵ段轴环的宽度 b	轴环宽度 $b\geqslant1.4h=8.4\text{mm}$	取 $b=12\text{mm}$
8）Ⅵ—Ⅶ段轴身的直径 d_{67}	查轴承样本，轴承定位轴肩高度 $h=6\text{mm}$	$d_{67}=77\text{mm}$
9）Ⅶ—Ⅷ段轴颈长度 L_{78}	取 $L_{78}=B=33\text{mm}$	$L_{78}=33\text{mm}$
10）Ⅱ—Ⅲ段轴身的长度 L_{23}	如图 13-23、图 13-24a 所示，轴承端盖的总厚度（由结构设计确定）为 20mm，为便于轴承端盖的拆卸及对轴承添加润滑剂，取端盖外端面与半联轴器右端面间的距离 $l=30\text{mm}$，$L_{23}=l+20\text{mm}=50\text{mm}$	$L_{23}=50\text{mm}$
11）Ⅲ—Ⅳ轴段的长度 L_{34}	如图 13-23 所示，若 $a=16\text{mm}$，$s=8\text{mm}$，则 $L_{34}=B+s+a+(b_2-L_{45})=[33+8+16+(80-76)]\text{mm}=61\text{mm}$	$L_{34}=61\text{mm}$
12）Ⅵ—Ⅶ轴段的长度 L_{67}	如图 13-23 所示，若 $c=20\text{mm}$，则 $L_{67}=(L_{23}+c+a+s-b)=(50+20+16+8-12)\text{mm}=82\text{mm}$	$L_{67}=82\text{mm}$
(4) 轴上零件的周向固定	齿轮、半联轴器与轴的周向固定均采用平键联接；轴承与轴的周向固定采用过渡配合	
1）齿轮处的平键选择	选 A 型普通平键；由 d_{45} 查设计手册，平键截面尺寸 $b\times h=20\text{mm}\times12\text{mm}$，键长 63mm	GB/T 1096 键 $20\times13\times63$
2）齿轮轮毂与轴的配合	为保证对中良好，采用过盈配合	配合为 H7/n6
3）半联轴器处的平键选择	选 A 型普通平键	GB/T 1096 键 $16\times10\times70$
4）半联轴器与轴的配合	采用过渡配合	配合为 H7/k6
5）滚动轴承与轴颈的配合	采用过渡配合	轴颈尺寸公差为 m6
(5) 确定倒角和圆角的尺寸		
1）轴两端的倒角	根据轴径查手册	取倒角为 C2
2）各轴肩处倒圆半径	考虑应力集中的影响，由轴段直径查手册	如图 13-25 所示
(6) 绘制轴的结构装配草图		如图 13-25 所示

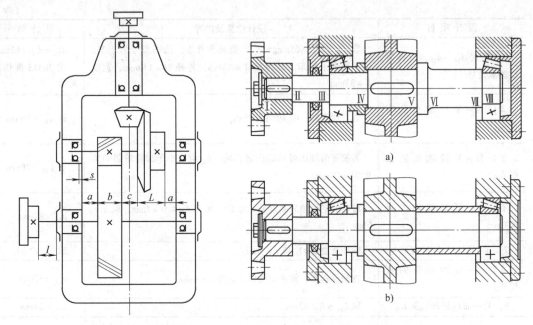

图 13-23 减速器的装置简图（例题 13-2 图 1）　　图 13-24 输出轴的两种结构方案（例题 13-2 图 2）

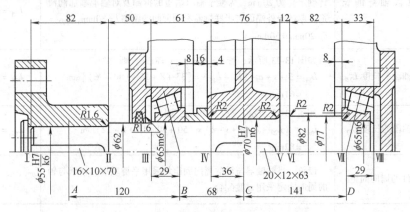

图 13-25 轴的结构装配草图（例题 13-2 图 3）

例题 13-3 根据例题 13-2 中设计出的轴的结构装配草图（图 13-25），试对该轴进行强度校核，并绘制其零件图。

解：

设 计 项 目	设 计 依 据 及 内 容	设 计 结 果
1. 求轴上载荷		
（1）计算齿轮受力	参见例题 13-2 中齿轮参数及图 13-20	
1）齿轮的分度圆直径	$d_2 = \dfrac{mz_2}{\cos\beta} = \dfrac{4 \times 95}{\cos 8°6'34''}$ mm	$d_2 = 383.84$ mm
2）圆周力	$F_t = \dfrac{2T_3}{d_2} = \dfrac{2 \times 932000}{383.84}$ N	$F_t = 4856$ N
3）径向力	$F_r = \dfrac{F_t \tan\alpha_n}{\cos\beta} = \dfrac{4856 \times \tan 20°}{\cos 8°6'34''}$ N	$F_r = 1785$ N

(续)

设 计 项 目	设计依据及内容	设 计 结 果
4) 轴向力	$F_a = F_t \tan\beta = 4856 \times \tan 8°6'34''$ N	$F_a = 692$ N
5) F_a 对轴心产生的弯矩	$M_a = \dfrac{F_a d_2}{2} = \dfrac{692 \times 383.84}{2}$ N·mm	$M_a = 132809$ N·mm
(2) 求支反力	如图 13-20 所示	
1) 轴承的支点位置	如图 13-19 所示,由 30313 圆锥滚子轴承查手册	$a = 29$ mm
2) 齿宽中点距左支点距离	$L_2 = [(\dfrac{76}{2} + 61) - 29]$ mm	$L_2 = 68$ mm
3) 齿宽中点距右支点距离	$L_3 = [(76 - 36) + 12 + 82 + 33 - 29]$ mm	$L_3 = 138$ mm
4) 左支点水平面的支反力	$\sum M_D = 0, \ F_{NH1} = \dfrac{L_3 F_t}{L_2 + L_3} = \dfrac{138 \times 4856}{68 + 138}$ N	$F_{NH1} = 3253$ N
5) 右支点水平面的支反力	$\sum M_B = 0, \ F_{NH2} = \dfrac{L_2 F_t}{L_2 + L_3} = \dfrac{68 \times 4856}{68 + 138}$ N	$F_{NH2} = 1603$ N
6) 左支点垂直面的支反力	$F_{NV1} = \dfrac{L_3 F_r + M_a}{L_2 + L_3} = \dfrac{138 \times 1785 + 132809}{206}$ N	$F_{NV1} = 1840$ N
7) 右支点垂直面的支反力	$F_{NV2} = \dfrac{L_2 F_r - M_a}{L_2 + L_3} = \dfrac{68 \times 1785 - 132809}{206}$ N	$F_{NV2} = -55$ N
8) 左支点的轴向支反力	$F'_{NV1} = F_a$	$F'_{NV1} = 692$ N
2. 绘制弯矩图和扭矩图	如图 13-20 所示	
1) 截面 C 处水平面弯矩	$M_H = F_{NH1} L_2 = 3253 \times 68$ N·mm	$M_H = 221204$ N·mm
2) 截面 C 处垂直面弯矩	$M_{V1} = F_{NV1} L_2 = 1840 \times 68$ N·mm $M_{V2} = F_{NV2} L_3 = -55 \times 138$ N·mm	$M_{V1} = 125120$ N·mm $M_{V2} = -7590$ N·mm
3) 截面 C 处合成弯矩	$M_1 = \sqrt{M_H^2 + M_{V1}^2} = \sqrt{221204^2 + 125120^2}$ N·mm $M_2 = \sqrt{M_H^2 + M_{V2}^2} = \sqrt{221204^2 + 7590^2}$ N·mm	$M_1 = 254138$ N·mm $M_2 = 221334$ N·mm
3. 弯扭合成强度校核	通常只校核轴上受最大弯矩和扭矩的截面的强度	危险截面 C
1) 截面 C 处计算弯矩	考虑起动、停机影响,扭矩为脉动循环变应力, $\alpha = 0.6, M_{ca} = \sqrt{M_1^2 + (\alpha T_3)^2} = \sqrt{254138^2 + (0.6 \times 932000)^2}$ N·mm	$M_{ca} = 614240$ N·mm
2) 截面 C 处计算应力	$\sigma_{ca} = M_{ca}/W = \dfrac{614240}{0.1 \times 70^3}$ MPa	$\sigma_{ca} = 17.9$ MPa
3) 强度校核	45 钢调质处理,由表 13-2 查得 $[\sigma_{-1B}] = 60$ MPa, $\sigma_{ca} < [\sigma_{-1B}]$	弯扭合成强度满足要求
4. 疲劳强度安全系数校核	不计轴向力 F'_{NV1} 产生的压应力 σ_{va} 的影响	
(1) 确定危险截面	由于 d_{min} 在估算时放大了 5% 以考虑键槽的影响,而且截面 A、Ⅱ、Ⅲ、B 只承受扭矩,故不必校核截面 C 上应力最大,但由于过盈配合及键槽引起的应力集中均在该轴段两端,故也不必校核 截面Ⅳ、Ⅴ处应力接近最大,应力集中相近且最严重,但截面Ⅴ不受扭矩作用,故不必校核。截面Ⅳ为危险截面,截面的左右两侧均需校核	截面Ⅳ为危险截面
(2) 截面Ⅳ左侧强度校核		
1) 抗弯截面系数	$W = 0.1 d^3 = 0.1 \times 65^3$ mm^3	$W = 27463$ mm^3
2) 抗扭截面系数	$W_T = 0.2 d^3 = 0.2 \times 65^3$ mm^3	$W_T = 54925$ mm^3

(续)

设 计 项 目	设 计 依 据 及 内 容	设 计 结 果
3) 截面Ⅳ左侧的弯矩	$M = 254138 \times \dfrac{68-36}{68} \text{N} \cdot \text{mm}$	$M = 119594 \text{N} \cdot \text{mm}$
4) 截面上的弯曲正应力	$\sigma_B = \dfrac{M}{W} = \dfrac{119594}{27463} \text{MPa}$	$\sigma_B = 4.35 \text{MPa}$
5) 截面上的扭转剪切应力	$\tau_T = \dfrac{T_3}{W_T} = \dfrac{932000}{54925} \text{MPa}$	$\tau_T = 16.97 \text{MPa}$
6) 平均应力	$\sigma_m = \dfrac{\sigma_{max} + \sigma_{min}}{2}$,扭转切应力为脉动循环变应力,$\tau_m = \dfrac{\tau_{max} + \tau_{min}}{2} = \dfrac{16.97}{2} \text{MPa}$	$\sigma_m = 0$ $\tau_m = 8.49 \text{MPa}$
7) 应力幅	$\sigma_a = \dfrac{\sigma_{max} - \sigma_{min}}{2} = \sigma_B$ $\tau_a = \dfrac{\tau_{max} - \tau_{min}}{2} = \tau_m$	$\sigma_a = 4.35 \text{MPa}$ $\tau_a = 8.49 \text{MPa}$
8) 材料的力学性能	45钢调质处理,由表13-2	$\sigma_b = 640 \text{MPa}$ $\sigma_{-1B} = 275 \text{MPa}$ $\tau_{-1B} = 155 \text{MPa}$
9) 轴肩理论应力集中系数	$\dfrac{r}{d} = \dfrac{2.0}{65} = 0.031$, $\dfrac{D}{d} = \dfrac{70}{65} = 1.08$,查附表7,并经插值计算	$\alpha_\sigma = 2.0$ $\alpha_\tau = 1.31$
10) 材料的敏感系数	由 $r = 2.0 \text{mm}$, $\sigma_b = 640 \text{MPa}$ 查图3-8并经插值计算	$q_\sigma = 0.82$ $q_\tau = 0.85$
11) 有效应力集中系数	$k_\sigma = 1 + q_\sigma(\alpha_\sigma - 1) = 1 + 0.82(2.0 - 1)$ $k_\tau = 1 + q_\tau(\alpha_\tau - 1) = 1 + 0.85(1.31 - 1)$	$k_\sigma = 1.82$ $k_\tau = 1.26$
12) 尺寸及截面形状系数	由 $h = 6 \text{mm}$, $d_{34} = 65 \text{mm}$ 查图3-9	$\varepsilon_\sigma = 0.67$
13) 扭转剪切尺寸系数	由 $D = d_{34} = 65 \text{mm}$ 查图3-10	$\varepsilon_\tau = 0.82$
14) 表面状态系数	轴按磨削加工,由 $\sigma_b = 640 \text{MPa}$ 查图3-12	$\beta_\sigma = \beta_\tau = 0.92$
15) 表面强化系数	轴未经表面强化处理	$\beta_q = 1$
16) 疲劳强度综合影响系数	$K_\sigma = \dfrac{k_\sigma}{\varepsilon_\sigma} + \dfrac{1}{\beta_\sigma} - 1 = \dfrac{1.82}{0.67} + \dfrac{1}{0.92} - 1$ $K_\tau = \dfrac{k_\tau}{\varepsilon_\tau} + \dfrac{1}{\beta_\tau} - 1 = \dfrac{1.26}{0.82} + \dfrac{1}{0.92} - 1$	$K_\sigma = 2.80$ $K_\tau = 1.62$
17) 等效系数	45钢:$\varphi_\sigma = 0.1 \sim 0.2$;$\varphi_\tau = 0.05 \sim 0.1$	取 $\varphi_\sigma = 0.1$ 取 $\varphi_\tau = 0.05$
18) 仅有弯曲正应力时的计算安全系数	$S_\sigma = \dfrac{\sigma_{-1B}}{K_\sigma \sigma_a + \varphi_\sigma \sigma_m} = \dfrac{275}{2.8 \times 4.35 + 0.1 \times 0}$	$S_\sigma = 22.6$
19) 仅有扭转切应力时的计算安全系数	$S_\tau = \dfrac{\tau_{-1B}}{K_\tau \tau_a + \varphi_\tau \tau_m} = \dfrac{155}{1.62 \times 8.49 + 0.05 \times 8.49}$	$S_\tau = 10.93$
20) 弯扭联合作用下的计算安全系数	$S_{ca} = \dfrac{S_\sigma S_\tau}{\sqrt{S_\sigma^2 + S_\tau^2}} = \dfrac{22.6 \times 10.93}{\sqrt{22.6^2 + 10.93^2}}$	$S_{ca} = 9.8$
21) 设计安全系数	材料均匀,载荷与应力计算精确时 $S = 1.3 \sim 1.5$	取 $S = 1.5$

(续)

设 计 项 目	设计依据及内容	设 计 结 果
22) 疲劳强度安全系数校核	$S_{ca} \gg S$	左侧疲劳强度合格
(3) 截面Ⅳ右侧强度校核		
1) 抗弯截面系数	$W = 0.1d^3 = 0.1 \times 70^3 \text{mm}^3$	$W = 34300 \text{mm}^3$
2) 抗扭截面系数	$W_T = 0.2d^3 = 0.2 \times 70^3 \text{mm}^3$	$W_T = 68600 \text{mm}^3$
3) 截面Ⅳ右侧的弯矩	$M = 254318 \times \dfrac{68-36}{68} \text{N} \cdot \text{mm}$	$M = 119594 \text{N} \cdot \text{mm}$
4) 截面上的弯曲正应力	$\sigma_B = \dfrac{M}{W} = \dfrac{119594}{34300} \text{MPa}$	$\sigma_B = 3.49 \text{MPa}$
5) 截面上的扭转剪切应力	$\tau_T = \dfrac{T_3}{W_T} = \dfrac{932000}{68600} \text{MPa}$	$\tau_T = 13.59 \text{MPa}$
6) 平均应力	弯曲正应力为对称循环弯应力,$\sigma_m = \dfrac{\sigma_{max} + \sigma_{min}}{2}$ 扭转切应力为脉动循环变应力,$\tau_m = \dfrac{\tau_{max} + \tau_{min}}{2} = \dfrac{13.59}{2} \text{MPa}$	$\sigma_m = 0$ $\tau_m = 6.80 \text{MPa}$
7) 应力幅	$\sigma_a = \dfrac{\sigma_{max} - \sigma_{min}}{2} = \sigma_B$ $\tau_a = \dfrac{\tau_{max} - \tau_{min}}{2} = \tau_m$	$\sigma_a = 3.49 \text{MPa}$ $\tau_a = 6.80 \text{MPa}$
8) 过盈配合处的 $\dfrac{k_\sigma}{\varepsilon_\sigma}$ 值	$d = 70 \text{mm}$,$\sigma_b = 640 \text{MPa}$,配合为 H7/n6,查附表 5	$\dfrac{k_\sigma}{\varepsilon_\sigma} = 3.16$
9) 过盈配合处的 $\dfrac{k_\tau}{\varepsilon_\tau}$ 值	$\dfrac{k_\tau}{\varepsilon_\tau} = (0.7 \sim 0.85) \dfrac{k_\sigma}{\varepsilon_\sigma}$,取 $\dfrac{k_\tau}{\varepsilon_\tau} = \dfrac{0.8 k_\sigma}{\varepsilon_\sigma}$	$\dfrac{k_\tau}{\varepsilon_\tau} = 2.53$
10) 疲劳强度综合影响系数	$K_\sigma = \dfrac{k_\sigma}{\varepsilon_\sigma} + \dfrac{1}{\beta_\sigma} - 1 = 3.16 + \dfrac{1}{0.92} - 1$ $K_\tau = \dfrac{k_\tau}{\varepsilon_\tau} + \dfrac{1}{\beta_\tau} - 1 = 2.53 + \dfrac{1}{0.92} - 1$	$K_\sigma = 3.25$ $K_\tau = 2.62$
11) 仅有弯曲正应力时的安全系数	$S_\sigma = \dfrac{\sigma_{-1B}}{k_\sigma \sigma_a + \varphi_\sigma \sigma_m} = \dfrac{275}{3.25 \times 3.49 + 0.1 \times 0}$	$S_\sigma = 24.25$
12) 仅有扭转剪切应力时的安全系数	$S_\tau = \dfrac{\tau_{-1B}}{K_\tau \tau_a + \varphi_\tau \tau_m} = \dfrac{155}{2.62 \times 6.8 + 0.05 \times 6.8}$	$S_\tau = 8.54$
13) 弯扭联合作用时的计算安全系数	$S_{ca} = \dfrac{S_\sigma S_\tau}{\sqrt{S_\sigma^2 + S_\tau^2}} = \dfrac{24.25 \times 8.54}{\sqrt{24.25^2 + 8.54^2}}$	$S_{ca} = 8.06$
14) 强度校核	$S_{ca} \gg S = 1.5$	右侧疲劳强度合格
(4) 静强度安全系数校核	该设备无大的瞬时过载和严重的应力循环不对称	无需静强度安全系数校核
(5) 绘制轴的零件图		如图 13-26 所示

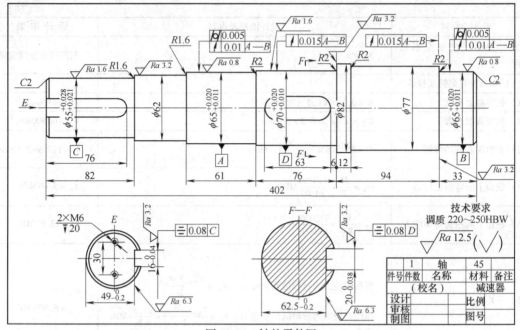

图 13-26　轴的零件图

思 考 题

13-1　何为转轴、心轴和传动轴？自行车的前轴、中轴、后轴及踏板轴各是什么轴？

13-2　一般情况下轴的设计为什么分三步进行？每一步解决什么问题？轴的设计特点是什么？

13-3　在轴的设计中为什么要初算轴径？有哪些方法？

13-4　轴的结构设计考虑哪几方面问题？

13-5　轴的强度计算方法有哪几种？各适用于何种情况？

13-6　轴的常用材料有哪些？若轴的工作条件、结构尺寸不变，仅将轴的材料由碳素钢改为合金钢，为什么只能提高轴的强度而不能提高轴的刚度？

13-7　确定轴的各轴段直径和长度前为什么应先按扭转强度条件估算轴的最小直径？

13-8　轴上零件的轴向、周向固定各有哪些方法？各有何特点？

13-9　多级齿轮减速器中，为什么低速轴的直径要比高速轴的直径大？

13-10　当轴的强度不足或刚度不足时，可分别采取哪些措施来提高其强度和刚度？

13-11　计算弯矩的计算公式 $M_{ca} = \sqrt{M^2 + (\alpha T)^2}$ 中系数 α 的含义是什么？其大小如何确定？

13-12　为什么要进行轴的静强度校核计算？为什么计算时不考虑应力集中等因素的影响？

习 题

13-1　已知一传动轴传递的功率 $P = 37\text{kW}$，转速 $n = 900\text{r/min}$，如果轴的材料为 45 钢，调质处理，求该轴的直径 d。（注意：计算出轴径后，应取标准直径；必须列出公式、代入数据进行计算。）

轴的材料	Q235	35	45
$[\tau]$ /MPa	18	25	35
C	150	125	110
轴的直径的标准值（部分）/mm			
28.0	30.0	31.5	33.5	35.5	37.5	40.0
42.5	45.0	47.5	50.0	53.0	56.0	60.0

13-2 已知一单级直齿圆柱齿轮减速器，用电动机直接拖动，电动机功率 $P=22\text{kW}$，转速 $n_1=1470\text{r/min}$，齿轮模数 $m=4\text{mm}$，齿数 $z_1=18$，$z_2=82$。若支承间的跨距 $l=180\text{mm}$（齿轮位于跨距中央），轴的材料为 45 钢（调质），试计算输出轴危险截面的直径。

13-3 图 13-27 所示轴的结构 1~8 处有哪些不合理的地方？用文字说明。

13-4 试指出图 13-28 所示小锥齿轮轴系中的错误结构，并画出正确的结构图。

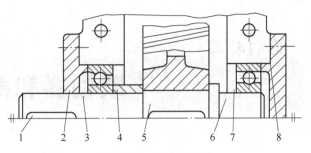

图 13-27 习题 13-3 图

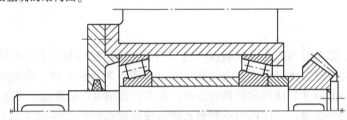

图 13-28 习题 13-4 图

13-5 试指出图 13-29 所示斜齿圆柱齿轮轴系中的错误结构，并画出正确结构图。

13-6 如图 13-30 所示，已知：中间轴Ⅱ传递功率 $P=40\text{kW}$，转速 $n_2=200\text{r/min}$；齿轮 2 的分度圆直径 $d_2=688\text{mm}$，螺旋角 $\beta_2=12°50′$；齿轮 3 的分度圆直径 $d_3=170\text{mm}$，螺旋角 $\beta_3=10°29′$；轴的材料为 45 钢（调质）。试按弯扭合成强度计算方法求轴Ⅱ的直径并画出轴的零件图。

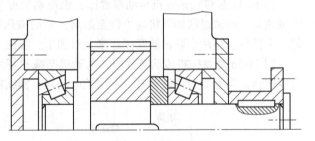

图 13-29 习题 13-5 图

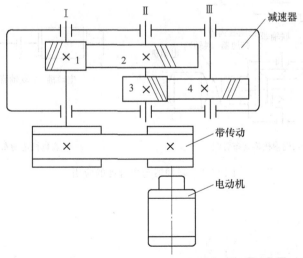

图 13-30 习题 13-6 图

第 14 章 联轴器和离合器

14.1 概述

在机械传动中，联轴器与离合器都联接两轴（后者也可联接轴与轴上的回转零件）实现一同回转运动并传递动力，有时也可用作安全装置、起动装置。两者的区别：联轴器使两根轴实现常态的联接，只能在停止时才能使两轴联接与分离；而离合器则可在机器运动中随时联接与分离。

根据不同的场合和需要，可以选用不同形式的联轴器或离合器。图 14-1 所示为联轴器与离合器的应用。

图 14-1a 是带式运输机传动布置图，由电动机驱动。电动机通过联轴器将动力传入锥圆柱齿轮减速器，再通过联轴器将动力传至滚筒，带动输送带工作。这一系统分为电动机、减速器、滚筒三个部件，用两个联轴器联接起来，对加工、装配、运输、维修都很方便。

图 14-1b 是卷扬机传动布置图，电动机与减速器之间用联轴器联接，减速器与卷筒之间用离合器联接。当卷筒暂停转动时，不用关电动机，操纵离合器就可使其脱开。

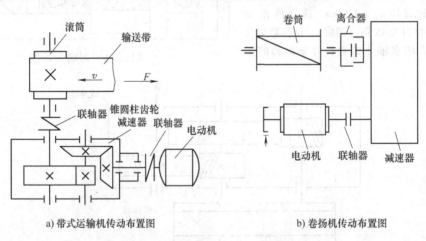

a) 带式运输机传动布置图　　b) 卷扬机传动布置图

图 14-1　联轴器与离合器的应用

14.2 联轴器

14.2.1 联轴器的作用和要求

联轴器是用来联接两轴使其一同回转并传递运动和转矩的一种常用部件。联轴器一般用机械的方法把两轴联接起来，回转过程中被联接的两轴不能脱开，必须在停机时将联接拆卸后才能使两轴分离。

对于联轴器，根据不同条件和需要有如下几个方面要求。

1) 可移性。指补偿两轴相对位移的能力，如图 14-2 所示。用联轴器联接的两轴，由于制造和安装误差、受载后的变形及温度变化等因素的影响，往往不能保证严格对中，两轴间会产生一定程度的相对位移。因此，除了要求联轴器能传递所需的转矩，还应在一定程度上具有补偿或缓解因两轴间的相对位移而造成的轴和轴承的附加载荷。

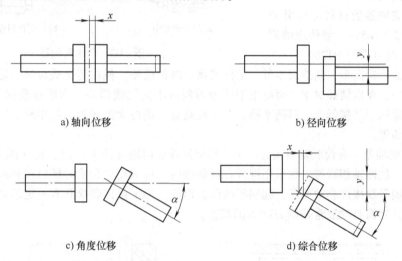

图 14-2 联轴器的可移性

2) 缓冲性。对于经常负载起动或工作载荷不平稳的场合，为了使原动机和工作机不受或少受损伤，需要联轴器中具有弹性元件，以达到缓冲、减振的目的。

3) 安全、可靠，具有足够的强度和使用寿命。

4) 结构简单、装拆方便。

14.2.2 常用联轴器的结构、特点及应用

根据 GB/T 12458—2003 可分为刚性联轴器、挠性联轴器和安全联轴器三大类。不能补偿两轴相对位移的联轴器称为刚性联轴器。能补偿两轴相对位移的联轴器称为挠性联轴器。弹性联轴器不仅能在一定范围内补偿两轴线间的偏移，还具有缓冲、减振的性能。

1. 刚性联轴器

刚性联轴器由刚性传力元件组成，元件之间不能相对运动，因而不具有补偿两轴间相对位移和缓冲、减振的能力，只能用于被联接两轴在安装时能严格对中和工作中不会发生相对位移的场合。刚性联轴器主要有凸缘联轴器、套筒联轴器、夹壳联轴器等，其中凸缘联轴器的应用最为广泛。

(1) 凸缘联轴器 凸缘联轴器由两个带凸缘的半联轴器和联接螺栓组成，如图 14-3 所示。两半联轴器分别用键与两轴联接，同时它们再用螺栓相互联接。凸缘联轴器有两种对中方式：一种是利用两个半联轴器接合端面上凸出的对中榫和凹入的榫槽相配合对中（图 14-3a），其对中精度高，工作中靠预紧普通螺栓在两个半联轴器的接触面间产生的摩擦力来传递转矩，装拆时轴必须做轴向移动，不太方便，多用于不常装拆的场合；另一种是采用铰制孔用螺栓对中（图 14-3b），

工作中靠螺杆的剪切和螺杆与孔壁间的挤压来传递转矩，其传递转矩的能力较大。若传递转矩不大，可以一半采用铰制孔用螺栓，另一半采用普通螺栓，这种结构装拆时轴不需做轴向移动，只需拆卸螺栓即可，比较方便，可用于经常装拆的场合。

制造凸缘联轴器的材料可采用35钢、45钢或ZG 310-570，当外缘圆周速度 $v \leqslant 30 \text{m/s}$ 时可采用HT200。

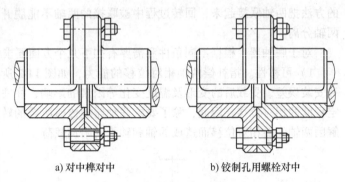

a) 对中榫对中　　b) 铰制孔用螺栓对中

图 14-3　凸缘联轴器

凸缘联轴器结构简单，制造成本低，工作可靠、维护简便，但在传递载荷时不能缓和冲击和吸收振动。此外，要求精确对中，否则由于两轴偏斜或不同轴线都将引起附加载荷和严重磨损。故凸缘联轴器适用于联接低速、载荷平稳、对中性良好、刚性大的短轴，使用时应注意设置防护罩等安全防护装置。

（2）套筒联轴器　套筒联轴器通过一个公用套筒并采用键（图14-4a）、销（图14-4b）或花键等联接零件，使两轴相联接。在采用键或花键联接时，应采用锥顶紧定螺钉做轴向定位。当轴超载时，键、销等联接件会被剪断，起到超载保护作用。为了保证联接具有一定的对中精度和便于套筒的装拆，套筒与轴通常采用 H7/k6 的配合。

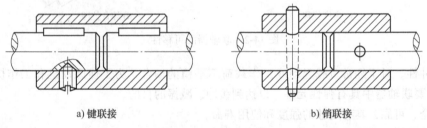

a) 键联接　　b) 销联接

图 14-4　套筒离合器

制造套筒的材料一般采用35钢或45钢，低速传动或不重要的场合也可采用铸铁。采用花键联接时，需经调质处理至240HBW以上。

套筒联轴器结构简单、制造方便、径向尺寸小、成本较低。其缺点是传递转矩的能力较小，装拆时轴需做轴向移动，有时不太方便，适用于两轴对中性良好、频繁起动、工作平稳、传递转矩不大、径向尺寸受限制、转速低（$\leqslant 250 \text{r/min}$）的场合，如机床传动系统中。轴的直径一般小于100mm，采用半圆键联接时，轴径小于35mm。

2. 挠性联轴器

挠性联轴器可分为无弹性元件挠性联轴器、非金属弹性元件挠性联轴器、金属弹性元件挠性联轴器。挠性联轴器对两轴间相对位移的补偿方式有两种：一种是依靠联接元件间的相对可移性使两半联轴器发生相对运动，从而补偿被联接两轴安装时的对中误差及工作时的相对位移；另一种是在联轴器中安置弹性元件，弹性元件在受载时能产生显著的弹性变形，从而使两半联轴器发生相对运动，以补偿两轴间的相对位移，同时弹性元件还具有一定的缓冲、减振能力。

制造弹性元件的材料有非金属和金属两类。非金属材料有橡胶、塑料等，其特点是质量轻、价格低、减振能力强，特别适用于工作载荷有较大变化的场合。金属材料制成的弹性元件（主要为各种弹簧）则强度高、尺寸小、寿命较长。

(1) 无弹性元件挠性联轴器　这类联轴器的组件间具有相对可移性，因而可以补偿两轴间的相对位移，但因无弹性元件，故不能缓冲、减振。

1) 滑块联轴器。滑块联轴器盘由两个端面开有凹槽的半联轴器和一个方形滑块组成，有几种不同的结构形式。金属盘滑块联轴器由两个端面上开有径向凹槽的半联轴器和一个两面带有相互垂直的凸牙的中间圆盘所组成，如图14-5所示。安装时中间圆盘两面的凸牙分别嵌入两个半联轴器的凹槽中，靠凹槽与凸牙的相互嵌合传递转矩。工作中中间圆盘的凸牙可以分别在两半联轴器的凹槽中滑动，故可补偿安装及运转中两轴间的相对径向位移，同时也可补偿一定的轴向位移。

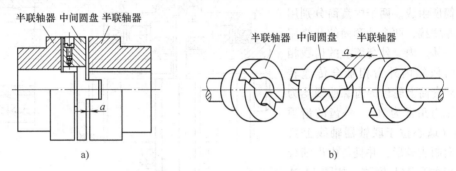

图14-5　金属盘滑块联轴器

由于中间圆盘与两半联轴器间组成移动副，不会发生相对转动，所以工作时主动轴和从动轴角速度相等。当联轴器在两轴间有相对径向位移的情况下工作时，中间圆盘因相对滑动会产生较大的离心力，从而增大了动载荷和磨损，因而选用时应注意使其工作转速不超过规定值。为了减轻质量，减小离心力，应尽量限制其外径的大小，并常将中间圆盘制成中空的结构。滑块联轴器由于凸牙与凹槽工作面间的相对滑动，会引起一定的摩擦损失，其效率一般为0.95~0.97。为了减小滑动副的摩擦和磨损，使用时应从中间盘的油孔中注油，以维持工作面的良好润滑。两个半联轴器和中间盘的材料常用45钢或ZG 310-570，工作表面须经高频感应淬火达46~50HRC以提高硬度。

金属盘滑块联轴器结构简单，径向尺寸较小，但工作面易磨损，一般用于两轴间径向位移较大，转速较低（≤250r/min），轴的刚度较大，无剧烈冲击的场合。

酚醛层压布材滑块联轴器（图14-6）的滑块为方形，滑块的质量轻并具有弹性，故允许较高的极限转速。两半联轴器常用Q235或HT150制成。尼龙滑块联轴器的中间滑块用尼龙制成，并在配制时加入少量的石墨或二硫化钼，使其具有自润滑性能，工作中不需另加润滑剂。这两种滑块联轴器结构简单、紧凑，适用于传递转矩不大、转速较高而无剧烈冲击的场合，此外还具有绝缘作用。

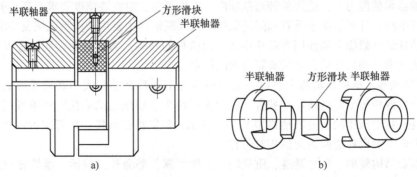

图14-6　酚醛层压布材滑块联轴器

在选定滑块联轴器的尺寸后，应验算滑块工作面上的压强，以防止急剧磨损。其验算方法可参考有关手册。

2) 齿式联轴器。齿式联轴器利用内、外齿的相互啮合而实现两轴间的联接，内外齿数相等，一般为30~80个。这类联轴器具有良好的补偿两轴间综合相对位移的能力，为了增大位移的允许量，常将轮齿做成鼓形齿。

鼓形齿联轴器（图14-7a）由两个带有外齿的内套筒和两个带有内齿及凸缘的外套筒所组成。两个内套筒分别用键与两轴相联接，两个外套筒的凸缘用螺栓联成一体。内、外套筒上的齿数相等，工作时依靠内外齿相啮合传递转矩。内、外套筒上轮齿的齿廓曲线均为渐开线，压力角常为20°。外齿的齿顶制成球面（球心位于联轴器轴线上），沿齿厚方向制成鼓形，并且与内齿啮合后具有一定的顶隙和侧隙，如图14-7b所示。传动时可补偿两轴间的径向位移、角度位移及综合位移（图14-8）。为了减小齿面磨损，外套筒内储有润滑油用于润滑，为防止润滑油泄漏，联轴器左、右两侧装有密封圈。

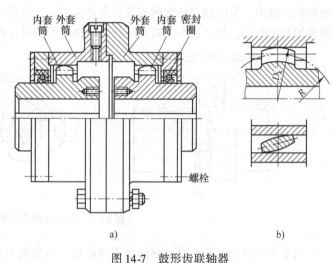

图 14-7 鼓形齿联轴器

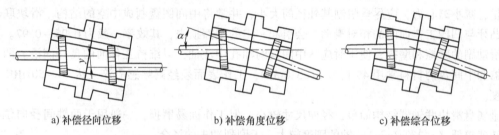

a) 补偿径向位移　　b) 补偿角度位移　　c) 补偿综合位移

图 14-8 鼓形齿联轴器工作时补偿位移的情况

鼓形齿联轴器的内、外套筒一般用42CrMo制造，要求稍低时可采用45钢或ZG 310-570，轮齿应经热处理。高速下运转的鼓形齿联轴器应采用高强度合金钢制造，轮齿齿面需经表面淬火或渗氮处理。

齿式联轴器承载能力大，适用的转速范围广，工作可靠，对安装精度要求不高。但结构复杂、制造困难，成本高，且不适用于垂直轴间的联接。齿式联轴器主要用于重型机械及长轴的联接。

齿式联轴器的承载能力和使用寿命往往受齿面磨损的限制。为了避免齿面的过度磨损，在选定齿式联轴器的型号和尺寸后，必须验算齿面的压强。

3) 链条联轴器。链条联轴器主要由一条公用的链条和两个链轮式半联轴器组成，公用的链条同时与两个齿数相等的并列链轮相啮合，从而实现两个半联轴器的联接。链条可用滚子链、齿形链或套筒链。其中双排滚子链联轴器如图14-9所示，只需将链条接头拆开便可将两轴分离。链与链轮间的啮合间隙可补偿两轴间的相对位移。

这种联轴器结构简单、尺寸紧凑、质量轻、工作可靠、寿命长，装拆、维护方便，适用于潮湿、多尘、高温场合，但不宜用于起动频繁、经常正反转及剧烈冲击的场合或垂直传动场合。当采用齿形链的链条时可允许较高的工作转速。通常半联轴器（链轮）的材料为 45 钢、ZG 310-570 或 20Cr。载荷平稳、速度不高时采用调质处理，齿面硬度≥220HBW；有冲击载荷、速度较高时需进行渗碳、表面淬火处理，齿面硬度应在 45HRC 以上。为减轻磨损，应润滑。转速较低时应定期涂润滑脂润滑，转速高时更应充分润滑。应设置密封罩壳（罩壳常为铝合金铸件），防止外界灰尘等污染。近年来，链条联轴器的应用日益广泛。

4）万向联轴器。万向联轴器的种类很多，其中十字轴万向联轴器（图 14-10）最为常用。十字轴万向联轴器由两个叉形半联轴器、一个十字轴及销钉、套筒、圆锥销等组成。销钉与圆锥销互相垂直，分别将两个半联轴器与十字轴联接起来，形成可动的联接。当主动轴做等速转动时，从动轴做周期性变速转动。

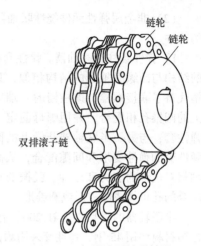

图 14-9 双排滚子链联轴器

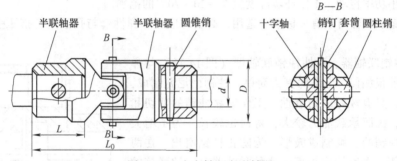

图 14-10 十字轴万向联轴器

这种联轴器允许两轴间有较大的偏角位移，最大夹角可达 45°，并允许工作中两轴间夹角发生变化。但随着两轴间夹角的增大，从动轴转动的不均匀性将增大，传动效率也显著降低。图 14-11a 所示为双十字轴万向联轴器，中间轴两端的叉形接头位于同一平面内（图 14-11b），用于联接两平行轴或相交轴，从动轴与主动轴的角速度相等。要求主动轴、从动轴及中间轴的轴线位于同一平面内，中间轴与主动轴、从动轴的夹角相等。

十字轴万向联轴器中的主要零件常用 40Cr 或 40CrNi 制造，并进行热处理，以使结构紧凑和耐磨性高。这种联轴器可适应两轴间较大的综合位移，结构紧凑且维护方便，因而在汽车、多头钻床中得到广泛应用。

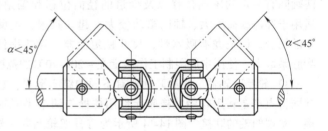

a) 双十字轴万向联轴器

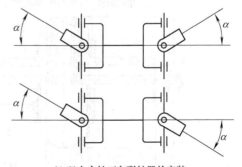

b) 双十字轴万向联轴器的安装

图 14-11 双十字轴万向联轴器

(2) 非金属弹性元件挠性联轴器 非金属弹性元件挠性联轴器的类型很多，下面仅介绍常用的几种。

1) 弹性套柱销联轴器。弹性套柱销联轴器（图 14-12）的结构与凸缘联轴器的结构相似，只是用套有弹性套的柱销代替了联接螺栓。该柱销的一端以圆锥面与一半联轴器上的圆锥孔相配合，并用螺母固定。另一端套装有整体式弹性套，与另一半联轴器凸缘上的圆柱形孔间隙配合。因弹性套的弹性变形和间隙配合，从而使联轴器具有补偿两轴相对位移的能力和缓冲、吸振的功能。两半联轴器与轴配合的孔可做成圆柱形或圆锥形。

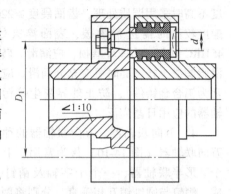

图 14-12 弹性套柱销联轴器

半联轴器的材料常用 HT200，有时也采用 ZG 310-570，柱销材料多用 45 钢，弹性套采用耐油橡胶制成。

弹性套柱销联轴器制造容易、装拆方便、成本较低，其弹性套易磨损，但更换方便，主要适用于起动频繁、需正反转的中、小功率传动，工作环境温度应在 -20～70℃ 的范围内。

弹性套柱销联轴器可从有关标准中选用，必要时应验算弹性套与孔壁间的挤压强度和柱销的抗弯强度。

2) 弹性柱销联轴器。弹性柱销联轴器（图 14-13）与弹性套柱销联轴器很相似，但结构更为简单。柱销由尼龙制成，强度高于橡胶，具有较好的耐磨性，工作时靠柱销的剪切和挤压传递转矩，因而承载能力较大，寿命也较长。为了增大补偿量，可将柱销的一端制成鼓形。为防止柱销滑出，在两半联轴器的外侧设置有固定挡板。这种联轴器允许被联接的两轴间有一定的轴向位移以及少量的径向位移和偏角位移，适用于冲击载荷不大、轴向窜动较大、起动频繁、正反转多变的场合。因尼龙有吸水性，尺寸稳定性差、导热率低、热膨胀系数大，使用中应限制工作温度在 -20～70℃ 的范围内。

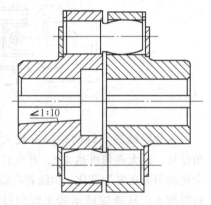

图 14-13 弹性柱销联轴器

3) 轮胎联轴器。轮胎联轴器有不同的结构形式，它们的共同特点都是利用轮胎状橡胶元件用螺栓与两个半联轴器联接，实现两轴的联接。图 14-14 所示为有骨架轮胎联轴器，轮胎环中的橡胶件与低碳钢制成的骨

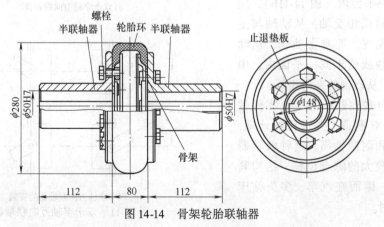

图 14-14 骨架轮胎联轴器

架硫化黏结在一起，骨架上在螺孔处焊有螺母，装配时通过螺钉和压紧环将两个半联轴器与轮胎环相联接。工作中靠轮胎环与凸缘端面间产生的摩擦力来传递转矩。轮胎环由橡胶或橡胶织物制成，具有高的弹性，因而对两轴相对向位移的补偿能力较大，缓冲、减振性能好，结构简单、不需润滑，装拆和维护都比较方便。但其承载能力不高、径向尺寸较大，工作时因轮胎环产生过大扭转变形会引起附加轴向力，从而加重轴承的负荷，缩短轴承的寿命。轮胎联轴器主要用于有较大冲击、需频繁起动或换向、潮湿、多尘的场合。

(3) 金属弹性元件挠性联轴器　金属弹性元件挠性联轴器具有体积小，强度高，传递转矩大，缓冲、减振性能好，寿命长，耐腐蚀，耐热，耐寒等特点，在国内外得到迅速发展和广泛应用。

金属弹性元件挠性联轴器中弹性元件一般为各种结构形状的弹簧，有圆柱状、片状、卷板状等。金属弹性元件在受载时能产生显著的弹性变形，一方面起补偿两轴相对位移的作用，同时靠储存弹性变形能来缓和冲击。此外，还可通过改变金属弹性元件的刚度来改变联轴器的扭转刚度，从而调整轴系的固有频率，以减轻振动、避开共振。制造金属弹性元件的材料主要是各种弹簧钢。

根据金属弹性元件构造的不同，组成了不同的金属弹性元件挠性联轴器。

1) 浮动盘簧片联轴器。簧片联轴器的弹性元件由若干组簧片组成。簧片组可以有几种安装方式，其中以簧片组沿径向呈辐射状分布的形式应用最广，如图14-15所示。每组簧片由若干长短不一的簧片在一端用圆柱销固联组成，簧片组与支承块相间地均布于弹性锥环内，装配时借助外套圈的轴向移动，使弹性锥环的内孔收缩，将簧片组和支承块箍紧，与支承块构成固定联接。簧片组的另一端为自由端，嵌在花键轴的键槽中，构成可动联接。工作中靠簧片组的弯曲来传递转矩，簧片组的弯曲变形量随传递转矩的增大而增大。过载时，支承块的端部与变形后的簧片相接触，使簧片不再弯曲，从而保护簧片不致因变形过大而断裂。为了增大联轴器的缓冲和吸振效果，在簧片组支承块之间的空腔中充满润滑油，以产生较大的黏性摩擦阻尼，同时

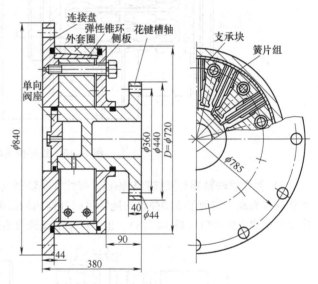

图14-15　浮动盘簧片联轴器

还可减轻簧片间的摩擦和磨损。簧片组有对称形布置（图14-15）和非对称形布置两种。对称形簧片用于双向载荷即双向传动，非对称形簧片有等刚度和变刚度两种，用于单向传动。

浮动盘簧片联轴器具有相当高的阻尼特性，弹性好、结构紧凑、安全可靠，不受温度和灰尘的影响，不需经常维修，减振、避振性能强，适用于载荷变动较大，有可能发生扭转振动的轴系，多用于各种中、高速大功率柴油机拖动的机器中。

2) 蛇形弹簧联轴器。蛇形弹簧联轴器的金属弹性元件为几组嵌在两半联轴器齿间呈蛇形的弹簧，蛇形弹簧沿轴向布置（图14-16a）。为了防止弹簧在离心力的作用下被甩出，并避免弹簧与齿接触处发生干摩擦，需用封闭的壳体罩住，壳体内注入润滑油。工作时，通过齿与弹簧的互压来传递转矩。

与弹簧接触的齿形一般有直线形（图14-16b）和曲线形（图14-16c）两种。直线形齿蛇形弹

簧联轴器属恒刚度联轴器，弹簧的变形与联轴器所传递的转矩呈线性关系；曲线形齿蛇形弹簧联轴器属变刚度联轴器，弹簧的变形与联轴器所传递的转矩之间为非线性关系。直线形齿的优点是齿形比较简单，应用较广。其缺点是只能用于转矩变化不大的场合，尤其不宜承受冲击载荷。在转矩变化较大的场合，宜采用曲线形齿蛇形弹簧联轴器，弹簧的刚度随所传递转矩的增大而增大，既有较好的缓冲作用又不致变形过大。但曲线形齿齿廓加工工艺复杂，制造成本高，应用不广，一般仅用于转矩变化较大或需要逆转的场合。

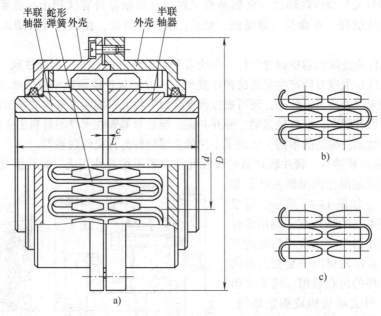

图 14-16　蛇形弹簧联轴器

3）弹性管联轴器和波纹管联轴器。弹性管联轴器（图 14-17）用扭转螺旋弹簧直接与两半联轴器相联接而成，借助于扭转弹簧的挠性可以补偿两轴线间的偏移。制造时可将一段管子的中部加工出螺旋槽成为弹性管（图 14-17a），也可用矩形或圆形截面的弹簧丝绕制成螺旋弹簧（图 14-17b）。

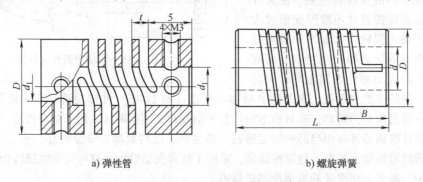

a) 弹性管　　　　　　　　　　　　b) 螺旋弹簧

图 14-17　弹性管联轴器

管子的材料主要为各类铜合金或不锈钢，其中铍青铜有较高的弹性和疲劳强度；不锈钢的力学性能好且耐腐蚀。这种联轴器结构简单，加工、安装方便，整体性能好，适用于要求结构紧凑、外形小、传动精度较高的场合，如脉冲或伺服电动机与编码器的联接。

波纹管联轴器用波纹管直接与两半联轴器通过银焊或黏结而组成，如图 14-18 所示。波纹管联轴器具有较高的轴向弹性，结构整体性好，紧凑、惯性小，无反向冲击，没有滑动、不需润滑，传动精度高，运转速度稳定，耐热、耐蚀性好，寿命长，适用于小功率精密机械传动的控制机构和仪器设备，如计算机和自动控制设备中。

3. 安全联轴器

安全联轴器在所传递的转矩超过规定值时，其中的联接元件便会折断、分离或打滑，使传动中断，从而保护其他重要零件不致损坏。安全联轴器可分为挠性安全联轴器和刚性安全联轴器两大类，在此仅介绍其中的钢棒安全联轴器。钢棒安全联轴器有两种形式。图14-19a的结构类似于凸缘联轴器，但不用螺栓，而用钢制销钉联接两半联轴器。销钉装入经过淬火的两段硬质钢套中，过载时销钉即被剪断，销钉直径按抗剪强度计算。销钉材料可采用45钢或高速工具钢。准备剪断处应预先切槽，这样可使剪断处的塑性变形减小，以免毛刺过大，给更换销钉带来不便。图14-19b的结构类似于套筒联轴器，销钉沿径向布置。

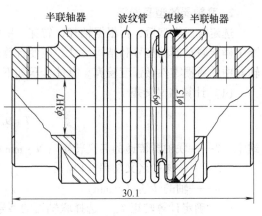

图14-18　波纹管联轴器

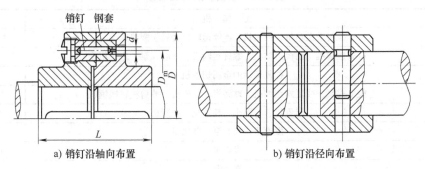

a) 销钉沿轴向布置　　　　b) 销钉沿径向布置

图14-19　钢棒安全联轴器

由于销钉材料力学性能的不稳定性和制造误差等原因，致使钢棒安全联轴器的工作准确性不高。同时，销钉剪断后必须停机更换。但因其结构简单，所以常用于过载可能性不大的机器中。

14.2.3　联轴器的选择

联轴器大多已标准化和系列化，其主要参数有额定转矩、许用转速、位移补偿量和被联接轴的直径范围等。使用时通常是首先选择合适的类型，再根据轴的直径、传递转矩和工作转速等参数，由有关标准确定其型号和结构尺寸。

1. 联轴器的类型选择

根据使用要求和工作条件选择适当的联轴器类型，是选择联轴器的第一步，具体选择时可考虑以下几方面。

1）传递转矩的大小和性质以及对缓冲减振的要求。
2）工作转速的高低。一般不得超过相应联轴器的许用最高转速。
3）被联接两轴间的相对位移程度。难以保证两轴严格对中时应选挠性联轴器。
4）联轴器的制造、安装、维护及成本、工作环境、使用寿命等。

2. 联轴器的型号选择

选定合适类型后，再根据轴径、转速、所需传递的计算转矩、空间尺寸和性能要求等，从标准中确定联轴器的型号和结构尺寸。应使计算转矩不超过所选联轴器的许用转矩，必要时应对联轴器中的易损零件做强度验算。具体步骤如下。

(1) 计算名义转矩 T

$$T = 9.55 \times 10^6 \frac{P}{n} \tag{14-1}$$

式中　T——联轴器传递的名义转矩（N·mm）；
　　　P——传递的名义功率（kW）；
　　　n——轴的转速（r/min）。

(2) 确定计算转矩 T_{ca}　选择联轴器的型号时，必须考虑机器起动、停机和工作中不稳定运转的动载荷影响，根据计算转矩 T_{ca} 进行

$$T_{ca} = KT \tag{14-2}$$

式中　T_{ca}——计算转矩（N·m）；
　　　T——联轴器传递的名义转矩（N·m）；
　　　K——联轴器的工况系数，见表14-1。

表 14-1　联轴器的工况系数

原动机	工 作 机	K
电动机	胶带运输机、鼓风机、连续运转的金属切削机床	1.25~1.5
	链式运输机、刮板运输机、螺旋运输机、离心式泵、木工机床	1.5~2.0
	往复运动的金属切削机床	1.5~2.5
	往复式泵、往复式压缩机、球磨机、破碎机、冲剪机、锻锤机	2.0~3.0
	起重机、升降机、轧钢机、压延机	3.0~4.0
涡轮机	发电机、离心泵、鼓风机	1.2~1.5
往复式发动机	发电机	1.5~2.0
	离心泵	3~4
	往复式工作机，如压缩机、泵	4~5

注：1. 刚性联轴器选用较大的 K 值，挠性联轴器选用较小的 K 值。
　　2. 被带动的转动惯量小、载荷平稳时取较小值。

(3) 选择联轴器的型号　根据转速 n、计算转矩 T_{ca}、空间尺寸和性能要求及经济成本，从手册或标准中选择适当的联轴器，所选的型号必须同时满足

$$T_{ca} \leq [T] \tag{14-3}$$
$$n \leq [n] \tag{14-4}$$

式中　$[T]$——许用最大转矩（N·m）；
　　　$[n]$——许用最大转速（r/min）。

例题 14-1　如图 14-20 所示，选择蜗杆减速器输入轴与电动机轴和输出轴与滚筒轴之间的联轴器。已知减速器用于轻型起重机，输入功率 $P = 10\text{kW}$，高速轴转速 $n_1 = 970\text{r/min}$，高速轴直径 $d_1 = 35\text{mm}$，低速轴直径 $d_2 = 95\text{mm}$，蜗杆减速器总效率 $\eta = 0.8$，传动比 $i = 25$，工作中负载起动。

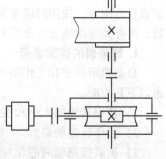

图 14-20　例题 14-1 图

解：

计算项目	计算内容	计算结果
1. 选择联轴器的类型	起重机频繁起动，为了缓冲，在高速级用挠性联轴器，考虑空间尺寸和较好的弹性及蜗杆的受热伸长，选用弹性套柱销联轴器。低速级转速较低、转矩较大，采用刚性联轴器，考虑卷筒和蜗轮轴的安装难于对中，而且转速不超过100r/min，选用滑块联轴器	输入轴与电动机轴之间的联轴器选用弹性套柱销联轴器；输出轴与卷筒之间的联轴器选用滑块联轴器
2. 选择联轴器的型号 （1）计算名义转矩 T 1）蜗杆轴的名义转矩 T_1 2）蜗轮轴的名义转矩 T_2 （2）确定计算转矩 T_{ca} 1）蜗杆轴的计算转矩 T_{ca1} 2）蜗轮轴的计算转矩 T_{ca2} （3）选择联轴器的型号	$T_1 = \dfrac{9550P}{n_1} = 9550 \times \dfrac{10}{970}\text{N}\cdot\text{m} = 98.5\text{N}\cdot\text{m}$ $T_2 = \dfrac{9550P\eta i}{n_1} = 9550 \times \dfrac{10 \times 0.8 \times 25}{970}\text{N}\cdot\text{m} = 1969\text{N}\cdot\text{m}$ $T_{ca1} = K_1 \times T_1 = 3 \times 98.5\text{N}\cdot\text{m} = 295.5\text{N}\cdot\text{m}$ $T_{ca2} = K_2 \times T_2 = 4 \times 1969\text{N}\cdot\text{m} = 7876\text{N}\cdot\text{m}$ 根据 $T_{ca1} = 295.5\text{N}\cdot\text{m}$ 和 $d_1 = 35\text{mm}$，由设计手册选择标准型 TL7 型弹性套柱销联轴器，其许用最大转矩 $[T] = 500\text{N}\cdot\text{m}$，许用最高转速 $[n] = 2800\text{r/min}$ 根据 $T_{ca2} = 7876\text{N}\cdot\text{m}$ 和 $d_2 = 95\text{mm}$，选许用最大转矩 $[T] = 8000\text{N}\cdot\text{m}$，许用最高转速 $[n] = 250\text{r/min}$ 的滑块联轴器	$T_1 = 98.5\text{N}\cdot\text{m}$ $T_2 = 1969\text{N}\cdot\text{m}$ $T_{ca1} = 295.5\text{N}\cdot\text{m}$ $T_{ca2} = 7876\text{N}\cdot\text{m}$ 选择标准型 TL7 型弹性套柱销联轴器，其许用最大转矩 $[T] = 500\text{N}\cdot\text{m}$，许用最高转速 $[n] = 2800\text{r/min}$

14.2.4 联轴器的使用与维护

1）联轴器的安装误差应严格控制，通常要求安装误差不得大于许用补偿量的1/2。

2）注意检查所联接的两轴运转后的对中情况，其相对位移不应大于许用补偿量。尽可能地减少相对位移量，可有效地延长被联接机械或联轴器的使用寿命。

3）对有润滑要求的联轴器，如齿式联轴器等，要定期检查润滑油的油量、质量及密封状况，必要时应予以补充或更换。

4）对于高速旋转机械上的联轴器，一般要经动平衡试验，并按标记组装。对其联接螺栓之间的重量差有严格地限制，不得任意更换。

14.3 离合器

14.3.1 离合器的作用和要求

离合器是在传递运动和动力过程中通过各种操作方式使联接的两轴随时接合或分离的一种常用机械装置。

对于离合器的主要要求如下。

1）接合平稳、分离彻底，动作准确、可靠。

2）结构简单，质量轻，外形尺寸小，从动部分转动惯量小。

3）操纵省力、方便，容易调节和维护，散热性好。

4）接合元件耐磨损、使用寿命长。

14.3.2 常用离合器的结构和特点

常见的离合器，按其控制方式可以分为操纵类和自控类；按接合性质可以分成啮合类和摩擦类；按回转方式可以分成单向类和双向类。

离合器的离合功能主要是由其内部主、从动部分的接合元件实现的。根据离合器接合元件工作原理的不同，离合器又可分为嵌合式离合器和摩擦式离合器两大类。嵌合式离合器利用机械嵌合副的嵌合力来传递转矩，传递转矩能力较大，外形尺寸小，接合后主、从动部分的转速完全一致，工作时不发热。但柔性差，在有转速差下接合时会产生刚性冲击，引起陡振和噪声。因而不宜用于在受载下接合或高速接合的场合。摩擦式离合器利用摩擦副的摩擦力来传递转矩，接合过程中主、从动接合元件存在一定的滑差，因而具有柔性，可大大减小接合时的冲击和噪声，适用于在受载下接合或高速接合的场合，但工作中会引起发热和功率损耗。

下面按控制方式的分类介绍几种典型结构。

1. 操纵离合器

操纵离合器附加有操纵机构，必须通过人为操纵才能使其中接合元件具有接合或分离的功能，其接合频率低，控制动作不准确。根据不同的操纵方法，操纵离合器又分为机械离合器、电磁离合器、液压离合器、气压离合器四种。

（1）嵌合式离合器 根据组成嵌合副的接合元件的结构形状，嵌合式离合器可分为牙嵌离合器（图14-21a）、齿形离合器、销式离合器和键式离合器等，如图14-21所示。

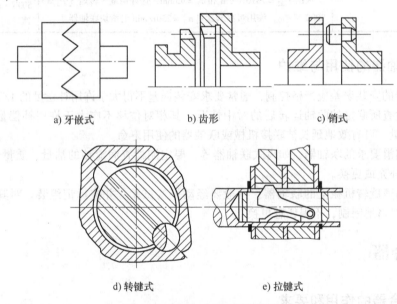

图 14-21 嵌合式离合器的类型

齿形离合器（图 14-21b）利用一对齿数相同的内/外齿轮的啮合或分离实现主、从动轴的接合或分离。为易于接合，常将齿端制出大的倒角。由于齿轮加工工艺性好，比端面牙容易制造，精度高、强度大，故可传递大的转矩，应用比较广泛。在某些场合，齿轮还可兼作传动零件使用。

销式离合器（图14-21c）利用装在半离合器凸缘端面上的销进入或离开另一半离合器凸缘端面上的销孔，实现主、从动轴的接合或分离。为在有转速差时易于接合，销孔数一般比销数多几倍，并在凸缘端面制有弧形斜槽。销式离合器结构简单，销数少时接合容易，适用于转矩不大的场合。

键式离合器中的接合元件有转键（图14-21d）和拉键（图14-21e）。转键的圆弧形键装在从动轴上，当其转过某一角度凸出于轴表面时，即可由外部主动轴套带动转动。这种嵌合方式可使主动或从动部分在接合过程中不需沿轴向移动，适合于轴与轮毂的接合或分离。增加键的长度可提高承载能力。其结构简单，动作灵敏、可靠。其中单转键只能传递单向转矩，双转键可双向传递转矩。拉键的特制键可沿轴向移动，利用弹簧抬起或压入轴内实现轴与轮毂的接合或分离。其主要用于在不移动齿轮的情况下，将并列的几个齿轮分别有选择地与轴联接。

如图 14-22 所示，牙嵌离合器的一个半离合器固定在主动轴上，另一个半离合器用导键或花键与从动轴联接，通过操纵机构使其做轴向移动，以实现离合器的接合或分离。为使两个半离合器准确对中，主动轴的半离合器上固定一对中环，从动轴可在对中环内自由转动。牙嵌离合器是靠牙的相互嵌合来传递转矩的，常用的牙型有矩形、梯形、三角形和锯齿形，如图 14-23 所示。

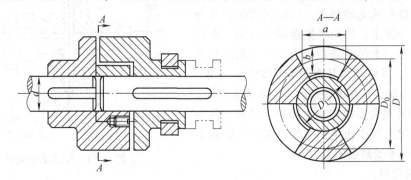

图 14-22 牙嵌离合器

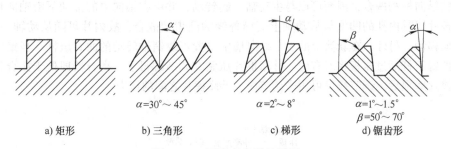

a) 矩形　　b) 三角形 $\alpha=30°\sim45°$　　c) 梯形 $\alpha=2°\sim8°$　　d) 锯齿形 $\alpha=1°\sim1.5°$ $\beta=50°\sim70°$

图 14-23 牙嵌离合器的牙型

矩形牙制造容易，无轴向分力，但接合与分离较困难，一般只用于不常离合的场合中，且需在静止或极低速的场合下接合。三角形牙强度较弱，主要用于小转矩的低速离合器。梯形牙强度较高，能传递较大的转矩，并能自动补偿牙的磨损与牙侧间隙，从而减小冲击，故应用较广。锯齿形牙只能传递单向转矩，主要用于特定场合。三角形牙的牙数一般取为 15~60，梯形牙和锯齿形牙的牙数一般取为 3~15。

牙嵌离合器常用低碳钢表面渗碳淬火，硬度为 56~62HRC，或用中碳钢表面淬火，硬度为 48~54 HRC。对于不重要的传动也可用 HT200 制造。

牙嵌离合器结构简单、外形尺寸小、承载能力较大、传动比恒定、适用范围广，但接合时有冲击，故应在静止或低速下接合。

牙嵌离合器的尺寸可从有关手册中选取，其承载能力主要受到牙的磨损强度和抗弯强度的限制，必要时可验算牙面上的压力和牙根部的抗弯强度。

（2）摩擦式离合器　摩擦式离合器按其结构不同可分为片式离合器、圆锥离合器、摩擦块离合器和鼓式离合器等。与嵌合式离合器相比，摩擦式离合器的优点：接合或分离不受主、从动轴转速的限制，接合过程平稳，冲击、振动较小，过载时可发生打滑以保护其他重要零件不致损坏。其缺点：在接合、分离过程中会发生滑动摩擦，故发热量较大，磨损较大，在接合产生滑动时不能保证被联接两轴精确同步转动，有时其外形尺寸较大。下面介绍应用最广泛的片式离合器。

片式离合器利用圆环片的端平面组成摩擦副，有单片式和多片式。为了散热和减少磨损，可将摩擦片浸入油中工作，称为湿式离合器。

1）干式单片离合器。

① 干式单片离合器（图 14-24）主要由分别与主、从动轴相联接的主、从动摩擦盘组成，操纵环可使从动摩擦盘沿从动轴移动，从而实现接合与分离。接合时以力将主、从动摩擦盘相互压紧，在接合面产生摩擦力矩来传递转矩。为了增大两接合面间的摩擦力并使两接合面具有更好的耐压、耐磨、耐油和耐高温性能，常在摩擦盘的表面加装摩擦片。

② 干式单片离合器结构最为简单，但其直径会随传递转矩的增大而很快增加，故主要用于转矩不大的场合或直径不受限制的地方。

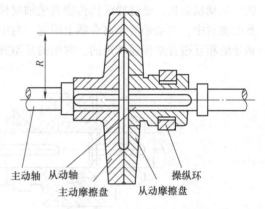

图 14-24 干式单片离合器

2）多片离合器。

图 14-25 所示多片离合器有内外两组摩擦片。外摩擦片上带有外齿，利用外齿与从动轴轴上鼓轮外缘的纵向槽相嵌合，因而可以与主动轴一起转动，并可在轴向力的推动下沿轴向移动；另一组内摩擦片以其内孔的凹槽与从动轴上套筒外缘的凸齿相嵌合，故内片可随从动轴一起转动，也可沿轴向移动。另外，在套筒上的3个纵向槽中安置可绕销轴转动的曲臂压杆。当集电环向左移动时，曲臂压杆通过压板将所有内、外摩擦片压紧在调节螺母上，离合器即处于接合状态。在内、外摩擦片磨损后，调节螺母可用来调节内、外摩擦片之间的压力。

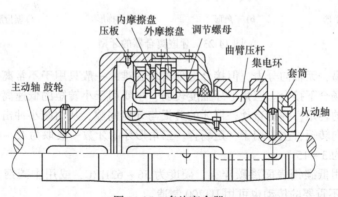

图 14-25 多片离合器

多片离合器的承载能力随内、外摩擦片间的接合面数的增加而增大，但接合面数过多时会影响离合器分离动作的灵活性，故对接合面数有一定限制。一般湿式的接合面数 $z = 5 \sim 15$；干式的接合面数 $z \leq 6$。通常限制内、外摩擦片的总数不大于 $25 \sim 30$。

多片离合器结构紧凑、径向尺寸小、便于调整，在机床和一些变速箱中得到广泛应用。摩擦式离合器的工作性能受接合面摩擦副材料的影响较大。摩擦副材料不仅要求有较大的摩擦因数，而且要耐磨、耐高温、耐高压。在润滑油中工作的摩擦副材料常用淬火钢与淬火钢或用淬火钢与青铜。润滑不完善的摩擦副材料可采用铸铁与铸铁或铸铁与钢。干摩擦下工作的摩擦副材料最好采用石棉基摩擦材料。

(3) 电磁离合器　电磁离合器利用电磁原理实现接合与分离功能。图14-26所示为干式多片电磁离合器，平时该离合器的内、外片相互分离，不传递转矩。电流经过电线接头进入线圈时产生电磁力，吸引衔铁向右移动将内、外片压紧，离合器处于接合状态。这种离合器可以实现远距离操纵，动作灵敏、迅速，使用、维护比较方便，因而在起重机、包装机、数控机床中获得广泛应用。

2. 自控离合器

自控离合器工作过程中，在其主动部分或从动部分的某些性能参数（如转速、转矩、转向等）发生变化时，接合元件能自行接合或分离。接合频率高，控制动作准确。自控离合器又分为超越离合器、离心离合器和安全离合器三类。

这里仅简要介绍其中的超越离合器和安全离合器。

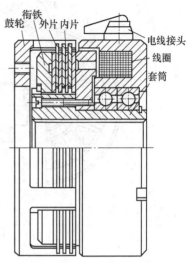

图14-26　干式多片电磁离合器

(1) 超越离合器　大部分超越离合器只能按某一转向传递转矩，反向时即自行分离。图14-27所示滚柱离合器是一种常用的定向超越离合器，主要由星轮、外环、滚柱、弹簧顶杆等组成。星轮与外环的活动关系可多样化。当星轮主动并顺时针转动时，滚柱受摩擦力作用而滚向星轮和外环空隙的收缩部分，被楔紧在星轮与外环间，从而带动外环与星轮一起转动，离合器处于接合状态。当星轮反向转动时，滚柱被滚到空隙的宽敞部分，离合器处于分离状态。此外，如果外环与星轮同时做顺时针转动并且外环的角速度大于星轮角速度时，外环并不能带动星轮转动，离合器也处于分离状态，即外环（从动件）可以超越星轮（主动件）而转动，因而称为超越离合器。这种特性可应用于内燃机的起动装置中。

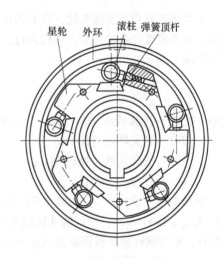

图14-27　滚柱离合器

(2) 安全离合器　当传递的转矩超过某一限定值时，离合器便自动分离，故称为安全离合器。图14-28所示钢球安全离合器是一种较常用的安全离合器。主动齿轮与端面有V形槽的套筒（半联轴器）用键联接，一起活套在轴上，并可用左端螺母调节轴向位置。另一壳体（半联轴器）用键与从动轴联接，在其壳体的轴向孔内放置弹簧、钢球，钢球被弹簧压紧在套筒端面V形槽内，其压紧力可用右端螺母调节。正常工作时，主动齿轮的转矩由套筒端面V形槽与钢球间的作用力传递给从动轴。当传递的转矩超过规定值时，钢球沿V形槽侧面滑出，离合器即处于分离状态，从动轴停止转动。当转矩恢复正常时，钢球重新被压紧在V形槽内，又可重新传递转矩。钢球安全离合器分离容易，动作精度较高，但由于钢球在工作中会受到较严重的冲击和磨损，所以一般用于传递转矩较小的场合。

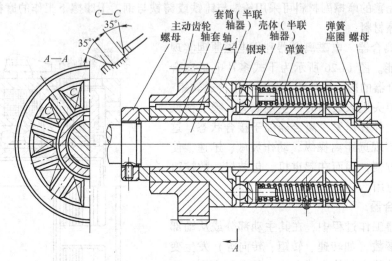

图 14-28 钢球安全离合器

14.3.3 离合器的选择

绝大多数离合器已标准化,它们的选择方法与联轴器类似,通常是根据工作条件和使用者的需要,先确定离合器的类型,然后通过分析、比较,在已有的标准中选用适当的形式和型号,经验算应满足

$$T_{ca} \leq [T] \tag{14-5}$$

$$n \leq [n] \tag{14-6}$$

式中 T_{ca}——计算转矩（N·m）,$T_{ca} = KT$;

T——名义转矩（N·m）;

K——工况系数,见表 14-1;

n——转速（r/min）;

例题 14-2 设计图 14-29 电动开门机构中的二级蜗杆减速器内的离合器。已知减速器输入轴 Ⅰ 转速 $n_1 = 1400 \text{r/min}$,中间轴 Ⅱ 转速 $n_2 = 56 \text{r/min}$,输出轴 Ⅲ 转速 $n_3 = 2 \text{r/min}$,电动机功率 $P_1 = 0.5 \text{kW}$,单级蜗杆减速器传动效率 $\eta = 0.8$。

1) 选择离合器的类型。
2) 确定离合器安放的位置（要求放在减速器箱体内）。
3) 选择离合器的型号。

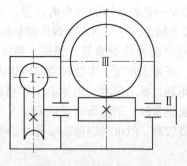

图 14-29 例题 14-2 图

解:

计算项目	计算内容	计算结果
1. 选择离合器的类型	由于风力和门下滚道不平整等因素的影响，常会造成电动机超载，为了保护电动机和其他机件，选用安全离合器	安全离合器
2. 离合器安放的位置	由于结构上的原因，离合器放在 I 轴（高速蜗杆轴）上比较困难，而利用蜗轮安放离合器比较方便。为此，可以将其安放在 II 轴或 III 轴的蜗轮处。II 轴转速 $n_2 = 56\text{r/min}$，主、从动轴接合时的相对转速较高，适合于摩擦类安全离合器。III 轴的转速 $n_3 = 2\text{r/min}$，转速较低、转矩较大，适合于啮合类，可选用牙嵌安全离合器	安放在 II 轴或 III 轴的蜗轮处
3. 选用离合器型号 (1) 各轴的转矩 T	I 轴：$T_1 = 9550 \dfrac{P_1}{n_1} = 9550 \times \dfrac{0.5}{1400}\text{N}\cdot\text{m} = 3.41\text{N}\cdot\text{m}$ II 轴：$T_2 = 9550 \dfrac{P_1}{n_2} = 9550 \times 0.5 \times \dfrac{0.8}{56}\text{N}\cdot\text{m} = 68.21\text{N}\cdot\text{m}$ III 轴：$T_3 = 9550 \dfrac{P_1}{n_3} = 9550 \times 0.5 \times \dfrac{(0.8)^2}{2} = 1528\text{N}\cdot\text{m}$	$T_1 = 3.41\text{N}\cdot\text{m}$ $T_2 = 68.21\text{N}\cdot\text{m}$ $T_3 = 1528\text{N}\cdot\text{m}$
(2) 选用离合器型号	为了实现电控，采用电磁离合器为好。如果放在 II 轴蜗轮处，可采用电磁摩擦安全离合器。查标准，选用 DLM5—5A 型（单键孔型），其额定静力矩为 100N·m。	选用 DLM5—5A 型电磁摩擦安全离合器，安放在 II 轴蜗轮处

14.3.4 离合器的使用与维护

1) 应定期检查离合器操纵杆的行程，主、从动片之间的间隙，摩擦片的磨损程度，必要时予以调整或更换。

2) 片式离合器工作时，不得有打滑或分离不彻底现象，否则不仅将加速摩擦片磨损，降低使用寿命，引起离合器零件变形、退火等，还可能导致其他事故，因此需经常检查。打滑的主要原因是作用在摩擦片上的压力不足、摩擦表面黏有油污或摩擦片过分磨损及变形过大等；分离不彻底的主要原因有主、从动片之间分离间隙过小，主、从动片翘曲变形，回位弹簧失效等，应及时修理并排除。

3) 定向离合器应密封严实，不得有漏油现象，否则会因磨损过大、温度太高损坏滚柱、星轮或外壳等。在运行中，如有异常声，应及时停机检查。

思 考 题

14-1 联轴器和离合器的主要功用分别是什么？

14-2 简述联轴器与离合器的异同，安全联轴器与安全离合器的异同。

14-3 简述联轴器中可移性的意义。

14-4 无弹性元件挠性联轴器和有弹性元件挠性联轴器补偿相对位移的方式有何不同？

14-5 比较嵌合式离合器与摩擦式离合器的工作原理和优缺点。

14-6 自行车后轮上的飞轮应用了哪种离合器的工作原理？何时接合？何时分离？试画出它的简图，并说明为何要采用该离合器。

14-7 铸造车间的混砂机与电动机之间用联轴器联接。已知：电动机功率 $P = 5.5\text{kW}$，转速 $n = 720\text{r/min}$，采用 LX3 型弹性套柱销联轴器，试验算此联轴器是否适用。

习 题

14-1 选择图 14-30 中蜗杆减速器与电动机之间的联轴器。已知：电动机功率 $P_1 = 75\text{kW}$，转速 $n_1 = 720\text{r/min}$，电动机轴直径 $d_1 = 28\text{mm}$，工作机为带式运输机。

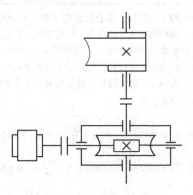

图 14-30 习题 14-1 图

14-2 欲设计一密封在箱体内的齿轮传动装置。工作中经常起动，要求具有过载保护能力，现决定在转速 $n = 800\text{r/min}$ 的轴上选择一联接装置。试分析、确定其联接方式和类型。

附　表

附表1　抗弯、抗扭截面系数计算公式

截　面	W	W_T
（实心圆截面）	$\dfrac{\pi d^3}{32} \approx 0.1 d^3$	$\dfrac{\pi d^3}{16} \approx 0.2 d^3$
（空心圆截面）	$\dfrac{\pi d^3}{32}(1-\beta^4) \approx 0.1 d^3(1-\beta^4)$ $\beta=\dfrac{d_1}{d}$	$\dfrac{\pi d^3}{16}(1-\beta^4) \approx 0.2 d^3(1-\beta^4)$ $\beta=\dfrac{d_1}{d}$
（单键槽）	$\dfrac{\pi d^3}{32}-\dfrac{bt(d-t)^2}{2d}$	$\dfrac{\pi d^3}{16}-\dfrac{bt(d-t)^2}{2d}$
（双键槽）	$\dfrac{\pi d^3}{32}-\dfrac{bt(d-t)^2}{d}$	$\dfrac{\pi d^3}{16}-\dfrac{bt(d-t)^2}{d}$
（横孔）	$\dfrac{\pi d^3}{32}\left(1-1.54\dfrac{d_1}{d_0}\right)$	$\dfrac{\pi d^3}{16}\left(1-\dfrac{d_1}{d_0}\right)$
（花键轴）	$\dfrac{\pi d^4+(D-d)(D+d)^2 zb}{32D}$ z—花键齿数	$\dfrac{\pi d^4+(D-d)(D+d)^2 zb}{16D}$ z—花键齿数

注：近似计算时，单双键槽一般可忽略，花键轴截面可视为直径等于平均直径的圆截面。

附表2 高频感应淬火的强化系数 β_q

试件种类	试件直径/mm	β_q
无应力集中	7~20	1.3~1.6
无应力集中	30~40	1.2~1.5
有应力集中	7~20	1.6~1.8
有应力集中	30~40	1.5~2.5

注：表中系数值用于旋转弯曲，淬硬层厚度为 0.9~1.5mm。应力集中严重时，强化系数较高。

附表3 化学热处理的强化系数 β_q

化学热处理方法	试件种类	试件直径/mm	β_q
渗氮，渗氮层厚度0.1~0.4mm，表面硬度64HRC以上	无应力集中	8~15	1.15~1.25
	无应力集中	30~40	1.10~1.15
	有应力集中	8~15	1.9~3.0
	有应力集中	30~40	1.3~2.0
渗碳，渗碳层厚度0.2~0.6mm	无应力集中	8~15	1.2~2.1
	无应力集中	30~40	1.1~1.5
	有应力集中	8~15	1.5~2.5
	有应力集中	30~40	1.2~2.0
碳氮共渗，碳氮共渗层厚度0.2mm	无应力集中	10	1.8

附表4 表面硬化加工的强化系数 β_q

加工方法	试件种类	试件直径/mm	β_q
滚子滚压	无应力集中	7~20	1.2~1.4
	无应力集中	30~40	1.10~1.25
	有应力集中	7~20	1.5~2.2
	有应力集中	30~40	1.3~1.8
喷丸	无应力集中	7~20	1.1~1.3
	无应力集中	30~40	1.1~1.2
	有应力集中	7~20	1.4~2.5
	有应力集中	30~40	1.1~1.5

附表5 零件与轴过盈配合处的 $\dfrac{k_\sigma}{\varepsilon_\sigma}$ 值

直径/mm	配合	σ_b/MPa							
		400	500	600	700	800	900	1000	1200
30	H7/r6	2.25	2.50	2.75	3.00	3.25	3.50	3.75	4.25
30	H7/k6	1.69	1.88	2.06	2.25	2.44	2.63	2.82	3.19
30	H7/h6	1.46	1.63	1.79	1.95	2.11	2.28	2.44	2.76
50	H7/r6	2.75	3.05	3.36	3.66	3.96	4.28	4.60	5.20
50	H7/k6	2.06	2.28	2.52	2.76	2.97	3.20	3.45	3.90
50	H7/h6	1.80	1.98	2.18	2.38	2.57	2.78	3.00	3.40

(续)

直径/mm	配合	σ_b/MPa							
		400	500	600	700	800	900	1000	1200
>100	H7/r6	2.95	3.28	3.60	3.94	4.25	4.60	4.90	5.60
	H7/k6	2.22	2.46	2.70	2.96	3.20	3.46	3.98	4.20
	H7/h6	1.92	2.13	2.34	2.56	2.76	3.00	3.18	3.64

注：1. 滚动轴承与轴配合处的 $\dfrac{k_\sigma}{\varepsilon_\sigma}$ 值与表内所列 H7/r6 配合的 $\dfrac{k_\sigma}{\varepsilon_\sigma}$ 值相同。
  2. 表中无相应的数值时，可按插入法计算。
  3. 如缺乏试验数据，设计时可取 $\dfrac{k_\tau}{\varepsilon_\tau} = (0.70 \sim 0.85)\dfrac{k_\sigma}{\varepsilon_\sigma}$。

附表 6　轴上环槽处的理论应力集中系数

简图	应力	公称应力公式	α_σ（拉伸、弯曲）或 α_τ（扭转、剪切）								
			$\dfrac{r}{d}$	$\dfrac{D}{d}$								
				∞	2.00	1.50	1.30	1.20	1.10	1.05	1.03	1.02	1.01
	拉伸	$\sigma = \dfrac{4F}{\pi d^2}$	0.04						2.70	2.37	2.15	1.94	1.70
			0.10	2.45	2.39	2.33	2.27	2.18	2.01	1.81	1.68	1.58	1.42
			0.15	2.08	2.04	1.99	1.95	1.90	1.78	1.64	1.55	1.47	1.33
			0.20	1.86	1.83	1.80	1.77	1.73	1.65	1.54	1.46	1.40	1.28
			0.25	1.72	1.69	1.67	1.65	1.62	1.55	1.46	1.40	1.34	1.24
			0.30	1.61	1.59	1.58	1.56	1.53	1.47	1.40	1.36	1.31	1.22
			$\dfrac{r}{d}$	$\dfrac{D}{d}$								
				∞	2.00	1.50	1.30	1.20	1.10	1.05	1.03	1.02	1.01
	弯曲	$\sigma_B = \dfrac{32M}{\pi d^3}$	0.04	2.83	2.79	2.74	2.70	2.61	2.45	2.22	2.02	1.88	1.66
			0.10	1.99	1.98	1.96	1.92	1.89	1.81	1.70	1.61	1.53	1.41
			0.15	1.75	1.74	1.72	1.70	1.69	1.63	1.56	1.49	1.42	1.33
			0.20	1.61	1.59	1.58	1.57	1.56	1.51	1.46	1.40	1.34	1.27
			0.25	1.49	1.48	1.47	1.46	1.45	1.42	1.38	1.34	1.29	1.23
			0.30	1.41	1.41	1.40	1.39	1.38	1.36	1.33	1.29	1.24	1.21
			$\dfrac{r}{d}$	$\dfrac{D}{d}$								
				∞	2.00	1.30	1.20	1.10	1.05	1.02	1.01		
	扭转剪切	$\tau_T = \dfrac{16T}{\pi d^3}$	0.04	1.97	1.93	1.89	1.85	1.74	1.61	1.45	1.33		
			0.10	1.52	1.51	1.48	1.46	1.41	1.35	1.27	1.20		
			0.15	1.39	1.38	1.37	1.35	1.32	1.27	1.21	1.16		
			0.20	1.32	1.31	1.30	1.28	1.26	1.22	1.18	1.14		
			0.25	1.27	1.26	1.25	1.24	1.22	1.19	1.16	1.13		
			0.30	1.22	1.22	1.21	1.20	1.19	1.17	1.15	1.12		

附表 7　轴肩圆角处的理论应力集中系数

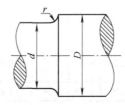

（续）

应力	公称应力公式	α_σ（拉伸、弯曲）或 α_τ（扭转、剪切）									
拉伸	$\sigma = \dfrac{4F}{\pi d^2}$	$\dfrac{r}{d}$	$\dfrac{D}{d}$								
			2.00	1.50	1.30	1.20	1.15	1.10	1.07	1.05	1.02	1.01
		0.04	2.80	2.57	2.39	2.28	2.14	1.99	1.92	1.82	1.56	1.42
		0.10	1.99	1.89	1.79	1.69	1.63	1.56	1.52	1.46	1.33	1.23
		0.15	1.77	1.68	1.59	1.53	1.48	1.44	1.40	1.36	1.26	1.18
		0.20	1.63	1.56	1.49	1.44	1.40	1.37	1.33	1.31	1.22	1.15
		0.25	1.54	1.49	1.43	1.37	1.34	1.31	1.29	1.27	1.20	1.13
		0.30	1.47	1.43	1.39	1.33	1.30	1.28	1.26	1.24	1.19	1.12
弯曲	$\sigma_B = \dfrac{32M}{\pi d^3}$	$\dfrac{r}{d}$	$\dfrac{D}{d}$								
			6.0	3.0	2.0	1.50	1.20	1.10	1.05	1.03	1.02	1.01
		0.04	2.59	2.40	2.33	2.21	2.09	2.00	1.88	1.80	1.72	1.61
		0.10	1.88	1.80	1.73	1.68	1.62	1.59	1.53	1.49	1.44	1.36
		0.15	1.64	1.59	1.55	1.52	1.48	1.46	1.42	1.38	1.34	1.26
		0.20	1.49	1.46	1.44	1.42	1.39	1.38	1.34	1.31	1.27	1.20
		0.25	1.39	1.37	1.35	1.34	1.33	1.31	1.29	1.27	1.22	1.17
		0.30	1.32	1.31	1.30	1.29	1.27	1.26	1.25	1.23	1.20	1.14
扭转剪切	$\tau_T = \dfrac{16T}{\pi d^3}$	$\dfrac{r}{d}$	$\dfrac{D}{d}$								
			2.00	1.33	1.20	1.09						
		0.04	1.84	1.79	1.66	1.32						
		0.10	1.46	1.41	1.33	1.17						
		0.15	1.34	1.29	1.23	1.13						
		0.20	1.26	1.23	1.17	1.11						
		0.25	1.21	1.18	1.14	1.09						
		0.30	1.18	1.16	1.12	1.09						

附表 8　轴上横向孔处的理论应力集中系数

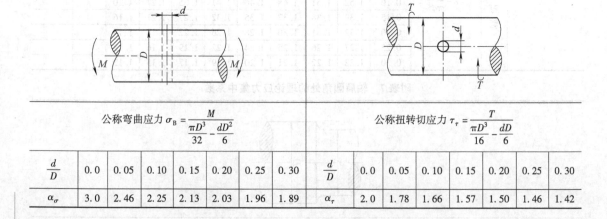

公称弯曲应力 $\sigma_B = \dfrac{M}{\dfrac{\pi D^3}{32} - \dfrac{dD^2}{6}}$　　　　公称扭转切应力 $\tau_T = \dfrac{T}{\dfrac{\pi D^3}{16} - \dfrac{dD^2}{6}}$

$\dfrac{d}{D}$	0.0	0.05	0.10	0.15	0.20	0.25	0.30	$\dfrac{d}{D}$	0.0	0.05	0.10	0.15	0.20	0.25	0.30
α_σ	3.0	2.46	2.25	2.13	2.03	1.96	1.89	α_τ	2.0	1.78	1.66	1.57	1.50	1.46	1.42

附表 9　轴上键槽处的有效应力集中系数 k_σ、k_τ

轴材料的 σ_b/MPa	500	600	700	750	800	900	1000
k_σ	1.5	—	—	1.75	—	—	2.0
k_τ	—	1.5	1.6	—	1.7	1.8	1.9

注：公称应力按照扣除键槽的净截面面积计算。

附表 10　外花键的有效应力集中系数 k_σ、k_τ

轴材料的 σ_b/MPa		400	500	600	700	800	900	1000	1200
k_σ		1.35	1.45	1.55	1.60	1.65	1.70	1.72	1.75
k_τ	矩形齿	2.10	2.25	2.36	2.45	2.55	2.65	2.70	2.80
	渐开线形齿	1.40	1.43	1.46	1.49	1.52	1.55	1.58	1.60

附表 11　螺纹尺寸系数 ε

螺纹直径/mm	≤12	16	20	24	30	36	42	48	56	64
ε	1	0.87	0.8	0.74	0.68	0.65	0.62	0.58	0.55	0.53

附表 12　螺纹的有效应力集中系数 k_σ

强度极限 σ_b/MPa	400	600	800	100
k_σ	3	3.9	4.8	5.2

参 考 文 献

[1] 徐锦康. 机械设计 [M]. 北京：高等教育出版社，2004.
[2] 濮良贵，纪名刚. 机械设计 [M]. 7版. 北京：高等教育出版社，2001.
[3] 邱宣怀. 机械设计 [M]. 4版. 北京：高等教育出版社，1997.
[4] 彭文生，李志明，黄华梁. 机械设计 [M]. 北京：高等教育出版社，2002.
[5] 吴宗泽. 清华大学精密仪器与机械学系设计工程研究所编. 机械设计 [M]. 北京：高等教育出版社，2001.
[6] 吴宗泽，罗圣国. 机械零件课程设计手册 [M]. 2版. 北京：高等教育出版社，1999.
[7] 徐灏，等. 机械设计手册 [M]. 北京：机械工业出版社，2000.
[8] 安琦. 机械设计 [M]. 上海：华东理工大学出版社，2009.
[9] 张策. 机械原理与机械设计：下册 [M]. 2版. 北京：机械工业出版社，2011.
[10] 王鸿飞，梁秀山. 机械设计基础 [M]. 东营：石油大学出版社，2000.
[11] 濮良贵，纪名刚. 机械设计学习指南 [M]. 4版. 北京：高等教育出版社，2001.
[12] 周开勤. 机械零件手册 [M]. 5版. 北京：高等教育出版社，2001.
[13] 彭文生，黄华梁. 机械设计教学指南 [M]. 北京：高等教育出版社，2003.
[14] 吴宗泽，黄纯颖. 机械设计习题集 [M]. 3版. 北京：高等教育出版社，2002.
[15] 杨昂岳. 机械设计：典型题解析与实战模拟 [M]. 长沙：国防科技大学出版社，2002.
[16] 侯玉英，孙立鹏. 机械设计习题集 [M]. 北京：高等教育出版社，2002.
[17] 姜洪源. 机械设计试题精选与答题技巧 [M]. 哈尔滨：哈尔滨工业大学出版社，2003.
[18] 马保吉. 机械设计基础 [M]. 西安：西北工业大学出版社，2005.
[19] 郭仁生，魏宣燕编著. 机械设计基础 [M]. 北京：清华大学出版社，2005.
[20] 钟毅芳，吴昌林，唐增宝. 机械设计 [M]. 2版. 武汉：华中科技大学出版社，2001.
[21] 成大先. 机械设计手册 [M]. 4版. 北京：化学工业出版社，2002.
[22] 陈东. 机械设计 [M]. 北京：电子工业出版社，2010.
[23] 师素娟，张秀花. 机械设计 [M]. 北京：北京大学出版社，2012.